JN079366

改訂版

JN105080

土木学会

Handbook of
Bus Transportation Service Planning

January, 2024

Japan Society of Civil Engineers

改訂にあたって

(1) 公共交通を取りまく環境の変化

　本書の初版を出版した平成18年(2006年)は，乗合バス市場の規制緩和がなされた平成14年(2002年)から間もない時期であった，規制緩和への対応に戸惑う全国の自治体からの問い合わせ等が（社）土木学会に多数寄せられたため，それらに対応すべく「規制緩和後のバスサービスに関する研究小委員会」を急遽設置し，直面する課題に対応するためのひとつの指針としてとりまとめたものが本書（初版）である．そのため，直面する課題に対する対応策を速やかに見出せるよう，多くの自治体が直面しているさまざまな課題をいくつかの課題例として集約し，それに関して共通する対応策を一連のプロセスとして提示すると共に，そこで必要となる調査・分析・評価の手法等を事典のような形で説明する，という構成を採用した．これらは直面する課題への対応策に留まり，この時点では，ほとんどの自治体はめざすべき全体像としての地域公共交通計画を持ち合わせていなかったこともあって，将来に向けた全体構想を指し示すものではなかった．

　しかし，出版後十数年を経る中で，公共交通を取り巻く環境にも大きな変化がみられる．第一には，とりわけ地方部における移動需要の低密化とそれに伴うサービス供給体制のさらなる変化，それらに輪をかけるよう生じたコロナ禍による社会システムの再構築と移動需要全体の変化など，社会経済面での変化である．第二には，地域公共交通活性化再生法の施行と現在までの数度にわたる改正，および交通政策基本法の制定といった法制度面の進展とそれに基づく制度的枠組みの充実である．これにより，国や地方自治体などの公的部門が行政政策として課題解決に当たらなければならないという意識が醸成され，多くの自治体で地域公共交通計画が策定されるようになるとともに，国等による交通計画策定のてびきなど支援のためのさまざまな情報基盤も充実してきた．第三には，DX化や、CASE、MaaSなど各種技術の進化，バスサービスのみでなく多様なモビリティの組合せでの移動環境の最適化など，技術面における大きな進展である．

(2) 改訂に際しての考え方

　このように，公共交通を取り巻く時代背景は初版刊行時から大きく変化しつつあるが，考え方の本質は変わらないと考える．それは，生活を支える公共交通サービスは一種の社会資本であり，道路整備や河川整備と同様，公の意思の下で計画的に整備されるべきという考え方である．これは，需要予測や運行計画，収支予測などを主体とする「交通事業者が策定する事業計画」とはまったく異なるものであり，

確保すべきミニマム水準，社会的公平性，運賃と税による負担のあり方，公共調達，事業効率性などに関する地域社会としての基本方針とその実現方策を明らかにしたものである（事業計画はその一部として組み込まれる）．公共交通計画に関する類書の多くは公共交通事業の維持改善を主眼としているのに対し，本計画法は地域住民の活動機会を維持・充実することを主眼としている．換言すると，前者が維持・改善しようとする対象が公共交通事業であるのに対し，後者が維持・改善しようとする対象は地域住民の生活である．

　規制緩和直後は，突如示された感のある「地域の足は地域で確保すべき」という命題への対応に戸惑っていた自治体担当者に対し，自ら考えはじめるための手引きとして編纂を行った．そのため，本書の初版では直面する課題解決の方法とそれに関連する計画手法の説明に重きを置き，計画方法論については別途（財）国際交通安全学会から出版した『地域でつくる公共交通計画−日本版LTP策定のてびき−』[1]にとりまとめていた．しかし，両者はいわば車の両輪であり，上記の観点から，両者をまとめて一冊にすることで読者の便に一層供することができると考え，本書の第Ⅲ編として組み込むこととした．

　詳細は第Ⅲ編第1章で述べるが，この計画方法論は，公共交通がビジネスとして成り立たなくなってしまった地域，すなわち，利潤追求を目的とする民間事業者に委ねるだけでは社会的に必要なサービスが供給されえなくなった地域において，公共交通は「社会資本（インフラ）」ないし「社会的共通資本」と捉えるべきであるとの認識の下，地域公共交通計画を一種の社会資本整備計画と見なし，公共交通計画の体系的な策定方法を提唱したものである．このため，公共計画（税を主たる財源とする政策）における「目標設定の重要性」とそれを実現するための「計画技術の重要性」に特に留意したものとなっている．本方法論は，その後発刊された多くの国内文献にみられる「公共交通事業の維持・改善」や欧州委員会のSUMP[2]等にみられる「アクセシビリティと生活の質（QoL）の持続可能性」といった目標概念の上位に位置する「活動機会の保障」という考え方に立って計画論を展開したものであり，併せて，その保障主体でありかつ享受主体でもある地域社会が「受益と負担の組合せを選ぶ」という考え方に基づき構築されている．これは一種の規範論であり，環境政策や健康増進等については明示的に触れてはいないが，この考え方は現在においても全く色褪せていないとの認識の下，基本的にそのまま転載した．各項目の要点を冒頭に枠書きしその説明を加えるというスタイルも当初のままとし，引き続き読者の利便を図ることとしている．

　他方，第Ⅰ編，第Ⅱ編，第Ⅳ編については，初版に記していた技術や事例等に，古いもの，初版後進展・充実したものが少なからずある

ため，必要に応じて加除更新した．法制度や手続きについては，国土交通省を初めとして多くの手引き等が作成・公表されているため，全体像を示すと共に，代表的な文書等を紹介するに留めた．また，初版の付録は割愛し，法制度や各種申請手続き等に関する参考資料を簡単に案内した1ページ程度の付録を新たに作成した．法制度等については編集時点（2023年7月）のものを基本とした．

（3）本書の対象領域と構成

　本書は『バスサービスハンドブック』と銘打っているが，バスのみに留まらず，DRTや乗合タクシー，共助輸送，さらには地域鉄道をも視野に入れた公共交通サービス全般についての「自治体が策定する公共交通計画」に関するハンドブックであるとお考えいただきたい．

　全体は，「第Ⅰ編 バスサービスを取りまく環境と地域の役割」，「第Ⅱ編 政策課題への対処の基本的手順と留意事項」，「第Ⅲ編 地域でつくる公共交通計画」，「第Ⅳ編 分析・計画の技術と手法」の4編で構成されている．第Ⅰ編は，バスサービスが地域社会に果たしている役割，その役割を地域社会として確保する必要性，それを政策科学的手法により実現することの重要性，得られた合意を地域公共交通計画として明示することの意義について論じている．第Ⅱ編は，バスサービスを巡る代表的な政策課題を挙げ，それらへ対処の基本的手順を整理したものである．既存の対応事例を単にそのまま適用するのではなく，地域の特性に即した対応策を見出すための検討プロセスを示している点に留意してご覧いただきたい．第Ⅲ編は地域公共交通計画を策定するための体系的な方法論を述べたものである．ここでは地域公共交通計画を"地域が目指す将来の姿を実現するために公共交通が分担すべき領域とその方法を明らかにしたもの"と位置づけ，策定に際しての基本的考え方，計画で提示すべき事項，それを適切に見出すための策定プロセスという構成で説明している．第Ⅳ編は計画を策定する上で必要となるさまざまな技術と手法を解説した「道具箱」である．

　読者の多くは，地域公共交通計画を策定する，あるいは既に策定した計画を改定する業務に携わっておられることと想定している．そのような方々は，まず第Ⅰ編を読み，次いで第Ⅲ編の前半を通読していただきたい．しかる後，第Ⅲ編後半へと読み進み，策定すべき計画の全体像を構想した上で，第Ⅳ編の関連箇所を参照し，策定にとりかかっていただきたい．喫緊の政策課題を抱える読者の方々も，まず第Ⅰ編と第Ⅲ編前半を通読した上で第Ⅱ編の関連課題に目を通し，策定プロセスに沿って検討を進める上で必要となる計画技術や計画手法に関する第Ⅳ編の該当箇所を読んでいただきたい．公共交通サービスの確保に苦慮される自治体の担当者を支援される立場の国や県，建設コン

サルタントの方々においても，まずは第Ⅰ編と第Ⅲ編前半を通読し，公共交通事業だけでなくそれが支える住民の生活に目を向け，実現したい地域社会の姿は何か，それを達成するために必要な公共交通サービスとしてどのようなものが相応しいかを地域の方々と共に構想・計画する際の拠りどころとして活用していただきたい．

謝辞

本書を改訂するにあたりご尽力いただいた執筆者および編集委員，ならびに土木学会出版事業課山村照人氏をはじめとする関係各位に感謝を申し上げます．また，(財)国際交通安全学会(編)『地域でつくる公共交通計画—日本版LTP策定のてびき—』[1]を本書第Ⅲ編として組み入れたいとの申し出に対し，転載をご快諾いただいた(公財)国際交通安全学会，および，その編纂にご尽力いただいた同学会の今泉浩子氏と柿沼徹氏に心より謝意を表します．

令和6年1月

編集代表
喜多　秀行

【参考文献】

1) (財)国際交通安全学会(編)：地域でつくる公共交通計画—日本版LTP策定のてびき—．(財)国際交通安全学会，2010.
2) Rupprecht Consult (ed.): Guidelines for Developing and Implementing a Sustainable Urban Mobility Plan, Second Edition, 2019.

はじめに

（1）出版の背景

　わが国の路線バスは総じて利用者離れが続き，地方部や都市周辺部を中心に自治体による直営や補助によりようやく維持されているものが少なくない．とりわけ，平成14年2月に施行された乗合バス市場の規制緩和により，“地域の足は地域で確保する”ことが基本となった．このこと自体は本来のあるべき姿に近づいたとも言えるが，これにより自治体の負担は格段に増大した．その一方で，地方財政の逼迫は一層厳しくなり，政策経費に対する節減の要請は生活交通とて例外ではないため，このままではサービス水準の維持がままならない事態となる可能性も高く，多くの自治体で交通政策の担当者は極めて厳しい状況に直面している．

（2）出版の目的

　本ハンドブックの第一の目的は，必ずしも高い専門技術を持たない自治体の担当者や住民等に自地域の状況に即した施策を見出す手がかりを提供することである．また，この分野に新たな展開を図ろうとするコンサルタント等にも基本的な情報を与えることを意図している．バス問題に関して出版されている文献資料は，その多くが「研究論文」か「事例集」である．研究論文は，基本的には特定の問題に特化したいわば断片的情報で，問題の解決に至る体系的な方策を提示してくれるという性格のものではない．一方，事例集は個々の問題ごとに解決に向けてとられた一連の方策を紹介してくれるが，直面している問題の解決にどの事例で採られた方策が有効なのかを教えてくれるものではない．“適切な薬を服用して病気を直す”という例に即していえば，「研究論文」はいわば“薬”の適応症，用法，用量，効能，副作用等を記載した文書であり，「事例集」は“他人に対して処方された処方箋”である．ある症状（例えば，頭痛）を訴える病人がある薬を服用して治ったからといって，同様の症状を訴える別の病人が同じ薬を服用しても治るとは限らない．医師が診察し必要な検査も行って診断を下し，どの薬を服用すべきかを医学的知識に基づき選択することが不可欠である．医師の診察を受けるべきであってもすぐ受けられない場合には，専門的見地に立ってインタラクティブに簡易診断を行うソフトウェア等も有用であろう．同様に，バス政策を策定するにあたり事例を参照すること自体は悪いことではないが，事例で用いられた施策の中から自地域における課題解決のために有効なものを見出す

ためには，「どの事例のどの部分が自地域にとっても同様の効果をもたらしてくれるか」を判断するためのノウハウが必要なのである．必ずしも十分な専門技術を持たない者（自治体担当者，住民，経験の少ないコンサルタント等）であっても置かれた状況下で直面する課題に対するよりよい選択を行うことができるよう，バス問題の本質を見出し適切な対処法を選択するための手がかりを与えることが，本ハンドブックの第一の目的である．

第二の目的は，バスサービスに関する技術の向上とそのための情報の蓄積である．各地で生じている生活交通問題に際し，さまざまな検討がなされているにもかかわらず，そこで得られた知見がその場限りのものとして埋もれてしまっていることが多い．これは大きな社会的損失である．一方，学会等でさまざまな研究成果が発表されているが，実務者からのアクセスは必ずしも容易でない．また，アクセスできたとしても，これらの研究成果がどのような条件下でどの程度有効であるのかが必ずしも検証されていないため，各地域が直面している問題を解決しようとする際にどの方法を用いればよいかが明確でなく，その結果，研究成果が活用されないという状況が少なからず生じている．すなわち，情報の体系的整理がなされていないため研究成果や実務上の工夫が活用しづらく，"研究・工夫→実践による検証→新たな研究・工夫"というポジティブフィードバックが形成されていないといえる．研究成果や実務上の経験・工夫を収集し，体系的に整理するとともに，それらの活用結果や活用の際に新たに得られた知見をフィードバックし，それをもとに新たな手法等を開発する，という技術の蓄積過程を経てバスサービス提供技術の水準を高めるというしくみをつくることが，本ハンドブックのもうひとつの目的である．このハンドブックは，このような問題意識の下で，バスサービスに関して大学をはじめとする研究機関と現場で開発された種々の技術を蓄積する"社会的装置"たることを目指して執筆されたものである．したがって，新たに開発された技術や工夫をさらに蓄積し，逐次改訂を図ることを念頭に置いている．また，提案された技術が実用に耐えるものであるか否かを現場で追試し，有用性が確認されたもののみを精選して残していくというスクリーニング機能をも持たせたいと考えている．

これと並行して，各地域における技術の継承も重要な課題である．バスサービスのみに限ったことではないのだが，行政機関とりわけ自治体では担当者が異動することにより技術レベルが大きく低下する状況（場合によってはゼロからの再出発）がしばしば見受けられる．担当者が交代する時の引き継ぎは業務案件に関するものが主体であり，

その背後で培われてきた専門的・技術的知識や能力は必ずしも引き継がれていない．近年，公共部門における民間への外部委託が進められているが，外部委託できないもののひとつに業務発注能力がある．行政改革の折から"コスト削減"が声高に叫ばれているが，本来蓄積され向上していくべき技術レベルが担当者の交代に伴い停滞するばかりか低下し，その結果，政策の質の低下あるいは政策決定までに多くの時間と労力の投入を余儀なくされることによるコスト増は，目に見えないだけにあまり意識されることはないが，極めて大きいのではないかと推察される．技術を蓄積するひとつの方法は，技術やノウハウを技術資料やマニュアル化し，これを逐次改訂することにより技術を蓄積すると共に，担当者がそれを読んで蓄積された技術を身につけるという方法である．各自治体レベルでこの方法をとるのは必ずしも容易でないが，本書に蓄積された技術を新任の担当者が身につけ，その後開発した新たな技術をハンドブック上に蓄積するという方法をとることにより，同様の機能が期待できる．

(3) 本書の対象領域

"バスサービス"とはバスを手段として提供するサービスを意味する言葉である．サービスの目的や果たすべき機能で分類すると，生活圏内を日常的に移動する人々を運ぶ乗合方式の"生活交通サービス"であり，その方が分類として適切ともいえる．類似したサービスとしてローカルな鉄道やタクシーがあり，また，介護輸送や福祉輸送といったいわゆる STS（スペシャル・トランスポート・サービス）も存在するが，本書ではそれらについては扱わず，路線バスやコミュニティバスなどの"路線バスによる生活交通サービス"に限定した．また，バス車輌や運行機器等ハードウェアに関する技術については必要最低限の記述に留めている．事例面では，バスサービスの確保がより困難な地方部に関連したものが若干多くなっている．

(4) 特徴的な考え方

本書では，従来多くの交通計画に見られた"需要追随型計画法"の考え方をとっていない．これは，バスサービスが主として生活交通サービスを扱っており，その評価は，各住民の移動ニーズ，すなわち，"誰の""いつ""どのような"移動ニーズをどの程度充足するものであるかでなければならないと考えるからである．換言すると，ある施策により，地域社会として充足されていないニーズがどれだけ減少したかが当該施策の評価となるべきであるという立場をとる．この意味で，"ニーズ充足型計画法"ということも可能である．しかし，移動

のニーズは移動制約が強い場合は顕在化しないこともある．交通が何らかの活動を行うための派生需要であることに鑑みると，むしろバスサービスによって獲得しうる活動の機会に着目した"活動機会提供型計画法"とでも言った方がよいかもしれないのであるが，いずれせよ，単に需要を捌けばよいという立場には依拠しない．また，経営採算性（運賃収入と運行費用のバランス）のみにより評価する立場もとっていない．これは，運賃収入は利用者便益の一部を示す指標でしかないとの見方をとっているためである．このことは第Ⅲ編の内容にも現れており，例えば，需要予測は採算性分析の基礎情報としての位置づけしか与えられていない．

(5) 本書の構成

　本書は第Ⅰ編から第Ⅲ編までの3部構成をとっている．第Ⅰ編は，必要なバスサービスを確保する上での地域社会の役割を論じたものである．平成14年2月に施行された路線バス市場の規制緩和の精神は，"地域の足は地域で守る"であった．本編は，バスサービスに対する本書の基本的考え方を述べたものであり，バスサービスをとりまく状況，総合的・体系的な考え方の必要性，自治体の責務，等について論じている．

　第Ⅱ編は，バスサービスを巡る代表的な政策課題を挙げ，課題解決に向けた基本的な検討手順を提示したものである．課題を解決しようとする際には類似した事例を参照することも多いと思われるが，バス問題の解決には地域の特性に即した適切な施策を見出すことが肝要である．どのような条件を満たしていればその事例で用いられた施策が自地域の課題の解決にも有効なのかを自ら判断するために，地域特性の把握の仕方を含め，諸施策の有効性を判断するための考え方を整理し提示する．もとより，限られた数の条件のみで施策の有効性を完全に判断できるわけではないが，着目した事例で採用された施策が効果を発揮する上で欠かすことのできない要件が何であるか，適用しようとする自地域がその要件を具備しているか否かを適切に確認することは，効果の有無を判断する上で有用な情報を与えるものと考える．

　第Ⅲ編は，個々の技術項目の説明である．第Ⅱ編の政策課題別検討手順を読む際の解説としてのみならず，一般的な検討を行う際に参照するという使い方も想定し，それだけでひとつのまとまりを持つものとなるよう留意した．まず，路線バスサービスの場としての市場の形成と事業者選定，さらには，自治体による路線管理について説明した後，調査−分析−設計−評価の各段階に関する概念や手法を解説している．また，路線開設やサービスの変更等に際して必要となる諸手続，

ならびに，利用促進策についても章を設け，読者の便宜を図ることとした．紙幅の制約もあるため，各項目とも基本的事項の説明に留めており，さらに詳しい情報を必要とする読者には参考文献を紹介している．

(6) 利用にあたって

　まず，本書の基本的考え方を述べた第Ⅰ編を読んでいただきたい．バスサービスに関する政策課題への対応を迫られている読者は，次に第Ⅱ編の概説に進み，関連する課題例を選んでいただきたい．執筆にあたっては代表的な政策課題を選定するように心がけたが，もとよりすべてを尽くしているわけではないため，必ずしも直接該当するものが見あたらないこともありうるが，考え方に共通するものがあったり，部分的に利用できる場合もあるため，関連のありそうなものをいくつか眺めていただくことをお勧めする．課題例の検討プロセスに沿って全体の流れを把握し，自らの地域の特性やバスサービスが置かれている状況を的確に認識して適切な対処方策を見出すためにはどのような調査・分析を行う必要があるかを読みとった後，個々の技術項目について第Ⅲ編の対応箇所を参照していただきたい．

　また，検討手順は概ね知っている，あるいは喫緊の政策課題への対応を迫られているわけではないがバスサービスの維持・改善方策を探ろうとしている政策担当者やコンサルタント，バス事業者，地域住民の方々については，現在のバスサービスが抱えている問題点や改善のために検討すべきと考える事項を第Ⅲ編から探し，事典として利用していただきたい．

　なお，本ハンドブック編集中の平成18年5月に道路運送法が一部改正されたが，本ハンドブックの記述は改正前の法令に依拠しているのでご留意いただきたい．

(7) おわりに

　本書は，「事例集」でも「論文集」でもない，体系的な問題解決の検討方策を支援するためのハンドブックである．課題に直面している担当者や住民が自ら必要な情報を集め，状況を分析し，これまでに蓄積されているさまざまな手法等を組み合わせて処方箋を組み上げるための道具立ての提供を目指した．また，既に述べたように，技術を精選し蓄積していくための社会的装置としての機能をも持たせている．本書はこのような試みの第一段階のものである．したがって，十分な知見が得られていない技術項目や，ほとんど手がつけられていなかったため今後の開発に待たざるを得ない技術項目が少なからず含まれて

いる．今後，技術開発が活発化して新たな技術が次々と蓄積され，継続的な改訂を通じて，この分野の技術水準が大いに高まることを期待するが，本ハンドブックがその一助となることを望むものである．

　最後に，本書の作成にご尽力いただいた委員，ならびに活発な討議をしていただいた「規制緩和後におけるバスサービスに関する研究小委員会」メンバーをはじめとする関係各位に深甚の謝意を表したい．

　　平成18年9月

　　　　　土木計画学研究委員会
　　　　　規制緩和後におけるバスサービス研究小委員会
　　　　　　　　委員長　喜多　秀行

編　著　者

編集代表　喜多秀行（神戸大学名誉教授）

　　　　　（はじめに，第Ⅲ編，第Ⅳ編 3.4，4.10）

編集委員　岸野啓一（流通科学大学経済学部）

　　　　　（第Ⅱ編 概説，課題例 1，3，第Ⅲ編，第Ⅳ編 3.3，3.5）

　　　　　谷本圭志（鳥取大学工学部）

　　　　　（第Ⅲ編，第Ⅳ編 2.4，2.6，4.1，4.4，4.5，4.8，5.2，5.3）

　　　　　宮崎耕輔（香川高等専門学校建設環境工学科）

　　　　　（第Ⅲ編，第Ⅳ編 4.8，4.10）

　　　　　吉田樹（福島大学，前橋工科大学）

　　　　　（第Ⅱ編 概説，付録）

執筆者　　秋元伸裕（（一財)計量計画研究所）

　　　　　（第Ⅱ編 課題例 6）

　　　　　秋山哲男（中央大学研究開発機構）

　　　　　（第Ⅳ編 4.9）

　　　　　磯部友彦（中部大学工学部）

　　　　　（第Ⅱ編 課題例 8）

　　　　　上田孝行（元東京大学大学院工学研究科）

　　　　　（第Ⅲ編）

　　　　　大澤厚彦（（株)東急総合研究所）

　　　　　（第Ⅳ編 4.9，4.12）

　　　　　大坪秀士（（株)福山コンサルタント）

　　　　　（第Ⅳ編 3.6）

　　　　　柿本竜治（熊本大学大学院自然科学研究科）

　　　　　（第Ⅳ編 3.7）

　　　　　加藤博和（名古屋大学大学院環境学研究科）

　　　　　（第Ⅳ編 1.7，4.6，4.10）

菊池武弘（元弘南バス(株)会長）

（第Ⅲ編）

岸邦宏（北海道大学大学院工学研究院）

（第Ⅳ編 5.1，5.4）

倉内文孝（岐阜大学工学部）

（第Ⅳ編 4.9）

小池淳司（神戸大学大学院工学研究科）

（第Ⅳ編 3.7）

酒井弘（(株)まち創生研究所）

（第Ⅱ編 課題例 11，第Ⅳ編 2.5）

坂本邦宏（イーグルバス(株)）

（第Ⅳ編 6.3）

塩士圭介（(株)日本海コンサルタント）

（第Ⅳ編 3.5）

白水靖郎（中央復建コンサルタンツ(株)）

（第Ⅳ編 2.3）

高山純一（公立小松大学サステイナブルシステム科学研究科）

（第Ⅳ編 4.7）

竹内健蔵（東京女子大学現代教養学部）

（第Ⅲ編）

竹内伝史（岐阜大学名誉教授）

（第Ⅰ編，第Ⅲ編，第Ⅳ編 1.1〜6，4.3）

堤盛人（筑波大学システム情報系）

（第Ⅳ編 4.7）

徳永幸之（宮城大学事業構想学群）

（第Ⅳ編 3.1，3.2，3.6，4.5）

中野孝之助（前盛岡市議会議員，元盛岡市役所）

（第Ⅱ編 課題例 7）

中村文彦（東京大学大学院新領域創成科学研究科）

（第Ⅳ編 2.7，2.8，4.2，4.5，4.9，4.11，6.2）

橋本淳也（熊本高等専門学校生産システム工学系）

（第Ⅳ編 4.7）

原文宏（(一社)北海道開発技術センター）

（第Ⅱ編　課題例 9）

藤井聡（京都大学大学院工学研究科）

（第Ⅳ編 2.1，2.3，3.4，6.1，6.4，6.5）

溝上章志（熊本学園大学経済学部）

（第Ⅳ編 4.7）

緑川冨美雄（元地域科学研究会）

（第Ⅳ編 2.7）

宮谷卓志（鳥取市役所）

（第Ⅱ編　課題例 2）

室田篤利（(株)三菱総合研究所）

（第Ⅱ編　課題例 10）

元田良孝（岩手県立大学名誉教授）

（第Ⅳ編 4.11）

森谷淳一（(株)地域デザイン工房）

（第Ⅳ編 2.2，2.5）

森山昌幸（(株)バイタルリード）

（第Ⅱ編　課題例 5，第Ⅳ編 3.8）

山室良徳（中央復建コンサルタンツ(株)）

（第Ⅳ編 2.3）

若菜千穂（NPO法人いわて地域づくり支援センター）

（第Ⅱ編　課題例 4，第Ⅳ編 4.7）

目　　次

改訂にあたって

はじめに

第Ⅰ編　バスサービスを取りまく環境と地域の役割

1章　バスサービスの役割と諸問題

1.1　市民の足を守る

　成熟社会化が進むわが国の地域において，できるだけすべての市民が社会的な行動能力（以下モビリティ）を維持できるように政策的な配慮を行うことが重要となりつつある．すくなくとも本人が身体的な活動能力を保持できる人々が，社会的な環境条件によってモビリティを喪失することがないようにすることは，福祉的な観点を越えて地域経営の基本的な課題と認識されねばならない．

　1960年代後半からのモータリゼーション全開の時代には，このモビリティは全ての市民が自動車を駆使することによって達成できると夢見られた．しかし，モータリゼーションの爛熟した今日，それは夢であったことが認識されるようになった．むしろ自動車交通の発展は，人々のモビリティ格差を拡大し，いわゆる交通弱者（トランスポーテーションプア）の発生すら懸念させている．自動車の普及が，本源的に乗合い効率に依存する公共交通サービスの効率を減退させ，敗退に導いたからである．いまや，市民の足を守る施策の確立は地域社会に喫緊の課題となっており，それは公共交通サービスの政策的確保を中心とする総合交通政策の展開にかかっている．

　また，自動車交通の蔓延による地球環境への悪影響も世界的に認識され，その対策が議論されており，それは単に炭素系燃料の使用抑制に留まるものではなく，「乗合い輸送」による効率改善にも議論が及んでいる．地域社会の持続可能な発展のためにも，地域交通における公共交通分野の比重拡大が望まれるところである．

　ところで，バスサービスは公共交通システムの中で最も一般的で柔軟なシステムであり，運営経費も少ない．市民の足を守る公共交通サービス体系の中で，バスサービスは最も重要かつ実用的な役割を果さなければならない．

1.2　公共交通体系におけるバスの役割

　ここで，「バス」という概念は最大限幅広に把えられる必要がある．バス・システムとはバス車両とその走行路からなるハードウェアとそれを用いたサービス供給システムの結合体であり，後者は乗客(利用者)サービスのシステムと運行サービス提供事業の制度の両側面がある

ことを忘れてはならない．そして，これらの各側面は互いに関連をもっている．

　ハードウェアの面からみても，「バス」は多様である．一台で数百人もの輸送能力を持った長大連接バス（わが国の例ではないが）や専用走行車線を時間50台余も運行し時間3000人余の輸送力を誇る名古屋の基幹バスのような大規模システムから，タクシーを利用して乗合い運行を行うシステムまで規模の幅は大きい．また，マイクロバスを用いたデマンドバスのような柔軟な運行形態も昨今は考えられつつある．逆に専用道路を整備したガイドウェイバスは，運営制度上は新交通システムに入れられている（軌道法を適用）が，広くバスサービスを議論するのであれば，それらもバスの概念に含んでもよいのではないか．

　元来，「Bus」の語源は「omnibus」でありomniの語意が示すように，「全てのものに開かれた（乗物）」，すなわち乗合いシステムを意味している．したがって，サービス形式も固定路線固定停留所方式からフリー乗降システム，そして需要即応の経路を定めない方式まで，すべてを含むことになる．また，サービス提供の方式も民間事業者に依るもののみならず，公企業方式，公共事業方式や，地域住民の自主運行方式も考えられてよい．

　考えてみれば，このような定義の幅はすべて「公共交通」にも通用するものである．バスがそれほど公共交通システムの一般的な形態（モード）であることを示している．バスを公共交通全般から弁別する要素としては，車両として自動車（これとて非化石燃料を用いる改良が進められている）を用いることと，基本的に走行区間を道路敷に依存することぐらいであろうか．

　したがって，バスが公共交通体系において果たす役割もその地域の特性に応じて多様である．鉄道などの基幹システムのない地域では，まさに一般的公共交通システムとして，全域に路線網を張りめぐらせてサービスを展開する．この場合でも，対象地域が大きくなり中心市街地が発達しているような場合には，バス路線網の中で基幹的システムとフィーダー（培養）システムが分別され，有機的な役割を果たすことになろう．

　鉄道や新交通システムなどの基幹システムの発達した地域では，バスは主としてフィーダーシステムの役割を果たすことになる．しかし，基幹路線網が完備している地域は多くないから，基幹路線を補完するような役割も上述したようないわば重装備のバスシステムが担うことは十分に考えられる．

1.3 サービス供給制度の原理と変革の必要性

　これまでのバス事業は人々の交通需要を商機としたビジネスであった．したがって運輸行政はその交通事業に伴う交通資本の重複投下の無駄を省き，逆に独占事業による暴利を抑えるために免許制度を設け，業界監督を行ってきた．それは人々の交通需要が鉄道やバス（公共交通）に依らなければ満されない時代の制度であったにもかかわらず，モータリゼーションが進展し，多くの人々が独力で動き回るようになった20世紀の末までも維持されてきたのである．

　このような体制の下では，すべてのバス事業は独立採算が原則である．個々の路線ごとに免許は交付されるが実態は地域独占免許であり，一定地域内の路線間に内部補助を取入れつつ，地域全体としては特定事業者の事業が健全に成立するよう，いわゆる「需給調整規制」が監督当局によって実施されていた．

　一部の都市や県域に公営バス事業が存在して，これは上述の民間事業とは別の扱いを受けているように思われがちであるが，これは単に出資者が公共団体というだけで，制度的には何ら異ならない．ただ，公営事業の場合には議会筋などから，採算性を度外視したサービス供給と料金（公共料金とみなされる）低廉化の要求が押し付けられやすい構造をもっていただけである．一方では公営バスのサービスは公務員労働者によって担われており，ともすれば生産効率が低下しがちであったから，公営交通事業の採算性は常に悪く，事業存続の危機が早くから叫ばれ，緊急避難的な公共資金の補填が行われてきた．

　ところで，モータリゼーションの進展はすでに早くから，このような公共交通市場の安定を侵蝕・破壊してきたのであり，公共交通利用者の逸走（というより逸走できるという条件）が，公営交通のみならず民間事業者によるバス事業においても独立採算の維持を困難にしている．一方では冒頭にも述べたように，市民の足を守るためのバスサービスの必要性は，いよいよ高まってきており，ここに公共財源による公共交通サービスの支援が不可避となる構造があった．しかし，単純な公共財源による赤字補填は，バス事業の生産効率低下をもたらす危険性が大きい．公営交通の軒並みの効率性の低さがこれを物語っているが，民間事業者においても公共補助を導入したとたんに「親方日の丸」現象が生じるとの指摘がある．「公共補助路線の運転手は眼つきにも労働の意欲が感じられなくなる．（加藤博和　名古屋大学教授）」などという現象は，単に経済的な効率性への悪影響のみならず，従業者の接客態度がサービスの質として重視される状況下では，公共交通全体の魅力増進のために看過しえないことである．

1.4 費用負担と競争的市場の整備

　したがって，市民の足を守るために公的資金の投入は避けられないにしても，サービス供給の効率性を維持する方向でその体制を整えなければならない．公営事業の低効率を考えるならば，中心は民間事業者を複数導入し，サービス提供について競争を維持できるような体制とすることが肝要であろう．すなわち公共交通サービス提供における競争的市場の確立である．公的資金の投入は，この競争的市場の整備のために行われるのがよい．

　市民の足を守る交通計画の策定に当っては，効率性の追求のみならず，公共性の観点が重要である．効率性の追求は上述の競争的市場の確立に委ねるとして，公共性の観点から公的資金の活用方法を考えることも大切である．地域の交通市場の構造は基本的にはマイカーと公共交通の競争がその中心であって，公共交通における競争的市場の整備は公共交通の競争力を付けるためのものだ．マイカーと公共交通の競争市場において両者の競争条件を整えるために，あるいは地球環境問題等の状況を考えるならば，競争条件を公共交通に有利に導くために，公的資金の投入が考えられねばならない．さらに，資金の投入のみならず種々の制度的基盤の整備も併せて考えられるべきであろう．そして，公的資金投入の財源を行政か地域住民か，あるいは地域の種々の経済主体の一体誰が負担するかが論じられねばならない．

　なお，昨今の世界的な新自由主義的経済政策導入の気運の中，「民営化」による改革の推進は，ともすれば投下資本の高収益性にのみ眼が向きがちであり，公的資金までもがこの目的のために使われる危険すら無しとしない．少なくとも，公的資金の投入効果を，便益を収益金額のみで計測した費用便益分析による事業評価の愚は避けねばならない．公共交通サービス供給の目的は住民の便益向上に在るのだから．

　こうしたなかで公共性と効率性を両立できるハイブリッドなバスサービス供給システムが構築される必要がある．運輸需給調整規制の廃止は以上のような状況を受けて断行されたのであるが，また以上のような課題を未だ抱えたままで実施に移されているのでもある．

2章　需給調整規制の廃止の意義と地域行政の地域公共交通政策

2.1　規制緩和に伴う環境の変化

　従来，運輸行政は一般の者の交通事業禁止，特定事業者への地域独占免許交付の権限に基づいた運輸事業者の監督行政であった．2002年の需給調整規制の廃止は，この免許制度を廃止したのである．この規制廃止の精神を，運輸政策審議会自動車交通部会の答申よりまとめると図I.2.1のようになる．これによって，事業者は自由に交通事業に参入したり退出したりすることができるようになった．もし，公共交通市場が魅力的な市場であるのならば，これによって事業者のサービス供給における参入競争が起り，それは市民利用者へのサービス向上となって現れるであろう．しかし，残念ながら，部分集合たる公共交通市場は全集合たる交通市場におけるマイカーの全盛によって，市場を縮小・劣化させており，その状況は今回の規制緩和によっても何ら変化する兆しがない．

運政審 自動車交通部会答申1999 主文

- 輸送事業者の創意工夫を発揮させ、より良いバスサービスの提供が行われるようにする
  - ために
- 新規参入等が可能となるよう需給調整規制（路線免許制度‥‥筆者注）を廃止
  - することにしたのであるが、
- 安定的にサービス提供が行われる
  - ためには新規参入について
- 最低限のルールを設けることが適当
  - であり、地方部では
- 生活交通として必要なサービスが効率的かつ多様な形で提供できるような新たなシステム
  - と
- 内部補助を前提としない形で（生活交通を）確保するための新たな仕組みが必要
  - である

図I.2.1　需給調整規制廃止の精神

市民の足を守る交通政策の観点からは，むしろ現在必要なのは上述のように全交通市場における公共交通の役割の確保であり，競争力の強化である．しかし，国の運輸行政は従来の縦割り行政のしがらみに足をすくわれ，この総合交通政策の確立に未だ必ずしも成功しているとはいえない．というよりも，この仕事は市民の草の根の活動状況を熟知している，基礎的自治体たる市町村がその任務に当るのが適切であろう．自治体行政は市民生活全般にわたっての責任を有しており総合交通政策をまさに総合的・体系的に担うにふさわしい．そのためには，民間交通事業者を活用して地域の総合交通政策に組込むための権限を，国から市町村あるいはその連合体に委譲することが必要である．それは地域の行政によって当該地域の交通市場を再構築することを意味する．

　しかし，残念ながら規制緩和と並んで車の両輪であるべきこの権限委譲は"道未だ遠し"の感が強い．公共交通事業者も，とくに既存の事業者は，現在のところ従来の護送船団方式の安楽の夢を忘れきれず，新たな事業拡張には必ずしも積極的ではない．タクシー事業者等の新規参入に期待が託されているところである．

2.2　地域行政の地域公共交通サービス供給体制（地域公共交通協議会）

　しかし，残念ながら規制緩和と並んで改革という車の両輪であるべきこの権限委譲は改革以後20年を経た今日でも，新たな体制が確立したとは言えない状況にある．新たに「市民の足を守る」任務を負ったのは上述のように，地域行政であるが，その受け皿となる市町村行政は従来，公営交通事業部門を持っていた政令指定都市や一部の中核都市を除いて，公共交通政策には全く関与していなかったのであり，当該行政経験も皆無である場合が多い．従って，こういった地域行政に「市民の足を守る」任務を負った自覚を持ってもらうと共に，国（運輸行政）は，従来の行政経験（それは学識者委員会や交通計画コンサルタント技術者を駆使して成されたものであるが）を活かして地域行政を指導し，施策展開を促すことが肝要である．

　また，実際に公共交通サービスを市民に提供する実務を遂行するのは主として民間の公共交通事業者であり，公共交通サービス供給計画を策定し運用する地域行政とこの事業者群との契約・連携が，この「市民の足を守る」行政の本体となることを考えれば，ここにも個々の公共交通事業者の事業展開の「安全性・安定性」を審査し保証する国（運輸行政）からのアドバイスと情報提供が不可欠である．需給調整規制が廃止された今，運輸行政は理論上交通需要に関心を払う必要は無くなった．しかし，交通事業者は決して野放しにされたわけでは

6　　　　　　　　　バスサービスハンドブック

ない．交通事業者の安全かつ安定的なサービス供給能力についての審査権を運輸局は引続き行使することになっている．この20年ほど，運輸事業各方面で乗客の人心に係わる深刻な事故が報道される．その事故原因究明の過程において，運輸行政当局（又は，その民営委託団体）の安全性審査の不備が指摘されることがあるのは，規制緩和の方向性に疑義を持たせる由々しき事態と言わねばならない．

　この市町村（又はその連合体），国（運輸行政＝運輸局），公共交通事業者，三者間の連携の構図を早急に明示することが肝要である．これを受けて，「市民の足を守る」行政の責を負った地域行政は自ら地域の交通需要を調査し，交通計画を策定して，交通事業者を動員する作戦を立てねばならない．運輸行政と地域行政の連携により，両者の権限を活用することによって，交通事業者が競争場裏に，総合交通政策の中で栄えある役割を担えるように誘導されねばならない．

　その為には，まずは地域の日常生活交通圏を包括できる広がりを持った市町村（あるいはその連合体＝「地域行政」）を対象範囲とする「地域公共交通協議会」を組織することが必要であろう．この協議会は該当市町村と都道府県及び管轄運輸局，さらには参入意欲のある公共交通事業体，そして，必要に応じて利用者市民代表によって組織される．そして，「地域公共交通計画」の策定とその実施実体たる「公

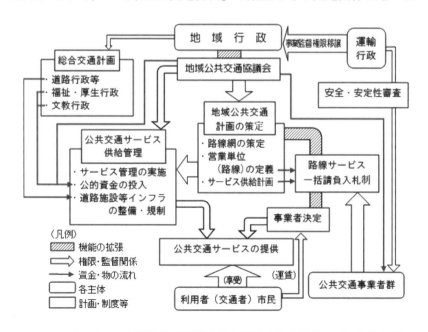

図I.2.2　需給調整規制廃止後の地域公共交通サービス供給体制

共交通サービス供給体制」の管理と実態把握を，この協議会の指揮の
もとに，地域行政は日々の地域公共交通サービスの提供を進めて行く
ことになる．なお，この計画策定とサービス供給管理が高度な専門性
を有することに鑑みれば，協議会には有識者委員を置くことが望まし
いし，新体制発足時には作業の展開と必要に応じて，協議会の下に作
業の実際を遂行できる専門コンサルタント技術者を配することも考え
るとよい（図I.2.2参照）．

3章　地域・自治体（行政）が果たすべき役割

3.1　コミュニティバスの流行と意義

　運輸規制緩和に先立って各地でコミュニティバスと称せられるバスサービスが見られるようになった．行政改革の進捗のいかんにかかわらず，地域行政において市民の足を守る政策の必要性が認識されるようになった証左である．

　コミュニティバスは地域の特性に応じた個性的なサービスを，各地域が競っているので，それぞれ独特なアイデアを持っているところもあって，一概に定義することは難しい．しかし一般的には，従来路線バスによってはサービスが供給されなかった，いわゆる公共交通空白地域の交通ニーズに対処するため，地域行政による公共的施策として，採算性は度外視して実施されるバス運行サービスで，比較的低料金（無料の場合もある）で，小型バスなど運行しやすい車両を使って運営されるところが共通している．停留所配置や路線形状（循環路線が好まれるが，それはあまり効率的でない），運行形態は様々であるが，料金はワンコインと称して100円とすることと，可愛らしい小型バス車両を用いることが多かったこともあって，利用者・市民に好評をもって迎えられたところが多い．

　最初の事例は一般に武蔵野市のムーバスとされている．これはかなり人口が稠密な吉祥寺駅前の市街地で，道路幅員が狭くて路線バスが進入できなかった地区に対して，マイクロバスをもって一般利用者100円（ワンコイン），高齢者・子供無料という低料金でサービスを行ったものである．市の企画により赤字は公共財源で負担することとし，民間事業者への運行委託によって運行された．このコミュニティバスが予想外の利用者を集め，数年を経ずして黒字経営になったことで，周辺地域はもとより全国の自治体に評判となるに至った．企画に当って武蔵野市長は，「このバス運行によって一人・二人でも自力で社会活動を行えるようになる在宅高齢者がいるのであれば，在宅介護手当ての節約分で運行費補填額などは直ぐに張消しになる…」と言っているが，その言やよし，まさに冒頭に述べた市民のモビリティ確保に対処する地域行政の責務そのものといえよう（ただし，2年目には黒字が出たという事業成果については，上述のような高密度需要地域における特別な事例と考えられ，これに学ぼうとする地域には注意を喚起する必要がある）．

　このバス事業は，マクロな事業構造としては，かなりの公共負担の下に，従来バスの無かった特定の地区に低料金という高質のサービスを供給するものであるから，そのバスに乗客がどの程度喚起されるか，

とは全く別に，当該地区の住民には歓迎されるのが一般である．そして，自治体の首長の名施策として宣伝される．市民の足を守る施策への渇望もあって，この施策は周辺の自治体へ，燎原の火の如く広がっていった．なかには，周囲の市町村のコミュニティバス運行図を示し，「何故わが町は無いのか」と競争意識むき出しの議論を展開する住民もあり，「何でもよいから，コミュニティバスと名の付くものを走らせろ．」と当局に迫る議会や首長もいる程である．

　確かに，市民の足を守ることの重要性に気付いたという意味で，コミュニティバスの普及の意義は大きい．しかし，その動機が上述のような流行に踊らされたものであったとするならば，後につづく弊害もまた大きいことを知るべきであろう．一部の地区に善政であるコミュニティバスも全域の総合交通政策（現行の「地域公共交通計画」もその例と言える）の中にしっかりした位置づけを得ていることが肝要なのである．

3.2　コミュニティバスの危険性とその克服

　コミュニティバスの危険性は，公共財源の持ち出しが無限に拡大する畏れがあることと，路線バス事業の圧迫・不健全化の二つの側面から指摘することができる．両者は図Ⅰ.3.1に見るように互いに悪影響

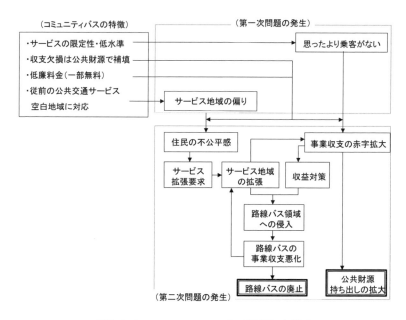

図Ⅰ.3.1　コミュニティバス問題発生構造

を及ぼしつつ坂道をころげ落ちるように進展する可能性がある．

　コミュニティバスに対する市民の反応は，上述のような事業のマクロ構造を反映して，支持と嫉妬のいりまじったアンビバレントなものとなることが多い．直接このバスを利用できる住民はもちろん歓迎するであろうが，その割には利用者は増加しない．今日の自動車化社会では料金が無料であっても，全く利用しようとしない人がいることが判っている．一方，利用できない，あるいはし難い地区の人々は，コミュニティバスが話題になればなるほど，不公平感がつのり，公共財源を使うのなら我等の地区にも同様の施策を，という要望が大きくなる．それは既存の路線バスサービスがある地域でも同様である．一般に路線バス料金よりコミュニティバス料金の方が廉いのが普通だからである．

　こうして，コミュニティバス事業への最初の反応は，事業赤字と公共財源による補助の縮小への圧力と，路線拡張への要望が併存することになる．行政は公平の原則に立てば，これに対処するには，直ちに施策を止めるか上記圧力の両方に対応する以外にない．後者を採用した場合は，できるだけ効率のよい路線や地区を選んで路線を増やしていくことになる．しかし，本来コミュニティバス施策の必要な地区には，ムーバスのような事例を除いて，もともと交通需要の密度が薄いのが普通である．したがって，事業赤字は拡大こそすれ縮小することはない．経費を削減するため運行本数などサービス水準を切り下げれば，まず有料利用者が反応して減少することになる．思いあまった当局は，路線バスの営業地区に路線を侵入させることが多い．路線バスは需要の多い地区に路線を張っているのだから，そこなら乗客増が望めるのである．こうして，上述の規制緩和が災いして抵抗する術を失った既存路線事業者は，低料金のコミュニティバスに敗退して路線を廃止せざるを得なくなるであろう．

　この結果，コミュニティバスによってカバーせねばならない地域がさらに拡大することになり，公共財源の持ち出し額はさらに増加する．そればかりでなく，従来，独立採算でまがりなりもサービスを供給していた部分にも公共財源を注ぎ込むことになるのだから，地域の政策全体にとっても由由しき事態が生じると言わねばならない．

　このようなコミュニティバスの陥穽（落し穴）とも言うべき現象をどうしたら克服できるか．コミュニティバス事業を止めてしまうことは，どう考えても後向きである．その理念自体は先にも述べたように間違っていない．克服の途は，このコミュニティバスの概念を全地域に広げる以外にないのではないか．そして，公的資金の投入を最小限に留めるために，利用者の適切な費用負担を求めることを含めて，事業運営に民間事業者の活力を最大限活用することである．それはすなわち，

地域全体をカバーした総合交通政策の策定であり，その中の公共交通
計画に，コミュニティバスも一般の路線バスも，そしてその他の施策
バスサービスも共に適切な位置づけを与えることなのである．

　今日，定着が望まれている「地域公共交通計画」は，このような包括
的な公共交通サービスの供給施策の計画を企図していると言える．一
方，英国では，このような施策の全国的な確保の方策と基準を定めた
LTP (Local Transport Plan)を夙（つと）に策定したと聞いている．これらに
学んで，日本版LTPを策定すべく議論を重ねた成果を，本書では第III
編に紹介している．

3.3　市民の足を守る政策の推進主体としての自治体

　コミュニティバス的発想の全市域拡大とは，市民の足を守るための
総合交通政策の計画策定と推進にほかならない．その中軸は公的資金
を注入しつつ民間公共交通事業者を駆使して，公共交通サービスを全
域の市民各層に提供することであり，それに整合的な道路(整備・管理)
政策と自動車管理政策を展開することである．その意味では，この政
策を推進するための地域の行政と公共交通事業者の連携・協力が大切で
ある．しかし，この政策の目的はあらゆる人々のモビリティを確保・育
成し，地域の交通問題を解決することであるから．政策の成果は市民
の交通行動選択のあり様によって大きく左右される．いかなる政策を
展開しても，それに応じて市民が動かなければ意味はない．また，政
策の実施にはおそらく多額の公共財源を必要とするから，総合交通政
策全体について，納税者としての市民の合意・承諾が不可欠である．
すなわち，市民が行政の最大のパートナーであることを認識しなけれ
ばならない．

　ここで言う総合交通政策は，かつて提唱された総合交通体系のよう
に，単に交通施設の整備・運用を自動車と公共交通について連携させつ
つ推進するだけではない．図I.3.2に示すように，そこには従来の交通
関連施策の枠を越えた，公共交通事業者の動員と市民の合意の取付け・
自覚ある行動選択の慫慂（しょうよう）についての全庁的な政策連携が必要である．
その出発点としては，行政が市民の足を守る総合政策の筋道(基本構想
とでもいうべきか)と，専門知識と技倆を活した交通計画の策定を行う
べきであろう．この交通計画の中に，バスの路線計画とサービス供給
計画も明確な位置づけをもって明示されねばならない．もちろん，こ
のプロセスにおいて，市民の意見や要望を吸収することや，公共交通
事業者の知見や経験を取入れることが，計画をより効果的なものとす

るであろう.

　ところで，このような一連の交通計画，総合交通政策の策定作業を，全国のどの自治体行政もできるものか否かについては疑問とする議論も多い．また，今日では人々の一日の交通が，住んでいる自治体の域内に納まっている例はほとんどない．交通計画の策定や政策の展開は一定の拡がりをもった地域(交通圏とでもいおうか)について，統一した意図の下に推進する必要がある．近時,制度的に確立された「地域公共交通計画」という用語も,この辺りの感触を反映したものと理解している（もちろん，全国幹線級の公共交通とは異なることも意味している）.中核となる都市を中心として関連自治体による広域交通連合(その制度的形態はいろいろ考えられよう)が形成されることが望ましい.

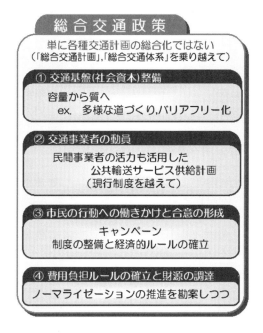

図I.3.2　総合交通政策

そして，これまで公共交通事業者を管理・監督し事情に明るい地方運輸局(各支局)が，都道府県とともに，これに協力・支援することが必要であろう.

4章　政策科学的手法による総合交通計画の策定

4.1　基本構想の重要性

　総合交通政策は基本構想（あるいは基本方針）と地域公共交通計画そして具体的施策体系から成っていると考えてよい．そして総合交通政策を効果的に展開するためには，この基本構想を明瞭簡潔に定めることが大切である．基本構想を策定するために，もはや基本姿勢についての議論は要らない．本編冒頭に述べたような，地域の行政として市民の足を守ることと，人々の自覚ある行動によって自動車交通を抑制することの基本的な意義を確認すれば，あとは決断だけである．そして，この基本姿勢に基づいて，各地域の特性に配慮しつつ，目的達成への具体的な筋道を，広く地域の市民や企業市民に提示して，合意を形成する．ここでは人々が皆，自分の身に降りかかる事態として，この基本構想を理解することが必要である．

　具体的な地域公共交通計画は科学的手法によって策定される必要があるが，この基本構想が揺らいでいる状況での計画策定作業は，手戻りが多く，効果の薄いものになりがちである．

4.2　地域公共交通計画の策定

　地域公共交通計画の策定とは，基本的には対象地域全域にわたっての公共交通サービス路線網の編成である．ただし，交通モードやサービス形態は，上述のように非常に幅広く多様である，しかも各路線の交通需要の発生パターンによって後でモードが決められることもあるから，路線網計画段階では柔軟に考えておく必要がある．

　計画策定に当って最初にやらねばならないことは，市民（地域住民）のモビリティ・ニーズの把握である．既に顕在化している交通需要のみを追うのではなく，現況の交通サービスが劣悪なため埋もれているニーズや，自動車利用や自転車・徒歩で行われている交通も把握されねばならないし，量の地理的分布のみならず，市民各層ごとの分布状況が分析されることが望ましい．

　このようなデータを得ることは実は大変難しい．いわゆる実態調査では捕捉できないからである．このため交通社会実験と呼ばれるような施策の試行を行って，埋もれているニーズの掘りおこしを図ることも有意義である．また，実態調査のデータ（RPデータ）に比して精度が落ちるとされる住民意識調査（アンケート調査）によるデータ（SPデータ）ではあるが，これの利用も避けられないのではないか．もっとも，"人は口で言った程には行動（転換）しないものである"ことを知っ

ておくことも大切であるが. 考えてみればSPデータも，費用負担意志の把握などRP調査では得られない情報が得られるので，アンケートの仕方を工夫すれば随分有意義なデータが得られるものといえる．とくに今後の公共交通計画では，乗らなくても払う意志のある人の存在も貴重である．公共交通サービスの存在効果，保険効果といったものを計測する必要も出てこよう.

実際にはこのモビリティ・ニーズの分布は，技術的に従来の交通需要推計手法を用いて分析することも可能であるが，各地域(対象地域をゾーン分割したもの)の居住者数(階層別も)や商店・病院・学校(大学・高校)といった公共交通利用者集客施設の数や規模，そして域外からの利用客をもたらす鉄道駅等の分布によって計測され，代表されることが多い(私はこれを「公共交通利用ポテンシャル」と呼んでいる)．このモビリティ(あるいはポテンシャル)のうち，どれだけが実際の利用者として顕在化してくるかは，公共交通のサービス水準に依存している.

4.3 サービス供給計画の策定

結局，各路線区間に生ずる利用者の量は，そこに供給される公共交通サービスの形態と水準の関数である．また，他の交通政策や道路整備状況を中心とする総合交通政策の実態が，環境条件として公共交通利用者の多寡に影響する．すなわち交通計画は従来の交通施設整備のための計画から脱却して交通需要マネジメント(TDM: Transpor-tation Demand Management)を考慮した計画とならねばならない．地域の人々のモビリティが健全に発揮され，しかも地域社会が全体として合理的・効率的で地球環境にもやさしい形に収まるよう，人々の交通行動を誘導することこそが交通計画の目的である．このためには，交通計画の技法としては，総合政策やサービス供給計画を説明変数とした，人々の交通行動選択モデルの分析・研究がいよいよ重要となろう.

ところで市民の足を守る交通計画は，本編の3章にも述べたように事業の独立採算成立を前提にはしておらず，ましてや,運輸収入最大を目的とするものでもないので,一定の公共財源の投入が想定されることになる．もちろん，公共財源の投入額をより少なくするための努力は不断に行われなければならないが，サービス水準と必要経費はトレードオフの関係にあり,この結果,収支均衡点をもってサービス水準を定めることができなくなってしまう．利用者量最大をもたらすサービス水準が実行可能な範囲で求まればよいが，通常はそれも難しいことが多い.

そこで，供給サービス水準の決定は支出公共資金額との関連で政治的に決めざる得なくなる．交通計画技術者には，いくつかのサービス水準によるサービス供給計画の代替案を作成し，代替案ごとの料金収

入を推測(すなわち利用者数の推計が必要)して投入すべき公共資金の額を求めることが要求される. 得られた公共資金投入額とサービス供給計画代替案の関係の中から, 議会等の政治的プロセスによって採用計画が決められることになろう.

　サービス水準も高く, そして公共資金投入額も少なくすることを市民が望むのであれば, それは市民が当該公共交通をもっと利用するより他はない. このあたりのメカニズムが認識されて市民の自覚ある行動選択に繋ってこそ, 市民の足を守るための総合交通政策における市民と行政・交通事業者のパートナーシップは確立したと言えるのではなかろうか.

第Ⅱ編　政策課題への対処の基本的手順と留意事項

概説

　2002年の道路運送法改正に伴い，乗合バス事業に対する参入・撤退の自由度が増した．乗合バス事業に対する国の関与が弱まり，地方自治体，とりわけ市町村が主体となって，地域の公共交通を確保する必要が生じている．地域の抱える課題は様々であり，種々の制約の下で市町村が創意工夫を凝らしながら対応する必要がある．

　本編では，地方自治体が主体となって公共交通の確保方策を検討するという事態に直面したとき，その検討の一助となる手引書として活用いただくことを念頭においてとりまとめたものである．そのため，次のような方針で本編を作成している．

①必ずしも交通政策が専門でない地方自治体の担当者にも手引書として活用していただけるよう，実例などを参考にしながら，基本的な考え方や検討すべき項目，検討の手順，留意事項などについて記述した．
②その際，直面することが多いと思われる政策課題を抽出してそれらを「課題例」とし，それぞれについて考え方や対処の基本的な手順などを示した．
③政策課題に対処する必要が生じている場合は，他地域における先行事例，とりわけ成功事例を参考にすることが多いと思われるが，地域特性等が異なると必ずしも同じ結果が得られるとは限らない．そのため，当該地域の特性に応じて諸施策の有効性を判断し得るよう留意した．
④該当する部分だけを読めば分かるようにするため，それぞれの課題例ごとに完結した形でとりまとめた．
⑤政策課題に対処する手順の全体的な流れを把握しやすいよう，個別事項の説明を本文中で行うことは避け，第Ⅳ編の該当箇所を可能な限り明記し，必要に応じて参照していただくというスタイルをとった．

　こうした認識のもとで，本編では次に示す11の課題例を設定している．本編を読まれるに当たっては，次に示す各課題例の概要に目を通していただき，該当する課題例の本文をお読みいただきたい．各課題

例の概要は次のとおりである.

■課題例1：事業者から路線廃止の届出が出された

　事業者から不採算路線など，既存路線の廃止が届け出られたことを想定し，その代替交通手段検討のための手順を示すとともに，実例を参考に，実際に直面すると考えられる課題を例示し，その対応策についても言及する.

■課題例2：バスサービスの切り下げの打診があった

　事業者から路線廃止ではなくサービス水準の切り下げ（減便や路線の一部廃止など）の打診があった場合を想定し，その背景や対応の基本的な考え方，具体策の検討手順などについて実例を参考に記述する.

■課題例3：新規の参入希望が出された

　既存の路線バス網のある地域において，新規参入の希望が出された場合を想定し，それに対して地方自治体が関与すべき内容を整理するとともに，新規参入に伴う問題点を列挙して，それに対して地方自治体が検討すべき課題を示す.

■課題例4：自治体負担が増大しているため，自治体の制度を見直したい

　民営の路線バス事業の合理化や撤退が進む中で，地方自治体は交通ニーズに対して様々な施策を講じている．しかし，公共交通確保のために自治体の役割と負担は増加しており，自治体の負担を軽減する視点から，より効率的で公平な公共交通の実現に向けた自治体の制度の見直し方法を示す.

■課題例5：市町村合併に伴い公共交通サービスを再編したい

　平成の市町村大合併は一段落したが，合併前の自治体が運行していた公共交通の再編が課題として残されている自治体が見受けられる．これを背景に，市町村合併に伴う公共交通の再編を行う際の検討手順や具体的な対応策について記述する.

■課題例6：バスを中心とした公共交通の計画を策定したい

　自動車利用なしには地域の生活が成り立たない時代背景の下，少子高齢化等の進展に伴い，増加すると見込まれる自律的に移動できない層（代表的には，単身もしくは高齢者のみ世帯に属し，かつ運転免許非保有・返納済の高齢者など）に対して，市町村としてどのような交通サービスを提供していくかを明示的に記述した計画の策定が必要で

ある．その際，検討すべき事項とその検討手順について記述する．

■課題例7：路線の再編を行いたい
　これまで事業者に任されてきた路線バスの運行について，地方自治体が地域の総合的な交通計画の視点からバス交通計画を検討する機会が増えている．使いやすい路線の再編手順や実際に事業を進める上での課題などについて記述する．

■課題例8：コミュニティバスを走らせたい
　各地でコミュニティバスの計画が実施に移されている中で，コミュニティバスの計画の検討方針，計画立案に至る基本的な手順，自治体が関与するバス計画の考え方や対応方針などについて記述する．

■課題例9：デマンド交通（DRT）を走らせたい
　地方部を中心にデマンド交通(DRT: Demand Responsive Transit)の導入事例が増加している中で，DRTの導入に関する調査・計画の方法，システム設計などについて記述する．

■課題例10：ボランティア輸送を実施したい
　人口密度が低く，路線バス事業はもとよりタクシー事業も成立が難しいような地域において，バス等の公共交通に取って代わる輸送手段として道路運送法にも位置づけられた「住民によるボランティア輸送（交通空白地有償運送＜旧：過疎地有償運送＞）」について，導入に際しての検討項目を示すとともに，実施に至る手順などについて記述する．

■課題例11：住民が主体となって新しくバスを走らせたい
　バスの利用ニーズはあるが路線バス事業者や自治体によるバスサービスが提供されていない地域において，住民が主体となって新たなバスを走らせたいという要望がある場合を想定し，それを実現していくための検討内容や検討手順を具体的に記述する．

□　地域公共交通会議と地域公共交通活性化協議会

　本ガイドブックでは，第Ⅱ編を中心に「地域公共交通会議」と「地域公共交通活性化協議会」の記述が随所にみられる．その概要を以下に記す．当該箇所を読まれる際の参考にされたい．

①地域公共交通会議

　道路運送法を根拠とする会議体で，路線バスやタクシーなど旅客自動車運送事業や自治体が運営するコミュニティバスなど自家用有償旅客運送が協議の対象となる．地域公共交通会議で協議が調えば，道路運送法の届出・許可等の事務処理時間が短縮されるなどの利点がある．

②地域公共交通活性化協議会

　地域公共交通の活性化及び再生に関する法律（地域交通法）を根拠とする会議体で，バスやタクシーのみならず，鉄道や旅客船を含む全ての公共交通を対象とする．法律で定められた「地域公共交通計画」の策定や運用などの役割を果たす．

　なお，上記の協議会とは別に，地域住民の生活に必要な旅客輸送の確保に関わり，都道府県が「地域協議会」を設置している．関係地方公共団体の長，地方運輸局長その他の関係者により構成され，道路運送法施行規則第15条の4第2号を根拠としている．バス事業者が路線の休廃止を申出た際の対応を議論するほか，地域公共交通確保維持改善事業費補助金交付要綱第3条第1項に定められた「協議会」の役割を兼ねることが多い．2020年の地域交通法改正により，地域公共交通計画と地域公共交通確保維持改善事業費補助金との連動化が図られたため，地域交通法上の法定協議会（地域公共交通活性化協議会）に移行した例があるほか，各市町村の地域公共交通会議を地域協議会の分科会として，実質的な議論を委ねる例も見られる．

課題例1：事業者から路線廃止の届出が出された

1. はじめに

　2002年2月の道路運送法の改正によって乗合バス事業からの撤退が事前届出制になったこと等を背景に，各地で路線バスの廃止が進んでいる．それに対して，地域の公共交通を確保するために地方自治体は様々な取組みを行っているが，多くの場合は次のような問題を抱えている．

○沿線地域の同意がなくとも国（運輸局）への届出から6ヶ月後にはバス路線の廃止が可能である．このため，路線廃止の申し出に対して，地方自治体は対応策を速やかに検討する必要がある．実際には，バス事業者との間で事前に調整が図られるケースが多いものの，地方自治体は限られた時間の中で対応策を検討しなければならない．
○路線廃止への対応策には様々な手法が考えられるが，地方自治体の費用負担が生じる場合が多く，限られた財源の中で，利用者ニーズに対応できる効率的な公共交通サービスを如何にして確保するかが重要な課題となる．
○地方自治体が主体となって公共交通サービスを提供する際，公共性や公平性の観点から，どの程度まで自治体が関与すべきか等の考え方を整理することも必要となる．

　こうした問題認識のもとで，ここでは，路線バスが運行されている地域において，事業者から一部路線廃止の表明があり，地方自治体が関与して代替交通手段を確保する必要が生じた，という状況を想定し，以下の内容について記述する．

○路線廃止の申し出から代替交通手段の運行に至る検討手順の説明
○実際に直面すると考えられる課題の指摘とそれへの対応策の説明

2. 検討の全体構成

　事業者の路線廃止の意思表示には，1)都道府県が主宰する地域協議会への申し出，2)運輸局への届出，の2つの種類がある．通常は1)が行われるが，まれに2)のケースもある．1)の場合には地域協議会（もしくはその分科会＜市町村の地域公共交通会議が位置付けられている場合もある＞）で一定の協議期間を設けて，廃止するか否か，する場

にはどのような代替方策を行うか（あるいは行わないか），廃止しない場合には公的補助を行うか否かを協議する．その結果を承認した上で事業者が運輸局に廃止を届け出る．この場合は関係自治体が同意していると見なされ，届出後廃止が可能となるのは30日後に短縮される．一方，2)の場合には前述の通り6ヶ月後に廃止が可能となるため，その間に代替方策の検討・協議が必要である．以上の過程において地方自治体が検討すべき項目は，図II.1.1のように整理できる．検討の具体的な内容や手順については，3章に記述する．

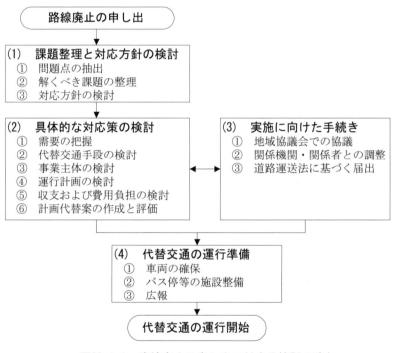

図II.1.1 路線廃止の申し出に対する検討の流れ

3. 基本的な検討手順

3.1 課題整理と対応方針の検討

(1) 問題点の抽出

　路線廃止の申し出に対して，まず問題は何かを見極める必要がある．そのため，路線廃止がもたらす問題を次のような視点から整理する．

1）廃止によって困るのは誰か．
2）廃止になると何故困るのか．
3）実施可能な対応策は想定できるか．
4）地方自治体が対応できるか．
5）検討期間は十分にあるか．

　例えば，路線廃止によって，代替交通手段を持たない高齢者の通院や中学生・高校生の長距離通学に影響を及ぼすのであれば問題である．また，廃止代替バスの運行などの対策がある程度想定できる場合とそうでない場合では問題の程度が異なる．実施し得る対策案がある程度想定できれば問題は小さいが，その見当がつかなければ問題である．また，解決策が想定できても，財政的な制約や検討期間が限られている場合には，採用できる対策も限定されてくる．このような視点から，何が問題になるのかを見極めることが必要である．

(2) 対処すべき課題の整理
　問題点が抽出されたら，それを解決するために検討すべき事項を整理したり，解決する際に障害となる事項を抽出したりすることにより，解くべき課題を整理する．課題整理の視点として，例えば次のような項目が考えられる．

1）事業者の確保：地方自治体が主体となって対応すべきであるが，自治体による対応が困難な場合などは，事業者を如何に確保するかが課題となる．
2）財源の確保：路線廃止に対して代替交通手段を確保することになったが，その財源を如何に確保するか．効率性を如何にして高めるか．
3）公平性の問題：地方自治体が特定の路線に対して代替交通手段を運行する場合において，他の地域との公平性を如何に保つか．
4）公共性の問題：路線廃止に対して地方自治体が対応すべき必要性をどのようにして市民に分かりやすく説明するか．

　実際には，課題の内容は問題の内容や性質によって多種多様であり，例示した項目以外にも多くの項目があると考えられ，地域の実情に応じた課題を如何に具体化するかが重要である．

(3) 対応方針の検討
　問題点や解くべき課題に対し，どのような考え方や方針の臨むのか

を検討する．そのため，次の項目に関する検討を行い，対応方針を定める．

1) どの課題に対してどの程度まで対応するのか
2) 誰に対して何をするのか
3) 代替交通手段でどの程度のサービスを提供するのか
4) 自治体はどこまで関与するのか

また，他にも路線廃止の可能性のある場合などにおいては，これらの検討結果を踏まえたルールを作成することもひとつの方法である．その一例を図II.1.2に示す．

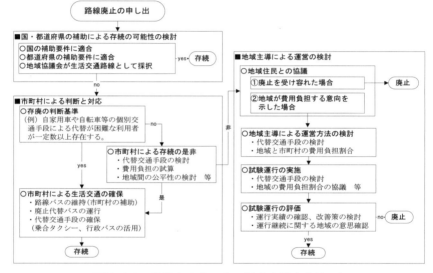

図II.1.2　路線廃止申し出に対する対応方針の例

3.2 具体的な対応策の検討

(1) 需要の把握
　具体的な対応策を検討する上で，需要をその量と必要度の観点から把握することが重要である．需要量は代替交通手段の抽出，運行計画（ルート，運行頻度，ダイヤ等）や収支検討などの前提条件となるからである．ここで対象とする廃止対象路線では，たいていの場合需要は少なく，また代替交通手段の計画検討に用いるということを考えると，大掛かりな将来予測より，次に挙げる視点から現状の需要を的確

に捉えることが重要である.

①量と質の両面から需要を把握する（第Ⅳ編2.2〜2.6, 3.5参照）

　　数量的な側面（利用者数, 利用区間等）に加え, 質的な側面（利用者の属性, 利用目的, 必要度, 代替交通手段の有無）についても把握する.

②顕在需要のみならず潜在需要についても把握する（第Ⅳ編2.7参照）

　　代替交通手段をより有意義なものとするため, 現在の利用者だけでなく, 公共交通を利用したくとも利用できない, いわゆる潜在需要についても把握する.

　　需要を把握する方法としては, 利用者に対するアンケート調査（顕在需要の把握）や沿線の地域住民に対するアンケート調査（潜在需要の把握）などの方法が考えられる.　（第Ⅳ編2.3〜2.6参照）

(2) 代替交通手段の検討（第Ⅳ編4.5, 4.6, 4.8参照）

　　次に, 廃止申し出のあった路線バスに替わる交通手段を検討する. その際, 推計された需要に見合った交通手段を選ぶことを念頭に置き, 次のような方策による代替交通手段の運行可能性について検討する.

①路線バスとしての存続の可能性の検討

　　廃止を申し出た事業者に代わる他の事業者により, 引き続き路線バスを運行する可能性を探る.

②事業者への運行委託に関する検討

　　当該地域で旅客運送事業を営む事業者や新規に参入可能な事業者への運行委託により, 廃止路線を代替するバス（あるいは乗合タクシー）を運行する可能性を検討する.

③市町村による交通空白地有償運送の実施に関する検討

　　送迎バスの利用やスクールバス, 福祉バスへの一般旅客の混乗など, 市町村が所有または管理する既存の輸送手段を活用して廃止路線を代替する交通空白地有償運送（旧：市町村運営有償運送）の可能性を検討する.

④他の輸送手段の活用に関する検討

　　乗合交通を運行可能な主体が他にない場合は, ボランティア等による交通空白地有償運送（旧：過疎地有償運送）や, 企業の送迎バス等地域に存在する他の輸送手段の活用について検討する.

これらの検討結果から，実行可能な代替交通手段のメニューを作成する．

(3) 事業主体の検討
　代替交通手段を抽出する際，同じにそれを運営する事業主体についても実行可能性を検討することが重要である．

①対応可能な事業者の抽出 （第Ⅳ編4.5参照）
　廃止路線を代替するバスの運行を事業者に委託する場合，当該地域で旅客運送事業を行っている事業者もしくは当該地域で旅客運送事業に新規参入する意思のある事業者を抽出し，委託先を選定する必要がある．

②自治体等による運行可能性の検討 （第Ⅳ編4.6参照）
　送迎バスやスクールバス等，市町村が所有・管理する輸送手段を活用する場合，要員の確保や本来の利用ニーズとの調整など，市町村による運営の実行可能性について検討する．なお，自治体やボランティア等が自家用車を用いて有償運行する自家用有償旅客運送の要件は，道路運送法で定められている．詳しくは，本書第Ⅳ編4.6を参照されたい．

　実際には，代替交通手段と事業主体の組み合わせにより，様々な運行形態が考えられる．この段階では，それらの組み合わせによる実行可能な方策を複数案検討し，可能性を広げておくことが重要と考えられる．

(4) 運行計画の検討
　路線廃止の申し出に的確に対応するためには，顕在化している利用者のニーズに加えて，潜在的なニーズにも対応し，かつ効率的な運行計画を検討することが重要である．運行計画では，路線や系統，運行頻度やダイヤ，運賃，運行形態などを定めることが必要となる．その手法については，第Ⅳ編4章に詳述される．ここでは，路線廃止の申し出への対応の視点から，運行計画検討の際に留意すべき事項を中心に記述する．

①路線の検討 （第Ⅳ編4.7参照）
　代替交通手段の路線は，既存バス路線との接続を考慮しつつ廃止路線を概ねカバーすることが第一である．加えて，地域住民の要請

や潜在需要への対応を考慮して，利便性を高めることが重要である．

②運行頻度やダイヤの検討（第Ⅳ編4.9参照）

　路線廃止に対する代替交通手段の場合，需要は少ないケースが多く，それに見合った運行頻度もごく少ないことが多い．それゆえに，利用ニーズを的確に捉え，それに見合った運行頻度やダイヤを設定し，より有効な運行を行うことが極めて重要である．

③運行形態の検討（第Ⅳ編4.8参照）

　デマンド交通や乗合タクシーの導入などによって効率向上を図るとともに，フリー乗降区間の設定など，少ない運行頻度でより利便性を高める工夫が重要である．なお，デマンド交通や乗合タクシーの導入には，道路運送法施行規則で規定されている，市町村が主宰する地域公共交通会議で協議が調うことが必須である．

（5）収支および費用負担の検討（第Ⅳ編3.8，4.3参照）

　想定される代替交通手段と運行計画に基づき，収支を試算する．路線廃止への対応を考えるケースでは，支出が収入を上回るのがほとんどであると考えられ，欠損については何らかの形で地方自治体が補助することが多い．そのため，支出については効率向上等によって少しでも削減する方策を検討し，収入については厳格に予測することが重要になる．

①費用の試算

　代替交通手段の特性や運行形態に見合った費用を試算する．その際，利用者ニーズを満たしつつ，事業者の協力などを得ながら，なるべく費用を削減する方策を検討する．実例として，スクールバス車両を事業者に貸与して路線バスに間合い使用することで費用を削減したケースや，事業者の提案によりタクシーの時間制運賃で乗合タクシーを運行したケース等がある．

②収入の試算

　廃止路線の運賃を参考にしつつ，費用に見合った運賃を設定するとともに，需要に対する収入を見込む．

③収支比較と費用負担に関する検討

　収支を比較し，欠損額を試算する．それに対して，欠損額に対する負担のあり方を検討するとともに，自治体の負担額を試算する．

(6) 計画代替案の作成と評価 （第Ⅳ編5章参照）

　以上の検討結果をとりまとめ，廃止申し出に対する代替交通手段の計画代替案を複数作成する．それをいくつかの視点から評価し，計画案を作成する．計画代替案の評価に際しては，次のような視点が考えられる．

　　1) 利用者からみた評価
　　2) 自治体の費用負担からみた評価
　　3) 実施可能性からみた評価

3.3　実施に向けた手続き

(1) 協議会等における協議

　路線廃止に対する代替交通手段の計画案を作成し，実施に移していくためには，道路運送法施行規則で規定された地域公共交通会議や，地域公共交通の活性化及び再生に関する法律で規定された協議会（以下，これらを協議会等と略記）において協議を行い，承認を得ることが求められる．協議会等は，関係機関との意見調整や合意形成を図る上で重要であり，後述の国土交通省への届出に際しても，協議会等の承認があれば，許可に至る審査期間が短縮されるなどの利点がある．

(2) 関係者・関係機関との協議

　代替交通手段の運行に当たっては，道路管理者や交通管理者はもとより，地域の関係者や事業者との協議を行い，計画案の実施に向けた細部の調整を図ることが重要である．

(3) 道路運送法に基づく許可申請 （付録参照）

　都道府県が主宰する地域協議会での承認などの手続きの後，道路運送法に基づく許可申請を運送事業者が行う．申請に際しては，事前に国土交通省の所轄機関（運輸支局等）と事前に協議を行い，手続きの内容を具体化することが望ましい．なお，自家用有償旅客運送の場合には，地域公共交通会議での承認を得た上で，運送主体が運輸局に登録申請を行う．

3.4　運行準備

　地方自治体が事業主体となって運行を行う場合，車両の購入・準備，車庫の確保，バス停の設置，要員の確保などの準備が必要となる．事業者に委託する場合でも，自治体の車両を貸与するなど，車両の準備

が必要となる場合もある．いずれの場合においても，そうした準備の内容と手順を具体化するとともに，それに必要な時間をあらかじめ見込むことが重要である．

具体的な内容はケースバイケースであるが，地域の実情に詳しい事業者の協力を得ることも一つの有力な方策であると考えられる．

また，運行の開始に当たっては，沿線の住民や一般市民への広報が必要である．

表II.1.1　関係者・関係機関との協議の例

協議の主体	内　容
地方運輸局	届出・許可に関する事前協議　等
都道府県	計画案に関する協議，補助の適用に関する協議　等
周辺市町村	市町村界をまたがるバス路線に関する協議　等
交通管理者	バス路線，バス停の設置等に関する協議　等
道路管理者	バス停などの道路占有に関する協議　等
事業者	運行形態，運行計画に関する協議　等
その他の関係者	スクールバスや福祉バス等の活用に関する協議　等

課題例2：バスサービスの切り下げの打診があった

1. はじめに

　バス事業の経営環境が厳しくなる中，バス事業者はダイヤの再編や路線の統合，経費の節減等の取り組みを行って採算性の向上を図っている．しかし，採算性の高い路線ではバスサービス水準は維持されるものの，需要の少ない路線では，減便などのサービス水準の低下が生じている．

　地方自治体においても，住民生活の基盤となる公共交通手段を確保するため，補助金を交付するなどして不採算路線を維持する取り組みが各地でなされている．しかし，増大する路線バスへの補助金が自治体の財政を圧迫し，現状のバスサービスの維持が困難になる場合も見られ，利用者の少ない時間帯の減便など，バスサービス水準の切り下げを迫られる場合も散見される．

　規制緩和により，地域での同意なく乗合バス事業からの撤退が可能になったにもかかわらず，バス事業者が「撤退」ではなく，「バスサービスの切り下げ」を選択する場合が少なくない．これは，バス事業者として一定の収入（利用）が期待されるが，路線の一部に問題（不採算・不具合）があるような場合，より効率的な運行形態の導入等によってその一部を改善することにより，採算性が改善され，路線の維持が可能となるといったことが考えられる．

　また，地方自治体としても，既存バス路線からの完全撤退に対する代替交通手段の確保には多くの労力を伴うことや，補助金を交付してもバス事業者の保有している車両や人材を有効に活用しながら公共交通を確保する方が，財政的な負担が小さいといったことが考えられる．

　これらを背景に，ここでは地方部，とりわけ中山間地域を念頭に置いて，バス事業者からの申し出や予算制約上の必要から，ある路線のバスサービス水準を切り下げる（減便や路線の一部廃止など）必要が生じた場合について，対応の考え方や対応策を具体化する手順について記述する．

2. 検討の全体構成

　バスサービスの切り下げの必要が生じた際，減便や路線一部廃止などを実施しても住民の生活に影響を及ぼさないなど，問題が生じない場合は地方自治体が関与する必要性は小さいと考えられる．しかし，バスサービスの切り下げによって住民の生活などに影響が生じる場合

は，地方自治体が関与して代替交通サービスを提供することが必要になる．こうした認識のもとで，バスサービスの切り下げの必要が生じた場合に地方自治体が検討すべき項目を整理すると図II.2.1のようになる．

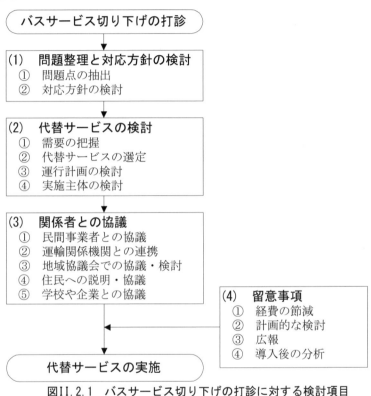

図II.2.1　バスサービス切り下げの打診に対する検討項目

3.　基本的な検討手順

3.1　問題整理と対応方針の検討

(1)　問題点の抽出

　バスサービスの切り下げの打診に対し，はじめに問題は何かを見極める必要がある．すなわち，どのような問題が発生するのか，バスサービスの切り下げによりどのような状況になるのかを洗い出し，分析する必要がある．その際，住民，自治体，バス事業者等の視点から次のような分析を行う．

1）サービス切り下げによって誰が困るのか.
2）これまでのバスサービスは住民ニーズに合っていたか.
3）バスサービスの切り下げ後,住民生活はどうなるのか.
4）どの程度の交通サービスを提供すればいいのか.

(2) 対応方針の検討

　抽出された問題点に対し,対応方針を検討する.例えば,遠方に通学していた高校生が卒業して需要が無くなったという場合などは,通学需要に対するバスサービスを切り下げるという対応が考えられる.このように,具体的な問題点に対応することを念頭に,次のような視点から対応方針を検討する.

1）バス需要を見極め,どの程度までバスサービスを切り下げるか,あるいはどのような切り下げ方をするのか.
2）提供するサービスの質や量と,サービスに係るコストのバランスを保ちながら,どの程度までバスサービスを切り下げるか,あるいはどのような切り下げ方をするのか.
3）公共交通サービスとして自治体はどの程度まで関与する必要があるのか.

3.2 代替サービスの検討

　現況の問題整理や対応方針の検討を受け,バスサービスの切り下げに対する対応策,すなわち既存路線バスのサービスに替わる代替サービスを検討するに際には,次のような手順で検討する.

(1) 需要の把握

　バスサービスの切り下げを検討するに当たって,対象地区の交通需要を調査する必要がある.これはどの水準までバスサービスを切り下げるのか,どのような切り下げ方をするのかの目安となるとともに,路線バスを代替する他の公共交通システムの導入を検討する際にも重要である.
　需要の把握に関する視点や項目は,第Ⅱ編・課題例1の3.2(1)に記しているので参照されたい.

(2) 代替サービスの選定

①代替サービスの運行形態

　需要の少ない中山間地域の路線バスのサービス水準切り下げに対し,考えられる運行形態としては,デマンド交通,乗合タクシー,

自家用有償旅客運送などが考えられる．これらの中から需要の量や利用者のニーズと導入・維持コストとのバランスから，代替サービスを選定する．

②代替サービスの発揮する効果

代替サービスの選定にあたっては，地域性や住民生活を分析するとともに，代替サービスによってどのような効果やメリットが創出されるかを分析する．その際，住民の意見を取り入れることが重要である．

(3) 運行計画の検討

運行計画の検討では，運行頻度やダイヤ，運行ルート，運行形態等を定める．その際，交通需要と導入・維持コストとのバランスはもとより，次の点に留意する．

①運行頻度・ダイヤ（第Ⅳ編4.9参照）

対象地域の交通需要を把握し，利用者のニーズに対応できる運行頻度を確保する．例えば，通勤・通学の需要が多くしかも需要が安定している朝・夕の時間帯には運行頻度を確保する一方，昼間時等の交通需要が少ない時間帯には，通院や買い物等に便利なダイヤ設定をするなど，住民の移動パターンに応じた運行頻度やダイヤを設定する．また，必要に応じて定期的に見直しを行う．

②運行ルート（第Ⅳ編4.7参照）

路線バスと一体的に利用できるようにすることにより，利便性の高いバスサービスを提供する運行ルートを設定するなど，バスサービスが低下する地区の住民の移動パターンを把握し，利用しやすい効果的なサービスとする．

③運行形態（第Ⅳ編4.8参照）

昼間の交通需要が少ない時間帯は，経路や時刻表を固定しないデマンド方式を導入するなどにより，効率よく利用者ニーズへの対応を図ることも可能である．また，フリー乗降区間の設定を行うなどして，利用者に対する利便性の向上を図る．

④バリアフリー等利用者への配慮（第Ⅳ編4.12参照）

運行計画の検討に当たっては，利用者のうちの多くを占めると考えられる高齢者にとって利用しやすい代替サービスとなるよう留意する必要がある．そのためには，バリアフリー対応車両を使用する

ことや，乗務員のサービス向上を図ることなどが求められる．なお，デマンド交通で運行する場合は，主たる利用者である地域住民以外（例えば訪問客など）の利用が難しくなるので配慮が必要である．

⑤利用者の負担（第IV編4.10参照）

路線バスからデマンド交通に変更した場合は，利用者の多くに電話やアプリによる事前予約の手間など新たな負担が生じる一方で，自宅や目的地の近くで乗降できるようになるなどの利点もある．そのため，当該サービス利用者が負担する運賃は，こうした負担や利点を考慮して定める必要がある．

(4) 実施主体の検討（第IV編4.5参照）

代替サービスの実施主体としては，民間のバス事業者や地方自治体（直営のほか，民間事業者への運転・車両管理業務委託を行う場合を含む）等が考えられる．いずれの場合も，支出が収入を上回るケースがほとんどであることから，実施主体の検討に際しては，次のような視点から検討する．

①民間のバス事業者

既存の路線バスを運営していた民間のバス事業者が引き続き代替サービスを担当する場合，バス事業者等が保有している車両，運転者，車庫等の財産を有効に活用することができるメリットがあるが，赤字に対しては補助金が必要となる．このため，地方自治体においては補助制度や体制を確立させるとともに，適用可能な国や都道府県の補助制度があるかを検討する必要がある．

②地方自治体（市町村）

代替サービスの実施に際し，民間事業者での対応が困難な場合，あるいは市町村の実施が効率的な場合などは，市町村が実施主体となる．その際，市町村の保有するバスを利用して市町村が運行する場合と，市町村が民間のバス事業者等に委託して実施する場合が考えられる．基本は事業者への委託であり，それが困難な場合のみ，市町村による運行を選択できる．したがって，委託可能な民間事業者の有無，市町村の保有する車両の有無などの条件を勘案し，実施主体を決定する．

①，②のいずれの場合にも，実施主体を決定するに当たって，代替サービスの運賃収入と導入・維持に係る必要経費を試算し，収支を検討する必要がある．民間事業者を選定する際には，経費面だけでなく，

運行の信頼性や安全確保の観点から，使用車両数に見合った運行管理者の配置，運転手の選定と指導，適正な労働時間の管理等について，一定の基準を満たす事業者を選定しなくてはならない．市町村が運行する場合にもそれに準じた措置をとることが必要である．

3.3 関係機関との協議

(1) 協議の流れ

代替サービスを実施する場合，関係行政機関（運輸支局等）→市町村が主宰する協議会等（後述）→沿線地域の住民→沿線地域の学校・企業等という順序で協議や説明を行うことが基本的な流れとなる．ただし，民間事業者が主体となったり，市町村が運行を民間委託する場合には，最初に民間事業者との協議を行うことになる．

(2) 民間事業者との協議

民間事業者が主体となったり，市町村が運行を民間事業者へ委託する場合，代替サービスの運行計画，民間事業者の所有する車両や車庫等の効率的な活用などについて，自治体と民間事業者の間で十分に協議する必要がある．そのため，市町村担当者と民間事業者の連絡体制を明確にしておくことが重要である．

(3) 運輸関係機関との協議

代替サービスを実施していくためには，道路運送法上の届出内容を具体化したり適用可能な補助制度を具体的に定めることなどが必要になる．そうした場合，国や都道府県との情報交換は重要であり，運輸支局や都道府県の担当課と協議を行うことは有効である．

道路占有許可や道路使用許可を得る必要がある際には，道路管理者や交通管理者との協議が必要である．その際，自治体が申請した方が経費の削減となることもあるため，確認が必要である．

(4) 協議会等での協議・検討

市町村が主宰する協議会等（地域公共交通会議や地域公共交通活性化協議会）では，関係機関が集まって運行計画に関する合意形成が図られるほか，国や都道府県からの運行計画や補助制度の適用等についてのアドバイスを受けることができるなど，さまざまな専門機関などから協力やアドバイスを受けられる可能性がある．

また，代替サービスを実施する際，地域協議会や地域公共交通会議での承認があると道路運送法の届出・許可に対する審査期間が短縮される．

(5) 住民への説明・住民との協議 （第Ⅳ編4. 4参照）

　代替サービスの導入に際し，サービスの内容の周知が図れないと利用者は減少し，バス路線の撤退につながりかねない．また，どんな代替サービスを実施しても，利用者の理解を得ることは不可欠である．こうした意味において住民への説明・協議は重要である．

　住民に対する説明で最も効果的な方法の一つが住民懇談会である．顔を合わせて説明し議論することにより，互いの信頼が形成されるほか，認識・理解の深まりが期待できる．また，質問に対し即座に回答できるため，時間も有効に活用できる．

　住民の理解を得る上で，数値を示すことは効果的である．住民が必ずしも実態を的確に把握しているとは限らないからである．そこで，利用状況，収支状況や1人当たりの補助額などを公表することにより，例えば，採算性確保のボーダーラインを定め，それを超える利用者があれば代替サービスの継続，無ければ他の方策を検討する，もしくはバス路線の完全撤退を検討するなどの判断がわかりやすくなる．

(6) 学校との協議

　代替サービスは児童や生徒の通学利用も考えられるため，小・中学校との協議が必要となる．特に小学校では，低学年の児童も安全，確実に移動できる交通手段を確保しなくてはならない．そのため，学校における担当者を決めておくなど，教職員との連携を図ることが重要である．

3. 4　留意点

(1)　経費の節減

　代替サービスの実施に当たっては，事業主体が民間事業者あるいは市町村のいずれの場合においても，自治体の費用負担が発生することは避けられない．したがって，経費の節減に努める必要があることは論を待たない．

　そのため，運行計画の検討の際には，デマンド交通やタクシー車両活用などといった需要に見合った交通手段も検討し，運営の効率化や費用の抑制を図ることが重要である．また，主たる利用者となる沿線地域の住民に対しては，バスサービスの切り下げの理由を明確に説明するとともに，代替サービスの内容を十分に説明して理解を得るように努め，沿線住民の協力のもとで代替サービスの利用促進を図ることが重要である．

(2) 計画的な検討

　道路運送法に則った標準的な手順で運行開始の手続きを進めると，申請から許可に至るまで通常は3か月，地域公共交通会議で協議が調った場合は2か月を要する．さらに申請以前に行う，運行計画の検討や関係機関との協議などに要する時間を考えると，相当の準備期間を要する．

　一方で，バスサービスの切り下げの打診に対しては迅速な対応が必要であることから，全体的な工程を踏まえて計画的な検討を進めていくことが必要である．

(3) 広報

　代替サービスの内容が決定したら，住民への広報を行い，内容の周知を図ることが必要となる．その方法としては，住民説明会の開催，既存路線バス車内やバス停への広告掲載，音声告知，チラシの配布，ホームページへの掲載等様々なものが考えられる．需要の大きさや地域の特性などに応じて，適切な方法を採用することが重要である．その際，バスサービスの切り下げ実施後においても，他地域への情報発信や旅行者などへの情報提供など，常時，情報発信をすることが肝要である．

　広報を充分に行わないと利用者の減少につながり，代替案の廃止や見直し，ひいてはサービスを切り下げても存続させた代替サービス自体の廃止にもつながりかねない．

(4) 導入後の分析

　代替サービスの導入後も，利用者数や収支の状況はもとより，利用者の意見などの調査，分析を継続して行い，代替サービスの継続，改善等を検討していくことが重要である．

　こうした代替サービス導入後の現状分析や改善計画の検討は，自治体の担うべき重要な責務といえる．

課題例3：新規の参入希望が出された

1. はじめに

　2002年の道路運送法改正により，乗合バス事業への新規参入と新規路線の開設が容易になった．今日までに，大都市郊外の住宅団地と鉄道新駅を結ぶ路線の新規参入や，路線バス網の充実した大都市の既成市街地への路線バス事業の新規参入，貸切バス事業者による高速バスへの新規参入などの事例が見られる．

　こうした乗合バス事業に対する新規事業者の参入は，利用者にとって公共交通の利用機会の増加や公共交通サービスの選択肢の多様化などの面でメリットをもたらす一方，いわゆるクリームスキミング（いいとこどり）や，新規事業者と既存事業者の間の過当競争による事業撤退など，問題を含む場合も少なくない．

　そこで，ここでは乗合バス事業への新規参入の希望が出された場合を想定し，地方自治体がどのような部分でどのように関与し得るのかを示した上，どのような問題が生じるかを整理し，問題を解決するための検討手順や検討内容を示す．

2. 新規参入に関する問題認識

(1) 地方自治体の関与可能な範囲（第IV編1章参照）

　乗合バス事業に新規参入する場合，道路運送法で定められた手続きに則って国土交通省（運輸局）に許可申請を行い，審査を経て事業許可がなされる．申請・許可の段階では，事業者の備えるべき要件をはじめ，クリームスキミングや運賃設定などに関し，定められた基準に基づいて運輸局が審査することとなっている（付録参照）．すなわち，乗合バス事業の新規参入の可否については，国土交通省が審査し許可するものであり，地方自治体が関与できる余地はない．

　こうしたことから，新規参入に対し，地方自治体が関与できるのは，

1) 利用者の著しい混乱を招く場合や公共交通政策を阻害する場合など，新規参入により著しい問題が生じると考えられる場合において，
2) 事業許可を取り消すなどの権限はないため，新規参入を前提として，問題が生じないよう運行計画の見直しや変更を求めることを基本とし，
3) 地方自治体が中心となって，新規参入事業者を含む関係機関等に

よる協議の場を設け，相互の意見交換を通じた協力要請，合意形
　　成を図る.

という範囲に限られる. なお，市町村が主宰する地域公共交通会議で
協議が調った場合には新規参入の基準が緩和される制度も存在する.

(2) 新規参入に伴うメリット

　乗合バス事業への新規参入は，ただちにそれが問題であるとは限ら
ない. 新たな住宅開発に伴う路線バスへの新規参入や，公共交通不便
地域における住民が主体となった新規路線バス運行など，問題が発生
することなく成功を収めている例も見られる.
　このように，新規事業者の参入には，公共交通ネットワークの拡大
や新たな形態の公共交通サービスの提供という側面があり，次のよう
なメリットをもたらすと考えられる.

1) バス路線が増加し，公共交通空白地域が減少するなど，公共交通
   ネットワークが充実する.
2) 利用可能なバス路線や系統が増加するなど，移動に際して利便性
   が向上する.
3) 規則の範囲内での割安な運賃の設定や運行時間帯の拡大などによ
   り，利用できるサービスの選択肢が多様化する.
4) 路線バスとタクシーの相互乗り継ぎなど，新しい種類の公共交通
   サービスの展開が期待できる.
5) 既存事業者がバスサービスを見直す契機になり，市町村全体の公
   共交通サービスが向上する.
6) 既存事業者に競争の機運が醸成され，コスト削減をはじめ経営の
   効率化に寄与することが期待される.

(3) 新規参入に伴う問題点

　その一方で，新規路線の参入形態によっては，既存事業者との競合
が生じるなどして，次のような問題が生じることが考えられる.

1) 競合路線において既存路線バスの利用者が減少し，既存事業者に
   とっては運賃収入の減少など経営面への影響が生じる.
2) それに伴って，競合路線では減便や系統の廃止などが生じ，利用
   者にとって乗車機会が減少するなど，既存路線バスのサービス水
   準が低下する.
3) さらに，過当な運賃引下げや旅客獲得のための競争が行われると，
   旅客に対するサービスや安全確保がおろそかになる可能性がある

ほか，過度な費用増加と収入減少が採算性を著しく圧迫し，最悪の場合は路線からの撤退という事態も生じかねない.

4) 競合路線では，同じ区間を走行するバスでも，定期券・回数券・敬老乗車証などの取扱が異なるなど，サービスの形態が複雑になり利便性を損ねる.

5) 新規事業者と既存事業者の間でバス停が共有できない場合が生じ，同じバス停でも乗り場の位置が異なったり，新規事業者がバス停の設置場所を計画通りに確保できないなどの事態が生じる.

6) それにより，利用者に対する混乱を招いたり，鉄道との乗り換えの移動距離が長くなり利便性を損ねるなどの影響が生じる.

7) さらに，上記に示した問題が高じると，路線バスのネットワークはもとより，鉄道を含めた公共交通全体のネットワークの一体性が阻害されたり，運賃制度をはじめ，公共交通を利用する際の仕組みが複雑になるなど，市町村の公共交通システムの全般について問題が波及することが懸念される.

3. 問題解決に向けた基本的な検討手順

3.1 基本的な考え方（第Ⅳ編1章参照）

　乗合バス事業への新規参入が計画される地域では，新規事業者は採算性を確保できると判断するのに見合う需要があると考えている. しかし，既存事業者との競合が生じる場合，既存事業者と新規事業者の間でのパイの取り合いという形で対応しても，問題の解決には至らないことは容易に想像される. むしろ，新規参入に伴ってサービスの量や種類が増加するということを，当該地域のバス交通・公共交通のあり方を改めて考える好機と捉え，バス利用者の利便性向上はもとより，路線バスの役割，公共交通のあり方，新たなバスサービスの展開などの視点から検討することが重要である.

3.2 基本的な検討手順

　このような認識のもとで，新規参入に伴って生じると考えられる問題解決のために，地方自治体が検討すべき項目は次のように考えられる.

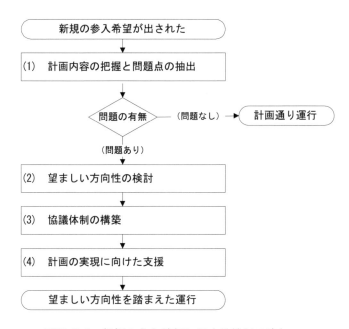

図II.3.1　新規の参入希望に対する検討の流れ

1) 新規参入によって既存路線との競合が生じるか.
2) 競合が生じた場合, 利用者にとっての利便性の低下やサービス形態の複雑化などの問題が生じるか.
3) 計画内容は市町村の公共交通マスタープランや公共交通施策の方向性に合致しているか.

(2) 望ましい方向性の検討

　問題整理の結果, 新規参入に伴う問題が生じないと判断されれば, 新規事業者の計画を進めていく. 問題があると考えられる場合は, 新規参入を前提として, 市町村の公共交通マスタープランや公共交通施策の方向性を踏まえ, 当該地域のバス交通や公共交通に関する望ましい方向性について検討する.
　その際, 例えば次のような視点から検討する.

①新規事業者を交えたより良いバスサービスの提供

　新規参入の有無にかかわらず, 路線バスサービスを今後も維持していくためには, いわゆるバス離れに歯止めをかけるだけでなく, より良いバスサービスの提供を通じて新しいバス需要を開拓していくことが重要である.

新規参入の申し出は，新たなバスサービス提供の好機の一つであり，新規事業者の計画内容やそれに至る考え方を把握し，新規事業者の意向を尊重するとともに，既存の路線バス網と一体となった新たなバス路線のあり方や新しい形態の路線バスサービス・公共交通サービスのあり方などについて，新規事業者を交えて検討する．

②鉄道等既存の交通手段を含めた地域の公共交通体系の構築

　新規事業者が採算性の確保が可能と判断し，新規参入を計画するような地域では，路線バス網に加え，鉄道も整備されているケースが多いと考えられる．

　こうした地域への新規参入に対し，新規事業者の計画するバスサービスをこれまでの公共交通サービスと切り離して考えると，鉄道との接続などにおいて公共交通体系の一体性が欠如することになるほか，系統の再編や減便などで既存の路線バスのサービス水準が低下することも考えられ，結果的に利用者に対する利便性が低下する可能性がある．

　こうした事態を回避するためにも，新規参入の事業者による路線バスサービスを含め，地域の路線バスサービス，あるいは鉄道や地下鉄などと一体となった公共交通サービスのあり方について，地方自治体を中心に既存事業者と新規事業者を交えて検討することが重要と考えられる．

　なお，事業者のみによる協議によって路線・ダイヤ・運賃等を調整し協定を結ぶことは独占禁止法に抵触するおそれがある．独占禁止法特例法（2020年から10年間の時限立法）に基づく共同経営計画の策定を前提とした協議とする，もしくは，市町村を介した個別協議による調整を行うことが必要である．

(3) 協議体制の構築

　課題検討を行っていくためには，新規事業者の意向や意見も十分に勘案するとともに，新規事業者に対して市町村の公共交通政策に対する理解と協力を要請しつつ，相互に意見交換を行いながら望ましい公共交通の方向性について検討していくことが重要である．

　その際，関係機関から構成される協議会・委員会等の協議体制を構築し，屈託のない協議・意見交換のできる場を設け，このような検討を円滑に進める仕組みを作ることは，地方自治体が積極的に関与すべき課題である．

　検討組織は，新規事業者，既存事業者，地方自治体の交通政策担当部局はもとより，学識経験者，道路管理者，交通管理者，当該地域の経済団体，地元住民の代表など，バス交通に関連する様々な立場の代

表者から構成することが望ましい．法定の地域公共交通会議や地域公共交通活性化協議会の制度の活用も考えられる．

(4) 計画の実現に向けた支援

　関係機関による協議の結果によっては，新たな提案を市町村の公共交通計画に反映させたり，新たな取り組みのための実証実験や試験運行などの必要性が生じたりするなど，行政側での支援が必要となる場合が想定される．

　そのような場合には，適切な事業制度の適用について検討したり，必要な予算措置を講じるなど，計画の実現に向けて地方自治体が適切な支援を行うことが必要である．

課題例4：自治体負担が増大しているため，自治体の制度を見直したい

1. はじめに

　路線バス利用者数の減少を背景に，民間バス事業者による路線の合理化や撤退が進む中，地方自治体（以下，自治体）は民間バス事業者に対する運行補助や直営でのバス運行など，地域の生活交通の確保に関する負担を増大させている．特に，人口の減少や高齢化が著しい地方部では，スクールバスや医療・福祉関連のバスの運行など，自治体が確保しなければならない交通ニーズは増えており，自治体はそれぞれの交通ニーズに対して重ねて施策を講じている状況にある．

　こうした自治体の負担増は，それ自体が悪いことであると直ちにはいえない．必要な行政サービスの提供に対して応分の負担をするのは当然である．しかし，非効率性の存在が自治体の負担増に寄与しているならば，それは見直すべきである．

　他方，2001年度には地方バス路線補助制度が改正され，それまで国庫補助によって維持されてきた路線バスは，市町村間路線の一部を除いて特別交付税の支援によって維持される体制に移行した．公的な補助を投入することで路線バスを維持してきた地域においては，公共交通の確保が明確に自治体による行政サービスのひとつに位置づけられたといえる．さらに2011年の国庫補助制度改正によって成立した地域公共交通確保維持改善事業（生活交通サバイバル戦略）では，市町村間を結ぶ地域間幹線に加え，そのフィーダーとなる市町村内路線の一部にも補助対象が拡大されている．

　しかし，国庫補助の額は十分ではなく，シビルミニマムの観点から公共交通の確保を行政サービスに位置づけられたとしても，財政面での制約などから生活交通のニーズに対して際限なく施策を講じることはできない．

　これに対し，本来は，

1）住民にどの程度の水準の生活の質を保障するのか．
2）そのためにはどのような公共交通サービスが必要か．
3）それを最も効率的に調達するための最も望ましい方策は何か．

という考え方をとるべきである．しかし，増大する自治体の負担を抑制することが喫緊の政策課題になっていることも，また事実である．そこで，ここでは上記の考え方を念頭においた上で，公共交通確保に

対して市町村の役割と負担が増えつつある現在，「自治体の負担をいかに減らすか」という視点から，より効率的で，かつ公平な公共交通の実現に向けた制度の見直しの方法を整理する.

また，最後に，公共交通の運営主体と住民の生活圏の視点から公共交通のあり方を時系列的に描き，自治体に期待される公共交通確保における役割の考え方を整理した.

2. 見直しのゴールをどう考えるか

「自治体の負担をいかに軽くするか」を検討する場合，実際には，実現可能ないくつかの選択肢の中から，単純に自治体の負担が最も少ない選択肢を選ぶわけにはいかない. 検討後の公共交通サービス水準がどのように変化するのか，その変化が住民にとって納得できるものかどうか，評価する必要がある. このことから，制度の見直しの最終的なゴールは，運行コスト（＝自治体負担）とサービス水準の関係で考えることができる（表II.4.1）.

表II.4.1　運行コスト（自治体負担）と交通サービス水準の組み合わせと評価

運行コスト（負担）	サービス水準	ゴールとしての評価	
		評価	備　考
減少	向上	◎	制度見直しの成功例といえる.
	維持	○	目的は達成されたといえる.
	低下	○	サービス低下の合意が得られれば可能
維持	向上	△	負担は軽減されなくても，サービス向上に対する評価が得られれば可能
	維持	△	検討の結果，現状がもっとも適正という結論はあり得る
	低下	×	ゴールになりえない
増加	向上	△	負担が増えても，サービス向上に対する評価が得られれば可能
	維持	×	ゴールになりえない
	低下	×	ゴールになりえない

制度を見直した結果，運行コストが下がり，かつサービス水準が向上するケースは，最も望ましい成果といえる. しかし実際には，サービス水準を維持したまま運行コストを下げることも容易ではない. 自

家用車の普及が著しく，公共交通に対するニーズが下がっているような地域などでは，サービス水準を下げ，それによって運行コスト（＝自治体の負担）を下げることにより，地域社会全体を見渡したときに，行政サービスの「公平性」「効率性」が保たれるケースもあり得るのが現状であろう．サービス水準を下げた部分については，公共交通の範疇で扱わず，福祉や医療，その他の施策範疇で扱う方がより効率的で適切な行政サービスを実現することもあり得る．

　このように，公共交通に関する制度を見直すときには，公共交通のサービス水準を維持することを必ずしも目標とせず，コスト負担とのバランスからゴールを見極めることが重要である．

3. 自治体の負担を減らす方法（第Ⅳ編4. 3，4. 6参照）

　民間バス事業者の路線の合理化，廃止が続く中，公共交通に関する自治体の制度や施策のあり方を見直して運行コストを下げ，自治体の負担軽減に取り組んでいる事例は各地で見られる．ここでは，これらの事例も踏まえて自治体負担の削減に際しての基本的な考え方を示すとともに，自治体負担の削減につながる可能性がある方法を紹介する．

3.1 基本的な考え方

(1) 欠損補助の妥当性を吟味する（第Ⅳ編4. 6参照）

　民間バス事業者が路線バス事業として生活交通を確保する場合，多くの自治体において赤字に対する補助（欠損補助）を行っている．自治体の負担を削減するためには，欠損補助を行う際，運行コストと生産性やサービスの品質を厳格に精査し，欠損補助の実施および補助額の妥当性を吟味することが必要である．

　そのためには，自治体が妥当性を吟味するための技術を身につけることが重要になる．

(2) 運行コストの削減努力がなされるような補助制度への改変を行う（第Ⅳ編4. 6参照）

　民間バス事業者への欠損補助を行う場合，欠損の一定割合を補助するなどという制度を採用している例が多いと思われる．自治体の負担を削減するためには，たとえば欠損の減少に向けた目標を定め，それをクリアした場合には補助率を変更するなど，運行コストの削減努力など欠損額の減少に向けた努力に対してインセンティブを与えるような補助制度への改変を行うことも重要である．

(3) 品質協定を結び補助額に見合ったサービスが提供される仕組みを作る（第Ⅳ編4.6参照）

　自治体の行う欠損補助をより有効にするため，同じ額の補助に対してもよりよいサービスが提供されるよう，品質協定を結び補助額に見合ったサービスの提供を民間バス事業者に求めていくことも重要である．

3.2 自治体の負担を減らす具合的な方法

(1) 路線の必要性を見直し，縮小する

　補助対象路線を減らしたり，自治体運営バスの場合は路線を縮小（便数の削減，路線の短縮，路線廃止など，路線バスサービスを縮小したりすることで，直接的に運行コストを削減することができる．

表Ⅱ.4.2 自治体負担の削減につながる可能性がある方法と適用条件

	対象	方法	適用条件
1	公共交通全体	路線を縮小する（便削減，路線短縮，廃止等）	
2	自治体運営バス	委託先を見直す	ほかに委託先の選択がある場合
3	自治体運営バス	委託決定方法を見直す	同上
4	公共交通全体	異なる交通目的の交通手段を統合する	異なる交通目的の公共交通が同一地域に運行している場合
5	公共交通全体	路線網を見直す	
6	自治体運営バス	運行方法を効率化する	

注：「自治体運営バス」とは，ここでは自治体が運行経費確保に責任を持ち，地域公共交通会議等での協議を経て，バス・タクシー事業者が道路運送法第4条の許可を得て乗合交通を運行する場合，または同法78条による自家用有償旅客運送を行う場合を指す．詳細については，第Ⅳ編4.5を参照．

　路線バスのサービスの縮小はシビルミニマムの問題に触れる可能性があるため，慎重にならざるを得ないが，自家用車の普及と自家用車免許保有者の高年齢化等の現状を踏まえて，自治体が担うべき公共交通のあり方を見直す必要がある．そのためには，顕在化している交通需要とともに潜在需要も対象として住民の交通ニーズを十分に把握す

る必要がある．ニーズ把握の方法については，第Ⅳ編2章を参照されたい．

また，2004年に国土交通省が出した通達で認められ，2006年の道路運送法改正により正式に位置付けられた仕組みとして，一定の条件のもとでNPO等が自家用車を用いて有償運送を行う自家用有償旅客運送制度がある．このように住民の生活の足を確保するための方策は多様化しつつある．路線バスの縮小を代替する方法として，タクシー料金の補助や交通空白地有償運送（旧：過疎地有償運送）など，地域の特性に応じて柔軟に検討を行う必要がある．交通空白地有償運送については，第Ⅱ編課題例10「ボランティア輸送を実施したい」に詳述されている．

(2) 委託先を見直す（第Ⅳ編4.5参照）

自治体運営バスの場合，委託先を変更することで，コストの削減につながるケースがある．たとえば，これまでバス事業者に委託を行っていた路線バスをタクシー会社に委託をし，バス車両に代わってジャンボタクシーで運行することで，人件費や車両維持費，燃料費等の運行経費を削減することが可能である．いわゆる「乗合タクシー」と呼ばれるものであり，全国で導入事例が見られる．

この方法は，これまでの運行方法を見直すことなく，コストを削減することができるため，比較的取り組みやすい方法であるが，地域内に適当なタクシー事業者等委託先がある場合に限られる．また，乗合タクシー導入は地域公共交通会議で協議が調うことが道路運送法上の必須要件となっている．

委託先の変更に伴って，車両の小型化なども行えば，これまでバス車両が入っていけなかったルートにも車両が入っていけるなど，交通サービス水準の向上の可能性もある．

(3) 事業者の選定方法を見直す（第Ⅳ編4.5参照）

自治体運営バスの委託先の選定方法を，過去の実績を重視した随意契約から，入札方式やプロポーザル方式などに変更し，競争原理を組み込むとともに，事業者のノウハウを活用することで，運行コストの削減，もしくは交通サービス水準の向上を実現することもできる．

第Ⅳ編4.5で述べられるように，コスト削減とともにサービス維持に関しては，サービスの質に関する保障も委託先の審査，契約時に盛り込むなどの対応も必要になっている．

(4) 自治体運営バスの運営方法を見直す（第Ⅳ編4.5参照）

自治体が自ら所有する自家用車両を用いて有償で乗合バスを運行す

るときは，道路運送法の79条の登録を行う必要がある．これまで79条の登録を行い，自治体所有のバスで自治体職員が直営で運行してきた路線を，車両の償却期間終了を期に民間の事業者に4条許可での運行を委託することで，運行コストを削減する自治体が見られる．その反対に，4条許可を得た乗合バス事業者による運行をやめ，79条登録に切り替え，その運転や車両管理の業務を民間に委託することで経費を削減したケースもある．交通空白地有償運送については道路運送法に準拠する必要があり，詳しくは第Ⅳ編4.5を参照されたい．

(5) 異なる交通目的の交通手段を見直し，統合する

　地方部では，一般乗合バス以外にも，医療や福祉目的の巡回バスや運賃補助，スクールバス，温泉等保養施設の送迎バスなどを並行して運行している場合が多い．これらを統合，もしくは混乗させることで車両やドライバーの有効活用を図り，全体的に見ると運行コストを削減することができる可能性がある．たとえば，小中学校の廃校を機に市町村営バスをスクールバスとして運行させる事例や，民間バス事業者の路線廃止を機にスクールバスに一般住民を乗せるなどの事例は各地で見られる．自動車学校の送迎車両に高齢者を無償で乗せるサービスも見られる．特定の目的を持って運行するバスに一般乗客を混乗させる場合は，有償の場合と無償の場合では運行上の制約が大きく異なるため注意が必要だが，一般乗合バスの形態だけにこだわらずに，輸送・移送サービスを広く捉えて統合の可能性を検討することで，運行コストの削減と住民の交通利便性の向上を実現させることが必要である．

　なお，異なる目的等により運行されているバスから路線バスに一元化を図る場合や，路線の再編成により運行の効率化を図るものについては，地域交通法（地域公共交通の活性化及び再生に関する法律）の活用や，地域公共交通確保維持改善事業に基づく国庫補助を受けられる可能性が出てくる場合がある．国の補助制度の概要，補助対象要件等については，付録を参照されたい．

(6) 路線網を見直す（第Ⅳ編4.6参照）

　2001年に国の国庫補助制度が改正され，国庫補助対象が広域的幹線に限定されたことを皮切りに，近年では国の補助制度が諸情勢に合わせて随時改正されている．国の補助制度の改正に伴い，補助対象外になった路線に対しては，都道府県によっては独自の補助制度を設けるなど，都道府県や市町村が対応する場合がみられる．このため，自治体の負担を削減するためには，より機能的で利便性が高い，効率的な路線とすることにより，運行コストの削減と利用者の増加を図ること

が望ましい.

(7) 運行形態を見直し，効率化する（第Ⅳ編4.8参照）

　定時定路線型の路線バスに代わり，利用者からの呼び出し（予約等）によってバスの運行経路や運行時刻が決まるDRT(Demand Responsive Transit,デマンド交通)が，各地で運行されるようになっている．呼び出しがないときは運行を行わないため，いわゆる「空気を運ぶバス」を回避することができ，運行コストを削減することができる．また，面的に均一なサービスを提供することができることから，交通需要が少なく，かつ分散しているような農村部や山間部などでは，効率的に公共交通空白地域を解消することができる可能性もある．

　ただし，定時定路線型の路線バスと比較して，呼び出しを受け付け配車を行うための人件費やシステム経費が新たに発生することから，かえって運行コストが増える可能性があるほか，呼び出しの手間による利便性の低下等についても考慮する必要がある．DRTについては，第Ⅱ編課題例9「デマンド交通（DRT）を走らせたい」において，具体的な検討手順を整理している．

4. 公共交通の確保に向けて自治体に期待される役割（第Ⅳ編1章参照）

　公共交通は，事業者から自治体，そして住民組織・NPOというように担い手の多様化と役割分担が進む方向へ変化していると考えられる．近年，有償でのボランティア輸送が一部の地域で取り組まれており，2006年の道路運送法の改正により，NPO等による有償運送が法律で位置づけられた．今後は，地域住民のボランティア，相互扶助を活かした有償ボランティア輸送が，新しい地域の公共交通の役割を担う地域も出てくると考えられる．

　自治体は，こうした主体に対して決して安易に委託するのではなく，それが最適であるかどうかを吟味した上で，それぞれの担い手による交通サービスが，より効率的な"交通網"を形成することができるよう，地域の交通供給体制を計画的に捉え，適切な支援を行っていくことが今後一層重要になっていくと考えられる．多様な主体を活かすという視点から，単に現行のしくみの手直しに留まることなく，新たな制度を構築することで自治体負担の効率的な運用が実現し，自治体の負担軽減にもつながることが期待される．公共交通サービスの供給体制を，市場競争と計画性を含めて構築する考え方について第Ⅳ編1章を参照されたい．

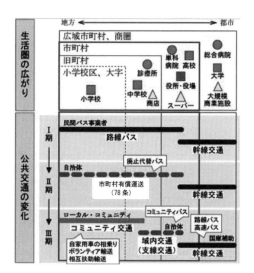

図II.4.1　生活圏の広がりと公共交通の変化

課題例5：市町村合併に伴い公共交通サービスを再編したい

1. はじめに

　いわゆる「平成の大合併」は一段落したが合併前から各自治体が個別に運行してきた公共交通を新しい自治体の区域で一体的に見直し再編するに至っていないところがまだ少なからず見受けられる．公共交通の再編によるバス運行の効率化や住民の利便性向上は，道路建設による域内移動の円滑化等に比べて，施策を比較的短期間で実施することが可能であり，合併のメリットを発揮させる有効な手段の一つと考えられる．このことから，市町村合併に伴う公共交通サービスの再編に当たっては，財政負担を少なくして最低限の生活交通を確保するという観点と，合併後の自治体内の拠点施設とリンクした公共交通の提供による戦略的な地域づくりといった観点が必要となる．

　ここでは，以上の二つの観点から，市町村合併後の公共交通の再編を行う際の検討手順と個々の具体的な内容，および対応策を記述する．具体的には，以下に示すような合併に伴って解決が必要となる課題に焦点を当てている．

　　①合併による各種施設等の機能統合や地域づくり戦略に伴う広域
　　　移動ニーズへの対応
　　②旧自治体間における移動サービス格差の是正，中心部と周辺部
　　　の移動サービス格差の是正
　　③旧自治体域内で個別に運行しているバス路線の効率化のための
　　　運行路線の再編と運賃体系の一元化
　　④合併後の広域運行路線と旧自治体域内運行路線を一体化した運
　　　行計画

2. 検討の全体構成

　市町村合併に伴う公共交通再編に際しての検討の構成を図II.5.1に示す．

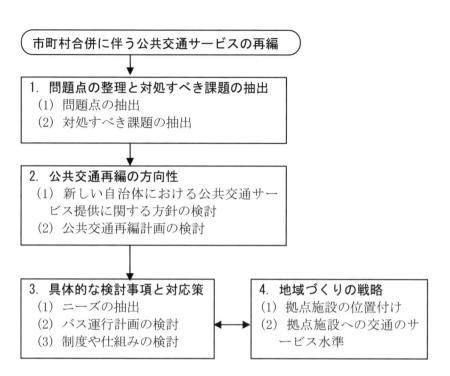

図II.5.1　市町村合併に伴う公共交通再編に対する検討の構成

3. 検討の内容

3.1 問題点の整理と対処すべき課題の抽出

(1) 問題点の抽出

　市町村合併に伴って必要となる公共交通サービスの内容やその水準を検討するために，地域の実情に即して合併後の公共交通サービスに関する問題点を具体的に抽出する．問題点を抽出する際の視点としては以下が考えられる．

　①合併に伴う新たな公共交通ニーズへの対応
　・新たな庁舎など合併に伴う施設整備等に対する公共交通ニーズの把握
　・それに対応する際の問題の把握（バス路線の有無，バス需要の把握等）
　②旧市町村間での公共交通サービスの違い

- 路線バスの路線や運行頻度，運賃等サービス水準の違い
- スクールバスや福祉バスの運行の有無やサービス水準の違い
③旧市町村間での政策・制度の違い
- 路線バスに対する補助の方針や実績の違い
- スクールバスや福祉バス利用に関する制度の違い（利用者の要件，費用負担等）
④運営手法・運営主体の違い
- 路線バスの事業主体の違い
- スクールバスや福祉バスの運営形態の違い（市町村直営／事業者への委託）

(2) 対処すべき課題の整理

　こうした問題点に対し，以下に示す視点から対処すべき課題を整理する．

　①住民の交通ニーズに関する課題
- 現状の住民の交通ニーズに対し，公共交通が対処すべき課題
- 合併後の公共施設（新設，統合等に伴う配置の変更）へのアクセスを支援するための公共交通の課題
- 既存施設を活用した地域の活性化に対し，公共交通が対処すべき課題
　②公共交通サービスの提供に関する課題
- 旧自治体間の公共交通サービスの格差や運行形態の違いなどに対する公平性の確保
- スクールバスや福祉バスなどの運行に関して，合併後の自治体が提供すべきサービスの内容や水準
- 不採算路線に対する補助など，旧自治体間の制度の違いへの対応

3.2　公共交通再編の方向性（第Ⅳ編4.6〜4.9参照）

(1) 新しい自治体における公共交通サービス提供に関する方針の検討

　抽出された課題への具体的な対応策を検討する際には，新しい自治体が目指す地域づくりの方向を見据えるとともに，新しい自治体のバス車両の保有状況や財政面での制約など，公共交通の運行に関する制約条件を考慮し，次に示すような事項について，その考え方や対応方針を検討する．
- 鉄道，バス，タクシーなど各公共交通機関の位置づけや役割
- 新しい自治体において確保する公共交通のサービス水準（どのような交通ニーズに対して，どの程度のサービス（運行頻度や運行

時間帯等）を提供するか）
- 学校，病院，商業施設など公共交通の利用が多い拠点施設へのアクセシビリティの確保
- 旧自治体間のサービス格差の是正に関する考え方
- 公共交通サービスの提供に対する予算規模　等

(2) 公共交通再編計画の検討

このような考え方や方針に基づき，公共交通再編計画を以下に示す項目について検討する．
- 新しい自治体内や新しい拠点を結ぶ公共交通ネットワークの検討
- 公共交通を運営・管理する組織体系の計画（路線バス事業として継続する路線と自治体が運営する路線の区分，自治体が運営する場合の運営形態等）
- スクールバスや福祉バスなどの運行計画
- 需要に見合った運行形態（デマンド交通や乗合タクシー等の導入も含む）による運営の効率化方策
- 不採算路線に対する補助制度等の具体化

3.3　具体的な検討事項と対応策

市町村合併に伴う公共交通再編の計画は，対象地域の特性や課題に応じて検討することになる．ここでは，既往事例などを参考に，具体的な検討事項と対応策について列挙する．

(1) 公共交通ニーズの抽出（第Ⅳ編2.3〜2.7参照）

住民の公共交通ニーズを抽出するためには，アンケート調査等を実施することが有効な方法として考えられる．実際には，市町村合併が生活圏や交通ニーズの大きな変化をもたらすとは考えにくいが，合併に伴う新たな施設（行政施設や図書館，体育館等の公共施設等）の整備に伴う新しい自治体内の広域的な移動ニーズの発生や，学校区の再編に伴う通学圏の変化など，部分的に交通ニーズが変化すると考えられる．計画検討に際しては，このような観点から公共交通ニーズの変化をきめ細かく把握することが必要である．その際，各種拠点施設（総合病院，高等学校，行政施設，商業施設等）の将来的な位置付けや機能を反映させることも重要であり，現在の交通実態や住民の公共交通ニーズの把握に加え，施設の整備計画や整備方針を踏まえる必要がある．

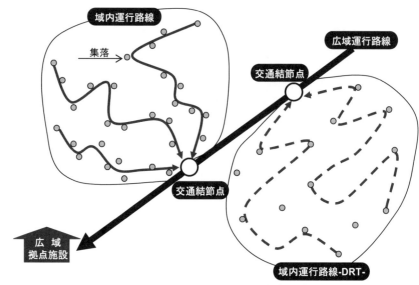

図II.5.2　拠点施設への広域移動の模式図

(2) 広域的な移動ニーズへの対応

　市町村合併後においては，新しい施設の整備等によって広域的な公共交通サービスが必要となる場合が少なくない．広域移動の利便性を向上させるためには，鉄道や幹線道路を運行する路線バスなど，新しい自治体内における広域的な公共交通サービスの改善を図るとともに，新しい自治体内の各地域から広域的な公共交通への便利なアクセスを確保することが必要である．このため，交通結節点の利便性，快適性向上を図ることが重要となる（図II.5.2）．

(3) 公共交通機関の位置づけと役割の検討（第Ⅳ編4.6参照）

　市町村合併に伴う公共交通の再編を検討する際には，鉄道やバス，タクシーの位置づけや役割分担を明確化して，機能の重複や競合をなるべく避けるとともに，非効率な路線に対する改善を検討する必要がある．その際，路線バスとしての路線の存続が可能な場合には，運行見直しは検討しつつもなるべくその存続を優先する一方，存続が困難な場合には，自治体による運行についても検討する．

(4) 地域間におけるサービス格差への対応（第Ⅳ編4.3，4.10参照）

　市町村合併では，旧自治体間で公共交通サービス水準に格差がある

場合がある．とりわけスクールバスや福祉バスの利用に際し，旧自治体によってサービス自体の有無やサービス水準，利用可能者の設定や利用に際しての費用負担など，サービスの内容や対応が異なる場合がありうる．合併に伴って新しい自治体内での公共交通による移動を支援するためには，地域間の公平性や費用負担に関する妥当性を考慮することが重要である．

そのため，路線バス等の公共交通ネットワークや運行頻度などについて，地域間の公平性を確保するためにサービス水準の基準について検討することが重要になる．

自治体の運営するバスの運賃設定に際しては，運営のための経費に対し，利用者から運賃をどの程度徴収するかということに加え，自治体がどの程度負担すべきかを検討することが重要であるが，市町村合併に伴うバス運賃の設定変更の場合には，住民の混乱を招かぬよう，従前より運賃が著しく増加しないように配慮することも必要である．

(5) スクールバスの運行計画（第IV編4.9参照）

スクールバスの運行についても，学校統廃合などにかかる様々な背景や経緯などから旧自治体において運行内容や利用条件が異なることが多い．そのため，市町村合併に伴うスクールバスの運行計画の検討や見直しに当たっては，教育関係者や地域住民との十分な協議や検討が必要となる．具体的には，合併後の校区の見直しや学校の統廃合を踏まえ，スクールバス運行に関する方針（通学距離，地域指定，通学人数，利用者負担額等）を決定する．

(6) 自治体が運営するバス運行管理の一元化（第IV編4.9参照）

市町村合併に伴い，旧自治体が保有していた車両や運行管理の仕組みを統合することにより，車両の有効活用や運行管理の効率化，運営費用の節減などを図ることが可能になる場合が多い．

そのためには，合併前に旧自治体がそれぞれ独自に実施していた公共交通サービスに関して，その総括的な管理や実際の運行方法に関する方針を決定する必要がある．例えば自治体直営のバスでは管理主体の一元化を行うことによって管理部門の省力化が図られるとともに，営業所の統一や余剰車両の削減等運行効率化に大きく寄与することが考えられる．また，運行委託を行っているバスについても，委託の考え方を統一したり，再編計画に基づく運行委託の変更を行うことにより，効率化が図られる場合もある．

(7) 既存資源の有効活用

市町村合併の効果として，旧自治体が保有している車両や既存の交

通システムなどを有効活用することがあげられる．合併後の公共交通サービスの効率向上を図るため，例えば次に示すような資源の活用が考えられる．

- ・自治体の所有するバス車両（市町村有償運送の使用車両など）
- ・バスの運行拠点や乗務員の待機場所
- ・運転要員の効率的な配置・運用
- ・デマンドバスの予約システムやオペレータ等の人材

(8) 愛称やシンボルマークの設定

　市町村合併に伴い，地域のバスサービスの魅力の向上を図るとともに親近感を高めるため，バスの愛称やシンボルマークを設定することが有効である．その効果をより高めるために，住民からの公募や児童・生徒等に対するデザインコンペの実施などが考えられる．

(9) 公共交通再編の移行期間の設定

　それぞれの自治体が合併前から個別に運行している公共交通サービスを，合併と同時に再編することは困難である．そのため，移行期間を設定して，管理や運行の具体的な計画を立てることが必要である．

3.4 地域づくりの戦略

　公共交通の運行は道路等の施設整備が必要な施策と比べ，相対的に短期間で施策を実施することが可能である．そのため，公共交通サービスの再編により，新しい自治体内での移動の利便性の向上や移動費用の低減化を図ることによって，新しい自治体としての一体感を感じさせたり，住民の生活利便性が向上するなどの効果が期待される．また，合併時に検討する各地域の機能分担や拠点施設の位置付けに対応した公共交通サービスを戦略的に行うことで，地域活性化にも大きく寄与することが期待される．

　このことから，市町村合併に伴う公共交通再編計画では，現状のニーズに対応した移動手段を提供するだけでなく，各種拠点施設に対する戦略的な交通計画によって，地域づくりを同時に検討することが重要である．そのため，以下に示すような拠点施設の位置付けと提供する公共交通サービス水準を検討する必要がある．

(1) 拠点施設の位置付け

　地域づくりのための戦略的な公共交通運行を検討するため，合併後の拠点施設の位置付けを上位計画等に基づき整理する必要がある．例えば，地域内の高等学校への進学を促進するための学科改編の動き，

地域内の各総合病院の位置付けや通院可能圏域の拡大，大型商業施設の戦略といった，個々の拠点施設に関して計画されている今後の位置付けを整理する必要がある．

(2) 拠点施設への交通サービス水準

　各拠点施設の位置付けに基づいて，必要となる公共交通のサービス水準を詳細に整理する必要がある．具体的な検討項目の事例を以下に示す．

- ・高等学校の通学圏域全域にわたる必要バス路線と始業・就業・部活動に対する必要な運行ダイヤ
- ・総合病院の通院圏域全域にわたる必要バス路線と受付開始や診療時間を考慮した運行ダイヤ
- ・商業施設の利用しやすさに配慮した路線設定や一般的な買物時間に配慮した運行ダイヤ

課題例6：バスを中心とした公共交通の計画を策定したい

1. はじめに

　自動車社会の進展は移動の利便性や随時性を向上させたが，道路混雑や環境問題，交通安全問題，都市・地域構造の拡散化などを助長した．また，自動車利用が日常生活に定着することにより，自動車なしには地域の生活交通は成り立たないと言っても過言ではない状況にある．このことは，公共交通の利用者の減少等による疲弊を促進させるとともに，移動手段の選択性・代替性の低下や，高齢者など自身では自由に自動車を利用できない層のモビリティの低下を引き起こしている．こうした問題点を解決する施策の一つとして，市町村がバス交通計画を考える必要性が高まっている．

　このような状況の変化を受け，公共交通あるいはバス交通のあり方に対し，交通計画の中で自治体としての施策の方向性を明確に打ち出そうという動きがある．また，国の地域公共交通確保維持改善事業や地域交通法の利便増進事業，道路運送高度化事業など，こうした自治体の流れを支援する意図をもってつくられた事業も存在する．

　ここでは，以上の現状を踏まえ，市町村がバスを中心とした公共交通の計画を策定するにあたり，検討すべき事項とその手順等について記述する．「バスを中心とした公共交通の計画」とは，少子高齢化等の進展に伴い，将来大幅に増加すると想定される自律的に移動できない層（代表的には，単身もしくは高齢者のみ世帯に属し，かつ運転免許非保有・返納済の高齢者など）に対し，市町村としてどのような交通サービスを提供していくかを明示的に記述した計画とここでは捉えており，自家用車からの転換利用を図るための短期的なバス優先施策だけを必ずしも対象としているわけではない．自家用車からバスへの手段転換は，一般的に都市部であってもバス優先施策だけでは実現は困難であり，まちづくりの範疇に入る生活交通の目的施設の立地誘導策や，自動車利用抑制策，駐車場料金施策，モビリティ・マネジメントに代表される人々の利用意識の変容策等，複数施策のパッケージングにより，中短期的に実現を目指していくべき政策目標である．

　以降，一般的な交通計画の手順に関する記述や，個別施策に関する網羅的な記述は行なわず，バスを中心とした公共交通の計画を策定するうえで検討すべき事項に焦点を当てて記述していくこととする．なお，近年では，DRT（デマンド交通）に運行形態を変更する例もあるが，これらの検討にも応用可能である．

2. 検討の全体構成

　バスを中心とした公共交通の計画を検討する際の流れは図II.6.1のとおりである．次章において，この流れについて解説する．

　バスを中心とした公共交通の計画は，地域交通法で規定されている「地域公共交通計画」として策定することも考えられる．その場合，計画で定める必要がある事項の1つである「持続可能な地域公共交通網の形成に資する地域公共交通の活性化及び再生の推進に関する基本的な方針」は，図で示された「(1)長期的な交通体系の将来ビジョン」として，読み替えることができる．また，計画の「区域」，「目標」，「目標を達成するために行う事業及びその実施主体に関する事項」等の他の内容については，「(5)バス優先の交通計画策定」の中で記載される内容に含まれているものと想定されたい．なお，地域交通法に基づく以前の法定計画（地域公共交通総合連携計画等）では自治体運営のコミュニティバスやデマンド交通のみが取り上げられたものが多数あったが，現行の地域公共交通計画は，地域公共交通確保維持改善事業に基づく補助制度と連動しており，対象地域内のバスその他の公共交通が全て扱われることが必要である．

3. 具体的な検討手順

3.1 長期的な交通体系の将来ビジョンの策定

　バスを中心とした公共交通の計画を策定するには，まず交通圏においてバス交通を中心的なサービスとして位置づける必要性を整理し，これをもとに長期的な交通体系整備の方向性（交通体系の将来ビジョン）を示す．それによって，目指すべき交通体系の方向性について共通認識をもつことができれば，バスを中心とした公共交通計画の位置づけが明確になり，地域住民・交通事業者・自治体の間の役割分担も明確化されるなど，施策の実現が図りやすくなる．

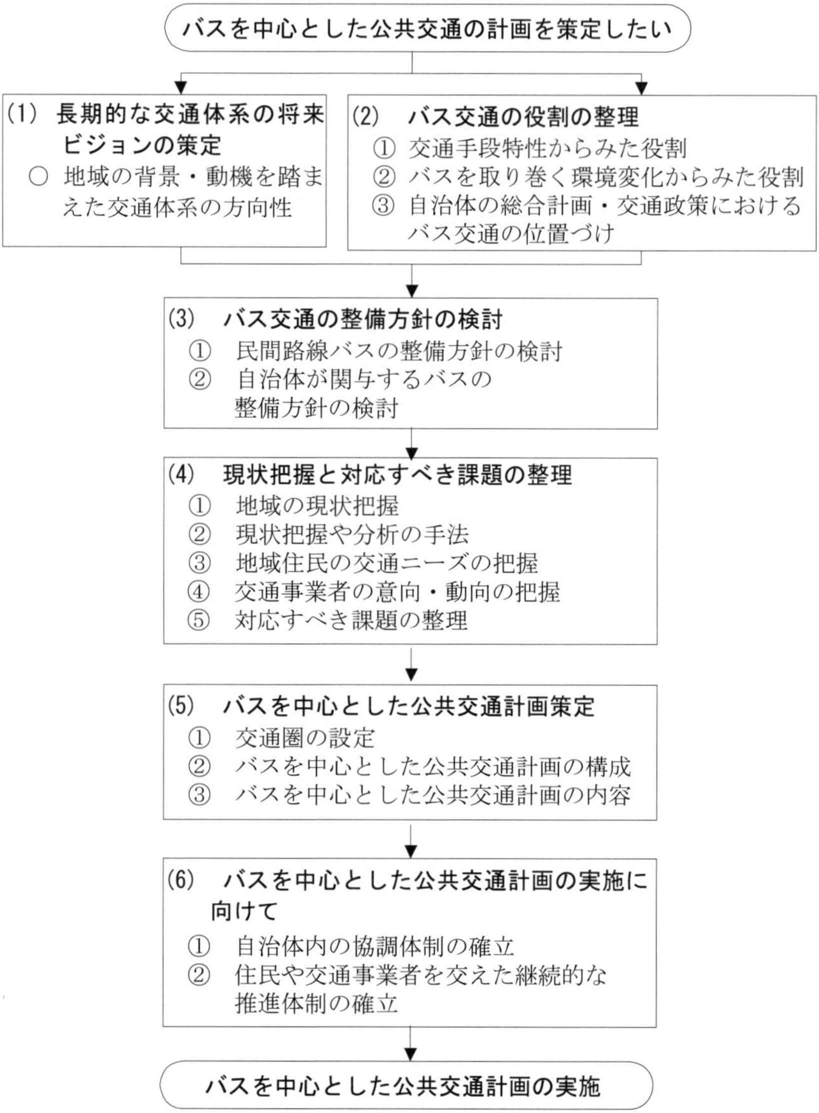

```
┌─────────────────────────────────────────────────┐
│  バスを中心とした公共交通の計画を策定したい  │
└─────────────────────────────────────────────────┘
```

(1) 長期的な交通体系の将来	(2) バス交通の役割の整理
ビジョンの策定	① 交通手段特性からみた役割
○ 地域の背景・動機を踏ま	② バスを取り巻く環境変化からみた役割
えた交通体系の方向性	③ 自治体の総合計画・交通政策における
	バス交通の位置づけ

(3) バス交通の整備方針の検討
① 民間路線バスの整備方針の検討
② 自治体が関与するバスの
　 整備方針の検討

(4) 現状把握と対応すべき課題の整理
① 地域の現状把握
② 現状把握や分析の手法
③ 地域住民の交通ニーズの把握
④ 交通事業者の意向・動向の把握
⑤ 対応すべき課題の整理

(5) バスを中心とした公共交通計画策定
① 交通圏の設定
② バスを中心とした公共交通計画の構成
③ バスを中心とした公共交通計画の内容

(6) バスを中心とした公共交通計画の実施に
向けて
① 自治体内の協調体制の確立
② 住民や交通事業者を交えた継続的な
　 推進体制の確立

```
┌─────────────────────────────────────────────────┐
│     バスを中心とした公共交通計画の実施     │
└─────────────────────────────────────────────────┘
```

図II.6.1　バスを中心とした公共交通計画に関する検討の流れ

　バスを中心とした公共交通計画を検討する背景や動機は地域によっ
て様々であるが，次のような場合が想定される．
　　・道路混雑の緩和を図る場合
　　・鉄道と一体となった公共交通ネットワークの充実を図る場合

- 市街地における路面公共交通の利便性の向上を図る場合
- 高齢者等，自分自身での移動手段を持たない人々の移動手段の確保を図る場合
- 自動車の流入を抑制しつつ中心市街地の活性化を図る場合
- 環境負荷が小さく，エネルギー効率のよいまちづくりを行う場合

　これに対し，通勤・通学や買物・通院など生活の面で密接な関連を持つ市町村からなる交通圏を設定し，次のような視点から将来を展望する．

- 将来の経済社会の動向
- 高齢化の進展や人口の移動等，地域の人口構成の変化
- 住民の交通ニーズの現状と将来の見通し
- 地域の将来像やまちづくりの方向性
- 総合的な交通政策の方向性
- 道路や鉄道の整備計画など，交通インフラの整備計画・構想

　交通体系の将来ビジョンでは，これらを踏まえ，今後の経済社会や地域整備の方向性に対応した住民の移動手段の確保方策，交通インフラの質の向上策，住民や交通事業者の役割と協働体制のあり方，費用負担のあり方などについて，今後の方向性を具体的に示す．

3.2 バス交通の役割の整理

　乗合バスは，市民生活に密着し，誰もが気軽に利用できる日常的な交通サービスであり，次のような役割を有する交通手段である．バス優先の交通計画を策定する際には，こうした役割を踏まえ，当該地域でバス交通が果たすべき役割について整理する．
　なお，前項の「長期的な交通体系の将来ビジョンの策定」と，本項の「バス交通の役割の整理」については，先に示したフロー図のように，選択的に実施して次項以降へ進めていくことも可能であるが，本来的には両方とも実施して，地域の交通体系の将来像とバス交通の役割について，地域の政策目標として住民を含めた関係主体間で共有化すべきである．

(1) 交通手段特性から見た役割

　乗合バスは，移動距離は自動車や鉄道より平均的に短く，利用者密度は鉄道と自動車の中間かやや低密度側に位置する交通手段である．機動性の面では，鉄道のような専用通行路を持たないために自由度が高く，路線の改変やデマンド交通のような運行途中での経路の変更も容易であるなどの特性を有している．そのため，輸送力の上では鉄道の補完的・代替的役割を担い，サービス提供範囲に関しては鉄道よりも面的にカバーでき，自動車よりも輸送密度が高い交通機関である．

(2) バスを取り巻く環境変化から見た役割

　バスに期待される今日的な役割として下記のA～Gが考えられる．特に，高齢社会への対応は重要であり，高齢者・障害者を含む移動制約者の移動を保障する市民サービスの一環として充実させることが必要である．

　　A：高齢者・障害者の交通行動の支援
　　B：高齢社会での交通安全の確保
　　C：環境負荷の少ない交通体系の整備
　　D：エネルギーの有限性，希少化への対応
　　E：朝のピーク時の交通混雑・渋滞の緩和
　　F：地震等被災時の代替交通機関
　　G：中心市街地の活性化

(3) 自治体の総合計画，総合交通政策におけるバス交通の位置づけ

　バスを中心とした公共交通の計画を策定する際には，上位計画となる総合計画や総合交通政策等において，バス交通の位置づけを明確にしておくことが重要である．例えば，ある市の総合計画におけるバス交通に関する記述例を次に示す．

○鉄道駅，公共施設へのアクセスなど，市内交通の中心的担い手として，利便性の高いバス交通網が形成されるように要請します.
○乗換料金体系の見直しや運行路線・本数などの改善，快適な車両の導入，停留所の整備等によりサービスの向上が図られるよう要請します.
○利用者サービスと運行時刻の定時性確保のため，バスロケーションシステムの充実を求めるとともに，バスレーンの設定について検討します．また，走行環境整備として，バスベイの整備を進めます.
○市内循環バスについては，利用者の動向・要望を把握し，公共施設の配置を考慮した利便性の高い路線とするとともに，市民生活の足となるコミュニティバスの導入について検討します.

また同市では，三つの基本方針を持つ総合交通政策が策定されており，それぞれバス対策（下線部）が位置づけられている.

「人・環境にやさしい総合的な交通体系」を目指して	①都市間交通を柱とする総合的な交通体系構築	a）鉄道網の整備強化 b）バス路線網の整備充実 c）幹線道路網の整備 d）空港アクセスの整備強化
	②交通手段の役割分担の適正化と交通手段相互の有機的な連携	a）交通結節点施設の整備拡充 b）道路網整備と道路網の機能分担 c）自転車交通路の整備 d）駐車場・駐輪施設の整備
	③自動車交通から公共交通への転換・誘導	a）公共輸送サービスの充実 b）公共輸送機関関連施設の整備拡充 c）法的規制による自動車通行の制限

図II.6.2　総合交通政策の基本方針の例

3.3 バス交通の整備方針の検討

次に，当該地域におけるバス交通の役割や総合計画・総合交通政策におけるバス交通の位置づけに従って，バス交通の整備方針について検討する．

(1) 民間路線バスの整備方針の検討

多くの自治体では，民間の路線バスが自治体内の公共交通サービスを担っている．こうした自治体では，自治体内の施設立地や基盤整備による土地利用の変化，市民のライフスタイルの変化等に対応したバスサービスの改善が必要となっていることが多い．そこで，市民ニーズに応じた効率的かつ利便性の高い路線網の充実等を目指し，次のような視点から整備方針を検討する．

①日常生活に必要な通院や買い物など，市民ニーズに合ったバス路線の再編をバス事業者とともに検討し，バス路線網の維持・充実を図る．
②バス路線網の充実に必要なバス停の改善や駅前広場の整備等，バス交通施設の整備促進を図る．
③運行頻度や運賃の見直し，低床車両の導入など運行サービス改善，時刻表の表記の改善，バスの運行案内・到着予定時刻の案内システムの整備等を推進するなど，バスサービスの改善に努める．

(2) 自治体が関与するバスの整備方針の検討

高齢化が急速に進む中，高齢者や障害者など市民の誰もが身近な交通手段として気軽に利用できるバス路線網を整備していくことは，今後ますます重要な行政課題になっていくと予想される．また，バス交通ニーズがあるのにもかかわらず，採算面から民間事業者による運行が困難な地域については，バス交通の公益性を確保するために行政主体によるバス運行を検討するなど，地域の実情に即した積極的な施策を講じていく必要がある．

3.4 現状把握と対応すべき課題の整理

バス交通の整備方針を定めたら，バスを中心とした公共交通計画を具体化するための検討を進めていく．そのためには，的確な現状の認識に基づいて対応すべき課題を分析し，その結果を踏まえてバス優先の必要性や考え方を具体化する．

(1) 地域の現状把握

　自治体はバスを中心とした公共交通の計画策定に向けて，地域の現状を正確に把握する必要がある．把握すべき項目としては，主に以下のものが挙げられる．

　①人口・世帯状況（年齢構成，世帯特性，地域分布，免許・自動車保有等）
　②交通条件（道路整備状況，鉄道・バスのサービス水準，タクシーやその他送迎サービス，およびこれらの利用状況）
　③活動実態（通勤・通学・買物・通院等日常の生活活動，休日の活動，観光交通等検討する交通計画にあわせて）
　④地域住民の交通ニーズ・満足度など
　⑤交通事業者の運輸実績・経営状況，今後の動向
　⑥行財政状況，交通サービス関連の実施施策や補助・財政支出の状況（福祉サービスや通学バスなども含めて）
　⑦その他（検討する交通計画の対象にあわせて）

(2) 現状把握や分析の手法（第Ⅳ編2.2〜2.5参照）

　地域の状況はそれぞれ異なるため，地域の実情に即した形で現状を把握し，分析することが重要である．人口・世帯の状況，交通事業者の運輸実績等については，統計データから整理することができるが，活動実態については，パーソントリップ調査などの既存データが活用できるかどうかによって手法が異なる．その際，新規の調査により収集したデータを用いたり，新たな分析手法の適用を試みたりすることも考えられる．

(3) 地域住民の交通ニーズの把握（第Ⅳ編2.6〜2.7参照）

　計画をより良いものとするには，地域住民の交通ニーズを的確に把握することが重要である．地域住民の交通ニーズも地域の状況によって様々であるため，地域の実情に即した形で把握することが重要である．具体的には，アンケート調査のほか，聞き取り（ヒアリング）調査やグループインタビューなど直接対話型の手法などが有効であると考えられる．その際，現在バスを利用している市民や利用が想定される利用者層のみに，調査対象が偏らないことに注意を要する．複数の交通機関にわたる全体的な交通計画策定をベースに，バス利用の可能性がある潜在利用者層のニーズを把握することが，効果的なバス優先の交通計画の策定には不可欠である．
　また，直接対話型で意見交換を進めていくことにより，地域住民が積極的に公共交通を利用するように交通行動を変えたり，実際に利用

する回数は少なくても地域の足として維持するための費用負担に合意するなどといった，住民自らが地域交通の運営・維持に参画する動きへつながる可能性もある．

(4) 交通事業者の意向・動向の把握

　バス・タクシーなどの交通事業者に関する状況を把握することも必要である．その際，当該地域の既存事業者だけでなく，新規参入の意向がある事業者についても，運輸実績や経営状況，今後の事業の意向などに関する情報を集めておく必要がある．

　情報収集にあたっては，自治体内の関連部局をはじめ，地域協議会，都道府県，地方運輸局などに働きかけ，協力を求めていくことが考えられる．

(5) 対応すべき課題の整理

　以上の検討結果を踏まえ，対応すべき課題の整理を行う．その視点としては，次の項目が考えられる．

①各交通手段別の利用状況（利用者層，利用目的，発着地，利用時間帯等）と実際の提供サービスの整合性からみた問題点
②各交通手段に対する，利用者・非利用者からみた問題点・ニーズ
③潜在的な公共交通利用ニーズの地域分布と運行サービスの対応状況
④バス事業者運営収支，補助金や福祉・通学対策を含む行政支出の動向
⑤まちづくりの支援・連携のための公共交通活用施策
⑥その他，今後の動向から将来的に想定される問題点

3.5 バスを中心とした公共交通の計画策定

(1) 交通圏の設定

　通勤・通学などの日常の行動範囲は，必ずしも一つの市町村で閉じることはなく，複数の市町村にまたがることが少なくないと考えられる．

　バスを中心とした公共交通の計画を策定するにあたり，活動実態や地域住民の交通ニーズを的確に把握した上で，必要に応じて複数の市町村から構成される一体的な地域を交通圏（交通計画の対象圏域）として設定する．

　交通圏の設定に関する明確な基準はないが，次のような視点から設定することが考えられる．

①通勤・通学人口，他市町村への通勤・通学人口の割合
②高校，病院，商業施設などバス利用が多いと考えられる施設の分布
③住民のバス利用ニーズ
④バス路線網やバス利用の現状

(2) バスを中心とした公共交通計画の構成

　これまでに検討してきた事項を総合化し，バスを中心とした公共交通計画を具体化する．その構成は次のように考えられる．

①長期的な交通体系整備の方向性（交通体系の将来ビジョン）
②社会・経済や地域整備の将来展望
③地域においてバス交通が果たす役割
④地域におけるバス交通体系の整備方針
⑤地域および活動の現状と動向
⑥バス交通が対応すべき課題の整理
⑦交通圏全体の公共交通体系整備の方向
⑧交通圏内の地域別のバス交通計画（路線網計画，サービス水準等）
⑨施策実施に向けた市民・交通事業者・自治体の役割分担
⑩実現化方策

(3) バスを中心とした公共交通計画の内容

　バスを中心とした公共交通計画の内容には様々なものが考えられる．対応すべき問題や課題，地域の特性などに応じて適切な計画を行うことが重要である．
　その具体的な内容として，例えば次のようなものがあげられる．

①都市計画，地域計画などのまちづくりに対応した公共交通体系計画
　・公共交通の機関特性を踏まえた鉄道・新交通システム・路面電車(あるいはLRT: Light Rail Transit)・路線バスの計画
②住民のニーズに対応したバス路線網再編（第Ⅳ編4.7参照）
　・乗り継ぎ利用を促進するためのダイヤ・運賃施策・情報提供，結節点や乗り継ぎバス停の整備等
　・バスの定時性を確保するためのバス専用レーン等専用走行空間の設定，公共車両優先システム(PTPS: Public Transport Priority System)等のバス優先施策等

・需要に応じた一定のサービス水準を確保するための幹線バス・
　　　支線バスによる路線網構成（幹線〜支線の乗継サービスを含
　　　む）
　　・採算性確保が困難であるがバス需要の少なくない地域における
　　　バス運行に対する自治体の取り組み方針
　③バス運行にかかる費用負担の方向性（第IV編4.3，4.10参照）
　　・補助金政策の具体化，利用者負担のあり方，地域主体の運行形
　　　態の検討等

3.6　バスを中心とした公共交通計画の実施に向けて

(1)　自治体内の協調体制の確立

　バス優先の交通計画は，ハード・ソフトをはじめ財源など多様な内
容からなっているため，自治体内の関連部局も多岐にわたる．このた
め，自治体内部における縦断的な協力体制を整える必要がある．
　また，関連する既存の事業制度や補助制度を横断的かつ柔軟に活用
し，行政予算の効果的な事業配分を図るため，さまざまな部局で管轄
する複数の既存事業制度・補助制度の内容や適用事例に関する資料収
集，自治体間での情報交換や県・国との協議を密に行うことが必要で
ある．

(2)　住民や交通事業者を交えた継続的な推進体制の確立

　地域住民の交通ニーズ把握のために，また，地域の足としてより適
切なバス運行を行うために，計画策定段階から地元住民や交通事業者
と協調しながら計画を進めて行く必要がある．それにより，複数案の
比較検討，試験運行，ニーズにあった運行計画の策定，交通事業者と
の間の適切な協力体制，自治体・事業者・地元住民の運行費用負担方
法の整理，自覚ある交通当事者としての住民意識の醸成につながるこ
とが期待される．
　また，バスを真に地域住民の足として機能させるためには，地域住
民，交通事業者，自治体の三者が協働して，バス交通の計画（plan），
実行（do），評価（see）のマネジメントサイクルを推進する体制を構築
することが望まれる．評価に際しては，達成すべき目標に対応した評
価の視点・指標の設定等をあらかじめ行い，可能な限り定量的な指標
に基づく計画の評価や見直しの必要性を検討することが重要である．
　推進体制としては，地域公共交通会議や地域交通法の協議会を積極
的に活用したり，委員会などの組織づくりを行って定期的に進めてい
く方法が考えられるほか，地域住民，交通事業者，自治体の三者が随
時集まって情報の共有・意見交換する場を設けるという方法なども考

えられる．いずれの場合においても，積極的なPRと世論形成，交通事業者や地域住民との強力なパイプづくりが重要な課題となる．

課題例7：路線の再編を行いたい

1. はじめに

　国による公共交通事業の需給調整規制が2000年代初頭に廃止されたことにより，事業者間の自由な競争のもとで，市民の交通ニーズに対応しうる公共交通をいかに整備するかが交通政策上の重要な課題になっている．その1つの方向性として，住民のニーズを満たすよう，従来のバス路線を再編し，階層的・体系的な．分かりやすく使いやすいバス路線網を構成することが考えられる．このような再編によって，地域の交通拠点を形成し，地域づくり・コミュニティづくりにも貢献することが可能となりうる．（第Ⅳ編1章参照）

　こうした認識の下で，ここでは，住民のニーズに見合ったバス路線網を形成するために，市町村が主体となってバス路線の再編計画を策定する際の検討内容やその実施プロセスについて説明する．

2. 検討の全体構成

　検討すべき内容は図Ⅱ.7.1に示すとおりである．

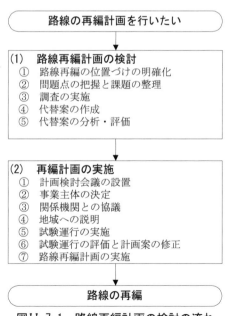

図Ⅱ.7.1　路線再編計画の検討の流れ

3. 基本的な検討手順

3.1 路線再編計画の検討

(1) 路線再編の位置づけの明確化

　バス路線を再編する動機や目的は様々である．路線の再編計画を検討する際，最初にその目的や位置づけを明確化することは，計画の方向性を定めるという意味で重要であり，次のような視点から位置づけを整理する．

　　1）なぜ路線を再編するのか．（利便性の向上，需要の喚起，ニーズにあった路線の拡大・縮小，自動車交通からの転換促進等）
　　2）どのような移動ニーズに対応するのか．
　　3）対象地域はどこか．（複数市町村，市町村全体，一部の地域等）
　　4）市町村はどこまで関与するのか．
　　5）実施時期はいつか．

(2) 問題点の把握と課題の整理

　路線再編に当たり，現状のバス路線の問題を明確にするため，現状の問題点を次のような視点から整理する．

　　1）利用者の視点：運行本数は妥当か，系統は分かりやすいか，多くの乗り換えが発生するような系統になっていないか，鉄道との接続は施設面・ダイヤ面で便利で円滑か，交通サービスに地域間格差は生じていないか等
　　2）事業者の視点：運行距離が著しく長いなど非効率な路線・系統の設定になっていないか，遅延が日常化していないか，道路混雑により定時性が阻害されていないか等
　　3）自治体の視点：市民のニーズにあった路線になっているか，市町村の公共交通政策を反映できる路線になっているか等

　問題点を整理したら，それらを解決するために検討すべき事項や選択しうる手法を抽出し，対処すべき課題を整理する．

(3) 調査の実施

　路線の再編計画の具体化に必要な情報を収集するため，バスの運行実態や利用実態，住民や事業者の意向などに関する調査を実施する．その際，路線の再編の背景となる問題点が具体的に把握できるよう，

需要の量的な把握などにとどまらず，住民や事業者の意向や問題と感じている点を的確に捉えられるよう調査を実施する．

具体的には，次のような調査が想定される．

①利用実態調査（第Ⅳ編2.2～2.5参照）

計画を策定するための基礎情報として，路線別の利用者数，利用者のOD，利用者の属性，利用時間帯などに関する実態を把握する．手法としては，パーソントリップ調査に代表される既往の交通実態調査の活用，新たな利用実態調査の実施などが考えられる．

②ニーズ・意識調査（第Ⅳ編2.3，2.6参照）

住民の移動ニーズを把握するとともに，現状の路線や系統の問題点や改善すべき点を把握するため，住民の意識や意向を把握する．手法としては，アンケート調査の実施等が考えられる．

③潜在需要の把握（第Ⅳ編2.3，2.4，2.7参照）

現在のバス利用者のみならず，バスを利用していない住民に対して利用しない原因を調査し，路線の再編によって新たにバスを利用する可能性を把握する．

④事業者の意向調査

バス事業者からみた路線の問題を把握するとともに，現状をより正確に認識していることが期待されるバス運転手の感じている問題点を抽出するため，事業者の意向を把握する調査を実施する．手法としては，事業者に対する聞き取り調査，運転手に対するアンケート調査，聞き取り調査等が考えられる．

(4) 代替案の作成

(3)の調査結果を分析して(2)の課題を解決するため，路線再編に関する代替案を作成する．その際，次のような項目について検討し，代替案に反映させる．

①住民のニーズを充足させる路線・系統の設定

住民の潜在的なニーズを考慮し，利用者ODや利用時間帯，利用者属性などを踏まえた路線・系統の設定．

②階層的な路線網の形成

中心部から郊外に向かう基幹バスと郊外を中心に運行する支線バスから構成される路線網の形成など，体系的・階層的な路線網の形

成.

③基幹バス・支線バスのサービス内容の検討
　基幹バスの快速・急行運転による速達性の向上，支線バスのバス停配置の高密度化等，基幹バス・支線バスの特性を考慮したサービス内容の検討.

④基幹バスと支線バスの連携策の検討
　基幹バスと支線バスの結節点となるバスターミナルの整備，それらを円滑に乗り継ぐことのできるダイヤ設定，乗り継ぎの負担を軽減する乗継運賃の設定等.

⑤バス運行の支援策の検討
　定時運行を支援するためのバス専用・優先レーンの設置，公共車両優先システム（PTPS: Public Transport Priority System）の導入など，円滑なバス運行の支援策の検討.

(5) 代替案の分析・評価 （第IV編3.4，3.5，3.8参照）
　作成した代替案に対し，次の項目に関する分析を行い，代替案を評価する.

1) 課題への対応：(2)で抽出した課題を解決できるか.
2) 利用者数の推計：設定した代替案によりどの程度のバス利用者が見込めるか.
3) ニーズの充足：(3)の調査で捉えたニーズを充足しているか.
4) 費用の試算：代替案に基づき運行した場合にどの程度の費用を要するか.
5) 採算性の分析：採算性はどの程度か. 補助するとすれば市町村の負担はどの程度か.

3.2　再編計画の実施手順

(1) 計画検討会議の設置
　バス路線の再編には多くの当事者が関わるため，道路運送法施行規則に規定された地域公共交通会議や地域交通法に規定された協議会など，関係機関から構成される計画検討会議を組織し，相互の意見交換を行って計画案を作成することが望ましい. 会議の構成メンバーは，バス利用者の代表（自治会組織の代表等），バス協会，バス事業者，バス事業者の労働組合，交通管理者，道路管理者，関係行政機関（国，

都道府県），学識経験者等があげられる．法令で定められた協議会等では必須のメンバーが定められているが，必要に応じて適宜関係者を追加することができる．

　検討会議では，当該市町村が計画原案を作成し，協議の上成案としていくことになる．こうした会議を設置して検討を進めることにより，情報の共有化による諸手続きの円滑化，前例のない問題に対する様々な視点からの対策案の提案などが期待されるほか，関係機関の総意で策定した計画であるゆえに一致協力して迅速な事業の推進が期待できるなどのメリットが得られる．

(2) 事業主体の決定（第IV編4.5参照）

　路線再編の計画がまとまれば，次にそれぞれの路線の事業主体を決定する．事業の手法としては，

1) 路線バス事業者がそのまま路線バスとして運行する（4条許可）
2) 市町村がバス，タクシー事業者に乗合運行を委託する（4条許可事業者への委託）
3) 市町村等が保有する自家用車で有償運送を行う（79条登録）

の三通りの方法が考えられる．

(3) 関係機関との協議

　計画案を事業実施に移すためには，細部に渡って関係機関との協議が必要になる．例えば，つぎのような場合が想定される．

1) 新たにバス停を設置するための，道路管理者，交通管理者，バス事業者，バス停設置箇所の住民等との協議
2) バス優先施策実施のための交通管理者との協議
3) 道路運送法による届出－許可の手続きにおける地方運輸局との協議
4) バス運行（ダイヤ，運行頻度等）に関するバス事業者との協議等

(4) 地域への説明

　路線再編の主要な目的は，バスの利便性を向上させ，住民のニーズの充足を高めることにある．しかし，現在からサービスが変更されることにはそれぞれの住民や各種団体の利害に影響を及ぼす．このため，計画者が一方的に説明するだけでなく，住民による参加を求めた計画過程が重要となる．そこで，計画検討の会議のメンバーに地域住民を

加えるほか，計画立案の段階から地域住民とコミュニケーションすることが必要である．

その際，計画案を説明し理解を得ることに加え，地域住民の意見を計画案にフィードバックさせることが重要であるほか，計画案に基づいた運行開始後にも意見を聴取し，必要に応じて改善を加えることも重要である．

(5) 試験運行の実施

路線の再編は，利用者だけではなくバス事業者にも少なからぬリスクを伴うことから，本格運行を実施する前に試験運行を実施し，その結果に基づき必要に応じて手直しができる仕組みにしておくことが望ましい．なお，試験運行の結果を踏まえて計画案を見直す際，計画変更のための費用が発生する場合もあり，その点についてあらかじめ留意しておく必要がある．

試験運行の期間は，特に定められたものはない．新たな路線や運行形態に関する利用者や住民への周知期間，事業主体となる自治体や事業者が利用実績などを踏まえて効果を把握するための期間などを考慮すると，6ヶ月〜1年間程度は試験運行の期間として必要であると考えられる．

(6) 試験運行の評価と計画案の修正

試験運行を評価する際には，路線計画の位置づけや目的に照らし，住民，事業者，自治体のそれぞれの視点から評価する．評価の視点や方法については，例えば次のような方法が考えられる．

1) 住民や住民の意見を聴取するためのアンケート調査の実施
2) 路線再編の利害をより詳細に把握するためのモニター調査の実施（バスを日常的に利用している人へのモニター調査，普段バスを利用しない人にモニターとしてバスを利用してもらう調査等）
3) 採算性への影響の評価などを行うためのバス利用実態調査（あるいは輸送実績等に基づく評価）
4) バス走行速度の向上など，バス走行環境の改善を評価するためのバス走行実態調査の実施　等

(7) 路線再編計画の実施

実験運行の実施ならびにその評価を踏まえ，必要に応じた計画変更を行い，路線再編計画に基づいた運行を実施する．計画案の実施後においても，利用実態の把握や利用者の意見の収集を行い，より良いバ

ス路線の形成を目指して継続的な取り組みを行うことが必要である.

　その際,計画案の実施後においても,年次ごとに目標を定め,その達成状況を評価し,その結果を住民に公表することなどにより,住民のニーズにあった利便性の高いバス路線網を築いていくことが重要である.

課題例8：コミュニティバスを走らせたい

1. はじめに

　バス交通は，住民の生活を支える公共交通機関として，重要な役割を果たしてきたが，その利用者は自動車交通の増大に伴い年々減少している．また，経営難による合理化，道路混雑区間の増加による走行環境の悪化等を背景として，路線数や運行本数の減少が続く傾向にある．

　その結果，「公共交通空白地域」が生じる地域もあり，そこに住む高齢者等が日常生活に必要な病院や公共施設又は買い物等に気軽に出かけられるよう，バス交通のあり方についての検討が必要となっている．自治体には，「住民の足の確保」のために，自治体域内でのバス路線網の確保・再編に向けた新たなバス交通施策が求められている．

　こうした状況の下で，各地でコミュニティバスの運行が計画・実施されている．コミュニティバスは主に，従来路線バスによってはサービスが供給されなかった公共交通空白地域の交通ニーズに対処するため，地方自治体が公共的施策として実施しているバス運行サービスである．比較的低料金で，小型バスなど運行しやすい車両を使って運営されるところが共通している．（第Ⅰ編参照）

　ここでは，コミュニティバスの導入について，その計画や導入に際しての具体的な検討内容や検討手順について記述する．

2. 検討の全体構成

　コミュニティバスの導入に際し，地方自治体が検討すべき内容は図II.8.1のように整理できる．これらの具体的内容や手順については3章に記述する．

```
        ┌─────────────────────────────────────────┐
        │     コミュニティバスを走らせたい          │
        └─────────────────────────────────────────┘
                            ↓
┌─────────────────────────────────────────────────┐
│ (1)  コミュニティバスの必要性に関する検討         │
│   ①  交通需要の把握                              │
│   ②  代替交通手段の抽出                          │
│   ③  代替交通手段の分析・評価                    │
│   ④  コミュニティバスの必要性の検討              │
│   ⑤  自治体の政策方針による導入の場合            │
└─────────────────────────────────────────────────┘
                            ↓
┌─────────────────────────────────────────────────┐
│ (2)  コミュニティバスの運行計画の検討             │
│   ①  地域選定                                    │
│   ②  路線選定                                    │
│   ③  運賃設定                                    │
│   ④  運行形態および車両導入                      │
│   ⑤  運行時間帯                                  │
│   ⑥  運行本数                                    │
└─────────────────────────────────────────────────┘
                            ↓
┌─────────────────────────────────────────────────┐
│ (3)  将来の方向性の検討                           │
│   ①  路線バスサービスの充実                      │
│   ②  自治体が関与するバスサービスの              │
│       さらなる向上                               │
│   ③  公共交通に対する市民意見の反映方法の検討    │
└─────────────────────────────────────────────────┘
                            ↓
        ┌─────────────────────────────────────────┐
        │       コミュニティバスの運行              │
        └─────────────────────────────────────────┘
```

図II.8.1　コミュニティバスの運行計画に関する検討の流れ

3. 基本的な検討手順

　コミュニティバスの導入の契機には，大きく二つの場合があると考えられる．ひとつは，公共交通空白地域において住民の交通ニーズを充足するバスサービスの一環として導入される場合である．もうひとつは，自治体の公共交通施策の目玉として，首長の意向などに基づきトップダウン型で導入される場合である．
　ここでは，前者の場合を想定して基本的な記述を行い，後者の場合の検討内容の違いについて，その後に記述する．

3.1 コミュニティバスの必要性に関する検討

(1) 交通需要の把握
　コミュニティバスの導入を検討する際には，次の二つの視点から交通需要を把握する.

①量と質の両面から需要を把握する（第Ⅳ編2.2〜2.6，3.5参照）
　数量的な側面（利用者数，利用区間等）に加え，質的な側面（利用者の属性，利用目的，必要度，代替交通手段の有無）についても把握することが重要である.

②顕在需要のみならず潜在需要についても把握する（第Ⅳ編2.7参照）
　コミュニティバスの導入が求められる地域では，公共交通需要はあるにもかかわらず，道路が狭小であるなどのためにバスサービスが提供されていない場合が想定される. こうした，公共交通空白地域でのニーズを把握するため，現状のバス需要のみならず，公共交通を利用したくとも利用できない，いわゆる潜在需要について把握する.

　手法としては，交通実態調査や利用者へのアンケート調査，沿線の地域住民に対するアンケート調査などの方法が考えられる（第Ⅳ編2.3〜2.6参照）.

(2) 代替交通手段の抽出
　コミュニティバスの導入を前提とすることなく，コミュニティバス以外にも交通ニーズに対応できる代替交通手段を抽出し，どのような交通手段が適切であるかを分析・評価する. なお，代替交通手段として，次のような可能性が考えられる.

①路線バスによる対応の可能性の検討
　当該地域で路線バスが運行されている場合や，潜在需要も含めてある程度の需要が見込める場合などは，路線バスの運行による交通ニーズへの対応の可能性について検討する.

②市町村による対応の可能性の検討
　乗合交通を運行できる事業者がいない場合は，市町村が運営する自家用有償旅客運送による運行の可能性について検討する. 見込まれる需要が少ない場合には，送迎バスの利用やスクールバス，福祉バスへの一般旅客の混乗など，市町村が所有または管理する既存の輸送手段を活用する可能性を検討する.

③他の輸送手段の活用に関する検討

乗合タクシーや企業の送迎バス等，他に利用可能な輸送手段の活用について検討する.

(3) 代替交通手段の分析・評価 （第Ⅳ編3.4, 3.5, 3.8, 5.3参照）

抽出した代替交通手段について，次の項目に関する分析・評価を行い，適当な交通手段を選択する.

1) 交通ニーズへの対応：住民のニーズを充足しているか.
2) 収入の試算：想定される需要に対し，どの程度の収入が見込めるか.
3) 費用の試算：代替案に基づき運行した場合にどの程度の費用を要するか.
4) 採算性の分析：採算性はどの程度か. 市町村の負担はどの程度か.

(4) コミュニティバスの必要性の検討

(3)の分析・評価の結果，コミュニティバスが他の代替交通手段よりも優位であるとの結論が得られたら，コミュニティバスの導入を検討する.

(5) 自治体の政策方針による導入の場合

こうした検討とは別に，自治体の政策方針や首長の意向などによってコミュニティバスの導入が決定されることがある. そのような場合は，上記(2)〜(4)の検討が省略されることになる. しかし，(1)の交通ニーズの把握については，運行本数や運行時間帯などを計画する際に必要な情報となるので，こうした場合にも検討が必要と考えられる.

3.2 コミュニティバスの運行計画の検討

次に，公共交通空白地域における新たなバスサービスの提供という課題に対応するために，コミュニティバスを新たに運行させる際の具体的な検討内容を示す. 自治体の政策方針による場合は，検討を省略する項目もある.

(1) 地域選定

バス導入地域の選定としては，次の条件が整っていることが望ましい.

1) 現状において公共交通がほとんど運行されていない公共交通空白地域であること（過去にはバス路線があったが廃止されて，現在では公共交通空白地域となった場合も含む）
2) 地域住民に対するアンケート調査等でバス路線の設置要望の強い地域であること
3) 今後の社会状況の変化により，公共交通を必要とする層の人口が少なくなく，地域住民の移動手段の確保が一層必要となる地域であること

(2) 路線設計（第Ⅳ編4.7参照）

具体的な路線の設計に当たって，地域住民の利便性，潜在需要の可能性，鉄道駅がある場合には鉄道との連携などを考慮する．また，バスを利用した行動の目的地の想定は，公共施設に偏ることなく，医療・福祉施設や商業施設など住民の生活に合致したものとする．

(3) 運賃設定（第Ⅳ編4.10参照）

コミュニティバスは，高齢者や障害者等の移動困難者における外出ニーズに対応することなど，福祉的施策としての性格を持ち合わせている．このことから，自治体の政策を反映した運賃の設定が重要である．運賃の設定方法は，距離制が一般的であるが，自治体域内の短距離路線では均一制運賃の採用事例も多い．均一制運賃の利点をまとめると，以下の通りである．

1) コミュニティバスの主たる利用者である高齢者にとって，100円単位の運賃設定はわかりやすく，運賃受け取りシステムにおいても釣り銭の準備等が簡略化できる．ただし，回数券や1日乗車券，ICカードなどを導入すれば，10円単位の運賃設定でも支払いの容易性は確保できる．
2) バス停の区間数に関係ないことで，利用者に理解しやすい．
3) 分かりやすく，支払いやすいことにより利用者の増加ができる．

ただし，均一制運賃を導入する際は，次の点が検討課題である．

1) 運賃をいくらに設定するか．
2) 他の路線や他の地域との運賃格差に対する不公平感にどのように対処するか．

(4) 運行形態および車両導入（第Ⅳ編4.8，4.12参照）

運行形態は許可手続き，事故等への対応，代替車両の確保，初期経

費の増大等の問題から，車両の保有を含めた全てを民間バス事業者に委託する方式が利点の多い方式と考えられる．この方式の主な利点は，以下の通りである．

1) 自治体が購入する場合には初期投資としてバス車両の購入費が発生するが，事業者が購入する場合には，自治体側には初期投資が発生しない．
2) 車両の維持管理については，自治体が行うより事業者側で実施した方が効率的である．また，日常の運行管理全体についても事業者に委託した方が一般には効率的である．

　一方，導入車両については以下のような要件を満たした車両を選定する必要がある．なお，バリアフリー法（高齢者，障害者等の移動等の円滑化の促進に関する法律）が適用される場合（定員11名以上の車両を用いた定期路線運行の場合など）は，同法に従った車両を用いる必要がある．

1) 通勤・通学者を利用対象としない場合は，定員は立ち席を含めて30～40人程度の小型バス．
2) 生活道路にも乗り入れる場合は，最小回転半径6m未満の車両．
3) 高齢者，障害者等の利用が想定される場合は，乗降口に補助ステップやスロープなどが容易に設置できる構造．
4) 車いすの使用やゆとりある車内空間の確保などの観点から車内の床部のフラット部分が広く設計されている車両．
5) 高齢者等の乗車を考慮し，握り棒や降車ボタン等の設備に配慮が必要

(5) 運行時間帯（第Ⅳ編3.3，4.9参照）

　運行時間帯は，住民のニーズに合わせて設定することが望ましい．同じ運行頻度でも，運行時間帯の設定によって利便性が大きく異なる．住民のニーズに応じた運行時間帯を設定するには，アンケート調査などを通じて住民のニーズを把握することなどが考えられる．
　例えば，ある都市では，アンケート調査を通じて，住民病院へは8～10時までに出発する人が全体の半分を占めること，買い物先への利用は10～11時頃にピークとなること，その後昼間はやや減少するが再度16時頃にピークとなることなどを明らかにし，その分析結果に基づき，新たなコミュニティバスの利用者は通勤・通学層より高齢者や主婦層が主体であるとした上で，病院への通院やショッピングセンターへの買い物目的に利用しやすい運行時間帯を設定するという計画を行って

いる.

(6) 運行本数（第IV編4.7，4.9参照）
　運行本数は，利用特性や導入目的，路線・ルートと運行時間帯及び需要の状況などを勘案し，予算制約の中で効果的な運行本数を設定する.

3.3 将来の方向性の検討
　コミュニティバスによる公共交通サービスの充実など，地域における公共交通の将来の方向性を考え，次の点を念頭に置く必要がある.

(1) 路線バスサービスの充実
　1）利用者のニーズに合わせた新たなバス路線網の充実，ならびに運行時間帯，運賃制度の改善などの実施.
　2）バスロケーションシステム等のバス運行情報提供設備の整備による利便性の向上.
　3）バス交通と鉄道との相互連携強化に向けた駅前広場の整備や自由通路の整備促進.

(2) 自治体が関与するバスサービスのさらなる向上

①他の公共交通空白地域への対応
　自治体域内における他にも公共交通空白地域の存在の有無について確認するとともに，そうした地域へのバスサービスのあり方に関する基準について検討し，その基準に則ってバスをはじめとする公共交通サービスの導入について検討する.

②デマンドバス，フレックスバス等の導入
　特定の時間帯に特定のルートを運行するバスでは支援できない交通需要（人口密度の低い区域の居住者，介護が必要な高齢者の病院送迎など）について，デマンドバス，デマンド乗合タクシー，フレックスバス等で支援することの可能性を検討する.

③定期的な見直しを含む継続的な改善を行うためのフォローアップの実施
　民間バス路線の参入・撤退が自由になる中で，住民の満足度を高めるために，提供しているサービスに対する住民の意見を定期的に把握して，新たな改善計画を立てて実施していくことを継続的に取り組むことが重要である. そのための定期的な調査，フォローアップ調査が

必要である.

(3) 公共交通に対する住民意見の反映方法の検討

　自治体域内のバス交通を含めた公共交通全般のサービス改善に向けて，住民の意見を反映させるための方法を検討する．バスサービスは住民のニーズに対応していくことが基本である．そのためには定期的に住民のニーズを把握することか不可欠であり，行政モニターを活用したアンケート調査や，住民からの要望の継続的な記録が必要である．

　一方，サービス確保（乗車料金の低廉化，運行本数の増加等）に関しては，費用負担の問題などについても調整することが必要であり，バス事業者，住民，自治体の三者が一体となって協議していく場が必要である．そのために，行政機関内部の検討組織を見直し強化するとともに，住民参加によるバス対策の組織づくりを推進していくことが必要である．

課題例9：デマンド交通（DRT）を走らせたい

1. はじめに

　近年，地方部を中心にデマンド交通（DRT:Demand Responsive Transport）の導入事例が増加している．わが国では，利用者の少ない路線バスの代替手段や公共交通空白地域の解消など，低密度な需要に対応した乗合公共交通としてDRTの導入が進められてきたが，STS（Special Transport Service：スペシャルトランスポートサービス）を乗り合わせにより効率的に提供する形態としても，DRTの活用が考えられる（例えば，スウェーデンのフレックス・ルート）．

　以下では，DRTの運行に必要な調査，計画，設計について，その概要を述べる．

注）STS（スペシャルトランスポートサービス）：鉄道やバスなど既存の交通手段では外出が困難な高齢者や障害者など移動困難者を対象に，介助と一体の輸送サービスを提供する形態．

2. DRT型のバスとは

(1) DRTの概要

　DRTの導入を検討する場合，これだけが唯一の交通手段ではないことを念頭に置き，DRTの特徴やシステムをよく理解した上で，その是非を検討する必要がある．

　DRTは，複数の利用者からの事前予約に応じて，そのつどルートやスケジュールを決定して運行する乗合型の交通手段である．そのため，DRTは需要のある箇所だけを結んで運行することが可能であり，路線やダイヤが定められた路線バス（路線定期運行）とタクシーの中間的な機能を有している．このことから，比較的輸送密度が低い地域をきめ細やかに運行することに適した形態であると位置づけられ，DRTの導入により，次のような効果が期待される．

　　・路線バスより広範囲な地域に対するサービスの提供

　　・障害者や高齢者の移動のしやすさの向上，公共交通へのアクセス性の改善

　　・サービス水準の向上による利用の促進

　DRTは，欧米諸国で1960〜70年代から「ダイアル・ア・ライド（Dial-A-Ride）」等の名称で導入され，わが国においても，1972年に大阪府能勢町で「デマンドバス」が初めて導入された．その後，1970〜80

年代に東京など数地域で導入されたが，当時は情報通信技術が十分に発達していなかったこともあり，利用者の予約を受け付けて，それに応じ経路や時刻表を決定する予約システムがオペレータのみでは十分な対応ができず信頼性が低かったこと，コスト削減効果が不十分であったことや，導入後のシステム更新費用の問題などにより，その殆どが在来の乗合バスに置き換えられた（竹内ほか（2009）[1]）．

しかし，近年では，乗合バス事業を巡る環境の変化や情報通信技術の進展により，再びDRTが脚光を浴びるようになった．その一方で，配車システムの運営費用の負担や，利用者の予約への受容性については課題が残されていることに加え，DRTの導入適性を考慮せずに「万能選手」として安易に導入を進めようとする事例も散見される．

なお，DRTの詳細については，第IV編4.9を参照されたい．

(2) DRTの運行形態[1]

DRTの運行形態は，大きく①簡易型と②エリア型に大別される（表II.9.1）．

①ルート型

簡易型のDRTには，路線固定型（Fixed）と迂回型（Route Deviation）の二つの運行形態が考えられる．

路線固定型の形態は，路線バスと同様に路線・停留所・時刻表の設定を行うが，利用者の予約があるときのみ，設定されたダイヤに沿い運行する方式である．低密度な需要が線的に広がるような地区(例えば過疎地の集落等)での適用可能性がある．

迂回型は，路線バスと同様に基本路線・停留所（起終点）および時刻表の設定を行うが，路線の一部に対し，予約に応じ迂回経路および停留所を設定する運行形態である．基本路線から離れた施設や集落への路線を設定する場合や，他の区間に比べて利用者数が少ないと想定される地域を含めて路線を設定する場合に導入される．

②エリア型

エリア型のDRTには，起終点固定デマンド型（Semi-Dynamic）と完全デマンド型（Dynamic）の二つの運行形態が考えられる．

起終点固定デマンド型は，起終点と起点出発時刻（終点到着時刻）を設定し，その間を予約に応じて経路や時刻表を決定して運行する形態である．そのため，迂回型に比べ1台の車両で広範囲の予約に応じ運行が可能である一方で，予約人数や行き先等の予約状況により，そのつど提供するサービスが変化することがあることから，利用者からの

予約受付を車両が起点を出発する前に締め切る必要がある.

　完全デマンド型は，経路や時刻表を設定せず各利用者の予約に応じて柔軟に設定できる運行形態である．1台の車両で広範囲にサービスが提供できる一方で，予約数の増加により待ち時間や乗車時間がそのつど変化する可能性が大きく，配車の信頼性を確保する必要があるため，予約配車システムを介することが多い．近年では，AIを活用して，利用者からの予約に対し，リアルタイムに最適な配車を提案するシステムの開発が国内外で盛んである．

表II.9.1　DRTの運行形態

分類		路線設定のイメージ			時刻表	予約受付方法
		概略図	起終点	路線・経路		
ルート型	路線固定型 (Fixed)	■●●●●●●■	固定	固定	固定 (予約が入ったときのみ運行)	起点出発時刻より前に予約
	迂回型 (Route Deviation)	■●●●●●■ ○-○	固定	固定＋迂回経路	固定(迂回経路は予約が入ったときのみ運行)	迂回経路の停留所を通過する前までに予約
エリア型	起終点固定 デマンド型 (Semi-Dynamic)	○-○-○-○-○ ■-□-○-□-■ ○-○-○-○-○	固定	起終点間を予約に沿い運行	起点出発時刻 (終点到着時刻)のみ固定	起点出発時刻より前に予約
	完全 デマンド型 (Dynamic)	○-○-○-○-○ ○-□-○-□-○ ○-○-○-○-○	非固定	非固定	非固定	任意の時刻に予約受付が可能

凡例：　■起点(終点)　●停留所　○停留所(予約に応じ停車)　―― 路線　－－ 路線(予約に応じて運行)

（参考文献1）を一部修整）

3. 基本的な検討手順

3.1 DRTの調査・計画

　図II.9.1は，エリア型のDRTを中心とした調査・計画からシステム設計，本格運行に至るフローである．

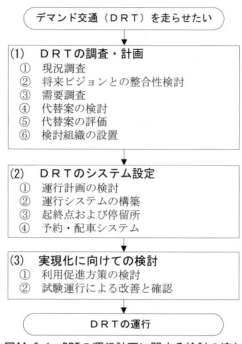

図II.9.1　DRTの運行計画に関する検討の流れ

(1) 現況調査（第Ⅳ編2.2，2.5，3.2参照）

　地域の現状を正確に，できるだけ詳細に把握する．対象とする地域の土地利用，人口構成，高齢者分布，バスの利用状況について，運輸統計資料，国勢調査，バス事業者の関連資料をもとに把握する．

　特に現状のバス利用者数の把握が重要であり，公共交通空白地域に導入する場合にはアンケート調査などによって把握する．また，路線バスの撤退やサービスの向上にあわせて導入が検討されている場合には，バス利用状況の現地調査を行うことが望ましい．一週間単位を目安に，各便の利用人数，利用者層を把握する．現状のバス利用者数は，需要推計の下限値として，最も信頼性の高い数値とも解釈される．

(2) 将来ビジョンとの整合性検討

　自治体の将来ビジョンにおける位置づけと意義を明確にする．その際，DRTによってサービス水準の向上が期待でき，また，需要密度の低い地域にも有効である反面，輸送能力に一定の限界がある上，システム構築費や維持管理費が決して安価ではなく，一般の路線バスの運行形態に比べて採算性が不利となり得ることに留意を要する．したがって，経費の節減や自治体による財政的な支援も必要になることが多

いと考えられる．このため，将来の交通ビジョン，福祉ビジョン，教育ビジョンなどを踏まえ，どのようなサービスが必要か，また，そのサービスを提供する上でのDRTの位置づけを明確にした上で導入することが不可欠である．

このような位置づけを行うことによって，DRT型のバスとスクールバスや福祉バスなどとの統合を容易にし，サービス水準を維持又は向上しながらトータルとして移動やモビリティにかかる費用を抑えることが期待できる．

(3) 需要調査（第Ⅳ編2.3～2.7参照）
需要調査はシステム構築，採算性などを検討する上で最も重要な調査である．主にアンケート調査，生活実態調査，ヒアリング調査などにより，予想される利用者数，需要の発生する曜日，時間帯，公共交通の課題や潜在的なバス需要などを把握する．

①アンケート調査：利用意向調査
対象地区住民の交通目的や利用交通機関の現状を把握するとともに，DRTを含む複数の地域交通の提案を行い，そのシステムに対する利用意向について料金の影響も加味し潜在需要も含めて利用者数を推定する．

しかし，新しい交通システムに対する利用意向は高めに現れる傾向があり，実際に運行してみると当初予想を大きく下回ることも少なくないことから，現状のバス利用者数を基本として地域特性を考慮した安全側の需要見込みに基づく計画立案が望ましい．

② 生活実態調査：一週間程度の交通行動の把握
免許を持たない主婦，学生や高齢者など，バスの利用が主である層に対して生活実態調査を実施し，一週間程度の生活行動や交通行動からバス需要の発生する曜日，時間帯，場所などを把握することによって利用意向調査を補完する．

③ヒアリング調査：公共交通の課題抽出，潜在需要
対象地域の住民に対してグループインタビュー形式や懇談会形式でヒアリング調査を実施し，現状の公共交通に関する課題，バス利用促進のためのポイントを抽出する．また，DRT型のバスに関する乗車の意向について聞き，潜在需要も含め需要見込み推定の判断材料の1つとする．

(4) 代替案の検討

現況調査や需要調査の結果に対し，想定される需要の大きさや利用者の属性，利用目的，利用者の地域的な広がりなどを考慮し，DRT型のバス以外にも交通ニーズに対応できる代替交通手段を抽出する．なお，代替交通手段として次のような可能性が考えられる．

①路線バスや一般的なコミュニティバス

　見込まれる需要が多い場合，通勤・通学利用や特定の病院や商業施設への通院・買物利用のように定型的な需要の割合が高い場合など，路線やダイヤの定められた路線バス，あるいは一般的なコミュニティバスによる対応の可能性を検討する．

②既存の輸送手段の活用

　見込まれる需要が少ない場合，送迎バスの利用やスクールバス，福祉バスへの一般旅客の混乗など，市町村が所有または管理する既存の輸送手段を活用する可能性を検討する．

③乗合タクシー等他の輸送手段の活用

　これら以外にも，乗合タクシーや企業の送迎バス等，他の輸送手段の活用の可能性についても検討する．

(5) 代替案の評価（第Ⅳ編3.4，3.5，3.8，5.3参照）

　抽出した代替交通手段について，次の項目に関する分析・評価を行い，最適な交通手段を選定する．

1) 交通ニーズへの対応：DRTが交通ニーズに対応するのに最もふさわしい交通システムか，DRTの導入により利便性はどの程度向上するか．
2) 収入の試算：想定される需要に対し，どの程度の収入が見込めるか．
3) 費用の試算：DRTの導入による運営コストの増加はどの程度になるか．DRTの導入による運行の効率化はどの程度図られるか．
4) 採算性の分析：DRTの導入により採算性はどの程度変化するか．市町村の負担はどの程度になるか．

(6) 検討組織の設置

　DRTの導入において，予約配車システムを導入する場合や利用者からの受付や配車に対応する専従のオペレータを配置する場合，運営コストは在来の路線バスに比べて割高となることもあり得る．そのため，利用者をはじめ地域住民との合意形成が重要であることに加え，利用

者や住民を含めた運営体制の確立，バスの利用促進活動，新しい負担
関係の構築などを行うことが重要である．

　そのため，計画検討の早い段階から地域住民や交通事業者，自治体
などが一同に会した検討組織（地域公共交通会議等）を設置し，合意
形成を図るとともに運営方策などについて具体化していくことが望ま
れる．

3.2 DRTのシステム設計

(1) 運行計画の検討

　DRTの運行計画について，以下の項目に関する検討を行う．

①運行地域の設定

　既存の路線バス等現状の公共交通サービス，現状の交通ニーズや
地域住民の意向，今後の人口動向などによる需要の増減などを考慮
し，運行地域を設定する．

②路線の設計（第Ⅳ編4.7参照）

　地域住民の利便性，潜在需要の可能性，鉄道との連携，医療・福
祉施設や商業施設へのアクセスなどを考慮し，路線を設定する．そ
の際，DRTの特徴を踏まえ，立ち寄りによる対応などを考慮して路
線を設定する．

③運行頻度の設定

　需要調査などの結果から，利用目的，利用時間帯などを考慮し，
運行頻度や運行時間帯を設定する．なお，DRTのダイヤについては，
あらかじめ出発時刻を定める場合（表Ⅱ.9.1の簡易型，起終点固定
デマンド型）とそうでない形態（表Ⅱ.9.1の完全デマンド型）があ
る．

④運行方式の選定（第Ⅳ編4.9参照）

　DRTにはダイヤの設定の自由度や路線・迂回の形態などにより，
いくつかの運行方式がある．需要の多寡や路線の形状，運営にかか
る費用や体制などを考慮し，運行方式を選定する．

⑤運賃設定（第Ⅱ編課題例8，第Ⅳ編4.10参照）

　運賃については，一般的なコミュニティバスと同様，分かりやす
い運賃体系が望ましいと考えられる．ただし，DRTの運営・管理の
ための費用負担のあり方についても考慮し，運賃を設定する必要が

ある.

⑥ 車両選定（第Ⅳ編4.12参照）

　導入する車両については，需要に見合ったサイズ，運行経路の道路幅員などに応じたサイズの車両を導入する．なお，STSを乗り合わせで提供する場合は，利用対象となる障害者等の身体特性に応じた車両の選定が必要である．

(2) 運行システムの構築（第Ⅳ編4.9参照）

　DRTを運行するためには，利用者からの予約や運行管理を行う予約配車システムを介する場合がある．システムの導入にあたり，予約センターの設置を必要とする場合，その運営は，交通事業者，自治体（社会福祉協議会等も含む）や商工会など多様に想定される．

(3) 起終点および停留所

　固定された起終点をもつ簡易型や起終点固定デマンド型のDRTでは，運行地域の形状，駐停車スペースやトイレの有無などを考慮して起点や終点の位置を設定する．中間の停留施設に関しては，簡易型は固定の中間停留所が設置されているが，エリア型の場合，簡易な停留施設でも対応可能である．図Ⅱ.9.2にその一例が示されているが，予約時に停留所の到着時刻が分かることから特に時刻表を設けていないうえ，停留所数も多くなることから「番号」を付している．なお，停留所設置箇所周辺の住民の意向，バスが停車した場合の空間的な余裕，需要の高い施設などを考慮して位置を決定することが必要である．なお，スウェーデンの事例では各戸から150m程度を目安にしている．

図Ⅱ.9.2　DRT の簡易な停留施設の例（著者撮影）

(4) 予約配車システム

DRTでは，何らかの形で乗客の存在（デマンド）をバス運転手に知らせる必要がある．特に，エリア型の形態をとる場合は，予約配車システムを介して運行されることも多い．現在では，民間の通信事業者や大学等の研究機関が多様なシステムを構築しているが，サービス向上に伴う効果と情報通信コストの負担の関係に留意しなければ，過大投資になりかねず，投資と効果の関係を十分に考慮した予約配車システムの選択が重要である．また，わが国のDRTは，予約配車システムの技術開発とともに導入事例が増加してきたことから，「システムありき」で運行形態を設定してしまう「本末転倒な」事例も少なくない．また，事前予約の必要なDRTは，はじめてその地域を訪れる観光客等が利用することは困難である一方，地域に精通したタクシー会社等にDRTの運行を委託する場合，乗務員の経験に基づいて経路を設定した方が能率的であることもあり得る．このことから，DRTの導入にあたっては，時刻表や経路を固定した路線定期運行も含め，どのような運行形態が適当であるのかを判断し，「必要があれば」システムの導入を検討することが肝要である．

3.3 利用促進方策の検討（第Ⅳ編6章参照）

DRTを定着させるには，システム設計にも増して利用促進策が重要である．どんなに良いシステムでも，存在そのものを知らなかったり，利用の仕方を知らなかったりしては，有効に活用されない．とりわけ，主な利用者と考えられる高齢者などに対しては，分かりやすい説明などを通じて，利用の仕方などを周知することが重要である．

したがって，調査・計画時点から戦略的な利用促進のための活動を展開することが，新しい交通システム導入の成否を決する重要な要素であると考えられる．

【参考文献】

1) 秋山哲男，吉田樹，猪井博登，竹内龍介：生活支援の地域公共交通，学芸出版社，2009.

課題例10：ボランティア輸送を実施したい

1. はじめに

　地方部，特に中山間地域においては，民間のバス事業者による事業の成立が非常に困難な状況にある．路線バスの撤退に伴い，自治体がバス運行を行っている地域も多いが，それらの運営が自治体の財政を圧迫し，その存続が厳しい地域もある．そのような地域ではタクシー事業も成立せず，交通手段は自家用車が主体とならざるを得ない．バス運行が行われていても，一日に数往復程度であり，路線も比較的人口の多い地区を通る路線に限られていれば，その利便性の低さが自家用車利用への移行を促進しかねず，バスの利用者はますます減少し，さらに事業の成立可能性を困難なものとする．

　一方，そのような地域では一般に高齢化率が高く，自動車を運転できない人も多いため，公共交通サービスの維持が強く望まれている．また，人口も分散しており，個々人が希望するルートも異なるため，大量輸送サービスではなく，個別輸送サービスが望まれる．現実には，自動車を運転できない高齢者や子供は，知り合いや近所の人の自家用車に同乗させてもらうことも多いが，同乗をお願いする人に対する気兼ねから，なかなか気軽には利用できない．

　このような背景を受け，2006年10月に道路運送法が改正され，「自家用自動車による有償旅客運送制度」が創設された[1]~[5]．当初，「市町村運営有償運送」，「過疎地有償運送」，「福祉有償運送」の３種に区分されたが，過疎地有償運送は2015年4月の法改正で「公共交通空白地有償運送」と名を改め，その後，2020年11月の法改正で「市町村運営有償運送」の区分がなくなり，「公共交通空白地有償運送」から転じた「交通空白地有償運送」と「福祉有償運送」へ編入された．ここではこの交通空白地有償運送の中でも「地域住民がボランティアドライバーとなって行う運送」の進め方について述べる．

2. 検討の全体構成

　住民によるボランティア輸送を行う場合，地方自治体が検討すべき内容は図II.10.1のように整理できる．

図II. 10.1　ボランティア輸送の実施に関する検討の流れ

3. 基本的な検討手順

3.1 ボランティア輸送の計画検討

(1) ニーズの把握

　ボランティア輸送を検討する場合には，自治体によるバスの運行も厳しい状況にあるものと考えられる．このため，需要量は少ないものと想定されるが，その分きめ細かなサービスの設計が可能である．輸送エリアやサービスの時間帯などを検討するための基礎的な情報として，外出の目的や主な行き先，時間帯，利用可能な交通手段など，質的な側面からボランティア輸送に対するニーズを把握する．

(2) 輸送エリア・利用時間帯の設定

　ボランティア輸送の計画に当たっては，次のような視点から，輸送エリアや利用時間帯について検討する．

　　①地域の交通事情：路線バスや自治体が運行するバスサービスの運行状況，福祉バスやスクールバスの利用可能性，タクシー事業者の有無など，地域の交通事情を考慮する．
　　②利用ニーズ：利用目的や行き先，外出形態，外出時間帯など利用

者のニーズについて検討する.
③ボランティアドライバーの負担：運転時間や移動距離など，ボランティアドライバーの負担について考慮する.

なお，既往の事例として，輸送エリアは近隣の市町村まで，利用時間は午前8時〜午後8時と設定された例がある.

(3) 対価の設定
　燃料費や維持管理費をはじめとする費用が発生し，利用者が何らかの形で費用を負担する必要が生じる．対価については，2006年9月15日付け自動車交通局長通達「自家用有償旅客運送者が利用者から収受する対価の取扱いについて」が出されている．実費の範囲内であり，営利を目的としていると認められない妥当な範囲内であることなどが求められており，当該地域のタクシーの上限運賃の概ね1/2の範囲内という「目安」も記載されている．しかしこれは目安であり，明らかに実費の範囲内であることが地域公共交通会議や自家用有償旅客運送の運営協議会で認められる場合には上回っても差し支えない．逆に，必要以上に価格の安いことを煽って会員等の募集を行ってはならないとも記載されており，タクシー事業者等への影響を防ぐ対価に設定することにも留意が必要である.

3.2 ボランティア輸送の運営に関する検討

　自家用自動車による有償旅客運送の運営に関する基準・留意事項は「道路運送法施行規則」の第48条〜第51条に記載されている.

(1) 運営組織
　道路運送法第78条第2号および法施行規則第48条によって，交通空白地有償運送および福祉有償運送をすることができる団体は，1)市町村，2)特定非営利活動法人（NPO法人），3)一般社団法人又は一般財団法人，4)地方自治法第260条の2第7項に規定する認可地縁団体，5)農業協同組合，6)消費生活協同組合，7)医療法人，8)社会福祉法人，9)商工会議所，10)商工会，11)労働者協同組合，12）営利を目的としない法人格を有しない社団の各法人と定められている.

(2) ボランティアドライバーの選考
　ボランティアドライバーは，次に示す条件を満たさなければならない（施行規則第51条の16）.
・第二種運転免許を受けておりかつその効力が停止されていない者

・第一種運転免許を受けておりかつその効力が過去2年以内において停止されていない者であって，次に掲げる要件のいずれかを備える者
　①国土交通大臣が認定する講習を修了していること
　②①に掲げる要件に準ずるものとして国土交通大臣が認める要件を備えていること

　ボランティアといっても報酬がゼロでなければならないわけではなく，有償ボランティアも認められている．
　必要な人数については，利用頻度を想定するとともに，輸送エリアの広さ，ボランティアドライバーの休日などを考慮し設定する必要がある．

(3) 使用する車両

　交通空白地有償運送を実施する場合の自動車には，市町村や法人等が所有する自家用自動車及びボランティア個人や地元企業，教育機関等からの持ち込み自動車（運送事業者に運行委託をする場合，運送事業者が保有する事業用自動車でも可能．但し，交通空白地有償運送を実施する間，申請者が使用権原を有する必要）がある．それらは次の2区分に分けられている（自動車交通局長通達，2020年11月27日「交通空白地有償運送の登録に関する処理方針について」）．
　①バス：乗車定員11人以上の自動車
　②普通自動車：乗車定員11人未満の自動車（リフト等移動制約者の乗降を円滑にする設備が整備された車両を含むものとする）

　また，車両の点検と整備の適切な実施を確保するため，整備管理の責任者の選任と体制の整備を行わなければならない（施行規則第51条の24）．なお，2020年11月の改正道路運送法により，自家用有償旅客運送の運行管理や車両の整備管理について，一般旅客自動車運送事業者（バス・タクシー事業者）が協力する「事業者協力型自家用有償旅客運送制度」が創設された．

(4) 運営・管理体制の構築

　自家用有償旅客運送者は，運行管理の責任者の選任，体制の整備を行い，適切な運転者の選定，記録の作成，安全確保のための業務等を行わなければならないとされている（施行規則第51条の18）．なお，2020年11月の改正道路運送法により，自家用有償旅客運送の車両の整備管理とあわせて，運行管理を一般旅客自動車運送事業者（バス・タクシー事業者）が協力する「事業者協力型自家用有償旅客運送制度」が創設された．

その他，ボランティア輸送を行う際には，予約の受付，ボランティアドライバーへの連絡，予約変更等に関する連絡等の事務的な作業が発生する．そのため，利用ルールを明確に定め，ルールに則った運営を行うなど，運営管理体制を構築する必要がある．ボランティア輸送の運営に当たっては，次の項目について，ルールや運営方法を定める必要がある．

　①予約業務や連絡業務などの運営管理者の選定
　②予約方法・申し込み方法
　③利用者とボランティアドライバーへの連絡方法
　④予約変更・ボランティアドライバー変更などの際の連絡方法
　⑤事故など不測の事態が発生した場合の対応方策

　運営管理の例を次に示す．この例は，ある地域における実証実験時のもので，ボランティア輸送のニーズ，問題点等を把握するため，実証実験事務局を置き，アンケート等を実施している．

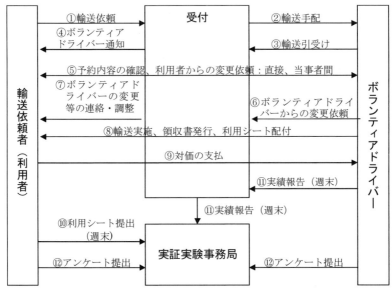

図II.10.2　運営管理体制の例（実証実験における例）

　予約にあたって利用者は受付に希望日時（往路・復路），目的地，利用目的を伝える．受付は，ボランティアドライバーに連絡し，希望に対応できるボランティアを探す（①，②）．
　受付は，ボランティアドライバーが確定した段階で，「ボランティア輸送管理票・請負管理票」を作成するとともに，利用者に連絡する

（③，④）．その後の予約内容の確認・利用者からの変更依頼は，当事者間で行う．ボランティアドライバーが利用者からの変更への対応が困難な場合や，ボランティアドライバーからの変更依頼等は受付を通じて行う（⑤，⑥，⑦）．

対価は，輸送時に利用者からボランティアドライバーに支払う．ボランティアドライバーは利用者に領収書と利用シートを渡すとともに，実績を管理票に記入する（⑧，⑨）．利用者は適宜利用シートを記入し，週末に事務局に提出する（⑩）．ボランティアドライバーは，週末に受付に管理票を提出し，事務局に転送する（⑪）．利用者およびドライバーは，それぞれアンケートを提出する（⑫）．

(5) 運送対象者

交通空白地有償運送は，過疎地域の持続的発展の支援に関する特別措置法第二条第一項に規定する過疎地域その他の交通が著しく不便な地域において行う，地域住民，観光旅客その他の当該地域を来訪する者の運送（施行規則第49条）と定められており，地域公共交通会議もしくは運営協議会で協議が調えば，対象者を限定することができる．

また，福祉有償運送は，次に掲げる者のうち他人の介助によらずに移動することが困難であると認められ，かつ，単独でタクシーその他の公共交通機関を利用することが困難な者とその付添人を対象とする．

イ　身体障害者福祉法（昭和二十四年法律第二百八十三号）第四条に規定する身体障害者

ロ　精神保健及び精神障害者福祉に関する法律（昭和二十五年法律第百二十三号）第五条第一項に規定する精神障害者

ハ　障害者の雇用の促進等に関する法律（昭和三十五年法律第百二十三号）第二条第四号に規定する知的障害者

ニ　介護保険法（平成九年法律第百二十三号）第十九条第一項に規定する要介護認定を受けている者

ホ　介護保険法第十九条第二項に規定する要支援認定を受けている者

ヘ　介護保険法施行規則（平成十一年厚生省令第三十六号）第百四十条の六十二の四第二号の厚生労働大臣が定める基準に該当する者

ト　その他肢体不自由，内部障害，知的障害，精神障害その他の障害を有する者

4. 導入にあたっての検討項目の整理

ボランティア輸送を導入する際には，道路運送法に基づく届出を行う必要がある．詳細は，法律，施行規則，関連通達，及び上記「1」〜「3」を参照していただきたいが[1]〜[5]，主な留意事項（主体別検討項目）を整理すると以下のとおりである．

4.1 地域公共交通計画への位置づけ

　自家用有償旅客運送に関しては，地域公共交通確保維持改善事業費補助金のうち，地域内フィーダー系統の対象となる場合がある．補助対象となるケースについては，交付要綱を確認いただきたいが[6]，2020年11月に改正された地域交通法により，同法に基づく地域公共交通計画に確保維持改善事業の必要性などを記載することが補助対象の要件に加えられた．しかし，補助対象とするか否かを問わず，ボランティア輸送を導入する際は，地域の公共交通サービスの１メニューとして，他の公共交通との役割分担を明確にし，地域公共交通計画に記載されることが望まれる．

4.2 ステージ１：システムの導入

(1) 交通空白地の指定

　地方公共団体が交通空白地を指定する際には，地域特性を十分考慮したシステム導入の必要性を検討する必要がある．地域公共交通会議で決定することができる．

(2) 地域の実情にあったシステムの立案

　社会経済状況，地理的特性，交通環境，地域に根付く慣習等，地域のおかれた状況は様々である．従って，新たにボランティア輸送のシステムを導入するにあたっては，地域の実情にあったシステムを立案する必要がある．

(3) 運営協議会の設置

　交通空白地有償運送を行おうとする者は，地域公共交通会議もしくが運営協議会において協議が調っていることが義務付けされている（道路運送法施行規則第51条の３）．運営協議会の構成員は，自治体，一般旅客自動車運送事業者・その団体及びその運転者団体，住民・旅客，地方運輸局長，既存の同様の運送事業者とされ，必要に応じて学識経験者等を加えることとしている．

(4) システム内容の設定

　運営協議会の場では，システム内容の設定について，関係者間で以下の点を十分協議の上，検討を行う必要がある．

　①利用者・サービス範囲の設定

②サービス提供方法の設定
・管理運営方法の検討（管理運営主体の設置，他機関との連携，ボランティアドライバーの登録・管理，事故防止・安全性の確保，輸送要請に対するドライバーの円滑な割り当て，提供サービスの内容管理，機材や費用の負担）
・輸送・利用形態の検討（責任所在の明確化，わかりやすい予約利用方法，利用料金設定，料金収受方法，サービス日時・期間）
③ＰＲ・情報提供の検討

4.3 ステージ2：システムの普及・定着

(1) 継続的な維持活動の実施

　ボランティア輸送が地域にとっての重要な交通手段として根付くためには，必要性やサービスの内容等について，継続的に地域内外に向けた広報・情報発信を行っていく必要がある．また，ワークショップやシンポジウム等を開催して，地域住民がおかれている社会環境や交通環境等について問題や課題の解決に向けて意識を高める土壌を形成していくことも重要である．

(2) システムの評価と見直しの実施

　事業の実施後は，ボランティア輸送の必要性，地域への適応度，導入効果等について事後評価を実施する必要がある．
　システムを運用していくにつれて，計画立案時には想定されていなかった事態の発生や問題・課題が生じる可能性がある．また，ニーズに対する制度やサービスの適応性は，地域の社会背景や時代背景に応じて変化する．従って，事後評価の結果を受け，継続的に問題や課題点の改善を図っていくことが不可欠である．

【参考文献】
1) 道路運送法（昭和26年6月1日法律第183号）最終改正：令和5年10月1日法律第18号
2) 道路運送法施行令（昭和26年6月30日政令第250号）最終改正：令和2年11月27日政令第321号
3) 道路運送法施行規則（昭和25年8月18日運輸省令第75号）最終改正：令和5年5月19日国土交通省令第44号
4) 交通空白地有償運送の登録に関する処理方針について（令和2年11月27日自動車交通局長通達第316号）最終改正：令和4年9月30日自動車交通局長通達第237号
5) 福祉有償運送の登録に関する処理方針について（令和2年11月27日自動車交通局長通達第317号）最終改正：令和4年9月30日自動車交通局長通達第238

号

6）地域公共交通確保維持改善事業費補助金交付要綱（平成23年3月30日国総計第97号他）最終改正：令和5年6月30日国総計第46号

課題例11：住民が主体となって新しくバスを走らせたい

1. はじめに

　バスは，国の運輸行政の制度のもとで許可を受けた交通事業者が運行・運営してきた．そのため，利用者や住民にとっては，サービスに対して意見や要望があっても，それを伝える機会はせいぜい事業者に対して不満を述べる程度にとどまり，意見や要望が直接反映されることが一般的とは必ずしも言えなかった．

　ところが，2002年2月の乗合バス事業の需給調整規制の撤廃に伴い，バス交通や都市交通全体に対する利用者や住民の要望が受け入れられない場合などにおいて，住民が主体となって，住民のために新たにバスを走らせたいという要望を実現できる可能性が高まってきた．

　ここでは，住民が主体となって新たなバスを走らせたいという要望がある場面を想定し，それを実現していくための検討内容や検討手順を具体的に記述する．

2. 検討の全体構成

　住民が主体となってバスを運行させる場合でも，一般的な新規バス路線の検討と同様に，課題の抽出，具体的な運行計画の検討，実施に向けた必要な手続き，運行のための準備といった手順を踏む必要がある．ただし，自治体などによる運行と異なるところは，住民の住民による合意形成，バス運行の実施と安定した運営のための仕組みづくりや財源確保，さらに，利用促進のための仕組みづくりが必要であることである．とりわけ，利用の増減が直接運営に影響し，利用が減少してしまえば運営ができなくなるという逼迫した可能性がある．

　以下では，一般的な路線バスに関する計画検討とは異なる点を記しながら，住民が主体となってバスを運行させる場合を想定し，計画から運行に至る具体的な検討手順を示す（図II.11.1参照）．

3. 具体的な検討手順

3.1 住民によるバス運行の必要性に関する検討

(1) 対象地域の現状と問題点の整理
　住民の発意でバスを走らせたいという要望が発現した場合には，その背景となる地域の交通に関する現状や問題点を十分に把握する必要

がある．その際，次のような視点から整理する．

```
┌─────────────────────────────────────────────┐
│  住民が主体となって新しくバスを走らせたい     │
└─────────────────────────────────────────────┘
                     ↓
┌─────────────────────────────────────────────┐
│ (1)  住民によるバス運行の必要性に関する検討   │
│   ①  対象地域の現状と問題点の整理             │
│   ②  対象地域におけるバス運行の必要性の検討   │
│   ③  住民の合意形成                           │
└─────────────────────────────────────────────┘
                     ↓
┌─────────────────────────────────────────────┐
│ (2)  住民が主体となったバス運行計画の検討     │
│   ①  検討組織の設置                           │
│   ②  需要の把握                               │
│   ③  路線設定                                 │
│   ④  車両の選定                               │
│   ⑤  運行時間帯・運行頻度の設定               │
│   ⑥  運賃設定                                 │
│   ⑦  採算性の向上策の検討                     │
└─────────────────────────────────────────────┘
                     ↓
┌─────────────────────────────────────────────┐
│ (3)  計画の実現化に向けて                     │
│   ①  積極的な活動の推進                       │
│   ②  強い推進力を持った検討組織の形成         │
│   ③  住民による住民のための合意形成           │
│   ④  住民がバスを走らせるための仕組みづくり   │
└─────────────────────────────────────────────┘
                     ↓
┌─────────────────────────────────────────────┐
│     住民が主体となったバスの運行             │
└─────────────────────────────────────────────┘
```

図II.11.1　住民が主体となったバス運行に関する検討の流れ

1)　鉄道や路線バスなど対象地域周辺の公共交通のサービス水準
2)　対象地域の道路の整備状況
3)　対象地域で路線バスが運行されない背景や事情
4)　高齢者や障害者の移動手段の確保状況
5)　買い物や通院などの交通手段の確保状況　　等

(2) 対象地域におけるバス運行の必要性の検討

　上記の問題点に対して次のような視点から検討を行ない，問題点に対処するためにバスの運行を行うのが適切な方策か，どのような形態でバスを運行すればより効果的かを検討する．また，これらの検討結果を踏まえ，住民が主体となってバスを運行する必要性を明確にする．

1) バスが運行されないと困るのは誰か.
2) バスが運行されないと何故困るのか.
3) バス以外に実施可能な対応策はあるか.
4) バス事業者や自治体では，何故対応できないのか.

(3) 住民の合意形成

　住民主体でバスを運行するためには，運営や費用の負担をはじめ，直面することが想定される様々な問題に対し，住民が一丸となって取り組むことが必要となる．そのため，計画検討の段階から共通の問題意識を持ち，バスの運行という最終目標に向けて個々の住民が主体的に取り組む機運を醸成できるよう，計画の初期段階において住民の合意形成を図ることが重要である.

3.2 住民が主体となったバス運行計画の検討
(1) 検討組織の設置

　バスの運行計画を具体化し実現するためには，需要予測や採算性の検討，路線設計やバス運行計画，国土交通省への届出の手続きなどの実務面において，住民だけでは対応が困難な要素が多い．そのため，初期の段階から自治会組織やNPO組織など住民側のメンバーに加え，学識経験者や実現に積極的な交通事業者を加えた検討組織を設置することが望ましい.

　また，住民主体で運行を行うといえども，地域の企業などの協力を得る場合が想定されるほか，バス停の設置等にかかる協議や狭隘道路の通行規制の緩和などの面で，自治体との関わりが生じる可能性が十分に考えられる．こうした点も考慮して，例えば関連企業や自治体にオブザーバーとして参画を要請するなど，検討組織の構成を考えることが望ましい.

(2) 需要の把握

① 地域住民の利用ニーズの把握（第Ⅳ編2.2〜2.7参照）

　住民が主体となってバスを運行する場合，主たる利用者は地域住民であると考えられる．その利用ニーズは，一般的な路線バスやコミュニティバスの計画検討と同様に，数量的な側面（利用者数，利用区間等）と質的な側面（利用者の属性，利用目的，代替交通手段の有無等）について把握する.

② 外部からの利用ニーズの把握

採算確保が重要な課題である住民主体のバス運行の場合，多くの利用者を獲得して採算性の向上を図るために，当該地域以外からの利用を促進することも重要である．地域内に病院や商業施設，観光施設など地域外からのバス利用が見込まれる場合は，路線を想定するとともに外部からの利用者についても把握することが重要である．

(3) 路線設計（第Ⅳ編4.7参照）

　地域住民の利用ニーズを十分に反映できるように路線を選定する．その際，小型車両の利用も考慮して，道路幅員の狭い住宅地などへのサービスについても検討する．また，鉄道駅がある場合には鉄道との連携などを考慮するとともに，医療・福祉施設や商業施設などへの運行など，住民のニーズに合致するよう路線を検討する．

(4) 車両の選定（第Ⅳ編4.12参照）

　需要に見合ったサイズ，運行経路の道路幅員などに応じたサイズの車両を導入する．高齢者や障害者の利用が見込まれる場合は乗降が容易で車内もフラットな車両の導入について検討する．なお，バリアフリー法が適用される場合（乗車定員11人以上の車両を用いて路線定期運行する場合など）には，同法に準拠した車両の導入が必要である．

(5) 運行時間帯・運行頻度の設定（第Ⅳ編4.9参照）

　住民のニーズ（利用目的や利用時間帯，行き先等）を考慮し，運行時間帯や運行頻度を決定する．

(6) 運賃の設定（第Ⅳ編4.10参照）

　運賃の設定に関しては，一般の路線バスの場合と同様に，計画路線における採算性などを考慮して設定する．

　その際，分かりやすい運賃体系，利用者にとって支払いやすい金額の設定などが重要な要素である．しかし，住民が主体となってバスを運行する場合，公的機関からの赤字の補填などは期待しにくいため，利用者の減少によって収入が減少し，欠損が大きくなればバス運行の存廃に関わる事態となる．そのため，運営にかかる費用を精査し，採算性を十分に検討して運賃を設定することが肝要である．

(7) 採算性の向上策の検討

　採算性の向上策の例として次のような方策が考えられる．

1) 利用者の増加：利用しやすいダイヤの設定，何度も利用すれば割安になるような運賃を設定するなどにより，利用者数の増加を図

る.
  2) 企業等への支援要請：地域の企業，バスの行き先となる商業施設
     や病院などに働きかけ，利用促進に対する働きかけや運行費用の
     一部負担などに関する支援・協力を要請する.
  3) 自治体への支援要請：例えば，車両購入などに対する費用補助，
     運営に関する支援，広報誌によるPRなど，利用促進や費用軽減
     に対する支援を自治体に対して働きかける.

表II.11.1　実現化のための活動

時期	イベント	概要
2001年9月	「市民の会」発足	先進事例見学，シンポジウムやワークショップ参加
⋮	NPO組織，交通事業者の参画 学識者（交通計画）の参画	
⋮	住民，協力施設との意見交換に向けての準備期間	路線・時刻表・全体の運行スキームの検討 （全戸配布パンフレットの準備）
2002年7月	市民フォーラム開催	「市民の会」から運行計画を提案 住民代表等との意見交換
2002年8月	パンフレット全戸配布	運行計画の趣旨や概要の記載
	アンケート調査実施	
2002年9月	学区の集いの開催	直接，住民に意見を聞く
2003年1月	パートナーズ応募開始	財政支援をお願いするパートナーの応募
2003年3月	個人応援団の応募開始	利用促進の支援をお願いする個人応援団の応募
⋮	運行のための準備期間	路線，時刻表，バス停位置，運賃，車両，デザイン・ロゴ等の運行計画の確定
2003年11月	市民団体が事業申請	
2004年2月	コミュニティバス運行開始	
運行開始以降 ⋮	多様な利用促進活動	

注：「市民の会」では，100回にも及ぶ役員会，運行計画検討会を実施している.

3.3　計画の実現化に向けて

（1）積極的な活動の推進

　住民が主体となってバスを走らせようとする場合，検討組織を構成
し，その組織が中心となって，運行計画の検討，住民への説明と合意
形成，事業者との調整，関係機関への協力要請などを推進していくこ
とになる.
　そのプロセスの一例を表II.11.1に示すが，この例では「市民の会」

発足からバス運行まで，およそ2年半の歳月を要している．この中で，これまでのバス路線計画とは異なり，特に重要と考えられるのは，住民への丁寧な説明と意見を取り入れることを前提として進めた様々な取り組みである．このような取り組みは，住民の理解を深めるとともに，問題意識の共有化と合意形成などに有効であると考えられる．

(2) 強い推進力を持った検討組織の形成

住民主体でバスを新しくバスを走らせるためには，それを実現するための強い推進力を持ったキーパーソンが不可欠である．これはバス運行に限らず，全国のまちづくりの成功事例などでも明らかであろう．成功するための要件ともいえる組織あるいはキーパーソンとは次のように考えられる．

1) 住民の自治組織：住民の発意で始めるわけであるから，住民を統括し意見を集約できる自治組織があげられる．例えば，町内会，自治会，女性会，あるいはそれらの連合体が該当する．
2) NPO組織およびコーディネータ：自治組織の活動を支援するNPO組織と特別の役割をもつコーディネータの存在が重要である．
3) 交通計画に精通している専門家：バスの運行計画の策定や住民への公共交通に対する学習支援などに重要な役割を果たす専門家の存在が不可欠である．
4) 交通事業者：自治組織そのものがバスを運行することは難しいため，交通事業者が不可欠である．
5) 自治体：会合場所の提供，必要な書類等の作成支援などにおいて，地域の行政窓口となる自治体の協力も必要である．

このような役割を持った組織やキーパーソンが参画することで，計画の実現に向けた推進力が発揮される．加えて，バスの運行を支える地域の企業や個人レベルの応援団，ボランティア組織等の支援も重要である．

(3) 住民による住民のための合意形成 （第Ⅳ編4.4参照）

住民の発意でバスを走らせるといえども，住民には様々な考え方があるため，住民による住民のための合意形成は重要である．そのためには，強いリーダーシップとそれを支える組織が必要である．それらが，丁寧に計画的にきめ細かく情報を伝達し，それを確認する作業が必要であろう．それには，住民全体への説明機会に加え，学区や個々の自治会といった小さい単位での説明会の開催などにより，住民一人ひとりに対する合意形成を図る取り組みも重要であると考えられる．

(4) 住民がバスを走らせるための仕組みづくり

　住民主体による新しいバスを走らせる仕組みとして，例えば図II.11.2に示すような形態が考えられる．この例では，地域の施設（観光施設，商業施設など）が「財政協力」をするというスキームが特徴である．

　当然のことながら，バスの運行に必要な経費を利用者の運賃だけで賄えれば問題はない．しかし，それは始発から終発に至るまで安定した利用があり，また，年間を通じて季節変動にも大きく左右されない需要が見込まれる場合であろう．実際には，このような安定的な需要を見込むことができるケースは限定されると考えられ，多くの場合はバスの運賃収入だけでバス運行を支えることは難しいと考えられる．

　こうしたことを踏まえると，地域の施設などによる支援が重要である．その際，地域の施設にとっては，住民主体のバスに支援することが地域への貢献につながり，それが住民等に対するイメージアップにもなって，最終的には施設の利用者が増加するという効果が期待される．まさに，企業が文化活動に資金等を提供する企業メセナ，企業の社会貢献である．このような住民と地域の施設との良好な関係は，バスの運行にとどまらず，これを契機とした他の多くの取り組みにも影響することが充分想定され，それがまた，バス運行の支援となって，住民主体のバスを走らせることへの好循環が実現する．

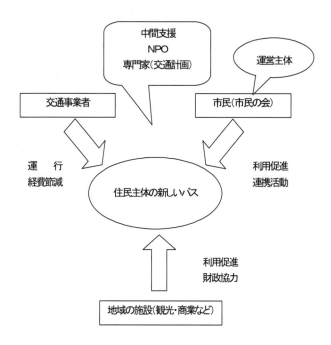

図II.11.2　地域で支えるバスの仕組み（例）

第Ⅲ編　地域でつくる公共交通計画

1章　概説

　各家庭に自家用車が普及するまで，公共交通の役割は現在に比べて格段に大きく，多数の利用者が見込めた．路線バス事業は儲かる商売であり，事業者が積極的に事業を展開・拡大するインセンティブが存在した．したがって，事業者が事業意欲に基づいて事業を展開するのに任せておけば，住民が必要とする交通サービスが確保できる時代であった．しかし，モータリゼーションの進展に伴い利用者が激減すると，公共交通サービスの提供がビジネスとして成り立たず，交通事業者に任せているだけでは地域社会が必要とする公共交通サービスを確保しえない状況が各地で生じている．

　このような状況の変化は，地域公共交通の位置づけそのものをも大きく変化させた．それは，"運輸産業"から"社会資本(インフラ)"への変貌である．「社会資本」の定義のひとつに，"私的動機にのみ委ねた場合，過小供給となってしまう財またはサービス"[1]がある．私的動機とはそれによって利潤を得られるということであるから，公共交通がビジネスとして成り立たなくなってしまった地域では，私的動機すなわち利潤追求を目的とする民間事業者に委ねるだけでは社会的に必要なサービスが供給されえなくなった．すなわち，私的動機にのみ委ねた場合，交通サービスは過小にしか供給されないことになる．このような地域においては，公共交通は"社会資本(インフラ)"と捉えるべきであると言える．わが国では，バス事業がビジネスとして成立する地域は大都市圏のみと言ってよい状況にある．

　では，地域公共交通を社会資本整備として捉えることにより何が変わるのだろうか．それは"計画策定の必要性"が生じることである．社会資本整備，例えば河川や道路を整備する際には河川計画や道路計画を策定する．これは，社会資本整備が公的主体により実施され，その財源として税が投入されることから，実施しようとする

整備が効率的かつ効果的なものであることを示し，社会的合意を得ることが欠かせないためである．いわば，公の意思としての計画である．例えば，河川計画では地区別の洪水リスクがどの程度なのか，そのリスクを当該河川整備によりどの程度低下させることができるのか，どのような順序で事業を実施することにより効率よく低下しうるのかを，技術的，経済的，社会的観点から検討し，最良の案が選択される．

翻って，社会資本である地域の公共交通に対して現在どこまでの整備計画が策定されているであろうか．平成 20 年度より地域公共交通の活性化・再生法に基づく地域公共交通総合連携計画が各地で策定され始めたものの，まだ手探り状態の地域も多く，何をどこまで明らかにすれば計画を策定したことになるのかと戸惑っている地域も少なからず見受けられる．これは，地域公共交通計画を策定する方法論が確立されていないことに起因するものと言える．本編は，このような状況に鑑み，主として需要密度の低い地方部や過疎地域を念頭に置き，公共交通計画の策定方法論をとりまとめたものである．地域が抱える問題を的確に把握するとともに，実現すべき将来の公共交通の姿を住民の負担の程度と対応づけた形で明らかにし，それを具現化する道筋明らかにすることは，それに要する費用や労力を勘案しても，財政逼迫の折，中長期的には地域社会のよりよい姿をより少ないコストで実現することに寄与するものと考えている．

平成 19 年 10 月に施行された地域公共交通活性化・再生法を受けて翌 20 年度から開始された地域公共交通活性化・再生総合事業の下，各地で「地域公共交通総合連携計画」の策定が進められているが，本編で述べる地域公共交通計画はこの連携計画とほぼ同義である．しかし，総合事業を実施するための条件として連携計画を策定するというのは本末転倒であり，地域公共交通計画は総合事業等の実施とは独立して策定することが本来あるべき姿である．

なお，本編では従来のように顕在化した需要に振り回されるのではなく，「活動機会の保障」という考え方に立って計画論を展開する．「活動機会」とは，通勤，通院，買い物など諸活動を行う機会のことであり，実現しようとすれば実現しうる行動の集合，すなわ

ち選択肢の豊かさを表す概念である．ここでは公共交通サービスの
評価を「活動機会」の維持・拡大への寄与の程度で行い，目標として
定めた「活動機会の大きさ」を達成しうる公共交通サービスを見出
すというアプローチをとる．詳しくは第4章4.3で述べるが，両者
の違いは，例えば，計画のフローが「需要予測」から始まるのでは
なく，需要予測を「運営形態の選定」のための作業として限定的な
役割しか与えていないといった点に現れている．

　なお，本編で提案する地域公共交通計画は，"選ばれた結果"だ
けでなく"検討に用いた候補案"と"それを絞り込んだプロセス"
を併記することとしている．このことにより，納得性の高い計画と
することができるものと考えている．

　本編の構成は，以下のとおりである．第2章は著者らの考える
「地域公共交通計画（LTP）策定の考え方」を概括し，3段階にわ
たる策定の体系を提案する．第3章はその第一段階である「LTP
マスタープラン」について説明し，LTP策定の際の方向性と枠組
みについて述べる．第4章はLTPのイメージを明示するため，第
三段階の「LTPの内容構成」すなわち計画のアウトプットとして
の計画書の標準的な構成案を示す．第5章は第二段階の「LTPの
策定プロセス」について述べたもので，計画書をとりまとめるため
に必要な検討作業を説明する．

2章　地域公共交通計画(LTP) 策定の考え方

2.1　地域公共交通計画（LTP）とは

> 　地域公共交通計画のことを本編ではLTP（Local Transport Plan)と呼ぶ。LTPは、地域が目指す将来の姿を実現するために公共交通が分担すべき領域とその方法を明らかにしたものである。
> 　地域公共交通計画の主たる内容は、(1)計画の背景・動機付け、(2)地域公共交通マスタープランの確認、(3)サービス供給基準の策定とゾーニング、(4)サービス供給計画、(5)公共調達計

　本編では，地域公共交通計画のことを LTP（Local Transport Plan）と呼ぶ．LTP は，"目指すべき地域の姿"の実現を公共交通の分野から支援するための計画である．たとえば，中心市街地に活気があるまちをつくるためには，周辺地区から中心市街地に人が出てきやすいような交通サービスを提供することが効果的である．"目指すべき地域の姿"を実現する方策はひとつとは限らず，"必要な医療機会の確保"が"医療機関への容易なアクセス（交通政策）"と"充実した訪問医療（地域医療政策）"のいずれによっても可能なように，異なる行政分野にまたがることもある．それらの中で地域公共交通政策によって実現することが最も効果的・効率的であると考えられるものについて，その具体的内容を技術的，経済的，社会的観点から検討し，最良の案として選択された一連の施策の体系が LTP である．

　なお，LTP の策定を法律で義務づけている英国では，LTP は公共交通に限らず自動車交通を含み，地域交通がもたらす環境問題や交通事故などまでをも含む幅広い概念であるが，本編で扱う LTP はこれとは異なり，公共交通に関わる計画，具体的には，定時定路線型とデマンド対応型の乗合交通機関（STS（Special Transport Service）は含まない）に関する公共交通計画とする．

　地域公共交通計画（LTP）の主たる内容は，(1)計画の背景・動機付け，(2)地域公共交通マスタープランの確認，(3)サービス供給基準の策定とゾーニング，(4)サービス供給計画，(5)公共調達計画，(6)市民の

コミットメント，である．

　「(1)計画の背景・動機付け」は，地域が目指す将来像と現状のまま推移した場合に実現してしまう将来の姿とのギャップに関する認識と，解決すべき課題を明確にする作業である．「(2)地域公共交通マスタープランの確認」は，策定する地域公共交通計画が準拠すべきマスタープランの確認であり，自治体協議会を設立する際には検討の基本方針として特に重要となる．「(3)サービス供給基準の策定とゾーニング」のうち，「サービス供給基準の策定」は，モビリティ確保の目標を具体的な公共交通サービスの技術的基準（停留所配置密度，運行頻度等）に読み替える作業であり，「ゾーニング」は，サービス供給区域と供給水準の設定など地域の特性に応じて地域を一定の区域に分別する作業をいう．「(4)サービス供給計画」は，活動を保障する上で地域がどのような供給資源を持ち合わせているか，そして，それらの組み合わせとしていかなる選択肢があり得るかに関するものである．具体的には輸送手段，運行形態から路線網，運行ダイヤ，費用負担等に至る種々の項目からなるが，実際には提示した順番に検討すればよいというものではなく，フィードバックを繰り返しながら適切な組み合わせを探るというプロセスを経るのであり，結果として選ばれた選択肢がそれぞれの項目に提示されることとなる．「(5)公共調達計画」は，「サービス供給計画」として選定された公共交通サービスをより効率的に調達するための市場整備（市場の創設と分割），および，事業者のインセンティブを高めるための制度設計であり，いずれも維持可能性や保障しうるサービス水準と密接に関係する事項である．「(6)市民のコミットメント」は，「公共調達計画」における事業者のコミットメントと対応するものであり，事業者に対する契約期間と同様，維持可能性の向上には住民による長期的なコミットメントが不可欠である．

　このようにあらかじめ基本となる方針を整理し，活動機会の保障水準とそれを実現する交通サービスの"決め方"に関する事前の合意を形成しておけば，住民や議員等からの要請に対する個別判断に苦慮することなく，あるべき方向に進むことができる．これが地域公共交通計画を策定することのひとつの意識である．

2.2　LTP 策定の体系

　地域公共交通計画（LTP）を作成するに際しては、「活動機会の保障とそのための負担との組合せ」を「住民が選択する」という考え方を基本とする。
　地域公共交通計画の策定に際しては、(1)望ましい公共交通システムを選ぶための考え方を明らかにし、(2)その下で望ましい公共交通システムを適切に選び、(3)選ばれた結果を提示する、という3つの段階を踏むことが望ましい。

　公共交通サービスの提供内容を検討する際には，自治体が住民の要望を集約し，しかる後に予算制約に合うようそれらを刈り込むという考え方が現状ではよく見受けられ，本来は自治体の行政判断を介して調整されるべき"税の負担者としての住民の判断"と"公共交通の利用者としての住民の判断"が必ずしもリンクしていない状況が生じがちである．これに対し，本編では，「活動機会の保障とそのための負担との組合せ」を「住民が選択する」という考え方をとる．なお，ここでは「人間の安全保障（human security）」といった意味合いを込めて，「保証」ではなく「保障」という語を用いている．

　具体的には，図Ⅲ.2.2.1 に示すフレームに基づき，検討を行う．本フローの左半分は，住民が日頃獲得している活動機会とそれを確保するために必要な公共交通のサービス水準の対応づけであり，いわば需要側からの検討である．ここでは，活動機会の獲得可能性を，時間的・空間的な移動可能性という面から，便数やダイヤといった公共交通システムのサービス水準を規定する要素と対応づける．また，費用負担のあり方と密接に関連する便益の帰着構造を明らかにし，公共交通サービスの自発的供給や持続可能性についても検討する必要がある．

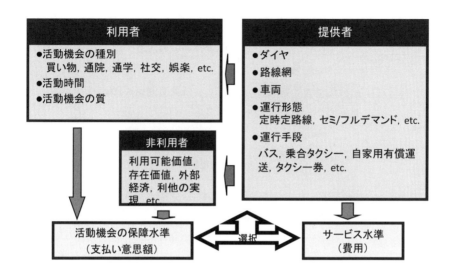

利用者
- ●活動機会の種別
  買い物, 通院, 通学, 社交, 娯楽, etc.
- ●活動時間
- ●活動機会の質

提供者
- ●ダイヤ
- ●路線網
- ●車両
- ●運行形態
  定時定路線, セミ/フルデマンド, etc.
- ●運行手段
  バス, 乗合タクシー, 自家用有償運送, タクシー券, etc.

非利用者
利用可能価値, 存在価値, 外部経済, 利他の実現, etc.

活動機会の保障水準
（支払い意思額）

選択

サービス水準
（費用）

図Ⅲ.2.2.1 「活動機会」と「負担」の「組合せ」の選択

　右半分は，公共交通をあるサービス水準で提供するためのシステム設計であり，いわば提供側からの分析である．ここでは，交通システムの運営体制や運行形態，路線網，車両や乗務員の運用方法等を適切に選択し組合せることによるサービス提供の効率化を追求し，サービス水準とそのために必要となる費用の組合せ，すなわち公共交通サービスのメニューを作成する．

　最下部は，サービス水準と負担の組合せに関する地域の選択プロセスである．

　地域公共交通計画の策定は，地域にとって最も望ましい公共交通システムを選び，それを提示することである．そのためには，まず，(1)望ましい公共交通システムを選ぶための考え方を明らかにし，(2)その下で望ましい公共交通システムを適切に選び，(3)選ばれた結果を提示する，という 3 つの段階を踏むことが望ましい．本編では，これらを「地域公共交通計画マスタープラン」，「地域公共交通計画の策定プロセス」，「地域公共交通計画の内容構成」として整理し，3 部構成の計画策定体系として提案する（図Ⅲ.2.2.2）．

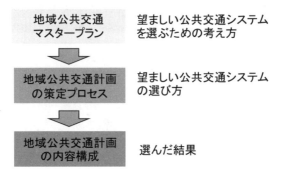

図Ⅲ.2.2.2　地域公共交通計画の策定体系

♣コラム♣
「全社計画」と「販売計画」： 地域公共交通には全社計画が必要！

　自動車メーカーには，市場での優位性を確保するために関連する全ての事業を管理する本部と，市場で自動車を顧客に販売する販売店がある．販売店がなければ「開発した車」が売れない．一方で，本部がなければ時代を先取りした「売れる車」が開発できない．この意味において両者はまさに車の両輪である．計画についても同様であり，本部には企業の基本的な方向性と戦略を記した「全社計画」，販売店には目下の利益を確保するための「販売計画」が必要であり，これらもまた車の両輪である．このことは自動車に限らず，あらゆるものやサービスを生産・供給する場合に共通であり，地域公共交通サービスにとっても同様である．

　さて，地域公共交通サービスにおいて「販売計画」に相当する計画は，利用促進やそれに基づく利用者数の確保，財政負担の軽減に関わる計画であろう．これについては，どの市町村にも既に馴染みであろう．では，「全社計画」はどうであろうか．もっとも，全社計画に相当する計画は市町村の総合計画が該当するのかもしれないが，多くの市町村の総合計画からは地域公共交通の基本的な方向性と戦略についてなかなか読み取れない．このため，「販売計画」を策定している部署が，地域公共交通の基本的な方向性と戦略を記した「全社計画」もあわせて策定することが現実的であろう．その具体的な内容は，本編の「第5章　地域公共交通の策定プロセス」，「5.2 フレームワーク」における計画目標で記したように，人々を中心市街地に誘導するための地域公共交通の戦略的確保や，住民の主体的関与の契機として，住民のサービスの設計・運営主体としての参画を支援するといったことのように，「望ましい地域の将来像の実現を目指すために地域公共交通がどのように，また，どれだけ貢献するか」という観点での目標，すなわち政策目標の達成に関わる計画である．これに対して，販売計画は，「その貢献を持続させるために地域公共交通の事業活動をどれだけ効率的に実施するか」という観点での目標，すなわち事業目標の達成に関わる計画である．

　このように述べると，「実際の現場ではサービスが維持できるかが主たる関心であり，販売計画で十分ではないか」との反論がありそうである．これは間違いである．自動車メーカーの「販売計画」は開発した車の販売によって利益という経営資源を得ることに寄与し，それを「全社計画」に基づいて「売れる車」の開発に投入するという持続的サイクルがあるからこそ企業は存続できる．地域公共

交通においても同様であり，「販売計画」は利用者数や運賃収入という経営資源の獲得に寄与し，それによって「全社計画」で志向された望ましい地域を持続的に実現する．このようなサイクルがなければ地域そのものが存続できないのである．

　販売計画しかないことは目下の利益にしか関心を認めていないことになり，地域の存続のための持続的サイクルが回らなくなる．「全社計画」に相当する計画は不可欠な計画であり，「販売計画」の策定のみに甘んじていることはかえって危険である．

3章　地域公共交通マスタープラン（LTPマスタープラン）の意義と内容

3.1　LTP マスタープランとは

> 　地域公共交通計画は，人々に地域の中でどのように動き活動してもらうかのヴィジョンを提示し，行政がそれをいかに保障するかを示す政策体系でなくてはならない．その策定作業の前提となるのは，この目的を果たすために，自治体行政が公共交通サービスの提供に責任を持ち，公的資金を投入してでも政策的にそれを達成することの決断であり，それを地域住民の大多数の合意の下に市民や市民企業に対して宣明することである．
>
> 　そして，それは地域公共交通計画（LTP）の策定に当たって，方向性を示し，一定の枠をはめる性格をもつものであって，「地域公共交通マスタープラン（LTP マスタープラン）」と呼ぶことが出来る．その内容は次のような項目より成ることが望ましい．
> 　　① 　地域社会における人々の交流構造の把握
> 　　② 　地域における人々のモビリティの計画像
> 　　③ 　公共交通サービス確保の基本方針
> 　　④ 　公共交通政策推進への公的介入の宣言
> 　　⑤ 　公共交通事業の効率的運営の方針
> 　　⑥ 　地域の市民への行動喚起（共働の呼びかけ）
> 　　⑦ 　地域公共交通計画（LTP）策定への基本姿勢

　いかなる立場の市民にも，社会的活動を達成するための行動の可能性（モビリティ）を供給するという公共交通政策の大目的に鑑みるならば，公共交通計画は決して個々の路線計画の集合で満足していてはならない．それは，人々に地域の中で，どのように動き活動してもらうかのヴィジョンを提示し，それをいかに保障するかを示す政策体系でなくてはならない．したがって，市町村の総合計画や都市計画マスタープランと理念を共にし，整合のとれた体系的総合

交通政策として，それは策定される必要がある．

　地域公共交通計画（**LTP**）は，もちろん具体的に公共交通サービスをどこにどのように提供するか，といったところまで計画される必要があるが，その策定作業の前提となるのは，上述のような目的を果たすために，自治体行政が公共交通サービスの提供に責任を持ち，公的資金を投入してでも政策的にそれを達成することの決断であり，それを地域住民（市民）の大多数の合意の下に市民や企業市民に対して宣明することである．また，英国の **LTP** のような上位計画としての目標設定のないわが国の現状では，自治体自身が計画の具体的策定に先立って明確な目的認識と目標設定を確認しておく必要がある．それをここでは「地域公共交通（**LTP**）マスタープラン」と呼ぶことにする．**LTP** マスタープランは，地域公共交通計画策定の原点であり，地域の市民の合意を得て，議会で決議され首長によって宣言されて行政と市民に提示されることが望ましい．計画策定作業は，それを踏まえて着手されることになろう．

3.2　LTP マスタープランの内容項目

　LTP マスタープランは地域づくりのマスタープランと総合交通政策を繋ぐ懸橋である．具体的な交通施策は往々にして当面の目標を目的化しがちであり，本来の目的が忘れられることが多い．したがって，LTP マスタープランでは総合交通政策の大目的を明示することが肝要である．そしてこの目的に合致した施策を評価する姿勢を示す必要がある．以上をまとめると，LTP マスタープランに盛込むべき項目は以下に示すようなものが例示できる．

① 　地域社会における人々の交流構造の把握
　　交通計画の策定に当たっては地域の人々の交流構造の現状について全体像を把握することが大切である．ここでは，その概要を提示し，　地域の人々の共通認識を形成する．
　— 　地域・社会構造との関連において
② 　地域における人々のモビリティの計画像

この交通政策の推進によって，地域の人々のモビリティをどの程度まで改善する計画であるかを，住民グループ・地域ごとの目標として概略提示する．
　—　上記の①とのかい離状況の認識
　—　施策対象地域・階層の明確化
③　公共交通サービス確保の基本方針
　当該自治体の行政基本方針として，公共交通サービスを確保し，維持・改善して「市民の足を守る」方針であることを，首長が宣明することが，この項の目的である．
　—　自動車の使い過ぎ抑制の方向性明示（とくに都市部において）
　—　上記②に対応した公共交通網構成の基本方針
④　公共交通政策推進への公的介入の宣言
　上記③の方針を実現するために，行政は公共施策として，次のような政策方向を明示する．
　—　インフラ整備への姿勢
　—　民間運輸事業者等活用の基本方針
　—　公的資金投入への基本姿勢
⑤　公共交通事業の効率的運営の方針
　上記④の方針にもかかわらず，施策展開における効率性の維持にも配慮すべきことを確認し，財政的制約を予め明示しておく．
　—　事業体管理の基本方針
　—　公的資金投入額の限界設定
⑥　地域の市民への行動喚起（共働の呼びかけ）
　地域公共交通計画の達成には，行政の施策展開のみではなく，究極的には市民の自覚ある行動選択が必要である．この旨を市民（地域住民）に向けて呼びかけ，働きかけるための項である．
⑦　地域公共交通計画（LTP）策定への基本姿勢
　実際の施策展開には，さらに詳細な計画策定が必要である．そのための策定作業に着手することの決意と組織編成・予算措置を明示する．

3.3 LTP マスタープランの働き

　ここで重要なのは，公共交通サービス確保のために公的支出は避けられないことを宣明しても，サービス事業の効率性は飽くまで維持されねばならず，公的資金の投入が生産性向上へのインセンティブ喪失をもたらし，投入資金が青天井化されることは防がねばならない．このためには，サービス供給事業者に民間輸送事業者を活用することをはじめ，競争入札制度など様々な工夫が考究されねばならない．そして，その成果をマスタープランに明示せねばならない．

　また，必要な経費との関連において政策水準（ここではどの程度のモビリティ確保を施策の対象とするか）を決定し，これを議会等で議論・決議して，これにより公共支出額の枠を設定することが考えられる．あるいは，自治体行政の資力に応じて，同様の枠を設定してもよい．しかし，これらは具体的な地域公共交通計画の策定と施策の実施を経験することによって確定される性格のものであって，今日われわれは未だ十分な情報を持たない．
当面は社会実験的に試行を重ねる中から，妥当な数値（例えば市民１人当たり幾千円/年というような）を引出し，柔軟に基準を変更できるようにしておくことが大切であろう．

　なお，この公的資金の投入額は，人々の交通手段選択のいかんによって変化することに注目すべきである．とくに都市部においては，人々の自動車の使い過ぎによって生じている莫大な社会的費用（地球環境負荷も含めて）に気付き，できるだけ公共交通の利用を志すならば，多くの公共交通事業は独立採算が可能になり，自治体政府の公的資金投入は削減することが可能になる．一方，交通需要の稀薄な地方部においては，地域の人々の互助的活動なども活用しつつ，適切な規模の交通機関を選択して，公共交通における乗合い効果の発揮が期待できるよう，地域住民挙げての取組みが望まれる．

　これを実現するため，少なくとも実現の方向に向わせるためには，行政は公共交通サービスを魅力ある水準にまで押し上げることが大切であるが，一方で市民や企業市民にこのメカニズムと施策の目的を説明し，認識を深めるための活動を繰返すことが肝要である．もちろん LTP マスタープランにはこの点を明記しなくてはならない．

LTP マスタープランとは市民キャンペーンの原点でもある.

　いずれにしても，LTP マスタープランの策定と宣明は，行政に対して地域公共交通計画（LTP）の策定作業に向けて大きな一歩を踏み出させるものであり，作業途上における手戻りの無駄を減少させ，地域公共交通政策の推進への展望を拓くものである.

♣ コラム ♣
原点に戻って自治体サービスを考える

　わが国ではどの場所もどこかの市町村に属しているが，米国にはどの市町村にも属さない場所というのがある(州は国土をくまなく覆っており隙間はない).これは，開拓時代に荒野に入植した人々が徐々に集落をつくり，それをもとに市町村が形成されたなごりである.

　自治体というものが誕生した経緯を思い起こしてみよう．当初は生活に必要なサービスを個人が個々に行っていたわけであるが，複数の住民が共通して必要とするサービスについては共同で専門家にサービスの供給を委託し調達した方が合理的な場合があり，地域住民が遍く必要とするいくつかのサービスについては自治体という組織をつくってまとめて委託し，提供されるサービスの対価として税を支払う，という形態が考えられる．したがって，提供を委託したサービスは受けて側である住民が必要と考えて委託したものであり，決して誰かから与えられるものではない．サービスの受け手である住民も提供者である自治体もこのような基本認識に立ち戻り，サービスの提供内容を改めて問い直す時期にきている.

　したがって，自治体に対する住民の意識は，"自治体が何をしてくれるか"ではなく"自治体に何をしてもらうか"となるはずである．とすると，そこで必要となるのは"委託するメリットとその対価の比較"であり，具体的には"自己調達した場合のサービスの量・質と対価のバランス"である．自治体への委託の程度が高いほどまとめて専門家に委託することのメリットは大きくなるが，他方，顔の見えない平均的なサービスとならざるを得ずメリットは小さくなる．図Ⅲ.3.3.1 はこの状況を示したもので，両者の和としての総合的なメリットが最大となる委託水準というものの存在が示唆される.

　これまでは，過去からの積み重ねの結果として，暗黙の合意によりサービスの種類と対価が決定されていたとしても，上記の点を再考するならば，今後は，どんな種類のサービスをどの程度の質・量

で委託するのか，そしてそれにどれだけの対価を支払うのかという"委託すべきサービスの選択"が重要な関心事となるであろう．

図Ⅲ.3.3.2 の左側は歴史的に増大してきた委託水準を生活交通の例でみたものであるが，右側に示すようにその逆の変化をも併せて考える時期が来ているのではないだろうか．

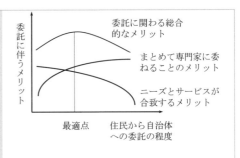

図Ⅲ.3.3.1 最適な委託の程度

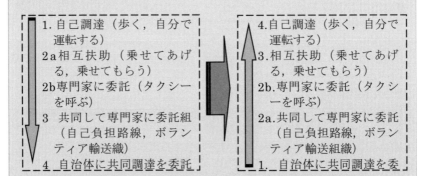

図Ⅲ.3.3.2 サービス調達のさまざま段階（生活交通の例）

4章　地域公共交通計画（LTP）の内容構成

4.1　計画の背景

> 　計画とは、成り行き任せで実現する地域の姿と目指すべき将来の姿との乖離を埋め、目指すべき姿を実現するための働きかけである。
> 　両者の乖離をより明瞭に認識することが計画策定の背景を明確なものとする。そのためには、現状認識に関する住民の合意が得られていなければならず、計画者としての現状認識と計画者が認識する問題点を住民に対して明確に提示することが重要である。

　計画とは，目指すべき地域の将来像を実現するために策定するものである（図Ⅲ.4.1.1 参照）．したがって，現在既に目指すべき将来像が実現している，あるいは，現状のまま成り行きに任せておいても目指すべき地域の姿が実現するのであれば，とりたてて計画を立てる必要はない．しかし，一般に，現状あるいは予想される将来の地域の姿は目指すべき姿と異なるのが通例である．

　計画策定の第一歩は現状の正しい認識であり，成り行きに任せておいた場合に直面するであろう将来の地域の姿の予測である．地域における公共交通の現状を認識する際に必要なことは，交通サービスの供給実態や利用の実態を見るだけでなく，しかるべき交通サービスを利用できずに困っている人々の存在に目を向けることであり，それが地域の公共交通を取り巻く状況の変化に伴い，どのような趨勢を辿るかを的確に把握することである．

　次いで明らかにすべきは，目指すべき将来の地域の姿であり，その姿と成り行き任せの姿との乖離として認識される問題点である．こうして認識される問題点を解決するための一連の施策の体系が計画である．したがって，問題点を解決したいという欲求が計画の動機づけとなる．目指すべき将来の姿やそれに基づいて認識される問題点は人により時代により異なるため，必ずしも地域社会全体で同一の認識が形成されるとは限らないが，共通する部分も少なからず存在する．すなわち，地域社会として克服すべき問題点を明らかにする．克服すべき

問題点を明瞭に認識し，それを解消しようとする地域社会の明確な意図が計画策定の強い動機づけとなるのである．

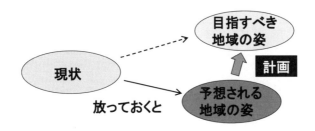

図Ⅲ.4.1.1　計画の概念

4.2 地域公共交通マスタープランの確認

　以下に述べられる地域公共交通計画の策定に当たって、その目的と目標を明らかにし、計画策定の方向性について一定の枠をはめる役割を担うのが地域公共交通マスタープラン（LTPマスタープラン）である。したがって、マスタープランは交通計画の策定に先立って、市民の合意に基づき、行政の責任において策定されるものであるが、その概要が下に例示するような項目に沿って地域公共交通計画書の中にも要約記述されることになる。
　1. 地域における人々のモビリティの計画像
　2. 公共主体の公共交通政策推進の宣言
　　・ 公共交通サービス確保の基本方針
　　・ 公共交通政策推進への公的介入の宣言
　3. 公共交通事業の効率的運営の方針
　4. 市民への行動喚起
　5. 地域公共交通計画策定への基本姿勢

　地域公共交通マスタープラン（LTPマスタープラン）の意義と内容については，本編では第3章に記述してある.

　ここでは，地域公共交通計画の策定作業に先だって，別途策定提示されたLTPマスタープランをLTPの前提条件として要約明示する.

4.3　サービス供給基準の策定とゾーニング

4.3.1　計画のフレーム

> 　地域公共交通計画（LTP）には、計画を必要とする根拠となる上位計画および関係のある横位計画を列挙し、それらとの関連性・整合性を示しつつ、地域公共交通が果たす役割について記載する必要がある。
> 　また、その役割のもとでどのような計画目標の達成を目指すのかとともに、どの期間にどの地域を対象としたどの主体による計画なのかといった前提条件が記載されていなければならない。

　地域公共交通は，通学や病院での受診，商店での買い物といった様々な活動を支援するための手段であるが，これらの活動は教育，医療・福祉，商業，まちづくりといった自治体における多様な分野に関連する．このため，地域公共交通計画には，交通分野のみならず関係のある分野について，計画を必要とする根拠となる上位計画および横位計画を列挙し，それらとの関連性・整合性を示しつつ，どのような課題のどの部分を地域公共交通で解決しようとするのかといった地域公共交通の役割を明らかにする必要がある．

　ただし，策定された計画は，あらゆる状況下で妥当性を担保することはできない．そこで，上記の役割のもとでどのような計画目標をどれだけ達成するかについての記載とともに，その達成のための前提，すなわち，どの期間にどの地域を対象としたどの主体による計画として想定されているのかが記載されていなければならない．

4.3.2 地域特性

(1) 地域交通を取り巻く環境

> 　人々の活動パターンやその実施のしやすさに関連する当該地域の条件や地域環境を列挙し、どのようなサービスを目指すのかの検討に際しての与件という位置付けとして明記される必要がある。また、このことは、関係者や地域住民の間で地域全体の事情を共有するという意味においても必要である。主な環境としては、地理的な条件、気象条件、産業構造、地域の歴史的な背景などである。

　地域公共交通サービスは，人々の日常的な活動を支える役割を担うが，人々の活動パターンやその実施のしやすさは地域における地理的な条件（平地が多いのか，傾斜地が多いのか）や気象条件（晴天が多い地域か，雨天が多い地域か，降雪や凍結などが発生する地域か），産業構造などの影響を強く受ける．例えば，農業が主たる産業である地域では，自宅から就労先（田畑）までの移動に地域公共交通を要することは一般に考えにくい．また，傾斜地や降雪地域では，徒歩での移動に支障が生じると考えられ，このことは短距離の移動にも地域公共交通を要する可能性が高いことが示唆される．

　これらの条件は，地域公共交通サービスによって変化を期待できるものではないが，地域公共交通計画においては，人々の活動パターンやその実施のしやすさに関連する当該地域の条件や地域環境を列挙し，どのようなサービスを目指すのかの検討に際しての与件という位置付けとして明記される必要がある．また，これらを明記することは，地域内に様々な条件や地域環境を抱える地区が存在することを周知することにもなり，関係者や地域住民の間で地域全体の事情を共有するという意味においても必要である．

(2) 属性別居住地別人口分布

> どこにどのような属性の人々がどれだけ居住しているのかを記載する。その際、年齢階層別、性別、職業別（特に学生）、免許保有状況、自由に利用できる交通手段、特に個人が保有する交通手段（自動車、バイク等）の保有状況など、地域公共交通サービスの必要性や利用の可能性が異なりうる属性別の記載が必要である。

　地域公共交通サービスは，それぞれの地区に居住している人々に対して目的地までの移動を可能とするサービスを供給することによって，活動の機会を保障する役割を担う．このため，地域公共交通計画には，どこにどのような属性の人々がどれだけ居住しているのかの記載が必要である．

　その際，居住地別の人口のみならず，年齢階層別，性別，職業別（特に学生），免許保有状況，自由に利用できる交通手段の有無別，特に個人が保有する交通手段（自動車，バイク等）の保有状況など，地域公共交通サービスの必要性や利用の可能性が異なりうる属性別の記載が必要である．

(3) 道路ネットワーク構造および交通サービスの状況

> 　地域内に地域公共交通が活用できる道路がどこにあり、またそれらがどのようにネットワークされているのかを記載する必要がある。その際、物理的・空間的なネットワーク形状（放射状、環状型、放射環状型など）や、それぞれの道路における通行可能な車両規模、気象状況に伴う通行止めの可能性の有無などもあわせて記載する。
> 　また、既存のバスやタクシー、鉄道、船舶といった公共交通サービス、必要に応じて、他分野の政策に基づく交通サービスや民間が供給している交通サービスについても把握し、記載することが必要である。

　地域内に地域公共交通が活用できる道路がどこにあり，またそれらがどのようにネットワークされているのかを記載する必要がある．地域公共交通計画が比較的長期的な視野に立つ場合には，現在の道路ネットワークに加え，中期，長期的な道路計画を踏まえた将来の道路ネットワークも明記することが望ましい．

　道路ネットワークとしては，その物理的・空間的な形状（放射状，環状型，放射環状型など）はもとより，それぞれの道路についてどれだけの大きさの車両が通行可能か，また気象条件などによって通行止めが生じるか否かといったような地域公共交通の運行可能性に関連する情報を含めて記載することが必要である．

　また，道路施設を活用している既存の公共交通サービス，すなわち，バス（路線バスやコミュニティバスなどのすべてのバス交通），タクシーの状況，ならびにこれら以外のサービス，すなわち，鉄道，船舶（フェリー，旅客船等）の状況，必要に応じて，他分野の政策や民間が供給している交通サービス（スクールバスや病院や自動車学校の送迎バス，福祉移送サービスなど）についても把握し，記載することが必要である．

（4）活動機会の獲得可能地点の列挙

通院や買い物などといった保障の対象となりうる活動別に、活動機会の獲得地点となっている代表的な地点、すなわち、目的地について記載する。その際、生活圏・交通圏が必ずしも自地域に閉じていない場合においては、他の地域も含めて記載する。また、必ずしも最終的な目的地ではない駅やバス・フェリーターミナルといった結節点も、活動機会の獲得地点として記載しておくことが必要である。

通院や買い物などといった保障の対象となりうる活動別に，活動機会の獲得地点となっている地点，すなわち，目的地について記載する．その際，生活圏・交通圏が必ずしも自地域に閉じていない場合においては，他の地域も含めて記載する．また，最終的な目的地ではないものの，駅やバス・フェリーターミナルなどの結節点はそこから既存の交通手段を利用して特定の活動機会を保障する機能を有すことから，それらについても活動機会の獲得地点として記載しておくことが必要である．

なお，活動機会の獲得地点を網羅的に記載する必要は必ずしもなく，当該の活動を保障するに適当な規模を有するサービスがある地点・施設のみを対象として記載すれば十分である．

4.3.3 地域構造と公共交通網の基本構造

> 　地域条件や環境、人々の居住分布、目的地の分布、道路ネットワークや既存交通サービスの実態、交流構造を地域全体から見渡して総括した上で、どのような構造の地域公共交通網（放射状型、放射環状型、格子型）が適しているのかを記載する。
> 　また、放射型路線網、幹線・支線型路線網、循環型路線網といったような一層型の構造とするのか二層型とするのか、定時定路線型とデマンド型をどのように組合せるのか、鉄道やフェリーや旅客船などの既存輸送機関との補完のあり方など、公共交通ネットワークの基本方針を記載する。

　「4.3.2　地域特性」において把握された内容に基づき，地域条件や環境，人々の居住分布，目的地の分布，道路ネットワークや既存交通サービスの実態，交流構造を地域全体から見渡して総括した上で，どのような構造の地域公共交通網（放射状型，放射環状型，格子型）が適しているのかを記載する．

　また，これらを踏まえた公共交通ネットワークの基本方針を記載する．例えば，放射型路線網，幹線・支線型路線網，循環型路線網といったような一層型の構造とするのか，二層型とするのか，定時定路線型とデマンド型をどのように組合せるのか，鉄道やフェリーや旅客船などの既存輸送機関との補完のあり方などといった階層構造を記載する．

4.3.4 確保すべき活動機会

　地域公共交通サービスを供給することの大きな目的の一つは、外出を伴う人々の活動（買い物や受診など）の機会を保障することである。このため、地域公共交通計画には、
- 地域公共交通によってどのような活動の機会を確保するのか
- どのような種類・規模の目的地で当該の活動の機会が保障できると想定したか
- どのような指標で活動機会の保障水準を測ったのか

という三つの側面に関する記載が必要である。なお、ほとんどの地域においては、通学、買い物、通院の機会を確保すべき対象とすることが現実的と考えられる。

　例えば「病院で受診するために公共交通を利用して外出する」といったように，地域の人々が地域公共交通を利用するのは，目的地で何らかの活動／用事をするという「本来の目的」のためであることが一般である．したがって，地域公共交通の主たる役割は，外出を伴う活動（買い物や受診など）の機会を人々に保障することである．

　このため，地域公共交通計画には，どこにどのような地域公共交通を運行するという「結果」だけではなく，地域公共交通が確保すべき活動の機会を明確にし，地域公共交通を何のために走らせるかという「趣旨」を明らかにすることが重要である．このためにはまず，保障の対象となる活動を地域で協議するとともに，その範囲についての合意を図り，その結果を計画に記載することが必要である．

　具体的には，通学や通院，買い物といった人々の生活にとって基礎的な活動は多くの地域で保障の対象となろうが，文化・社交的活動などの他のどの活動か，また，通学であっても部活動を含めるかといったような詳細について記載することが必要である．さらに，買い物先には大型ショッピングセンターからたばこ屋などの様々な規模があるように，様々な規模の目的地がありうる．このため，どの規模の目的地に行ければその活動ができると想定したのかについての記載が望ましい．

また，活動機会の保障水準をどのように測定するかが記載されなければならない．その指標としては，例えば，午前中に総合病院に行き来できるか，また行き来できるパターン（すなわち，何時から何時に行き来できるか）の数，目的地で 1 時間〜2 時間の活動時間が確保できるパターンの数，30 分以内で到達できる目的地の数などが考えられる．なお，指標は活動ごとに異なってもよい．

4.3.6　ゾーンごとのサービス供給基準

> 　どのような地区にどれだけのサービスを供給するかについて地域全体に関する一貫した考え方が不在であれば、それぞれの地区におけるサービスの水準やその地区間での差異の妥当性を自治体が住民に対して説明できなくなる。
> 　このため、地域公共交通計画では、計画対象地域におけるゾーンごとにどれだけのサービスを供給するかの目安を数値で示したサービス供給基準を示すことが重要である。

　公的支出の増加，民間事業者の撤退などといった課題が生じた場合，そのつど，ある路線や地区について部分的に，例えば，代替的な交通手段を確保したり減便するなどの応急的な措置を講じて，その場をしのぐことは現実的にはやむを得ない．しかし，どのようなゾーンにどれだけのサービスを供給するかについて，地域全体に関する一貫した考え方が不在のままにその場しのぎを重ねたり，それを放置すれば，それぞれの地区におけるサービスの水準やその地区間での差異の妥当性を，自治体が住民に対して説明できなくなる．

　このため，地域公共交通計画においては，ゾーンごとにどれだけのサービスを供給するかの目安を数値で示したサービス供給基準を作成し，それを計画の中に示すことが必要である．また，後述のサービス供給計画に際しては，その目安を参照しつつ具体的に検討されることが必要である．

　サービス供給基準の様式としては，表Ⅲ.3.5.1の「サービス水準マトリクス」が有効である．サービス水準マトリクスでは，特性が同様のゾーンには同じ便数が，異なるゾーンには異なった便数が割り当てられており，「等しきものは等しく扱い，等しからざるものは等しからざるように扱う」という公平性の基本的な考え方が自動的に備わっている．また，マトリクスにおけるゾーンは抽象的な意味のゾーン（つまり，固有名詞で表されていないゾーン）であり，匿名性が担保されているため，特定の具体的な地区を優遇することがないという意味での公正性が担保されている．

表. Ⅲ. 4. 3. 1　サービス水準マトリクスの例

ゾーン		保障する活動の機会の種類			
表示例1 （地区特性）	表示例2 （人口規模）	通　勤	通　学	買　物	通　院
		（それぞれの目的地のある場所に向けての往復数）			
辺地部	〇人未満	毎日 2往復	毎日 1往復	隔日 2往復	週に2,3日 2往復
郊外部	〇人～〇〇人	毎日 2往復	毎日 2往復	毎日 2往復	隔日 2往復
:	:	:	:	:	:
市街部	〇〇人～ 〇〇〇人	毎日 6往復	毎日 4往復	毎日 5往復	毎日 3往復
都心部	〇〇〇人以上	毎日 10往復	毎日 5往復	毎日 6往復	毎日 5往復

4.4 サービス供給計画

4.4.1 輸送サービスの列挙

> 　サービス供給計画の策定に当たっては、まず、当該地域におい
> て公共交通の運行に活用できる全ての輸送サービスを列挙する。
> 　それらに対し、サービスの特性や活動機会の保障、効率性や安
> 全性など複数の視点から評価し、路線ごとに適用可能な輸送サー
> ビスを絞り込み、その考え方と結果を計画に示す。

　当該地域における公共交通を運行する際に活用できる全ての輸送
サービスを列挙する．ここでいう輸送サービスとは，路線バスや乗
合タクシー，一般のタクシー，自家用有償運送など，道路運送法で
位置づけられる輸送サービスに加え，スクールバスやへき地患者輸
送車への混乗，民間の施設（民間の事業所や私立病院，ホテル，温
泉，ゴルフ場，自動車教習所等）の送迎車両の利活用など，いわゆ
る地域資源の活用を含め，幅広く捉えることが重要である．

　これらの輸送サービスについて，次の視点から評価し，路線ごと
に適用可能なサービスを選定する．
① 輸送サービスの特性（輸送力，運行可能な時間帯，費用など）
② 活動機会の保障（確保すべき活動の種類やその内容に適したサ
　　ービスかどうか）
③ 事業主体の有無（運行主体となる事業者が存在するか，事業者
　　の協力は得られるか）
④ 運行の効率性（運行費用は妥当か，効率的な運行はできるか）
⑤ 安全性（運行に対しての安全性は確保できるか）
⑥ 事業の継続性（事業を継続して実施できるかどうか）

4.4.2 運行形態

次に、公共交通の運行形態に関し、
① 使用する車種
② 路線の形態（定路線とするかどうか）
③ 停留所の形態（停留所を固定するか、自由乗降区間を設定するか）
④ ダイヤの形態（定時運行とするか、デマンド運行とするか）
について当該地域で適用可能な方法を列挙し、地域住民や利用者の活動の種類や内容、利用者の属性、利用頻度などを踏まえて路線ごとに適切な運行形態を選定し、その考え方と結果を計画に示す。

運行形態について計画に示す項目は次のとおりである.
① 使用する車種
- 需要の多寡や運行区間の道路幅員，道路の勾配，気候などの地域特性を考慮し，使用する車両の大きさ（大型バス／中型バス／マイクロバス／ワゴン車／セダン）や性能（排気量，4輪駆動の要否など）を定めて計画に示す.
- また，利用者の活動の種類（通勤・通学，買い物，通院など）や利用者の属性を考慮し，必要に応じて車両の仕様（ノンステップ仕様・車いす対応の要否など）を示す.
② 路線の形態（定路線とするかどうか）
- 公共交通は，路線バスのように路線の起終点や途中の経由地を定めることが一般的である（定路線）.
- 一方で，利用者が少なく，乗降する停留所が限られる（乗降しない停留所が多い）場合などは，路線は特定せずに停留所だけ定め，途中の経路は利用者の状況に応じて最適なルート（所要時間最短ルート，利用者の多い停留所を優先するルートなど）を走行する方法もある.
③ 停留所の形態（停留所を固定するか，自由乗降区間を設定するか）
- 公共交通では，定められた停留所のみ乗降できるのが一般的

である.

- ・ 一方で，利用の少ない路線では，路線上の希望する場所で乗降できる自由乗降区間を設定する方式や，一定の区域内なら希望する場所で乗降できる（自宅まで送迎できる）方式がある．停留所まで徒歩によるアクセスが困難な高齢者が多い場合などに有効である.

④ ダイヤの形態（定時運行とするか，デマンド運行とするか）

- ・ 公共交通では，ダイヤを定めて決められた時間に運行する定時運行が一般的である.
- ・ 一方で，運行する時間帯や運行ルートをあらかじめ設定し，利用者が利用する便や乗車区間を選んで事前に予約し，利用者のある便や利用のある区間だけ運行するデマンド方式がある.

定時・定路線の運行は，利用の有無にかかわらず定められた通りに運行するため，事前予約などの手数がかからない半面，利用者のいない場合でも運行する必要が生じる．一方で，デマンド方式にすると，利用者がいない便や利用のない区間は運行しないので運行費用を節減することができる．しかし，利用のたびに電話を架ける必要が生じたり，予約を受け付ける人員や機材が新たに必要になる場合がある（タクシー事業者等の既存の無線予約システムが活用できれば効率的である）.

4.4.3 路線網計画

> 　路線網計画では、地域構造や生活圏を考慮して地域全体における公共交通のネットワークを定めるとともに、地域内の居住地の分布や利用特性を考慮して個々の路線における起終点や停留所の位置、走行ルートなどを定め、その考え方と結果を計画に示す。

　路線網計画では，広域的な地域構造や公共交通体系を考慮して，当該地域において公共交通サービスを提供する区域を定めるとともに，区域内の集落の分布や活動機会の獲得地点，他の交通機関との結節点などを考慮して，区域全体における公共交通のネットワークを定める．

　ネットワークの形態には，次のようなものがある．

　① 放射型路線網：中心市街地や交通結節点から郊外に伸びる放射状の路線

　② 幹線・支線型路線網：幹線と支線で構成される路線で，需要に合ったダイヤ設定や車両運用することにより効率向上を図ることができる路線形態

　③ 循環型路線：中心市街地や交通結節点を起終点として周回する路線

　次に，路線ごとに需要や住民の活動内容，利用者の特性や求められるサービス内容（例えば，高齢者が多く停留所までの距離が短いことが望まれるなど）を考慮して，各路線の輸送サービスの種類（事業主体や運行主体，使用する車種など），路線の起終点と停留所の位置，走行ルート，運行形態（定時運行／デマンド運行の別，自由乗降区間の設定の有無など）を定め，路線網計画として示す．

（第5章　5.6.1 路線網計画案を参照）

4.4.4 地域別運行計画

個々の地域や路線ごとに、沿線住民の活動内容や活動時間帯を踏まえ、どのような活動機会を保障するのかを考慮して運行計画を策定する。
　運行計画では、運行日や運行ダイヤを定めるとともに、利用状況や利用者特性に応じてデマンド方式の導入や自由乗降区間の設定なども検討し、効率的な運行を目指すことが重要である。

　「3. サービス供給水準の策定とゾーニング」で検討した「確保すべき活動機会」や「ゾーンごとのサービス供給基準」に基づき，個々の地域や各路線の沿線における住民の活動内容や活動時間帯を考慮して運行計画を検討する．地域別の運行計画に示す項目は次のとおりである．

① 運行日
・ 需要の多寡や保障すべき活動内容を考慮し，毎日運行／平日のみ運行／隔日運行／週 1 日運行／隔週 2 日運行／登校日のみ運行など，運行日を設定する．

② 運行ダイヤ
・ 生活に必要な最低限の運行回数に加え，活動内容や活動時間帯（どのような目的の需要がどのような時間帯にあるか）を考慮し，運行ダイヤを設定する．
・ 曜日等によって利用形態が異なる場合，必要に応じて平日／土曜日／日祝日／学休日／年末年始等に区分して運行ダイヤを設定する．

③ デマンド方式の内容
・ デマンド運行を採用する場合，予約の締切時刻，予約の連絡先，予約の内容（利用日・利用便，乗車場所，利用区間，利用者，その連絡先等），予約の方法（電話・ファクス等）などデマンド運行のルールを定める．

④ 自由乗降方式の内容
・ 自由乗降区間を設定する場合は，その区間や自由乗降の方法（待ち合わせ場所や乗降の合図など）を定める．

- 乗合タクシーなどで自宅送迎する場合は，デマンド方式と同様にその予約方法を定める．

4.4.5　運賃／地域負担

> 　運賃は、運賃体系と運賃水準を定め、計画に示す。
> 　運賃は「利用できる金額」に設定することが重要であり、採算性のみならず、利用者の支払い可能な金額や路線の特性、他路線の運賃との比較、地域間の公平性などを考慮して決定する。必要に応じ、高齢者や障害者、通学利用の学生・生徒などに対する割引運賃を設定する。また、利用者の負担のみならず、自治体や地域の負担についても検討する。
> 　運賃体系には、対キロ制、均一制、ゾーン制（区間制）があり、路線の特性や利用者の特性、地域間の公平性、実行可能性などを考慮して定める。
> 　なお、運賃は、道路運送法第9条に基づき、上限運賃として認可を受けなければならない。

　運賃は，公共交通サービスの内容を規定する一つの要素であり，路線の特性（保障すべき活動内容や利用者の属性など）や提供される輸送サービスの内容を踏まえ，利用者が支払い可能な範囲内で運賃水準を決定する．その際，既存の路線バス等，他の路線と比べて著しく運賃水準に違いが生じないよう，特定の地域だけ割安な運賃が設定されるなど地域間で著しく公平性を欠かないよう，留意する必要がある．

　高齢者や障害者，通学利用の学生・生徒等への配慮が必要な場合は，これらの利用者に対する割引運賃を設定する．

　運賃を定める際には，運行費用を自治体と利用者がどのようなバランスで負担するか，すなわち，運行費用に対し，税による負担と運賃による負担をどのようなバランスにするかについて検討するとともに，自治体が路線やダイヤ等のサービス内容と運賃の組合せに関する実行可能な代替案を作成し，地域住民や利用者がその中から選択してサービス内容と運賃を同時に定めるのが望ましい．

　運賃体系には，大きく分類して次の3通りが考えられる．路線長や利用者の特性などを考慮して決定する．

① 対キロ制
・ 乗車距離に応じて運賃を定める方法であり，多くの路線バス

で導入されている．一般的には，初乗り運賃＋キロ当たり運賃×キロ数を基準に運賃を定める．

- ・ 路線長が長い路線では公平感が得られるが，区間によって運賃が異なるため，整理券の発行や運賃収受など運営が煩雑となる．

② 均一制

- ・ 乗車距離に関わらず，運賃を一律に定める方法であり，多くのコミュニティバスで導入されている．
- ・ 利用区間に関わらず運賃が一定であるため，利用者にとって分かりやすく，整理券の発行を伴わないなど，運営面での負担も小さい．

③ ゾーン制（区間制）

- ・ 路線をいくつかのゾーンに区分し，ゾーン間の運賃を定めるものである．
- ・ 対キロ制と均一制を折衷した形態であり，路線長が長い路線で，距離に応じた運賃を簡易に設定することができる．

4.4.6　運行費用・効率性の向上

　　地域の公共交通サービスを維持していくためには、活動機会に
見合った運行計画の策定や効率的な運営の実施によって、運行費
用の節減と運賃収入の増加を図り、なるべく効率的な仕組みを作
ることが重要である。
加えて、単年度の収支・採算性だけでなく、今後も継続して運行
するための費用や利用の動向と運賃収入を見通し、将来にわたっ
て地域が保障する活動機会、あるいはその活動機会を保障するた
めに必要となる自治体の負担について検討することが重要であ
る。
　　計画策定に当たっては、これらの検討結果に基づき公共交通サ
ービスを継続するために必要となる運営効率化方策を示すととも
に、どのような取組をすればどの程度効率化が図られるかを明記
する。

　地域の公共交通を運営する上では，効率性を向上させる必要があ
ることは論を待たない．そのためには，同じサービスを提供するのに運
行費用をできるだけ節減し，運賃収入をできるだけ増加させる必要が
ある．

　公共交通の運行に必要な費用の内訳は，「第5章　5.4.3（4）費用
構造」に示すとおりである．一般的に運行費用は事業者によって異
なるため，運行費用を節減するためには，実行可能な事業主体や運
行主体の代替案を設定し，事業者などに費用の見積を依頼するなど
して運行費用を把握し，比較・評価することが現実的である．

　また，利用者を増加させて運賃収入を高めることも重要であり，
活動内容に見合ったダイヤ設定などに加え，沿線住民のマイバス意
識を涵養し利用促進を図ることも必要である．

　一方，地域の公共交通の利用者が年々減少し，自治体の負担が予
想以上に増加するため，減便などのサービス切り下げをやむなく実
施し，その結果，利用者が減少して採算性がさらに低下するという
悪循環に陥る地域が少なくない．このような事態を避け，地域の公
共交通サービスを維持・継続していくためには，単年度の収支や採
算性の検討だけでなく，長期的な視点から効率的な運行を維持する

方策や運行費用と運賃収入の見通しについて検討し，地域における活動機会を保障するために必要な負担について展望することは極めて重要である．

　計画策定に当たっては，公共交通サービスを維持するために必要な運営効率化方策等の事業取り組みや利用者の負担，財政の負担について，どの程度の努力をすればどの程度効率が向上するかということを計画書に明記することが重要である．

4.5 公共調達計画

4.5.1 採算・不採算路線の推定と仕分け

　前節までに示されたサービス供給計画に基づき、路線毎の運営収支を予測分析し、全路線網を次の2種類の路線に仕分けする。
　① 運賃収入により路線運営を維持できる採算路線群
　② 運賃収入では路線運営経費が賄えず、運行維持のためには何らかの外部からの資金支援が必要となる不採算路線
　なお、外見上不採算であっても、多くの旅客を幹線路線に対して集散供給している支線路線（フィーダー（培養）路線）が往々にして見られ、一方採算路線である幹線の黒字額が大幅に見込まれる場合には、これらのフィーダー路線を幹線と一体化して採算路線と判定する（内部補助）ことが考えられる。このため、採算路線と不採算路線の2分に依ることなく、内部補助の候補となる一部のフィーダー路線の分別も行なっておくことが有意義である。

　採算・不採算路線の推定は，設定運賃水準，路線別推計需要量および各路線の運行経費を用いて行われる．

　具体的な作業手順は第5章5.9.1で述べる．

　なお，現行道路運送法においては上記の内部補助の考え方は採られないこととなっているが，次に述べる路線運営の割り付けの仕方によっては，実質的に内部補助を機能させることは可能であるし，実務的には，合理的な施策手段と考えられる．

4.5.2 運営形態の選定

　公共交通サービス供給事業の運営を持続的かつ円滑に進めるには、採用すべき事業の形態とその健全な推進を支える公的支援のための資金調達の方針をLTPに具体的に明記することが大切である。

　事業の形態については、公的（行政）関与の比重と、運行計画立案の責任分担によって種々の事業方式が考えられるので、各地域の特性（地形、気候、居住地分布等）とサービス供給計画およびLTPマスタープランを勘案して、各事業方式の利害得失を検討した上、採用形態を決定し、本計画に明示する。

　なお、一地域に適用される事業形態は、できるだけ単純明解であることが求められ、1ないし数種の事業方式を路線群の特性に合わせて採用することが望ましい。

　一方、財源調達については、運賃（料金）体系はサービス計画の中で検討されるべきであり、その結果として公共が負担すべき運営経費の補充分については、原則として一般財源を充当することが望ましい。しかし、公的支援の地域的偏りからくる不公平感を除去するため、地域住民の基金拠出や沿線受益事業者等からの拠金も併せて企図されることが考えられる。これらの事項を本計画に記述する。

考えられる事業方式は次の5種に概括分類できる.

① 独立採算事業方式

② 一部補助方式

③ 運行委託方式

④ 車輌貸与運行委託方式

⑤ 公共直営方式

　もっとも，これらの中間的あるいは折衷的方式は数多く考えられ，今後とも事業方式の開発・研究が進められる余地は十分にある．なお，上記のうち②および⑤は，事業の効率性維持の観点から，一般に採用を回避することが望まれる．また，道路運送法上の事業形態とは必ずしも一致しておらず，別途解釈上の調整が必要である．

　これらの調達方式検討に当たっての留意事項については第6章 6.3にやや詳しく述べた．

4.5.3　運輸事業者の選定

　　地域の公共交通サービスの路線網は、当該地域の自治体行政当局が、その全体を体系的に把握し、管理しなければならない。
　　その上で、路線網を分割し、各路線群毎に供給サービス基準（最低基準）を明示添付して、地域の公共交通を担う意欲ある運輸事業者に割り付ける。この場合、自治体の直営または企業部門の運営になる事業体であっても、民間または半官半民の事業者と同等に扱わねばならばならない。
　　割り付けの方法は、上述した路線の採算性によって、採算路線においては計画サービス水準で、不採算路線においては必要公的支援金額で、競争入札により進めることが望ましい。
　　この割り付け作業とその結果に基づく各事業者との契約は、公共交通サービス供給事業の実施そのものであり、具体的割り付け結果をLTPに明記することはできない。ここでは、上記の方針と手続きを計画書に明示することが肝要である。
　　なお、各路線運営の契約期間については、最適値は明確ではないが、運輸事業者等の事情を聴取した上で、契約期間を定め（3〜10年程度か）その決定理由とともに、明示することが望ましい。

　本作業は実務的政策実施過程そのものであり，本計画書に上記方針を明記するとともに，合わせて作業実施指針を策定しておくことが望ましい．作業および事業者との交渉に当たっての基本的方針と留意事項については第5章9.2を参照されたい．

　なお，契約期間については短くした方が競争介入の頻度が増して効率化が進むように考えられるが，事業者は契約履行に当たって車輌や従業員の手当など一定の投資が必要であり，資源の効率的活用の観点からは一定の期間を確保することが合理的である．むしろサービス水準のノルマ達成などに違反行為が発見された時などに懲罰的解約条項などを盛り込み，期間そのものはある程度長くする方がよいかも知れない．

4.6　市民のコミットメント

> 　地域公共交通政策は地域の人々の暮らしの中に受け入れられることが重要である。
> 　このためには地域の人々がこの交通計画の策定と実施に当たって、次の二つの側面から参画する体制を構築することが大切となる。
> 　① 交通計画（サービス供給計画）の策定に、利用者の立場から利用促進のための情報を提供し、参画すること。
> 　② より多くの人々が、公共交通サービス供給体制が人々の乗り合い利用によって支えられていることを認識し、都市部における自動車交通抑制の今日的課題と地方部における自動車の互助的利用の課題への理解と合わせて、自覚的に公共交通サービスを利用するという行動選択を行うこと。

　地方公共交通政策の目的は地域の人々に公平な活動機会を保障することにある．すなわち公共交通サービスの提供によって，人々が自らの交通行動の選択を変化させ，社会的活動が円滑に進むことが肝要である．

　このためには地域の人々がこの交通計画策定と実施に当たって，上の二つの側面から参画する体制を構築することが大切となる．

　とくに，後者では，市民の納税者としての立場と交通サービス受益者としての立場を兼ね備えた認識が必要であって，「より多くの人々が利用することによって，公共交通サービスへの公共財源からの支出は削減できる」メカニズムへの理解を浸透させることが重要である．すなわち，人々は「払って乗るか，乗る人を税で支えるか」の選択を迫られている訳である．一方，交通需要の稀薄な地方部では，人々は自動車に依存せざるを得ない．ここでは自家用車の互助的利用も公共交通の一環として活用していくことが大切である．

　また，上記の①の人々の参画が，②の認識と行動選択を容易にするものと思われ，こうした相乗作用への理解も促進されねばならない．とくに地方部の，サービス閑散な路線あるいは地区の運行サービス計画の立案に当たっては，様々な局面への地域の人々の発案を活かした，

まさに地域地区で支える計画策定が有効であり，いわゆるワークショップ方式を用いた策定作業（例えば，行政からの公共支援財源を既与条件として，その中で地区の人々が最も利用し易い，利用者の多くなるサービス供給方策を－適格なファシリテータの指導の下－考え出す方法）が考えられる．

　以上のような交通計画策定作業への市民参画の方策および市民の認識と合意形成の必要性について，LTP に判りやすく示されることが必要である．

- コミュニティバスとは公共交通サービス空白地域への対応施策である.
- コミュニティバスの理念を地域全般に及ぼす中で，LTP は策定されねばならない. すなわち，地域の内にサービス空白地域を生じさせてはならない.
- LTP の完璧な策定推進によって，サービス空白地域は消滅し，広義のコミュニティバスの意義は消滅する. また，狭義のコミュニティバスは同計画の中に適切で名誉ある位置づけがなされねばならない.
- 狭義のコミュニティバスは「バス」名称にこだわらず，あらゆるサービス形態（使用車輌，運行形態等）が追求されるべきである.

　コミュニティバスとは市町村の首長や行政のそれぞれの政策的思いを込めて実施される施策的バス運行事業への総称であって，その趣旨は極めて多義にわたる. しかし，最も広くこれを定義すれば，「一般の路線バス等では事業の効率性追求のためサービスが提供されなくなる地域等に対し，地域の人々のモビリティを確保するため，行政が公的資金を投入しつつ施策的に実行するバス運行事業」ということができる. もちろん，自治体によっては「ワンコインで運行すること」「小型バスで運行すること」「運行計画を行政で立案すること」等，さらに限定的な定義を設けている例もある. また，コミュニティバスは通院・買い物等通常の路線バスでは軽視される高齢者等の昼間交通ニーズに専ら応えるもので，それにふさわしいサービス形態を採るものとか，沿線地域の住民の参加により運営が推進されるものといった，より発展した議論も行われるようになっている.

　ところで，このコミュニティバスの議論は元来，需給調整規制が廃止される以前に発案されたものであって，需要量が十分でない地域には，いわゆる路線が免許されなかった時代に生じた公共交通空白地域にサービスを提供するため用意されたものである. 規制が廃止され，運輸事業者は市場への自由参入と退出が認められたのであるから，サービスを民間事業者の独立採算制にのみ任せておけば，サービス空白地域が大幅に拡大することが予測される. 一方，この問題に対処するために LTP は策定されるのであるから，前節に述べたようなあらゆるサービス形態（乗合タクシー，自家用車の便乗等

も含む）を駆使して同計画が完璧に策定されるのであれば，サービス空白地域は消滅するはずである．つまりコミュニティバスの存在意義は消滅する．

コミュニティバスの理念はLTPの理念と合致し，成熟社会においては必要不可欠な政策概念である．言い方を変えれば，コミュニティバスの理念に基づいて LTP を策定することが必要である．そして，コミュニティバスのサービス形態概念をより拡張して，需要量が路線バスにとって十分でない地域へのサービス形態（使用車輛，運行形態等）の考案をさらに進める必要がある．逆に言えば，地域の公共交通全体系の中から採算の成立つ路線バスを除いたサブシステムを狭義の意味でコミュニティバスと呼んでもよいであろう．

いずれにしても，LTP とコミュニティバス計画を別途に策定することは危険である．公的支援に裏打ちされたサービス水準の高い（低運賃と至近バス停等）コミュニティバス事業が，そうでなければ採算の成立っている路線バスから利用者を奪い事業を破綻させてしまう事例が生じつつある．そうでなくても，両者の二重投資は避けねばならない．路線バスと狭義のコミュニティバスとは役割を分担して棲み分ける必要がある．狭義のコミュニティバスも LTP の内に適切な，名誉ある位置づけを与えられねばならないのである．

5章 地域公共交通計画（LTP）の策定プロセス

5.1 計画の策定プロセスとは

> 計画の策定プロセスとは、よりよい計画を策定するために必要な検討内容を体系的に整理したものである（図III.5.1.1参照）。
> よい計画を策定するためには、"検討すべき案を漏れなく列挙し"、"その中から最もよい案を選ぶ"ことが必要である。"よりよい案"であるか否かは、「分析」に基づいて判断すればよい。

　本編で提案する策定プロセスは，図III.5.1.1 に示す検討手順をとる．

　「フレームワーク」では，計画策定に際して前提となる"計画策定主体"，"計画期間"，"計画地域"といった基本的な事項を明らかにするとともに，総合計画等の上位計画で示される"地域が目指す将来の姿"を実現するために必要な"活動機会の保障水準"や"地区間・世代間・住民属性間での公平性の考え方"に関する具体的な目標を設定する．活動機会の保障は，交通以外の行政部門に係わる施策の方が効果的・効率的であることも考えられるため，どの範囲までを地域公共交通に係わる施策により実現するかについても十分な検討を加えることが肝要である．

　「問題の明確化」では，計画を策定せず現状のまま推移した場合に実現する状況"と"到達したい望ましい状況"との乖離を明らかにし，公共交通システムの改善によって解決すべき課題を明らかにする．

　「調査」は，問題の明確化や計画代替案の作成・分析・評価の各段階で必要となる．需要側の特性に関しては，いつ，どこで，どのような人が，どのような移動ができずに困るのか，を的確に把握することが重要である．とりわけ，生存基盤の確保に加えて，社会的疎外の発生状況（社会参加を阻んでいるものは何か）を明らかにすることが要請される．特に，活動機会の獲得水準とそれに対する支払い意思額との対応関係を的確に把握しておくことが重要である．また，サービスの

供給側の費用構造や利用可能な地域資源の賦存状況などは，サービス水準とそのための負担とを対応づけた"公共交通のサービス提供メニュー"を作成するための基礎となる．

　「サービス供給目標の設定」は，"活動機会の獲得水準"と"負担"との組合せに関する住民の選定プロセスであり，地区別，路線別のサービス水準を算出する．「計画案の設計」は供給側に関する検討であり，効率的なサービス提供が可能となるよう，地域の状況に即した運行形態や路線網，ダイヤ等を選定する作業である．

　「分析」は，最も適切な「サービス供給目標の設定」や「計画案の設計」を行うために必要な，活動機会保障水準の時空間分布の推計や維持可能性の判断，公共交通を取り巻く諸活動への影響予測等である．

　これらの作業を経て「評価」で計画案を評価し，地域にとって最も望ましい交通システムを選定するとともに，「公共調達の計画と実施」でその実現方策を明らかにする．このようなプロセスを経て得られた結果が，「地域公共交通計画」である．

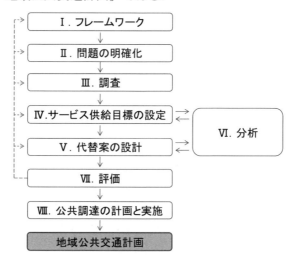

図Ⅲ.5.1.1　地域公共交通の策定プロセス

5.2 フレームワーク

5.2.1 計画策定主体，実施・協力主体

> 計画策定主体は市町村であるが、地域公共交通活性化・再生法に基づく協議会をうまく利用することも考えなければならない。
> 計画実施主体と事業実施主体は異なる。

　計画策定主体とは地域公共交通計画を策定する主体をいい，一般には基礎自治体（市町村）がその任に当たる．基礎自治体が単独で計画を策定することが困難な場合は，道路運送法に基づき設置される地域公共交通会議がその役割を担うことが一般的であるが，地域公共交通の活性化及び再生に関する法律（平成19年度法律第59号，以下，地域公共交通活性化・再生法という）に基づき設置される協議会（以下，法定協議会という）を活用する方法もある．地域公共交通会議は基礎自治体ごとに設置されることが多いが，これは，議会を有するなど公共交通サービスの確保方針について地域社会の合意を形成する上での一定のしくみを持っていること，徴税権とその使途に関する委託を住民から受けているなどの理由による．しかし，人々の日常的な移動範囲である交通圏が自治体の範囲を超えて広がっているときには，複数の自治体が連携して地域公共交通会議を設置し，交通圏単位でより広域的な地域公共交通計画を策定することが望ましい．地域公共交通会議の構成メンバーは，通常，市町村，都道府県，国（運輸支局），警察，公共交通事業者，住民・利用者代表としての自治会，教育・福祉等関係者，地域代表としての観光や経済団体，学識経験者などである．

　実施主体は，策定された計画の実施にあたる計画実施主体と，計画に基づいて輸送事業を行う事業実施主体の 2 種類に分かれる．計画実施主体は通常市町村である．事業実施主体としては交通事業者（路線バス事業者，貸切バス事業者，タクシー事業者，鉄道事業者），NPO，運行管理事業者，市町村等がある．

　協力主体とは，地域公共交通計画の効果的・効率的な策定・実施のために協力する主体であり，運行や利用促進に関する協力などを行う．地域公共交通会議の構成メンバーに加え，市町村の関連部局や地域の

さまざまな住民・団体等による幅広い協力支援体制を構築することが
円滑な計画策定と事業実施に欠かせない.

　法定協議会と地域公共交通会議がそれぞれ本来果たすべき機能の違
いについて整理しておく．地域公共交通活性化・再生法では法定協議会
に計画策定と事業実施の機能を付与している．このことより，法定協
議会は計画づくりのための組織であるといえる．ここで交通事業者に
期待されている役割は計画策定のためのアドバイザーであり，したが
って事業者の利害が計画策定を歪めることがあってはならない．一方,
道路運送法では自治体を核とする地域公共交通会議を公共交通に関す
る地域の意思決定主体として位置づけている．すなわち，地域公共交
通会議は公共交通に関する関係主体を調整する組織といえる．したが
って，事業者が自らの利害に基づいて調整に臨むことがあってよい.
地域公共交通会議が法定協議会を兼ねる状況が少なからず見受けられ
るが，出席者が共通であるからといって理念・機能も混同してしまう
ことは避けなければならない.

5.2.2　計画期間

> 　地域公共交通計画は上位計画との整合性をとる必要があり、計画期間は中長期とすることが望ましい。
> 　早急に手を打たなければならない喫緊の課題が存在する場合は、短期計画と中長期計画の二本立てとするのもよい。

　地域の足を持続可能な形で確保するためには，長期的な交通体系の将来ビジョンを示し，公共交通に関わる施策の方向性を明確に打ち出す必要がある．特に，地域公共交通計画が"目指すべき地域の将来の姿"を公共交通の側から実現する下位計画であるという観点に立つと，上位計画である総合計画とほぼ同じ中長期的な計画期間（5〜15 年程度）を有することが望ましい．また，安定的なサービス供給を行うためには，車両の調達や人員を一定期間確保しておく必要もある．

　とはいうものの，地方部における限界集落等においては地域社会そのものの維持が困難な場合もあるため，地域社会の寿命にも意を払うことが肝要である．また，地域公共交通の維持に困難を来たし待ったなしの対応を強いられている自治体が多数あることにも鑑みると，早急に手を打たなければならない喫緊の課題も多く，長期の計画と必ずしも整合しない場合がある．このような場合は，計画を短期計画と中長期計画の二本立てとし，短期計画は必ずしも長期計画と一時的に乖離することとなっても喫緊の課題に対処しつつ将来的には長期計画に沿った状況に収束させて行くことを確認した上で，緊急的に実施すべき短期施策と中長期的施策とを分けて実施することが望ましい．

5.2.3 計画地域

> 　地域公共交通計画の計画地域は、計画主体である基礎自治体の行政区域とすることが多い。しかし、交通流動が複数の自治体にまたがる場合は、交通圏を構成する自治体が一体的な計画を策定することが望ましい。さらに関係自治体が連合して交通政策の展開を図ることも重要である。
> 　「地域が目指す将来像」の実現を公共交通の側から支援するという観点から、公共交通サービスを積極的に充実させる地域とそうでない地域を区分することも必要である。

　地域公共交通計画を策定する際は，多くの場合，基礎自治体（市町村）が計画主体となるため，基礎自治体の範囲を計画地域とすることが基本となる．しかし，地域公共交通で対象とする交通流動は基礎自治体の行政区域を超えていることが多いため，そうした地域においては，ひとつの交通圏（通勤や通学，通院，買い物など日常生活に関わる交通流動がほぼ完結する領域）に含まれる複数の基礎自治体をひとまとまりの計画地域とし，統一的な政策意図の下で一体的に交通計画を策定することが望ましい．

　複数の自治体にまたがる計画地域を設ける場合は，複数の市町村で共同して公共交通会議を構成したり広域交通連合を形成するなど，計画主体も計画地域の拡がりに応じて適切に選定する必要がある．交通流動は人口や居住地分布，活動拠点の空間配置，ライフスタイル，道路や鉄道の整備等と密接に関連しているほか，学区，医療圏，商圏等とも密接に関連しているため，施設の統廃合など関連する将来計画や立地動向等にも留意し，整合をとるよう努めることも忘れてはならない．

　交通流動は都市や地域の形態によって規定されるだけでなく，逆に都市や地域の姿を誘導する機能をも有している．したがって，「地域が目指す将来像」の実現を公共交通の側から支援するという観点から，形成すべき地域の将来像を念頭に置き，公共交通サービスを積極的に充実させる地域とそうでない地域を区分することも必要である．

5.2.4 目指すべき地域の将来像

> 　地域の最上位計画である総合計画やまちづくり計画等を参照
> し、地域公共交通が関連する点に焦点を当てて、目指すべき地域
> の将来像を設定する。
> 　上位計画が不在であったり将来像が明示されていない場合は、
> 地域公共交通が支える活動に関連する分野の横位計画等を参照
> し、それらを糸口に、地域が目指すべき将来の姿を明確にする作
> 業を地域公共交通計画の策定の一環として行うことが望ましい。

　地域が目指す将来の姿は，一般に地域の最上位計画である総合計画
やまちづくり計画等の中で明らかにされている．これらを参照し，地
域公共交通が関連する点に焦点を当てて，目指すべき地域の将来像を
設定する．

　しかし，これらの計画が不在であったり，目指すべき将来像が上位
計画に明示されていない場合もある．この場合においては，交通計画
および教育や商業，福祉医療といった地域公共交通が支える活動に関
連する分野の政策・計画において，地域が目指す将来像が少なくても
間接的には見いだせるはずである．また，複数の自治体から成る広域
的な公共交通計画を策定する場合には，当該地域全体に関わる上位計
画が存在しない場合があるが，どの自治体にも共通の課題があるはず
である．いずれにせよ，それらを糸口に，地域が目指すべき将来の姿
を明確にする作業を地域公共交通計画の策定の一環として行うことが
望ましい．

5.2.5　計画目標

> 「目指すべき地域の将来像を実現するために、地域公共交通が
> どのように、また、どれだけ貢献するか」という観点に基づく政
> 策目標と、「その貢献を持続させるために、地域公共交通の事業
> 活動をどれだけ効率的に実施するか」という観点に基づく事業目
> 標の二つを設定することが必要である。

　地域公共交通の計画目標として二つの側面の目標を設定する必要が
ある．一つは，目指すべき地域の将来像の実現を目指すために地域公
共交通に課される「政策目標」であり，どのような（上位の）地域課
題に対してどのように，また，どの程度地域公共交通が貢献するかと
いう観点に基づく．もう一つは，この貢献を持続させるために地域公
共交通に課される「事業目標」であり，日々の事業活動をどれだけ効
率的に実施するかという観点に基づく．

　政策目標としては，人々が社会的な活動をするための機会を保障す
るということが最も重要で，かつほとんどの地域に共通した目標であ
ろう．それ以外については，地域の将来像としてコンパクトシティの
形成という地域課題がある場合には，人々を市街地に誘導するための
地域公共交通の戦略的確保といったことが，また，住民の主体的関与
による地域活性化という地域課題がある場合には，住民のサービスの
設計・運営主体としての参画を支援するといったことが考えられる．
地域公共交通といってもその機能は人を運ぶことだけではなく，望ま
しい地域の将来を考えるためには様々な角度から，また，様々な分野
の担当者がその貢献の形を考え，それらのアイデアを詰め込む一つの
対象として地域公共交通をとらえることが重要である．

　事業目標としては，利用者数や採算性といった営利的な目標が該当
する．しかし，営利そのものが重要なのではなく，（上位の）政策目
標を持続的に達成するための資源として営利が重要なのである．とい
うのも，営利そのものが最重要であるならば，営利の確保が最上位の
目標であり，人々に社会的な活動の機会を保障したり，地域活性化を
目指すといったことは，営利を確保することに比べると重要ではない
となってしまうが，このような順序関係が適切と考える自治体はまず

ないであろう.

　本編のコラムでも記したが,片方の目標を設定するだけでは望ましい地域の将来を持続的に追い求めていくことができず,両者の目標がなければならない.現在においては,少なからずの自治体が事業目標を掲げているものの,政策目標が不在である場合が少なくない.事業目標は営利的観点であり,企業的な視点から設定されるものである一方で,政策目標は大局的,また,市民的視点から設定されるものであり,住民と積極的に共有すべき目標でもあり,そうすることで住民の理解や協力も得やすくなるように考えられる.また,営利的な目標だけでは,営利的成績が悪ければ地域公共交通サービスの廃止となりがちだが,廃止の場合には政策目標を地域公共交通以外の分野の事業によって追い求める必要が生じ,そのための行政負担は地域公共交通を確保するよりも大きく,却って非効率となるかもしれない.政策目標が明示されていれば,地域公共交通サービスも他の分野の事業もその目標を実現するための手段であることが明快に理解でき,手段の比較及び選択を通じて上記のような非効率な状況を回避できるようになる.

　いずれの目標についても,可能な限り定量化しておくことが望ましい.定量化が困難な目標があるのも事実である.「地域の活性化」もその一例であるが,何がどうなっていれば地域が活性化しているのかを真剣に検討することで定量化が容易になることもある.頭ごなしに定量化を困難とするのではなく,むしろ,その概念が何かを理解していないのではないかという自問自答から検討を進めることが重要である.

5.2.6 地域公共交通の分担領域

> 地域公共交通計画は下位計画であり、他の行政部門の計画との間で"交通サービスの最適分担領域"を明らかにして、幅広い対応策の中から効果的・効率的な施策を選定することが望ましい。

「活動の機会」に着目すると，地域公共交通計画はそれ自体生活の質の向上と地域の活性化を実現するための"手段"にすぎず，これらに資する他の手段と代替的・補完的な関係にある．例えば，高齢者が安心して暮らせるまちをつくるためには，歩いて行ける範囲で日常的な用が足せる街づくりと，人に頼らなくとも通院や買物に不自由しないような公共交通計画をうまく組み合わせることが効果的である．また，買物は一人でできても重い荷物を持ち帰るのが大変な人には配送サービスを，徒歩での行き来が困難な人には電動車いすを，一人で行き来が困難な人には介助サービスを組み合わせることが助けになるであろう．

このように考えると，生活を営む上で必要となる最低限の生活機会を保障するための行政サービスとして，コミュニティバスの運行がよいのか，タクシー券の配布がよいのか，診療所や中山間地型コンビニの開設がよいのか，往診や移動販売などの充実を図るのがよいのか，中心部への集落移転支援がよいのか，という選択を行うという発想に至る．"公共交通という分野別対応"に加えて，"医療"や"商業振興"といった行政部門横断的なより広範囲の政策群から選択を行うことにより，より少ない負担でより効果的なサービスを提供することも可能となろう．これは，自治体の総合計画に対する地域公共交通計画の位置づけとも密接に関係しており，財政逼迫の下で住民の生活の質を高めるためには，どこまでを交通で分担すべきかという"交通サービスの最適分担領域"を明らかにして，幅広い対応策の中から効果的・効率的な施策を選定することが望ましい．

この意味で，生活に必要な活動機会の確保手段として公共交通を選択し得ない地域というものもありうるであろう．例えば，水道法による給水区域という規程がある．給水区域内では水道による給水が義務づけられているが，給水区域外では水道事業による給水が義務づけら

れておらず，簡易水道や井戸など水道事業以外の手段により給水需要に対応することが想定されている．都市計画法上の都市計画区域も，都市計画という手段により問題を解決すべき地域といえる．同様に，地域を公共交通により活動機会を確保することが適切な区域（公共交通計画区域）とそうでない区域に区分し，公共交通計画区域外においては，公共交通以外の手段により活動機会の確保を図ると決めることも地域社会のひとつの選択であろう．

　なお，地域の中に鉄道など他の交通機関が存在する場合には，施設の面やダイヤの面で乗り継ぎが容易であり，シームレスな利用が可能となるよう留意することが望ましい．他方，公共交通の分担領域はマイカー利用との関係からも規定され，マイカーを最大限活用しつつマイカー利用に過度に依存した社会からの脱却をどのように図るかの検討も，地域交通の将来ビジョンを策定する上で避けることができない．さらに，高齢化の進展に伴って急傾斜地や長距離の歩行が困難になるなど，徒歩による交通可能限界の縮小に伴って，公共交通に頼らなくてはならない地域が蚕食的に増加しており，徒歩と公共交通の間での分担領域が移動しつつあることも無視しえない変化である．このように，公共交通が分担すべき領域は，それ自体が地域を取り巻く状況と共に変化していくことにも留意する必要がある．

5.3 問題の明確化

5.3.1 現状の生活・交通の把握

> LTPの策定に当たり、はじめに地域の公共交通にかかる問題を明確化する。そのために、地域における生活・交通の現状を把握する。
> 現状把握にあたっては、地域における人々の生活に着目した生活者の視点に基づくことが重要であり、次の項目について把握する。
> ① 地域の人々の日常生活の状況
> ② 地域の交通実態
> ③ 人口分布や施設の分布
> ④ 人々の活動機会の現状
> ⑤ 地域の抱えるその他の問題

　計画とは，成り行き任せで実現する地域の姿と目指すべき将来の姿との乖離を埋め，目指すべき姿を実現する試みである．そのため，はじめに現状を正しく認識し，成り行きに任せておいた場合の地域の姿を予測し，目指すべき地域の姿を実現するために克服すべき問題点を把握する．（第4章4,1 計画の背景を参照）

　公共交通計画を立案する際，ややもすると公共交通の利用者数や採算性，自動車交通量や道路の混雑状況などの情報整理に終始しがちである．通勤・通学や業務の大量の交通が集中し，道路や公共交通が大規模なネットワークを形成する大都市部ではそのような整理も有意義であろう．しかし，高齢者など自動車が利用できない人の生活を確保するために，自治体が主体となって公共交通を維持する場合には，地域における人々の生活に着目した生活者の視点に基づく現状把握が重要である．

　生活について把握すべき項目は，地域の人々の日常生活における活動の実態（外出の目的，行き先，時間帯など）と外出の際の利用交通手段などである．交通については，自動車の利用状況，提供されている公共交通サービスの内容（公共交通の種類，路線，ダイ

ヤ，運賃など），公共交通の利用実績や採算性（路線ごとの利用者数の推移，収支のバランス，自治体による補助の状況など）などである．

　合わせて，地域の人口分布や年齢構成，世帯構成（高齢世帯や高齢単身世帯の数や分布），交通弱者の人数，生活に必要な施設の分布状況（商業施設や医療機関，金融機関などの位置）などを整理しておく．

　これらの情報から，地域の人々が必要とする活動機会が保障されているかどうか，人々の活動機会を充足する公共交通が運行されているか，公共交通が必要な地域に公共交通サービスが提供されているか，自動車に依存し過ぎていないかなどの視点から問題の有無を把握する．

　また，交通安全や沿道環境など，交通に起因した問題の有無についても整理する．

5.3.2 将来の生活・交通の趨勢展望

次に、地域の生活や交通について将来を展望する。その際、LTPを策定しない場合を想定し、現在の傾向がそのまま続けば人々の活動機会は将来どのようになるのか、地域の生活や交通は将来どのようになるかを趨勢展望する。展望すべき項目は、
　①　自動車への依存を現在のまま続けた場合の将来の姿
　②　高齢化がさらに進展した場合の将来の姿
　③　地域が抱える問題がそのまま推移したときに考えられる将来の姿
などである。

　現在，わが国では自動車利用の進展が公共交通離れを加速させ，環境問題などの原因にもなっていることを踏まえると，展望すべき項目として，自動車に依存した生活を続けた場合の将来の生活スタイル，自動車利用を前提としたまちづくりを進めた場合の地域の将来の姿，少子高齢化がさらに進展した場合の人口の年齢構成や高齢者の分布とそれに伴う集落の生活の様相，公共交通離れが継続した場合の公共交通利用者の見通しと交通弱者の生活の様相，地域の抱える問題がそのまま推移した場合の将来の場合の姿などが考えられる．

　このように成り行き任せで推移した場合，人々の活動機会がどの程度保障されるのか（阻害されるのか）を整理することが重要である．

5.3.3 克服すべき問題点

> 地域の生活や交通の現状とその趨勢展望の結果から想定避ける
> べきシナリオに対し、それが生起する原因を考察するとともに、
> それを回避し望ましい地域の将来像を実現するために、地域が克
> 服すべき問題点を明確化する。

　避けるべきシナリオの内容を例示すると，高齢化の進展に伴う交
通弱者の増加（身体機能の衰えに伴い運転できなくなる高齢者の増
加，それに伴う家族への影響など），自動車依存を続けることによ
る交通弱者の生活への影響（公共交通サービスの低下による交通弱
者の外出機会の喪失，沿道立地型商業施設の分散立地に伴う交通弱
者の買い物利便性の低下など），高齢ドライバーの増加に伴う交通
安全への影響（従来とは異なる形態の交通事故の増加など）が挙げ
られる．

　さらに，高齢者の外出機会の喪失が高齢者の健康に及ぼす影響
（外出の交通手段のない高齢者が自宅にひきこもり，身体機能の衰
えを加速させること）など将来生じると想定される．

　一方，望ましい地域の将来像を実現するために，生活や交通がど
のようにあるべきか（将来像の実現に向けた望ましいシナリオ）を
想定する．望ましいシナリオと避けるべきシナリオを比較するなど
して，克服すべき問題点を抽出し，地域の公共交通が対応すべき課
題，その他の分野で対応すべき課題を明確にする．

5.4 調査

5.4.1 地域特性

（1）地域交通をとりまく環境

> 　地域公共交通サービスを規定する地域の地理的な条件や気象条件を把握する。なお、これらは地域公共交通によって直接的に改善を働きかける対象ではないが、サービスの設計等における与件として考慮を求めることになる。
> 　また、傾斜の状況や地域の産業構造など、地域公共交通の利用に際する抵抗となる要因や利用に影響を及ぼしうる要因についても必要に応じて把握する。

　地域公共交通サービスは，地域の地理的な条件や気象条件などに規定される．これらの要因は，地域公共交通によって何ら改善できるものではないが，地域における基本的な交通ネットワークの形状を検討する際や，人々の外出実態を把握する調査を設計する際（例えば，降雪期とそうでない時期に分けて実態を把握する）にはこれらを踏まえることが欠かせない．

　また，歩行の抵抗となる傾斜や雨天日の多さ，通勤に影響を及ぼしうるという観点での地域の産業構造，また，後の交流構造を把握する際の背景としての他地域との歴史的・文化的な関係などを必要に応じて把握する．

(2) 属性別居住地別人口分布

住民基本台帳や国勢調査などの既存の調査結果を用い、地域が抱える問題に即した属性別にそれぞれの地区の人口を把握する。主な属性としては、年齢、職業（特に学生）が想定される。
　既存の調査では把握できていない属性に関する人口については、別途のアンケート調査等によって把握する。また、短期の計画を策定するという特殊な場合を除いては、現在の人口のみならず、将来の人口についても予測しておくことが有用である。

　どのような地域公共交通サービスを必要とするのかを検討するに際しては，どこにどのような属性の人々がどれだけ居住しているかの情報を必要とする．そこで，住民基本台帳や国勢調査などの既存の調査結果を用い，属性別にそれぞれの地区の人口を把握する．主な属性としては，年齢，職業（特に学生）が想定されるが，2において明らかにされた地域の問題点を踏まえ，例えば低所得者層や免許非保有者などを把握することが必要となることもある．既存の調査結果では把握されていない属性の人口については，可能であれば，後述する生活実態などの把握を目的として実施されるアンケート調査等の中に該当する項目を設けて把握することになる．

　また，比較的長い期間にわたる計画を策定する場合や，人口減少や高齢化の進展といった社会の変化が著しい地域においては，短期的な視野に基づいた計画策定は不適切であるどころか場合によっては弊害を生む（例えば，近い将来に小型車両で十分である見込みがあるにもかかわらず，大型車両が適切との判断をし，長期的にはサービス供給に多くの費用を要してしまうなど）こともあるため，現状の人口分布のみならず，将来のそれについても予測しておくことが肝要である．住宅団地や定住促進住宅地などの整備計画についても把握しておく．

（3）道路ネットワークおよび交通サービスの状況

　現状のネットワークに加えて、中期・長期的な視野の中で建設が予定されている道路も含めた道路ネットワークを把握する。その際、どのような規模の車両の走行が可能な道路なのか、また、降雪期や荒天時に通行止めになる可能性があるのかを区別して把握することが重要である。

　また、地域内および地域の生活・交通圏域内の路線バスや鉄道、タクシー、フェリーなどの現状および将来構想について把握する。なお、他地域の公共交通サービスとしては、他地域で活動の機会を保障することが想定される場合においては、広域の公共交通サービスのみならず、他地域内で完結するサービスについてもあわせて把握しておくことが必要となる。

　地域公共交通サービスがそれぞれの地区をカバーするに当たっては，地域における道路のネットワークに規定されることから，その現状を把握することが必要となる．ただし，地域公共交通を長期的な視野のもとで計画する場合には，現状のネットワークにとどまらず，今後に計画・建設予定となっている道路ネットワークについても把握することが必要となる．これにより，ネットワークの形状（放射状型，放射環状型，格子型など）を明らかにする．生活圏・交通圏が必ずしも地域内に閉じていない場合には，その圏域内における道路ネットワークの現状及び将来像についても把握する．その際，どのような規模の車両の走行が可能な道路なのか，また，降雪期や荒天時に通行止めになる可能性があるのかを区別して把握することが，後のサービスの設計において重要である．

　また，地域内および地域の生活・交通圏域に含まれる他地域の公共交通サービス，すなわち，路線バスや鉄道，タクシー，フェリーなどの現状（サービスやその水準）および将来構想について把握する．なお，他地域の公共交通サービスについては，自らの地域と他の地域を結ぶ広域的な公共交通のみならず，例えば，隣接地域における路線バスとの乗り換えによってある活動の機会の確保が有効となりうる場合には，他の地域内で完結する公共交通であっても調査の対象となる．また，必要に応じて，スクールバス，病院や免許教習所の送迎・移送

サービスに加え，他分野の政策に基づく移動補助制度（例えばタクシー補助制度）の対象地区や宅配サービス，自宅への往診などについても，地域公共交通を部分的に代替して活動を保障するサービスであるため，これらについてもあわせて把握しておくことが肝要である.

（4）　活動機会の獲得地点の列挙

> 　通院や買い物などといった保障の対象となりうる活動別に、活動機会の獲得地点となっている目的地を把握する。その際、生活圏・交通圏が必ずしも自地域に閉じていない場合においては、他の地域も含めて把握する。
> 　また、活動の最終目的地ではないものの、ある特定の活動の機会が実質的に保障されるとみなしうる駅やバス・フェリーターミナルといった結節点についてもあわせて列挙しておくことが必要である。

　通院や買い物などといった保障の対象となりうる活動別に，活動機会の獲得地点となっている地点，すなわち，目的地について把握する．その際，生活圏・交通圏が必ずしも自地域に閉じていない場合においては，他の地域も含めて把握する．ここで把握した目的地は，「4. 調査」の「4.2　需要側の特性」において，人々の生活実態を把握する調査を設計する際に用いる．すなわち，アンケート調査やヒアリング調査において住民が回答する際の選択肢として用いる．

　また，最終的な目的地ではないものの，駅やバス・フェリーターミナルなどの結節点は，そこから既存の交通手段を利用して特定の活動機会を保障する機能を有すことから，それらについても活動機会の獲得地点として記載しておくことが必要である．

　なお，活動機会の獲得地点を網羅的に把握する必要は必ずしもなく，当該の活動を保障するに適当な規模を有するサービスがある地点・施設のみを対象として列挙すれば十分である．

（5）交流構造

> 　計画地域において、どの地区間にどれだけの移動が生じているのかを調査する。この結果に基づき、交通圏を確定するとともに、交通圏の構成を明らかにし、地区ごとに中核的な拠点を明らかにする。
> 　その上で、幹線・支線といった階層的な構造が適しているのかといった地域公共交通の路線網体系の方向や、路線バスや鉄道、フェリーといった交通機関の連携のあり方を検討する。

　「5.2 フレームワーク」において明らかにされた計画地域において，どの地区間にどれだけの移動が生じているのかを調査する．ただし，ここでの調査結果は，後に活動別に検討するため，活動ごとに把握する必要がある．また，時間帯別，曜日別，必要に応じては季節別での把握も必要である．この結果に基づき，交通圏を確定するとともに，交通圏の構成を明らかにし，地区ごとに中核的な拠点を明らかにする．

　また，属性別に交流構造を明らかにすることも重要である．例えば，公共交通しか利用できない人々はそうでない人々と比べて一般的には交流の範囲は小さいと考えられ，それらの量的および質的な差異が特段であるのか否かを把握することは，サービスを設計する際に不可欠である．

　その上で，地域公共交通網の基本構造として，幹線・支線といった階層的な構造が適しているのか，もしくは幹線・支線の区別がない一様的な構造が適しているのかといった路線網体系の方向や，路線バスや鉄道，フェリーなどの連携のあり方を，必要に応じて他の地域の事例などを参考に検討する．

5.4.2　需要側の特性
（1）　生活実態の把握

> 　保障の対象となりうる人々および活動別に、外出を伴いうる
> 生活の実態をアンケート調査等によって把握する。
> 　この調査は、地域が抱える問題を明確にする、人々の活動ニ
> ーズを明らかにする、現行の地域公共交通サービスの改善の方
> 向を明らかにするという役割を担っており、これらの役割を担
> いうるための適切な質問項目を設定しなくてはならない。
> 　また、地域公共交通の利用者のみに対する調査は必ずしも適
> 切ではなく、現在利用していない人々も対象に実施することが
> 多くの場合は必要である。

　保障の対象となりうる人々および活動別に，外出を伴いうる生活の
実態を把握する．具体的には，どの時間帯に，どの目的地に，どの交
通手段で，どれだけの頻度で外出しているのかを，アンケート調査や
ヒアリング調査等によって把握する．

　この調査結果は主に三つの役割を担う．一つは，地域の中でどのよ
うな活動がなされ，また，どのような人々にとってどの活動が抑制さ
れているのかという実態を明らかにし，3 において明確化された問題
の数値的な根拠を示すという役割を担う．したがって，調査の設計に
おいては，ただ漠然と調査項目を並べるのではなく，地域においてど
のような問題が想定されるかを明らかにした上で，それを客観的に裏
付けるための項目を意図的に含めておく必要がある．

　二つ目は，人々の活動のニーズを明らかにするという役割である．
人々の活動ニーズは，地域公共交通によって保障される人々や活動の
決定，活動機会の獲得地点および活動保障時間・期間の選定，サービ
ス供給目標の設定に当たっての不可欠な情報となる．すなわち，人々
が外出している主な目的地や時間帯は，活動機会の獲得地点や保障時
間・期間を決定する際の参照情報として活用することになる．

　三つ目は，現行において人々が活動を実施する際の支障となってい
る点を明らかにし，地域公共交通サービスの改善の方向性を見出すこ
とである．人々にとって地域公共交通が十分な活動の機会を保障する
には，「自宅からバス停までの距離が適切であること」「移動を要す

る時刻にサービスが利用できること」「運賃が支払い可能であること」「車両への乗り降りが容易であること」など，様々な要因に問題がなくてはじめて実質的な保障が可能になる．これらのうち，どのような人々がどの要因に関して支障を感じているのかを明らかにすることが重要である．このためには，これらの点に関する人々の意識を尋ねることが必要となる．

　上記の調査は，地域公共交通を利用している人々のみを対象として実施するのは，以下の二つの理由で必ずしも適切ではない．一つは，現在地域公共交通を利用していない人々の利用促進を検討するためには，彼らを対象とした調査が不可欠である．二つ目は外出ニーズに関する点である．自家用車を利用している人々の多くは望ましい時に望む目的地に外出していると考えられ，外出実態は外出ニーズを概ね表していると考えられる反面，地域公共交通を利用している人々の活動実態は路線やダイヤによって制約されているものであり，その実態は必ずしもニーズを表してはいない．また，意識調査を用いて，本当に行きたい目的地や時間帯を地域公共交通の利用者に尋ねるにしても，そのような人々は地域公共交通の路線やダイヤにあわせた生活をしているため，「本当に行きたい目的地や時間帯」を即座に回答できない可能性があり，意識調査ではニーズを把握できない可能性が高い．このため，自家用車を利用している人々の外出実態も収集し，本来のニーズを探るという作業が不可欠である．

（2） 移動の能力，支払い能力の把握

> バス停までの歩行能力、車両への乗降能力といった人々の移動の能力や、運賃の支払い能力を超えた抵抗要因がある地域公共交通サービスでは、活動の機会を実質的に保障することができない。
>
> このため、「どの程度の抵抗までなら利用を容認できるか」といった内容の設問により様々な能力を把握することが必要となる。

　例えば，人々が無理なく歩ける距離の限界が 500m である場合，絶え間なくバリアフリーの地域公共交通が運行されていても，バス停まで 500m 以上離れた集落に活動の機会を保障することはできない．運賃についても同様に，人々の支払い能力を超えた運賃では誰にも活動の機会を保障することはできない．このように，活動の機会を実質的に保障するためには，地域公共交通サービスが運行しているかどうかに加え，それを利用するための様々な抵抗要因を克服する能力内にサービスが設計されているのかの確認が重要となる．

　移動の能力としては，バス停までの歩行能力，車内での拘束（＝所要時間）に耐える能力，車両への乗降能力がある．移動に伴う時間的な側面に着目すれば，待ち時間を受忍する能力もある．支払い能力としては，運賃の支払い能力がある．

　これらはいずれも，アンケート調査により，「どの程度の抵抗までなら容認できるか」といった内容の設問により把握することができる．例えば，時間的な側面の能力については，「何分までなら待てるか」，「一日何便以下であればサービスはあってないも同然と見なすか」，「一週間に何日以下の運行であればサービスはあってないも同然と見なすか」といった内容が考えられる．ここで把握した能力は，「7. 分析」における「7.1　活動機会の保障水準の時空間分布」において，活動機会の保障水準を測定する際に反映される．

(3)　支払い意思の把握

地域公共交通の計画に対しては、利用者としてのみならず納税者としての住民の理解・納得が得られるかという判断が計画者に求められる。そのための一つの判断材料として、地域のすべての人々を対象として、地域公共交通サービスに対する支払い意思をアンケート調査等によって把握することが必要となる。

地域公共交通の計画に対しては，利用者としてのみならず納税者としての住民の理解・納得が得られるかという判断が計画者に求められる．そこで，そのための一つの判断材料として，地域公共交通の利用者のみならず非利用者も対象として，地域公共交通サービスに対する支払い意思をアンケート調査等によって把握することが必要である．具体的には，現行の一人当たりの行政負担額などを示し，それに対する賛同や，どの程度までなら容認可能かといったことを尋ねる．

ただし，支払い意思額を尋ねることには注意を要する．地域公共交通の確保にどれだけの額を支出できるかは，地域公共交通の役割を回答者が十分に認識している必要がある．しかし，その点に関しては疑問が残る．また，認識していたとしても，それを一般の回答者が金銭換算して適切な額として表明できるかについても疑問がある．一旦額として公表されると，その値のみが独り歩きする可能性もある．支払い意思額が明らかにされないと計画の実施に必要な費用との比較ができないとの意見もあるが，支払い意思額が示されないもとで古くからまた今も人々は不断に様々な場面で比較をしてきたのであり，それを建設的に実施するための場が関係者の協議や住民を交えた公共的な討議である．「数値にしないと比較できない」とするのでは，そもそも「熟慮し，判断する」という人間としての重大な営みを否定するという愚を犯すことにもなりかねない．

5.4.3 供給側の特性

(1) 事業者等

> LTPを策定するには、地域の公共交通の担い手としてどのような事業者や組織が存在するのかをあらかじめ調査しておく。
> また、実際に事業主体の選定や運行方法を検討する際の判断材料とするため、事業者の特性などについて調査する。
> その対象として、
> ① 鉄道事業者
> ② 路線バス事業者
> ③ タクシー事業者
> ④ 福祉タクシー事業者
> ⑤ 貸切バス事業者
> ⑥ 特定非営利活動法人
> ⑦ 地方自治体
> などが考えられる。

LTP を策定するには，公共交通の事業主体や運行主体として当該地域にどのような事業者や組織が存在するかをあらかじめ調査しておく必要がある．乗合タクシーを導入しようとしても，地域にタクシー事業者が存在しなければその実施は困難であるという例が示すように，地域における公共交通の運行主体は計画内容と密接に関係する．

地域の公共交通を確保するには，様々な方法がある．鉄道や路線バスは最も一般的であるが，乗合タクシー（定員 11 人未満の車両を用いて行う乗合旅客運送事業）や自家用有償旅客運送（一定の条件のもとで市町村や NPO が自家用自動車を用いて有償で旅客運送を行う事業）という方法がある．

LTP を具体化する際，事業主体の選定や運行方法の検討に資するため，当該地域に存在する事業者とその特性について調査する．その対象や調査内容の例を以下に示す．

① 鉄道事業者（起終点，運行区間と本数，保有車両数，要員数など）

② 路線バス事業者（営業区域，営業所の配置，路線網，運行回

数，車種別の保有車両数，要員数など）

③ タクシー事業者（営業区域，営業所の配置，車種別の保有車両数，要員数など）

④ 福祉タクシー事業者（営業区域，営業所の配置，車種別の保有車両数，要員数など）

⑤ 貸切バス事業者（営業区域，車種別の保有車両数，要員数など）

⑥ 特定非営利活動法人（活動内容，自家用有償旅客運送への参画の可能性など）

⑦ 地方自治体（公共交通に活用可能な車両数，運転要員の有無など）

(2)　「地域資源」の保有状況

　地域の公共交通は、バス事業者、タクシー事業者などが担い手となるのが一般的である。しかし、適切な事業者が存在しない場合などには、地域が保有する様々な「地域資源」を活用することがある。
LTPの策定に当たっては、どのような地域資源が活用可能かを調査しておく必要がある。
地域資源は地域によって様々であるが、スクールバス、へき地患者輸送車、私立病院や自動車教習所・宿泊施設・ゴルフ場などの送迎車などに加え、NPO法人やボランティアクラブ等の組織、バス・タクシー運転手の経験者などの人的資源、役場の支所や公民館などの公的施設などが挙げられる。

　地域の公共交通の運行は，前項に示した鉄道事業者やバス事業者などが事業主体や運行主体となって行うことが一般的である．しかし，適切な事業者が存在しない場合や，予算制約などから，より効率的な運営が求められる場合などには，地域が有する「地域資源」を活用して公共交通サービスを提供することも考えられる．

　地域資源はそれぞれの地域によって様々なものが考えられる．例えば，スクールバスがその代表格である．学校の統廃合によって小中学校にスクールバスを運行する自治体は多いが，スクールバスに空席があれば一般乗客が利用できる「混乗」と呼ばれる形態が各地で見られる．この場合，スクールバスは公共交通サービスに活用できる「地域資源」と考えられよう．その他に，へき地患者輸送車，私立病院や自動車教習所，宿泊施設，ゴルフ場などの送迎車などが地域資源の例として挙げられる．

　また，車両のみならず，地域で活動する NPO 法人やボランティアクラブをはじめ，バス・タクシー運転手の経験者などは自家用有償運送の運行の担い手となる可能性もあり，こうした組織や人的資源も地域資源と考えられる．廃止された鉄道の跡地，市町村役場の支所や公民館などをバスターミナルやバス待合所として活用している例もある．

　LTP の策定に当たり，このような幅広い視点から，公共交通に活

用可能な地域資源の保有状況を調査することが必要である.

　なお，地域内に活用できる地域資源がない場合，他の地域の「地域資源」を活用することも考えられる．例えば，乗合タクシーを運行できる事業者が地域に存在しない場合，他の地域の事業者などに委託することなども考えられる.

(3) 費用負担構造

> 公共交通の運行費用は、利用者、自治体、沿線の地域などが負担している。
>
> LTPの計画策定に当たり、その負担割合や負担額という費用負担構造を実態に即して明らかにすることが重要である。さらに、自治体負担について、納税者としての住民がどの程度まで許容しているかを把握することも必要である。

　公共交通の運行費用は，利用者が支払う運賃のほか，自治体が補助金などの形で負担している．赤字の路線では事業者が費用を負担していることになり，公共交通サービスの便益を受ける沿線の自治会が費用の一部を負担する場合もある．

　LTP の策定に当たっては，これらの費用負担の割合を実態に即して明らかにすることが必要である．補助金など自治体負担の財源は住民の税金であり，自治体負担額を住民一人当たりの補助金額などの指標で表せば，費用負担構造をわかりやすく示すことができる．

　さらに，公共交通サービスに対する自治体の負担に対し，住民が支払っても良いと考える限度額を知ることができれば，公共交通サービスの費用負担構造を考える上で有効である．

（4） 費用構造

> 　LTPを策定する際には、運行費用の構成や内容についても調査しておく必要がある。実態を調査し、平均的な費用構造がわかれば計画策定の目安となる。
>
> 　しかし、その金額は事業者によって様々であり、積算の必要があるときなどは、直接事業者に照会することも一法である。

　LTP を策定する際には，当該地域における公共交通の運行費用について調査しておく必要がある．例えば，路線バスの運行に必要な費用は，次の費目から構成される [5]．

　＜運送費＞

　　①人件費（現業部門の従業員にかかる人件費）　　②燃料油脂費

　　③修繕費　　④減価償却費　　⑤保険料　　⑥施設使用料

　　⑦自動車リース料　　⑧施設賦課税　　⑨道路使用料（有料道路の通行料金）　　⑩その他（被服費，水道光熱費，通信費等）

　＜一般管理費＞

　　①人件費（本社その他管理部門の従業員にかかる費用）

　　②その他（同上）

　これらの金額は，民営／公営，事業者の規模，車両のサイズ，車両の形態（路線バス／観光バス，低床車・ノンステップ車など）によって異なる．また，車両や乗務員が路線ごとに特定される場合は，路線ごとに費用を積算できるが，同じ車両が複数の路線で運用されたり，一人の乗務員が複数の路線を運転する場合は，路線ごとの費用の積算は困難である．そのような場合は，運行経費は 1km 走行するのに必要な平均的な経費として表されることがある．

　このため，LTP の策定に際して運行費用を積算するには，直接事業者に照会することも一法である．

5.5 サービス供給目標の設定

5.5.1 保障の対象とする人々・活動の選定

> 保障の対象となりうる人々の属性を列挙し、そのうちのどの属性の人々を対象とするのかについて検討する。また、それらの人々について、どのような活動を保障するのかについて検討する。なお、ほとんどの地域では、通学、買い物、通院の機会を確保すべき対象とすることが現実的と考えられ、通勤も検討の対象となりえよう。
>
> その際、すべての人々にすべての活動の機会を地域公共交通で保障するという考え方に基づくのではなく、地域特性を踏まえるとともに他分野の政策とも連携し、どの部分を地域公共交通が担うのかを確認しながら検討することが肝要である。

　地域公共交通サービスを供給することの大きな目的の一つは，外出を伴う活動（買い物や受診など）の機会を人々に保障することにある．このため，どのような人々にどのような活動を保障するかの検討が必要である．

　保障の対象とする人々を検討するに際しては，人々の属性を列挙することから始まる．例えば，年齢層（小学生，高齢者など），収入（低所得者層など），職業（学生など），居住地（地域内の地区，観光客などの地域外の居住者）などである．その上で，人々の生活実態調査によって明らかにされた社会的疎外や格差の実態，上位計画や横位計画等との整合性，関係機関との協議等を踏まえ，保障の対象とする属性を決定する．

　保障の対象とする活動としては，通院，買い物といった人々の生活にとって基礎的な活動の機会は，多くの地域で保障の対象となると考えられるが，通勤や文化・社交的活動などの他のどの活動を対象とするか，また，通学であっても部活動を含めるかといったような詳細について検討することが必要である．

　なお，「高校への通学」という活動は高校生という人々を対象としていることが自明であるといったように，保障とする活動を検討すればおのずと保障の対象となる人々も決まるということもあるため，保

障の対象とする活動を検討すれば自ずと保障の対象とする人々が対応する場合もある.

　いずれの検討においても，例えばすべての学生が徒歩で通学できる地域であれば，学生に対する通学の機会を地域公共交通で保障する必要はないといったように，すべての人々にすべての活動の機会を地域公共交通で保障するといった発想は無用である．施設の配置といった地域特性を踏まえるとともに他分野の政策とも連携し，どの部分を地域公共交通が担うのかを確認しながら検討することが肝要である．

5.5.2　活動機会の獲得地点の選定

> 　活動別に、当該の活動が達成できると想定する目的地を選定する。そのためには、人々の生活実態の調査結果を踏まえて代表的な目的地を見出し、地域公共交通の利用を伴う目的地を絞り込む。
>
> 　その際、地域公共交通の利用者のみならず、路線やダイヤなどの制約を受けない自家用車の利用者の外出実態も参照して、本来の外出ニーズを見極める作業が肝要である。
>
> 　なお、現在立地していない場所であっても、そこで代替的なサービスがあればより効果的に活動の機会が保障される場合や、既にそこに立地の予定がある場合には、関係機関と協議の上、その場所を選定することもできる。

　例えば，買い物先には大型ショッピングセンターやたばこ屋などの様々な規模の目的地がある．そこで，保障の対象となるそれぞれの活動について，当該の活動が達成できると想定する具体的な目的地を選定する．そのために，4 において把握された地域の人々の生活実態の調査結果を踏まえ，人々が外出している代表的な目的地を見出すとともに，地域公共交通を利用した訪問が現実的ではない勢力圏の小さな目的地については除外するといった作業を行う．

　その際，地域公共交通を利用している人々の外出実態のみに基づいた検討は不適切である．これは，そのような人々は現在のダイヤや路線に制約を受けて活動を行っており，制約がない状況のもとでの本来の外出ニーズではない可能性があるためである．そこで，比較的制約を受けていない自家用車の利用者がどの場所で当該の活動を行っているのかを参照しながら，検討することが肝要である．

　なお，この検討プロセスの中で，現在は立地していない場所であっても，そこに目的地や代替的なサービスがあればより効果的に活動の機会が保障できることを見出した場合，もしくは，それらが新たに立地する予定が既にある場合には，関係機関との実行可能性の協議を踏まえて，その場所を獲得地点として選定することもできる．

5.5.3 活動の保障時間帯・期間の選定

> それぞれの活動の機会を保障するためには、どの時間帯や曜日、期間に当該の活動機会の獲得地点に行けるようにしなければならないかを検討する。
> その際、目的地の営業時間、利用者の時間制約や選好、自治体の財政的な制約を総合的に勘案して決定することが必要である。

　例えば，商店の営業時間をはずれた時間帯に地域公共交通を確保しても，買い物という活動の機会は保障できないように，それぞれの活動の機会を保障するには，適切な時間帯に活動ができるようにしなければならない．

　時間帯を検討する際，上記の例のような営業時間といった目的地の時間制約的な側面はもとより，どのような人々であればどの時間帯に外出できないかといった個人の時間制約的な側面（主婦は夕飯の準備時刻までには自宅にもどっていなければならない），どの時間帯の外出を人々が望むのかといった選好的な側面（総合病院への通院は，診察券の受け付け開始時刻に病院へ到着できることが望ましいといったこと），自治体の財政的な側面（深夜での買い物を地域公共交通で保障するといったことは財政的に非現実的であろう）を勘案しながら決定する．また，休日にも保障するかといったこともあわせて検討する必要がある．個人の時間制約や選好的な側面からの検討に際しては，4 の調査によって明らかにされた人々の外出実態を踏まえることが不可欠となる．

　なお，「6. 計画案の設計」で触れるように，隔日や週に何日かといったような運行もありうるため，保障時間帯を設定することは，毎日その時間帯に外出できることを必ずしも意味しない．しかしながらその一方で，特定の診療科は必ずしも毎日受診できるわけではない地域や目的地もあるなど，どの曜日を保障の対象とするのかについても慎重な検討を要する場合がある．

　また，4 において明らかにされた地域特性を踏まえ，それに応じた保障の期間を検討することも必要である．例えば降雪地域においては，冬季のみに地域公共交通で通学などの活動を保障するということや，

宅配販売サービスがある特定の期間にある場合には，その期間以外を
地域公共交通による保障の期間とするといったことも，検討する必要
がある．

5.5.4 サービス水準マトリクスの作成

> 計画地域を区分した上で，どのようなゾーンにどれだけのサービス水準を供給するのかの目安を一覧にして示したサービス水準マトリクスを作成する。
> その作成に当たっては，地域公共交通の一つの特性である乗り合いに着目し，乗り合うことができる範囲を上限としてサービス水準を確保することが一つの考え方となる。

「5.2 フレームワーク」の「5.2.3 計画地域」の考え方に基づき，計画地域を区分する．その際，4 の調査結果を活用しつつ，基本的には潜在的な利用者数の多さや地区・集落の特性に応じて区分する．潜在的な利用者数の多さは，乗り合いが成立する可能性の高さを意味しており，「地域公共交通」という乗り合いを前提としたサービスがより多くの時間帯に成立する，すなわち，便数・往復数が多く確保できることから，それに基づいた区分が必要となる．地区や集落の特性としては，目的地までの距離（例えば，目的地から遠方に居住している人は夕方から外出していたのでは夕飯の時刻までに帰宅できないことから，夕方から外出することは期待できないといったように，外出ニーズがある時間帯が異なる）や，環境負荷削減や定住促進（例えば，中心市街地に定住を促進する場合）といった関連分野の政策を踏まえた区分が必要となる．

計画地域を区分し，ゾーンを確定した後は，それぞれのゾーンにどれだけのサービス（便数もしくは往復数）を供給するのかの目安を一覧にして示したサービス水準マトリクスを作成する．その様式例や作成の意義は第 4 章の 4.2 を参照されたい．その作成方法は様々あろうが，図Ⅲ.5.5.1 に示すように，1 往復ずつ便を付加する状況を仮に想定し，そのつど保障できる人が追加的に何人増えるかを算出し，その人数がある設定値（「乗り合い交通として成立させるために少なくとも 1 往復あたり何人の保障がなされなければならないか」という観点で設定された値）を超えている範囲での往復数を供給基準（図Ⅲ.5.5.1 では 4 往復）とすることが考えられる．なお，この検討によって求め

られた一日当たりの便数が著しく少ない場合には，毎日の運行に固執
をせず，曜日を限定した運行や隔日である程度の便数を確保すること
も有効である.

　このようにして作成されたサービス水準マトリクスは地域における
目安としてのサービス供給目標であり，この値を参照しつつ，また，
個々の地区の特性を踏まえながら，具体的な計画案の設計（本章の
5.6）を行うことになる.

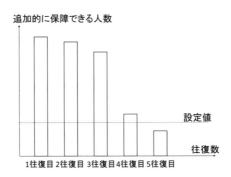

図Ⅲ.5.5.1　サービス供給基準の求め方の例

5.6 計画案の設計

5.6.1 路線網計画案

(1) 路線網体系 [6)]

> 路線網計画は、設定されたサービス供給目標に対し、効率的なサービスが提供可能となるよう、地域の実情に応じた路線網やダイヤなどを設計する作業である。その最初のプロセスとして、路線網体系を定める。
> 路線網体系は、地域構造や生活圏を考慮して地域全体における公共交通のネットワークを定めるとともに、居住地の分布や利用特性を考慮して個々路線の起終点やルートなどを定める。

　路線網体系は，広域的な地域構造（生活圏や中心都市との結びつき）や広域的な公共交通体系（鉄道や複数市町村をまたがる広域的・幹線的な路線バスからなる公共交通ネットワーク）を考慮して，当該地域において公共交通サービスを提供する区域を定めるとともに，区域内の集落の分布や活動機会の獲得地点，他の交通機関との結節点（鉄道駅やバスターミナルなど）などを考慮して，区域全体における公共交通のネットワークを定める．一般に路線網体系は，

① 放射型路線網：中心市街地や交通結節点から郊外に伸びる放射状の路線
② 幹線・支線型路線網：幹線と支線で構成される路線で，需要に合ったダイヤ設定や車両運用することにより効率向上を図ることができる路線形態
③ 循環型路線：中心市街地や交通結節点を起終点として周回する路線に区分される．

　路線網体系を定めるには，サービス供給目標設定の一環として選定された活動機会獲得地点と居住地域を結ぶことを基本とし，利用者にとっての分かり易さ，活動機会獲得地点や居住地の分布状況を踏まえた運行の効率性，他の交通機関との結節，地区間の公平性（サービスの偏在や公共交通不便地域が生じないようにするこ

と），道路の状況（道路の幅員や交通量）などの視点から検討する．

　なお，大きな路線網を対象とした計画を行う場合，当該地域における既存のバス路線網を基に路線網体系を構築したり，バス事業者の持つノウハウや経験的に蓄積された知識などを活用するなど，既存のストックを生かすことも有効である．

（2）輸送手段と運行形態の選択

　次に、輸送手段と運行形態を選択する。輸送手段は、事業主体、運行主体、使用する車両の大きさの組合せによって定められる。運行形態は、路線や停留所を定めるか、定時運行とするかデマンド運行とするかなどの組合せによって定められる。
　これらに対し、サービス供給目標との整合性、利用者の利便性、運行経費や採算性、安全性や事業の継続性などを総合的に考慮し、輸送手段と運行形態を定める。

　需要の見込みや利用者の特性，運行区間の道路幅員などから活用可能な車両（乗車定員，車長・車幅）の選択肢が挙げられ，地域に存在する事業者や地域の保有する地域資源などに基づいて事業主体や運行主体の選択肢が列挙される．それらの実行可能な組合せが地域の輸送手段の候補となる．例えば，バス車両（定員 11 人以上）を用いてバス事業者が事業主体となり，自治体が補助金を支出する場合は路線バス，小型車両（定員 11 人未満）を用いてタクシー会社が事業主体となり，自治体が補助する場合は乗合タクシー，市町村が運営主体となり自治体が保有する小型車両を用いて運行をボランティアクラブに運行委託するのであれば自家用有償運送などとなる．

　一方，運行形態は，路線を定めるかどうか（乗降可能な地点のみ定め，乗客の行き先に応じたルートを走行するか），停留所を定めるかどうか（自由乗降区間を設定するか，自宅までの送迎を行うか），デマンド方式とするかどうか（予約のあるときだけ運行するか，各便運行するか）の組合せによって定められる．

　これらに対し，先に示したサービス供給目標との整合性，利用者の利便性，運行経費や採算性，安全性や事業の継続性などを総合的に考慮し，輸送手段と運行形態を選択する．

(3) 停留所の位置[7]

> 停留所の位置は、自宅や活動機会獲得地点までのアクセスのしやすさ、他の交通機関との乗り継ぎの利便性など、公共交通の利便性を決定づける重要な要因の一つである。
> 特に高齢者にとって停留所までの距離は重要であり、利用者の特性や設置場所の特性などを考慮して停留所の位置を定める。
> 他方、バス停の設置には道路占用許可が必要であり、道路管理者とうまく調整しながら配置計画を検討する必要がある。

公共交通の利用者にとって，自宅や目的地から停留所までの距離は重要である．買い物などの荷物を持った高齢者はなおさらである．そのため，高齢者の利用が多い路線ではバス停の間隔を短くすることに加え，自由乗降区間の設置や乗合タクシーの自宅送迎などについて検討する．なお，自宅から乗車する場合は，デマンド方式によって自宅の場所を知らせるなど事前予約が必要になる．

鉄道駅やバスターミナル，商業施設や病院など利用の多い停留所では，移動距離がなるべく短くなるよう，停留所の位置を検討する．

なお，路線バスや乗合タクシーの停留所の設置や自由乗降区間の設置に当たっては，道路占用許可の取得や交通管理者との協議が必要である．このことは，自治体が公共交通サービスを提供する場合，道路行政との連携により停留所の適切な配置を実現できるということも意味しており，道路管理者や交通管理者とうまく連携することが重要であるともいえる．

また，停留所の間隔を短くすると，停車回数が増えて所要時間が増すとの指摘がある．利用者の多い路線ではその指摘は当てはまるが，利用者の少ない路線では乗降のない停留所も多く，停留所を密に配置することは利便性を向上させる一つの手立てと考えられる．

5.6.2 運用計画案

(1) ルート選定 [8]

> 路線網計画案の計画内容を踏まえ、個々の路線のルート（経路）を選定する。
> ルート選定では、各路線の起終点、経由地、経由地を通る順序、通行する道路を定める。また、乗合タクシーにより自宅送迎を行う場合などは、その範囲を定める。

　まず，集落の分布，活動機会獲得地点（商業施設や医療機関，学校，行政機関等）や他の交通機関との結節点（鉄道駅やバスターミナルなど）の配置を踏まえ，路線の起点・終点および経由地を定める．次に，利用者の活動内容や活動の順序（例えば，通院の帰路に買い物をする利用者が多いなど）を考慮するとともに，運行の効率（路線の距離や所要時間が短くすること）や路線の分かりやすさにも配慮して，これらの経由地を回る順序を定める．さらに，使用する車両の大きさと道路の幅員の関係，他の路線との乗り継ぎや競合・協調などに配慮してルートを設定する．

　なお，乗合タクシーなど小型車両を用いて自宅まで送迎する場合や自由乗降区域を定める場合は，自宅送迎や自由乗降を可とする範囲を面的に定める．

（2）運行ダイヤ

> 運行ダイヤは、自分自身で交通手段を確保することのできない住民の活動機会を保障できるように設定することが最も重要である。
>
> 運行ダイヤの設定に当たっては、生活に必要な最低限の運行回数の設定、沿線住民の活動時間帯に合わせたダイヤの設定、活動機会を保障しつつ運行経費を抑制するための方策について検討する。

　まず，生活に必要な最低限の運行回数を設定する．例えば，1日1便（1往復）だけでは往路も復路も活動時間帯が限定されてしまうが，1日に2便運行されていれば選択が可能になる．運行回数は，公共交通を必要とする住民の活動内容を勘案し，地域の実情に応じて設定する．

　次に，日常生活における活動内容から，目的地への希望到着時間帯や目的地から帰途につく時間帯を把握するとともに，他の交通機関（鉄道や他の路線バスなど）との接続，商業施設や医療機関の営業時間帯などを考慮し，なるべく多くの人の活動機会を保障できるようダイヤを設定する．運行ダイヤの設定には車両や乗務員の運用を考慮する必要があるが，できる限り利用者の視点を重視することが望ましい．

　一方で，限られた補助金の範囲内で公共交通を効率よく運行するためには，ダイヤ上の工夫も必要である．需要の少ない地域では，週に2日だけの運行でも通院や買い物などの活動機会は保障できる場合がある．毎日1便ずつ6日運行する場合と，週に2日だけ3便ずつ運行する場合では，走行距離は同じになるが，後者の方が活動機会を確保できる可能性がある．このように活動機会を保障しつつ，効率的なダイヤ設定について検討する．

　なお，大都市の市街地など公共交通の需要が多い地域では，需要の時間帯分布やピーク時の需要などに基づき，時間帯ごとの運行回数や運行間隔を定めることにより公共交通のダイヤが設定される．需要の少ない地域でも，このような考え方に基づき1日の便数を定め，車両や乗務員の効率を重視して，1台の車両が複数の地区を順番

に運行する場合が散見されるが，このような運行形態は，活動の時間帯とダイヤが一致せず活動機会を保障できない可能性が高いため勧められない.

ルート選定および運行ダイヤの検討に当たり，地域に既存の交通事業者が存在する場合は，その意見を聞きながら実施すべきであることを付言する.

(3) 運賃／費用負担方式

> 公共交通の運行に必要な費用は、利用者が運賃として負担するほか、自治体が補助金などの形でその一部を負担する。これに加え、便益を享受している沿線地域が費用の一部負担することを含め、費用負担方式について検討する必要がある。運賃水準は、保障すべき活動内容や利用者の属性などを踏まえて決定する。

　公共交通利用者の減少に伴い，乗合バス事業などの採算が悪化する中，公共交通は社会的に必要なサービスであるため，自治体が補助金を支出してそれを維持するケースが少なくない．これは，公共交通の運行費用について，利用者が運賃として負担するほか，一部を自治体が負担していることにほかならない．

　運賃の設定に当たっては，路線の特性（保障すべき活動内容や利用者の属性など）を踏まえ，利用者の負担のあり方を考慮して運賃水準を決定する．その際，既存の路線バス等，他の路線と比べて著しく運賃水準に違いが生じないよう，特定の地域だけの割安運賃など地域間で著しく公平性を欠かないよう，留意する必要がある．

　公共交通を運行することは，利用者が便益を享受するだけでなく，例えば，将来自動車が運転できなくなったときに交通手段が確保されるということや，バスが通る道路は優先的に除雪されるなどといった間接的な便益を沿線の地域にもたらす．このため，このような沿線地域が受ける便益に対して，沿線地域の自治体などが運行費用の一部を負担すること（例えば，自治会による回数券の購入，自治会から運営主体への寄付金など）について検討が必要である．

5.6.3　調達方式

ここで調達方式とは公共交通サービス供給事業の形態と事業への公的支援資金の財源調達についてである。

事業方式は公的関与の比重と運行計画の立案責任の分担によって次の5形態が考えられる。

① 独立採算制事業方式
② 一部補助方式
③ 運行委託方式
④ 車輌貸与運行委託方式
⑤ 公共直営方式

なお、上記の内、従来採用されることの多かった②、⑤の方式は、事業の効率性維持の観点から避けられることが望ましい。また、道路運送法上の事業形態とは、上記はかならずしも対応しておらず、別途調整が必要である。

一方、財源調達については、運賃（料金）体系はサービス計画の中で検討されるべきであり、その結果として公共が負担すべき運営経費の補充分については、原則として一般財源を充当することが望ましい。しかし、公的支援の地域的偏りからくる不公平感を除去するため、地域住民の基金拠出や沿線受益事業者等からの拠金も併せて企図されることが考えられる。

なお、この調達方式のいかんによっては、路線サービスの維持可能性、地域への影響等（次節以降に述べる）計画代替案の分析・評価に影響を及ぼすことになる。とはいえ調達方式に代替案を用意することは、計画代替案の数を無闇に増やすことになるので、十分に実行可能な案を併行的に分析検討することが望ましい。

　自治体行政にとって公共交通サービスをいかに調達するかという議論は，地域の人々の足を守るための公共交通サービスの確保を行政の任務として認識した時はじめて意識されるもので，新しい論題である．これまでは，利用者市民の視点から「費用負担のあり方」として論じられてきた．すなわち，公共交通の運行経費を，利用者と公共が運賃と公共補助金としてどんな比率で負担するかの議論である．この議論は依然として重要ではあるが，それに明解な結論は容易に出そうにない．それ以前に，運賃の過重な負担が，公共交通の減退を招くことが認識され，最小限の公共交通サービスの確保が優先事として議論され

ることになったと言える．

行政にとって公共交通サービスの調達は，財源調達と事業方式の 2 側面から考えられねばならない．そして両者を合わせて，全体として公共交通サービスの利用者が最も多くなり（それは公共交通政策の目的が達成されたということである．），しかも公共からの資金支出が最小になるような調達方式が追求される必要がある．

公共交通サービスは従来，主として民間運輸事業者により営利事業として営まれており，今日でも多くの運輸産業が活躍している状況を考えれば，事業形態としては運賃収入による独立採算方式がまず第一に挙げられる．しかし，一方ではこの独立採算方式に任せておいては事業が成立せず，サービスが欠落する地域が生じることも多い．ここには公的資金を投入してサービスを維持する必要がある．そして，運行経費のうちどの部分に公的資金を入れるかによって，次のような事業形態が考えられる．

① 独立採算制事業方式

運賃収入のみによって事業を成立たせるもので，事業者のサービス企画・運営による．

・ 民間事業者

・ 公営事業体

② 一部補助方式

①の方式に一部公共補助金を入れるもの

③ 運行委託方式

一定の公的支援金（委託料）を条件に，行政立案のサービス供給計画に沿って，民間事業者に運行を委託するもの

④ 車輌貸与運行委託方式

車輌を公共が調達し，無償貸与して，民間事業者に運行を委託するもの．車輌の整備は受託者が担当することが一般的．また，委託料を伴うこともある．（鉄道事業等におけるいわゆる「上下分離」方式に相当する）

⑤ 公共直営方式

公共団体が所有する車輌を用いて公共団体職員が運行するもので，通常は運賃無料とするが，昨今では様々な形で料金を徴収す

る方策も考えられるようになった．従来のスクールバス，通院バスの延長線上に位置づけられる．なお，運行に派遣職員を当てることも考えられている．

　なお，上記の 5 分類以外にもその中間的あるいは折衷的形態が考えられる．なお，②の一部補助方式は通常赤字補填の形で公共補助が行われており，事業者に効率化へのインセンティブが失なわれるとの欠点が指摘されている．また，公共直営方式および公営事業体は，このような運行業務へのいわゆる公務員労働の不適合が言われており，これらの形態は特段の事情（移行的措置など）がないかぎり回避されることが望ましい．さらに①の事業形態においては，公営であっても民間事業者と同等に扱われることになっている．

　いずれにしてもこれらの事業形態が道路運送法上のいずれの事業区分（下記参考記述参照）に位置づけられるかは明瞭ではないところがあり，LTP 上の位置づけを確認した上で，運輸局との協議により明確な解釈を確立する必要がある．

　一方，財源調達について，利用者負担金である運賃・料金の体系はサービス体系の中で論じられるべきであり，ここでは公共が負担する運行経費の財源について述べる．基本的にはこの公共負担金は事業者への補助金ではなく，地域の人々の足を守るための行政一般経費と考えられるべきであり，一般財源を充当することが妥当である．しかし，上述のように公的支援を投入する地域には偏りが見られるので，公平性の観点から LTP 策定に当たって，十分な議論が為されることが望ましい．また，当該地域の住民による基金拠出（会員券・定期券・回数券購入等様々な方法が考えられる）が伴う制度の創設も考えられる．さらに，沿線に立地する大型小売店舗や商店街，観光施設，事業所等からの拠金を組み込んでいる事例も多く見られる．これらはいずれも自治体行政による交通政策の一環として制度整備が為される必要がある（これらの拠金については税制上なんらかの損金算入が許される事が望ましいのだが）．

【参考】

　図Ⅲ.5.6.1 は道路運送法における事業区分の概要を示したものである．「旅客自動車運送事業」とは，他人の需要に応じ，有償で，事業用自動車を使用して旅客を運送する事業である．自家用車を使用する場合は「交通空白地有償旅客運送」として登録を行う必要がある．「一般旅客自動車運送事業」は利用者を特定することなく一般の人々を対象に運送を行う事業で，「乗合事業」と「貸切事業」に大別される．乗合事業は，前節で述べた路線設定の有無やダイヤ設定の有無により，路線定期運行，路線不定期運行，区域運行に区分され，貸切事業は，使用する車輌の定員により貸切バス（定員 11 名以上）とタクシー（定員 11 名未満）に区分される．これに対して「特定旅客自動車運送事業」は，予め特定した旅客を運送する旅客自動車運送事業をいい，介護事業の要介護者送迎事業などがこれに該当する．地域における公共交通サービスを検討する際には，運行主体や運行特性に鑑みて事業区分についても適切に選定することが求められる．

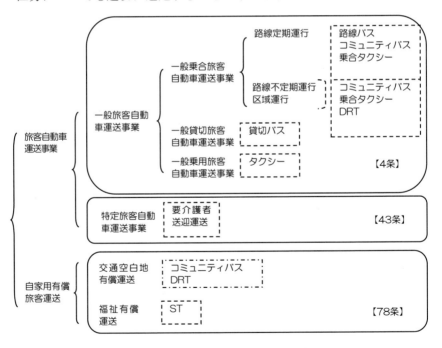

図Ⅲ.5.6.1 道路運送法における事業区分

5.7 分析

5.7.1 活動機会の保障水準の時空間分布

> それぞれの計画案のもとで、どの地区のどのような人々にどれ
> だけの活動の機会が保障されているのかを分析する。そのため
> に、まずは活動の機会が保障水準を測定するための指標を選定す
> ることが必要となる。
> 　活動機会の保障水準を表す指標としては様々なものがありうる
> が、どの時間帯に当該の活動ができるかという外出時間帯の多様
> 性が基本となる。いずれの指標においても、人々の移動や支払い
> 能力、保障の対象時間・期間が反映されていなければならない。

　それぞれの計画案のもとで，どの地区のどのような人々にどれだけの活動の機会が保障されているのかを分析する．そのために，まずは活動の機会が保障水準を測定するための指標を選定する．その指標としては，どの時間帯に当該の活動ができるかという外出時間帯の多様性が基本となる．具体的には，午前中に総合病院に行き来できるか，また行き来できるパターン（すなわち，何時から何時に行き来できるか）の数，目的地で 1 時間〜2 時間の活動時間が確保できるパターンの数，30 分以内で到達できる目的地の数などが考えられる．指標は活動ごとに異なってもよい．なお，指標を選定するということは，選定した指標でもって計画案のよさを測り，同時に，選定しなかった指標の観点でのよさは基本的には測らないという価値判断を明確にする作業であることから，指標の選定は慎重に行う必要がある．

　指標は，4.4 で明らかになった移動の能力や支払い能力，4.5 で設定した活動の保障時間帯を踏まえたものでなくてはならない．例えば，移動能力について，バス停までの人々の歩行限界距離が 500m である場合，バス停までの距離が 500m 以上の集落に関する活動機会の保障水準は 0 である．同様に，活動の保障時間帯を外れた時間帯のみに外出できる集落のそれも 0 である．

　なお，一般に目的地まで遠方に居住する人々と近傍に居住する人々では目的地までの所要時間が異なるため，目的地での滞在に充てることの時間は遠方であるほど小さくならざるを得ない．このため，これ

ら双方の人々に同じだけの機会を保障することは物理的に困難であり，それを地域公共交通に期待するのは適切ではない．そこで，それぞれの居住地から目的地までに最小所要時間でアクセスできる交通手段（地方の多くの地域では自家用車）を利用した場合に獲得できる水準を基準とし，地域公共交通がどれだけそれに近づいたかという視点で保障水準を計測することが適当である場合もあることに注意を要する．

　導出された水準は，地理情報システム（GIS）などを用いて，地図上でそれぞれの活動に関する地区ごとの保障の水準（程度）を色塗りすることが視覚的に分かりやすい．その際，午前，午後，夕方といったような時間帯別や，季節別の状況を把握したい場合には，それらの時間帯・期間別に分析することも必要となる．

5.7.2 顕在化する利用者数の予測

> 　設計された路線、ダイヤ、運賃等のサービス水準のもとでどれだけの（顕在的な）利用者数が見込めるのかを路線ごとに予測する。具体的には、路線沿線の潜在的な利用者数を求めるとともに、利用者の属性や利用の目的、すなわち、活動の種類別にどれだけの顕在化が見込めるのかを推計し、顕在的な利用者数を予測する。

　5.6 において設計された路線，ダイヤ等のもとでどれだけの（顕在的な）利用者数が見込めるのかを予測する．具体的には，路線ごとに潜在的な利用者数を求めるとともに，利用者の属性（年齢層や性別など），利用の目的（＝活動の種類）ごとに潜在的な利用者に対する利用の顕在化率を 5.4 の調査結果や過去の乗車データなどにより推計し，潜在的な利用者数と顕在化率を乗じて予測する．

5.7.3 供給コスト

> 　調査によって明らかにされた事業者や地域資源別の費用構造に基づいて、また、必要に応じて、過去の実績や統計資料を参照し、車両購入費、運行費などを路線別に推計する。

　それぞれの計画案を実施した場合に要する費用を分析する．分析に当たっては，5.4 において明らかにされた事業者や地域資源別の費用構造を用い，また，必要に応じて，過去の実績や統計資料，バス事業者による協力を得ながら車両購入費，運行費などを路線別に推計する．一般には，運行距離当たりの費用を算出し，それに路線の距離を乗じて算出することが多い．

　まずは路線別に費用を推計するが，それぞれの路線を個々の事業者が担当するのではなく，いくつかの路線を一つの事業者が一括して担当した場合の方が合計の費用は小さくなることもありうるため，「路線別の推計→地域全体での調整」を何度か繰り返して最終的な費用を算出する．

5.7.4 費用負担，維持可能性

> 計画案ごとの費用負担を分析する。その際、収入面においては運賃、地域からの支援金、都道府県や国からの補助金、市町村による行政負担の内訳を明らかにするとともに、運賃や地域に求める負担額などにいくつかの案を設け、それぞれを導入した場合にどの主体にどれだけの負担となるのかのシミュレーションを行い、支払い意思と公平性の観点から検討する。
>
> その際、行政負担については、市民一人当たりの負担額といったように、納税者の負担を明らかにしておくことが行政の説明責任と合意形成の観点で肝要である。
>
> また、将来における人口予測等などを踏まえ、それぞれの計画案の維持可能性について分析し、それぞれの優劣について明らかにする。

計画案ごとに，誰がどれだけの費用を負担するかについて分析する．この場合の供給コストは前述の「5.7.3 供給コスト」によって与えられる．収入面については，「5.7.2 顕在化する利用者数の予測」に基づいて算出できる運賃収入，地域からの支援金（商店街からの運行助成金や自治会による地域負担など），都道府県や国からの補助金，市町村による行政負担を明らかにするとともに，運賃や地域に求める負担額などにいくつかの案を設け，それぞれを導入した場合に，どの主体にどれだけの負担となるのかのシミュレーションを行うことが必要となる．その上で，どのような負担バランスが各主体に受容可能かについて，支払い意思と公平性の双方の観点から検討を加えることが必要である．

特に，行政負担については，市民一人当たりの負担額といったように，住民の負担については，利用者としての運賃負担だけでなく，納税者としての負担についても明らかにしておくことが，行政の説明責任や関係者での合意形成の観点で肝要となる．

また，将来の人口の動向や交通手段の競争動向などを考慮しながら，維持可能性についても分析することが必要である．なお，維持可能性が十分担保されるとしても，都道府県や国からの補助金への依存が大きい場合には必ずしもそうではない，つまり，制度の改正があれば直

ちに維持できない状況がありうることに留意を要する.

　また，人口が少ない地域においては，上記の資金面からの維持可能性の分析に加え，継続的に運転手が確保できるかといった担い手の観点での可能性の分析や，他地域に営業拠点を移すといった供給者の撤退の可能性の分析も必要となる.

5.7.5 地域への影響

> 　地域公共交通計画を実施した場合の直接的・間接的な影響を分析する。その影響としては、他の輸送機関への影響といった交通部門への影響のみならず、商店の売り上げや通院患者数等といった社会・経済活動への影響も考えられる。
> 　なお、ここでの分析結果は、正の影響を受ける部門から地域公共交通の確保への資金援助を拠出してもらうための交渉材料として活用することもできる。

　地域公共交通計画を実施した場合には，様々な間接的な影響も想定される．その影響としては，他の輸送機関への影響といった交通部門への影響のみならず，商店の売り上げや通院患者数等といった社会・経済活動への影響も考えられる．ただし，これらすべての影響を定量的に把握することが望ましいものの，多大な技術的な労力を伴うため，影響の関連・波及を図で表すといった定性的な分析を行っておくだけでも関係者の理解の共有を図ることができる．

　ある程度の信頼性の高さをもって影響を把握できれば，プラスの影響を受ける部門から地域公共交通の確保への資金援助を拠出してもらうための交渉材料にもなる．このことから，ここでの影響の分析は，単なる分析を超えて，地域公共交通の維持可能性を地域全体で高めていくための合意形成の道具として用いることができる．

5.8　評価

5.8.1　計画目標の達成水準

> 　政策目標および事業目標の達成水準を評価する。事業目標については短期的な期間で評価をすることが妥当であるが、政策目標はそれが持続的に達成できて初めて意味をもち、かつ、その実現には長期間を要することから、短期的な視野で評価を行うのではなく、長期的な観点で評価を行うことが適当である。

　本章の「5.2 フレームワーク」の計画目標において設定した政策目標および事業目標の達成水準を評価する．なお，達成水準としては，(1)計画の初年度における水準，すなわち当該目標についての現状値，(2) 地域公共交通計画の実行後におけるある時点での目標の到達水準，(3)地域公共交通計画の計画期間内に到達しようとする水準，の 3 種類が考えられ，(1)と(2)の差，もしくは(2)と(3)の差を目標の達成水準として評価することができる．

　事業目標については，数カ月や 1 年という比較的短期的な期間で達成を評価することが妥当である反面，政策目標は短期で評価をすべきものではない．例えば，人々の社会活動の機会の水準が一年だけ高い状態にあったとしても，その状態を持続的に確保できなければ意味がない．また，地球温暖化防止のための公共交通への転換や，地域活性化のための住民によるサービス設計・運営への参画といったように，一般に政策目標は実現に長期間を要し，一朝一夕で成しうるものではない．

　本章の「5.2 フレームワーク」でも述べたが，政策目標が持続的に達成できるようにするための下位の目標が事業目標である．このため，事業目標の達成水準の評価のみに基づいてサービスの拡大・縮小を判断してよいのは，政策目標の達成に支障がない限りにおいてであり，例えば，事業目標の評価に基づいてサービスを廃止・縮小し，それによって政策目標の達成ができなくなるといったようなことでは，本末転倒である．

5.8.2　受益と負担に関する地域の選択

> 　公共交通サービスの利用に対する費用負担について、利用者、
> 自治体、地域の負担割合や負担額を、わかりやすい指標で基準化
> し、公共交通サービスの利用によって得られる便益と比較するこ
> とによって、受益と負担の関係を評価する。
> 　その結果は、計画を決定する際の基準となる。

　公共交通サービスの利用に対する費用負担は，利用者の支払う運
賃や自治体の補助金から構成され，場合によっては自治会など地域
の負担がそれに加わる．自治体負担の財源は税金であり，住民が間
接的に負担しているものである．

　この関係を明示するとともに，例えば，1 乗車当たりの運行費用と
運賃の比率，税金による負担も含めた一つの路線の運行に対する住
民一人当たりの年間の負担額など，わかりやすい指標で利用者，自
治体，地域の負担割合や負担額を示すことにより，それぞれの負担
の程度を表すことができる．

　これは，第 2 章（2）の図Ⅲ.2.2.1 に示したように，提供されるサ
ービス水準とそれによって保障される活動機会の関係を考慮し，複
数の代替案の中から地域にとって最も望ましい案を選択する場合に
おいて，重要な評価基準の一つとなる．

5.8.3 感度分析

> 計画期間中に想定される様々な変動リスクを洗い出し、計画の想定値に多少の変化があった場合に上記の分析・評価結果がどの程度変化するのかを検討する。

　計画期間中には地域環境や人口の変化，補助制度の改正などといった様々な変動リスクが顕在化する可能性がある．このため，主だったリスクを洗い出し，計画の想定値に多少の変化があった場合に，上記の分析・評価結果がどの程度変化するのかを検討する．なお，計画に大幅な修正を求める変化が見込まれる要因については，事業の実施期間中に重点的なモニターの対象としておくことが肝要である．

5.8.4 検討に含めなかった評価項目に関する吟味

> 現実的には、主だった項目を対象として検討せざるを得ない
> が、それ以外の項目についても可能な限り検討し、計画を実施し
> た場合に予期せぬ影響が生じないかを確認する。

　一般的に，すべての評価項目を網羅的に列挙し，それぞれの計画案
のもとでそれらが現行と比べてどのように変化するのかを把握するこ
とは時間的，労力的，技術的に不可能である．このため，主だった項
目を対象として検討せざるを得ないが，検討の対象から漏れた項目に
ついても，可能な限り，計画策定にかかわる参加者の間で討議を行い，
計画を実施した場合に予期せぬ影響が生じないかを確認することが重
要である．

5.9 公共調達の計画と実施

5.9.1 採算・不採算路線の仕分け

前節で示されたサービス供給計画を用いて、計画路線網の各路線で顕在化した旅客需要量を推計する。一方、各路線の運行経費（車輌等資本費の償却などの経費を含む）の標準額を算定して、運賃収入によって運行経費を償うことのできる路線（採算路線）と、そうでない路線（不採算路線）を分別する。

前節で策定された地域の公共交通路線網は一般に次のような路線群に分類される.
① 幹線路線
　　交通密度が高い地域に走るまち全体の骨格を形成する路線. 一度に多くの乗客を運び, 運行本数も多い. 速達性・定時性が必要とされる. 当然独立採算制によって運行されることが望ましい.
② 支線路線
　　きめ細かく交通発生施設の間近まで入り込み, 様々なサービス形態をとりながら, 幹線に至るまでの旅客の集散を担当する. そのため, 広範囲にわたる少ない需要をカバーしなければならず, 独立採算がとりにくいが, 経営努力（需要顕在化の促進, バス運行の効率化, バスの小型化, 人件費の削減等）によって路線を維持することが望まれる路線. しかし, それが不可能な場合は公的財源により支援されることもある.
　　支線は次の二つに大別される.
　　1) フィーダー路線的性格の強いもの ; 支線のうち, 幹線に乗り継ぐ旅客を集散する機能が大きいもの
　　2) ゾーン路線的性格の強いもの ; 地域（地区）内を巡り, ローカルな旅客需要にきめ細かく対応するもの
　このように, ①に属する路線は一般に旅客需要が多いので, 独立採算によって路線運営が可能である. また, 可能となるように運行計画等を立案することが望ましい. 一方, 支線路線は不採算路線となるものが多い. しかし, その内で, フィーダー的性格の強いものは, 幹線

の効率を高める機能を果たしているのだから，黒字の幹線から，ある程度の内部補助が行われることは妥当に思われる．したがって，幹線路線に一部のフィーダー路線を抱き合わせて採算路線群を形成することは考えられてよい．

　現行，道路運送法においては内部補助の考えかたは採られないことになっているが，次に述べる路線の割付けの仕方によっては，実質的に内部補助を機能させることは可能であろう．

　また，運輸需給調整規制の廃止によって，交通計画の策定における需要量推計の役割は大幅に減退したと言えるが，この計画作業においては依然として需要量推計の技法が重要不可欠である．採算・不採算路線の確定は設定運賃水準，路線別推計需要量および各路線の運行経費によって図Ⅲ.5.9.1 のように進められる収支判定に依るからである．

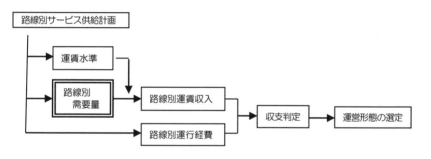

図Ⅲ.5.9.1 需要推計と収支判定

　なお，新しい位置づけに基づく需要量推計については別途記述したところである．

5.9.2 運輸事業者への路線割り付け

　地域の公共交通サービスの路線網は、当該地域の自治体行政当局が、その全体を体系的に把握し、管理しなければならない。

　その上で、路線網を分割し、各路線群毎に供給サービス基準（最低基準）を明示添付して、地域の公共交通を担う意欲ある運輸事業者に割り付ける。この場合、自治体の直営または企業部門の運営になる事業体であっても、民間または半官半民の事業者と同等に扱わねばならない。

　割り付けの方法は、上述した路線の採算性によって異なる。

① 資金的な公的支援なしで運行希望事業者のある路線については、当該事業者の自由な参入による。（ただし、運行効率性を維持するため、最低基準を上回るサービス計画水準による競争によって割り付けが行われることが望ましい。）

② 独立採算制の望めない路線については、最低サービス基準を満たすために必要な公的支援資金の金額による競争入札によって、事業者の割り付けを行う。

　なお、現行法制下では自治体行政は上記の路線割り付けを行う権限を持っていない。このため割り付け作業には、すべての運輸事業者と運輸局との協力が不可欠である（地域公共交通活性化・再生法における法定協議会の活用）。

　当該地域の公共交通サービス供給計画は前述の手続きを経て，市町村等の自治体行政が策定すべきものである．したがって路線網も，その策定過程で既存運輸事業者の協力を得ることが必要となるが，自治体行政がその全体系を把握し，管理する姿勢が大切である．

　その上で，各路線の運営はできるかぎり民間運輸事業者に委ねられることが望ましい．しかし，公的資金を投入しなければサービスの確保が困難な路線や地域が生じることは不可避であるから，自治体行政は投入財源の確保に努めるとともに，公的支援の必要な路線又は路線群を峻別し（前節），各路線運営の効率性を維持しつつ，必要路線に適切な公的資金の投入を決定する必要がある．このためには，路線運営の効率性を最も損なわない方式（それが公的資金の投入額を最小化させることにもなる）で自治体行政によって各路線（群）への担当事

業者の割り付けが行われることが望ましい．すなわち，数多くの希望事業者が揃う中で，採算路線においては計画サービス水準で，不採算路線においては必要公的支援金額で，競争入札により担当事業者を決定することが考えられる．運輸事業者には，これまで当該地域で事業を営んできた者と新規に参入する外部の事業者がありうる．

　しかし，今日では運輸事業者の参入自由の原則が立てられているし，自治体行政にはこのような事業者の割り付けを行う権限は何ら用意されてはいない．以上のような作業はすべて参入可能性のある運輸事業者と当該地域を担当する運輸局（国土交通省）の理解と協力を取り付けた上で，いわば話し合いによる実質的行政効果として達成される必要がある．ここに，道路運送法に定める地域公共交通会議や地域公共交通活性化・再生法の法定協議会の存在意義がある（4.2.1参照）．

　なお，ここに述べる運輸事業者の割り付けは，この割り付けを越えた事業者の参入をなんら規制するものではない．ただし，そのような場合には，いわゆるクリームスキミング（いいとこ取り）的なサービスによる参入を避けるための対策が運輸局によって発動されることが必要である．また，路線バスのように公道を走行する公共交通機関の場合には，道路管理者の権限を用いた自治体行政の公共交通サービス管理の方策（例えば停留所の設置管理等）が今後検討されることが望ましい．

5.9.3 契約

事業者と自治体の間で、提供するサービスの品質に関する協定
（品質協定）つきの適切な運行委託契約を締結することにより、
委託金額に見合ったサービスを引き出すことができる。
　長期の契約は長期を見込んだ投資や事業の安定化が図れるとい
う面では効率的であるが、契約の内容によっては改善のインセン
ティブに欠け、効率が低下することもある。
　サービスの提供に当たってはさまざまなリスクが存在する。こ
れらのリスクを列挙し、委託者と受託者がそれぞれどのリスクを
どの程度負担するかを契約書に明記しておく必要がある。

　自治体がバス事業者に委託金を支払い，地域住民の足を守る動きが
広がっている．しかし，事業者が自治体の投入した委託金に見合うサ
ービスを提供しているかどうかは定かでない．事業者と自治体の間で
提供するサービスの品質に関する協定（品質協定）つきの適切な運行
委託契約を締結することにより，このような事態を避けることができ
る．
　バス市場においては事業者の努力水準が費用効率性の面で大きな影
響を及ぼす要因である．契約を結ぶ際には，事業者が努力する戦略を
選ぶよう，努力水準に関するインセンティブ（「やる気を出させるも
の」という意味で自発的に行動を起こそうとする誘因，動機付け）を
引き出すことが重要である．これにより，自治体にとっては情報の非
対称性に起因する不効率性を改善することができる．自治体が事業者
の努力水準を簡単に測ることができないことが，補助金額を過剰に大
きくしている原因であり，事業者の努力水準に見合った補助金額に関
する契約を結ぶことで，費用効率性の改善が期待できる．
　契約を締結するに当たっては，契約期間を選定することが必要であ
る．長期の契約は，長期を見込んだ投資や事業の安定化が図れるとい
う面では効率的であり，サービスの安定的な供給を行うためには車両
の調達や人員の確保が必要となるが，契約の内容によっては改善のイ
ンセンティブに欠け，効率が低下することもある．
　サービスの提供に際してはさまざまなリスクが存在する．表

Ⅲ.5.9.1 は，「計画」，「運営」，「運行」の 3 つの段階に分けて主
なリスクを整理したものである．運営形態の選定にあたっては，リス
クを適切に分担し，運営の効率性を高めるため，存在するリスクを可
能な限り列挙し，委託者と受託者のどちらがどのリスクを負担するの
かを検討するとともに，その結果を契約書に明記しておくことが望ま
しい．

表Ⅲ.5.9.1　地域公共交通サービスに関わるリスク

段階	主たるリスク
計画	入札リスク，契約遅延リスク，税収変動リスク，政策変更リスク，住民対応リスク，資金調達リスク，など
運営	需要変動リスク，経費変動リスク，撤退リスク，バス停設置リスク，利用促進リスク，など
運行	事故リスク，労務管理リスク，定時性確保リスク，設備損傷リスク，住民対応リスク，など

【参考文献】

1) 経済審議会社会資本研究委員会(編)：これからの社会資本，大蔵省印刷局，1970.

2) (財)国際交通安全学会：地域社会が保障すべき生活交通のサービス水準に関する研究報告書，(財)国際交通安全学会，2009. .

3) 土木学会土木計画学研究委員会生活交通サービス研究小委員会(編)：バスサービスハンドブック，土木学会，2006.

4) (財)運輸政策研究機構：これからの地域交通，運輸政策研究機構，2005.

5) 旅客自動車運送事業等報告規則に基づく報告書類の記載等に際しての留意点等について，国土交通省自動車交通局旅客課通達，2002.

6) 土木学会：バスサービスハンドブック，pp304〜308，土木学会，2006.

7) 土木学会：バスサービスハンドブック，pp341〜344，土木学会，2006.

8) 土木学会：バスサービスハンドブック，pp309〜312，土木学会，2006.

補章　むすび

　第Ⅲ編では，地域公共交通を地域住民の基礎的な活動の機会を保障するためのインフラとして位置づけ，それを適切に整備するための拠りどころとして，地域公共交通計画(LTP)の策定方法論を提示した．

　本編を結ぶにあたり，次の二点を改めて強調しておきたい．

　第1章で述べたように，本編は，主として需要密度の低い地方部や過疎地域を念頭に置いたものである．わが国では，交通計画を策定する際にマズ需要ありきという考え方が一般的であり，その需要（多くの場合は混雑）をどう捌くかという考え方をとってきた．しかし，この考え方では混雑のない地域では問題そのものが存在しないということとなってしまい，移動機会の喪失という地域が抱える課題に対応できなかった．本編で提案した"目標達成型"計画法は，このような問題に対する処方箋を与えようとするものである．

　いまひとつは，第3章で述べたように，公共交通への資金投入は政策経費として考えるべきであるということである．非マイカー利用者にとって，公共交通は移動のための手段というよりは，買い物や通院といった基礎的な生活活動を支えるための手段である．したがって，公共交通サービスのための予算を削減する場合は，運行によって支えられてきた健康で文化的な生活も実現できなくなってしまうことに意を払うべきである．"公共交通サービスの存続か廃止か"ではなく，"公共交通サービスによる保障か他の政策手段による保障か"の選択であることを認識することが大事である．事業雲会陰効率性を高めることはこのために必要なのであり，補助金の節減や"公共交通の活性化"のためではない．本編で提案した計画方法論が公共交通サービスを体系的に整備する一助となり，それを通じ"地域の活性化"に些かなりとも寄与することができればと願っている．

第Ⅳ編　分析・計画の技術と手法

1章　バスサービスの市場とサービス供給体制

1.1　バスの「市場」とは何か

　「市場」とは一般に消費者が供給者の競争を利用して，財やサービスを調達する場であり，本来的に消費者の便益に帰し，究極的には社会の資源配分の効率的・合理的な最適状況をもたらすことが期待されている．しかし，現実には財やサービスの供給者である企業者の観点から，この市場は論じられることが多く，形式的に企業者間の自由競争が成立していることをもってよしとする傾向がある．これは，手段の目的化であって，注意を要する．市場の競争が消費者の利益に結びつき，社会の合理化に寄与することを検証して市場の健全性を判断する必要がある．

　また，「市場」には自然発生的な市場と意図的に形成される市場がある．本来，自然発生的な市場が，いわゆる「神の見えざる手」によって支配されており，最も合理的かつ効率的な社会的結果をもたらすものと理論づけられているが，現実の市場はさまざまな制度によって枠組みが構成されており，それゆえに，いわゆる「市場の失敗」も生じることになる．これに対し，一般の経済社会では昨今，規制緩和が主張され，推進されているが，公共交通における市場は以下に述べるような事情により，自然の市場では明らかに社会的合理性が達成できないことが認識されており，意図的な行政的介入により市場を健全に機能させることが期待されている．

　バスの「市場」は公共交通市場の一部を成すものと考えられるが，市場概念を安易に分割することは大変危険である．市場の分割こそが規制の最たるものであり，実際，消費者の選択行動は，この規制の枠を容易に超越してしまう．したがって，バスも公共交通サービス市場の参画者（プレーヤー）の一員にすぎないと考えることが大切である．バスとかタクシーあるいは電車という公共交通機関（モード）の違いは，市場論的には単なるサービス形態の差異にほかならない．

　さらに，公共交通市場も第Ⅰ編でも述べたように実は交通市場の一部を成しているにすぎない．この場合の競争相手は自家用車を中心とする自動車交通である．しかしここでは，バス事業者が交通市場全般の一参画者として，自由な競争の下に市民・交通者にサービス提供をするような市場を形成させようとしているのではない．公共交通と自動車（マイカー）交通の自由競争による市場は，すでに市場の失敗を

惹起しており，甚だしい社会的不合理を招いていることは現実の社会状況が示している．この点はここでは詳述しないが，市民各層に等しく与えられるべきモビリティ（社会的活動能力）の機会は，これによって危機に瀕している．

したがって，公共交通の市場は，市民の足（モビリティ）を確保するという観点から計画的に考えられなければならない．市民のモビリティ・ニーズ（量と質と分布）を何らかの形で把握し，これを市場形成の基礎とすることが必要である．これまでこの作業は公共交通事業者が行ってきた．しかし，この作業は本来，市場の一翼を担うプレーヤーである公共交通事業者の仕事ではないであろう．実際，2002年の運輸需給調整規制の廃止に伴うバス事業に関する参入退出規制の緩和によって，公共交通事業者はこの作業に責任は無くなったと考えられる．今後は，市場の管理者として，市民の足を守る責任を負う地方自治体がこれを行わなくてはならない．

2007年に施行された地域公共交通活性化・再生法は，市町村が新たに担うことになった，まさにこの任務を支援するためのもので，そこで策定される「地域公共交通総合連携計画」（現在は地域公共交通計画）は単に公共交通サービスの計画に留まらず，地域交通市場全般への展望を包含するものでなくてはならない．

1.2　需給調整規制におけると路線免許の意義

過去の需給調整規制下においては，地方運輸局（国土交通省）が市場における需要量を調査し，公共交通事業者からの申請に応じ，それぞれの輸送力を勘案して，需要と供給をバランスさせて路線免許を発給してきた．したがって，路線免許は原則として当該区域における地域独占の免許であった．免許者以外の事業者はその路線の勢力圏内に参入することができない．需要量が余程多いと見られる場合は，ダブルトラッキング等と称して複数者に免許が交付されるが，それとて当該事業者の事業が健全に成立しうることを運輸局が確認できる場合に限られていた．免許の対向条件として，運賃とサービス条件が運輸局によって許可・監督されていた．それゆえ，運輸局の指導に依っていれば，すべての事業者は安定した経営を続けることができた．一方，運輸局の目標は全運輸事業者の安泰であって，市民に公共交通サービスを提供することはその結果として生じるものととらえられていたと言える．業界体質が護送船団方式といわれ，運輸行政が監督行政といわれたゆえんである．

このような路線免許方式の手続きにおいては，事業者から免許申請が提出された時に，路線が定義され，運輸局の審査を経て免許が交付

された時，当該路線の勢力圏が確定する．すなわち，市場の分割が実施され，公定されて地域独占の保護が発効するわけである．そこには競争事業者は存在しないから，利用者獲得のためのサービス競争は行われず，サービス水準はともすれば，免許条件を最低として劣位安定に陥ることになる．しかし，実は上述のように交通市場全体では自動車（マイカー）との激しい競争下にあり，自動車は運輸規制を受けないから，利用者は徐々に，しかし際限なく自動車に奪われることになったのだ．

　したがって，公共交通分野における競争が必要な理由は，絶え間ない事業者間の利用者争奪競争すなわちサービス競争によって，公共交通全体のサービス水準を自動車と競争可能な水準に押し上げることにある．そのためには，事業者相互間のいわゆる足の引っ張り合いを避け，競争を積極的側面に発揮させるための市場整備が必要になる．すなわち，路線の競合は避けつつ，サービス競争を展開する体制が必要であり，依然として路線あるいはその勢力圏（あるいは営業権域，以下これを路線と呼ぶ）の定義が必要だということになる．

　需給調整規制廃止によって，路線を定義していた免許制度が廃止された．したがって，これに代わる市場の再組織化として，新たに路線の定義・認定権者が必要である．そして，それにはやはり新たな市場管理者としての「地域行政」（第Ⅰ編第2章で述べたように市町村またはその連合体を意味し，中核的都市を中心に一定の日常交通圏を形成している範囲の地方行政．地域公共交通協議会を組織していることが望ましい）が，これに当たることが最も望ましいであろう．

1.3　市場形成は交通計画の中で

　今日，地域の交通政策の課題は，増加しすぎて特に都市部では各所に渋滞を来し効率を阻喪させるまでになった自動車交通を，いかに抑制し管理下におくかと，すべての市民の足を確保する意味で公共交通サービスをいかに整備し，自動車からの転換の受け皿を含めて，公共交通の利用者をいかに増加させるかである．地球環境問題や成熟社会におけるエネルギーや資源，都市空間の効率的利用の問題も，この課題の解決を要請している．これを実現するためには，施策は単に交通施設の整備や公共交通事業の支援のみならず，多面的な施策を相互に連繋させつつ体系的に推進することが肝要である．

　この総合交通政策とも呼ぶべき施策体系（昨今多用される「都市総合交通戦略」も，これと類似の概念と考えてよい）が地域の交通市場を形成する．その第一段階は，自動車（マイカー）交通や徒歩・自転車交通といった私的交通と公共交通の領域分担の誘導であろう．単に

全体の分担率を望ましい値に誘導するのみならず，市民各層ごと，地域ごとの分担率構成にも意を払うことが必要である．それを第一には公共交通サービスの供給を充実させることで，第二には市民の交通社会問題への認識を深め自覚ある行動選択を促すことで，実現を目指すことになる．自動車交通の抑制施策はその次の施策であるが，公共交通と混在する道路空間での公共交通優先施策は，翻って自動車抑制に繋がることもある（さらに続く施策として「街づくり」との連携があるが，ここでは論じない）．これら一連の体系的な施策は，公共交通市場での枠組みを形成することでもある．

　第二段階は，公共交通市場の中で，可能な限り自由な事業者間競争を維持しつつ，各事業者の責任分担領域（路線）を定める方策を確立することである．地域の公共交通を担う事業者は従来から各種多数の者が存在する．市営・町営・県営等の公営事業もあるが，わが国では民営事業が一般的であった．公営事業もいわゆる政府企業方式として事業管理原則は従来から民営と同様に扱われてきた．しかし昨今では一般施策（公共事業）として公共交通サービスの提供を考える自治体も見られるようになった（この場合も実際の運行は民間事業者に委託することが多い）．また，市民のボランティアやNPO（非営利法人）によって事業が推進されることも考えられよう．これらをまとめると表IV.1.3.1に示すように多様な事業形態が考えられる．

表IV.1.3.1　公共交通の事業形態

方式	内容
1．民営事業方式	民間の営利事業として独立して行われる．
2．公営企業方式	全額公共出資の企業体であるが，独立採算の事業として運営される．公共性の重視が期待される．
3．第三セクター方式	半官半民の出資による上記2企業形式の中間的企業．民間事業の効率性と公共事業の公共性が合わせて求められる．
4．公共事業方式	採算性を度外視して，公共施策として一般行政部門により運営される（自家用車両を用いる79条許可の場合が多い）．
5．公共事業民間委託方式	一定の公共支出を前提としつつ，サービス供給を民間事業者（上記1．）に委託し，効率的運営を企てる．資本の保有関係により以下の各種段階が考えられる．
（1）全面業務委託	一定の公共資金負担の他は全面委託
（2）車両貸与委託	車両は公共で保有し，事業者に貸与して運行委託
（3）公設民営方式	専用走行路を有する場合，この資本の整備保

(4)派遣運転手方式	有は公共で行ない，サービス提供を民間委託する上下分離方式 上記４．の亜種とも考えられる．公共で運営し，運転手のみ民間事業者から借上げる．
６．NPO方式 （又はボランティア方式）	民間非営利法人（団体）や社会福祉法人などにより運営されるもので，料金は実費弁償が原則だが，公共支援の途も考えられる．

　一方，公共交通を担う交通機関（モード）も多様である．第Ⅰ編に述べたように様々な車両形式とサービス形態がありうる．総合交通政策はこれらのあらゆる交通モードの中から，対象地域の広がりと需要密度，そして地域特性に合わせて適切なものを選択し，それらのすべてについて，可能な事業形態を総動員して計画策定がなされねばならない．

　地域公共交通活性化・再生法では地域公共交通計画の策定を求めているが，この計画は予算獲得のためでなく，「市民の足を守る」観点からの総合的な施策体系として策定することが必要である．それは，地域の人々のモビリティ・ニーズの測定に基づいて，地区ごとに公共交通サービスの供給水準を計画する，いわゆる地域公共交通計画（LTP; イギリスの Local Trans-port Plan の先例に倣う）の策定に向かうことが望ましい．その前提として，地方自治体（首長）が市民（議会）の大多数の合意を得て，上述のような，すべての市民への公共交通サービスの基本方針を決定・宣言することが大切である．「地域公共交通マスタープラン」と呼んでもよいであろう．

　地域交通計画としては，具体的には路線網を計画することであり，個々の路線のサービス範囲を確定することであって，これを路線計画（「4.7 路線網設計」において詳説）と呼ぶ．なお，この路線計画は地域全域にわたって検討されることが大切である．もちろん，公共交通サービスを供給しない，あるいはできない地域は残るが，それらの地域も施策が検討された結果であることが重要である．

　ところで，このような総合交通政策ないしは公共交通計画の策定は，地方自治体にとって必ずしも慣れた作業ではない．多くの自治体にとって，それは，この度の需給調整規制廃止によって，突如起こってきた事態であろう．地域の交通圏域構造に合わせて，いくつかの自治体が連合・提携しつつ，運輸局の協力を得て，計画策定を進めることが望ましい．逆に，運輸局もそれを規制緩和後の新しい任務と心得る必要がある．

1.4 交通(いわゆる路線)計画の策定

　従来の交通計画では計画策定に当たってまず需要推計が行われた．そして，需要量に見合った交通サービスの供給計画が立てられてきた．そこでは，現在はサービスが無いためにまとまった量として現れてこない需要は無視されがちであった．しかし，市民の足を守る交通計画では，あらゆる市民のモビリティ・ニーズが交通サービス計画の対象となる．これまで公共交通サービスが無かったために潜在化していたニーズも掘り起されて，新たな交通サービスによってそれらの市民のモビリティが補完され向上することこそが交通計画の目標となる．そこでは各路線の事業収支の成立はひとまず度外視されることになろう．潜在したものも含めて，市民のモビリティ・ニーズの分布こそが市場を形成する．

　しかし，実際にこのモビリティ・ニーズを計量する方策は，今のところ確立されていない．従来の需要推計手法を活用しながらも，潜在しているニーズを地域的分布のみならず市民各層ごとに推測して，顕在化した需要量に加えていく努力が必要であろう．第I編および本編の「4.3　公共負担」に詳述したが，一般には，モビリティ・ニーズの分布は，地域の構造(人口・施設の分布)が定まると求められることから地域のポテンシャルと呼ばれるものに比例するものと考えられる．詳細にはさらに調査研究が必要ではあるが，このポテンシャルは比較的把握しやすいデータであり，対象地域全域についてこれを計測し，できるだけ効率的に全体をカバーできるように，逆に路線の側から見れば，できるだけ多くのポテンシャルを当該路線の勢力圏内に取り込めるように順次路線計画を策定していくことになる．

　もちろん，対象地域内の路線は数多く設定されて，全体として路線網を構成する．これは公共交通としての路線網であって，バス以外の交通モードも包括したものであることは上述のとおりである．事業者が恣意的に設定してきた従来のバス路線網は長大・複雑に過ぎて利用者からは理解しにくかったことにかんがみ，路線網は階層的かつ体系的に構成することが望ましい．基幹路線や広域路線が骨格を形成し，それに各地区にサービスする路線等が連携するなどの形態である．階層的路線網は乗り換えが生じる点で利用者には不便を強いることになるが，路線網を分かりやすくするのみならず，地域の交通拠点を形成し，地域づくり・コミュニティづくりにも貢献することが可能である．

　路線は一般にいくつかの区間に分割され，区間折返し運行などが行われる．また，いくつかの枝路線が付属して本線からの分岐運行が行われる．これらの運行形態の差違をここでは「系統」と呼ぶことにする．すなわち，「路線」とは「系統」の集合である(実際の事業者には，

この用語の概念を逆転させて用いている例がある）．そして，「路線網」はこの「路線」の体系的な集合である．

　従来の運輸調整の結果，多くの地域ではこの路線網を1つの事業者が運営してきた．しかし，これからの交通計画では，既述の理由により，路線ごとに事業者を選考・決定することが可能である．この場合，大切なことは個々の路線定義に上記の系統概念を導入して，一定の広がりを持たせることである．いわゆるフィーダー（培養）路線は幹線に利用者を供給する機能を持っており，幹線区間のみでサービスが成立するのではない．2002年の規制緩和によりいわゆる内部補助の考え方が否定されたとはいえ，事業者間での甚だしいクリームスキミング（いいとこどり）競争は避けられねばならない．基幹路線や広域路線は事業として独立採算が成立するであろうし，またそう期待したいものであるが，一般路線については公的資金による支援は避けられない事態となろう．こうした場合については，この「路線」すなわち「事業単位」を一定の拡がりをもって決めることは，特に大切である．

　なお，路線計画の策定技法についてはGIS等も活用していろいろと考案されつつあるが，路線バス事業者の知見と経験には捨て難いものがあり，地方自治体が計画策定を進めるに当たって，運輸局との協力とともに，これらのノウハウを活用することが期待される．

　また，路線の定義はサービスの内実と不可分である．単に起終点と経過停留所を決めるだけではなく，そこに運行されるサービスの始終発時刻，運行間隔，使用車両，停留所設備（案内を含む）および料金水準はもとより，場合によっては表定速度，車内設備，運転手マナー（運転・客扱い双方）などについても合わせて決定することが望ましい．公共交通サービスの目的は市民のモビリティ向上に寄与することであって，決して地域にバス停標識を設置することではないからである．

　なお，路上へのバス停施設等の設置は，従来バス事業者の負担で行われてきたが，地域公共交通計画の策定と推進が自治体の責務となった今日，これは道路行政によって担われることが望ましい．運輸事業に対する行政支援の最たるものは道路走行環境の改善であって，公共交通計画は道路行政との連携が不可欠なのである．

1.5　競争による市場の分割＝路線事業者の決定

　さて，地域行政が策定した交通（路線）計画に従って，各路線をそれぞれの事業者に割り当てることによって市場形成は完成する．この過程に競争市場の原理が貫徹することこそが，運輸規制緩和の真の目的であったといえる．市民利用者は実際に事業者を選択することはできない．地域行政が利用者に代ってこれを行う．事業者は表IV.1.1に示

すように多様な形態で，多数の者が考えられる．従来，地域ごとに決められていた少数の事業者にこだわることはない．隣の地域や近くの大都市に眼を向ければ複数の民間事業者を用意することは簡単である．運行委託方式を採るならば，全国に対象事業者を広げることも可能だ．そして，どうしても手を挙げる事業者がいなければ公共事業方式も考えられよう．こうした幅広い選択肢の中から事業者間のサービス競争によって担当事業者を決定する．

競争の方式は図Ⅳ.1.5.1のようなものが考えられる[1]．これは一定の公的資金の投入が避けられない路線を例にとって説明してある．路線サービス一括請負入札制と呼んでいる．路線とサービス水準を一括して競争事業者に提示，公共支援金額を入札させ，最低価額提示者に落札するものだ．契約期間は車両や運転手の手配を考えるならば5〜10

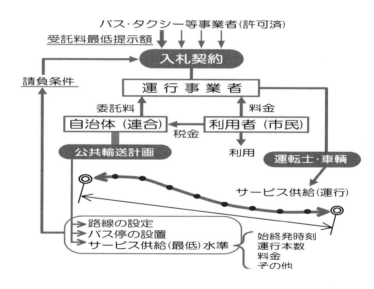

図Ⅳ.1.5.1　路線バスサービス一括請負入札制の概要[1]

年程度の長期にすることが考えられるが，サービスに関する契約不履行による中途解約の約束もなくてはならない．この入札制度により，公共補助投入による「親方日の丸」化，すなわち生産効率の低下を回避できる．運行サービスの提供に民間活力を活かした合理化が可能になり，公共資金投入額の節約が企てられるのである．

基幹路線のような独立採算が見込める路線については，当然，公共資金投入額は0となり，負の入札額（すなわち運上金である）で入札す

ることも考えられるが，現実的には他のサービス条件の水準向上（特に料金の切下げ）で競争することになる．

　このような地域行政と事業者との，競争を活かした契約関係は，ロンドンのバスサービスにその例を見ることができる．また，具体的に入札手続きは採っていないが，ブラジルのクリチバ市や埼玉県の三郷市にもよく似た事例を認めることができる．三郷市では公共資金は用意されておらず，参入希望事業者の間で提供サービス水準についてプロポーザル競争が行われたと見ることができる．これらの事例を表IV.1.5.2にまとめた[2]．この表に見られるように，自治体はサービス供給計画を策定して事業者と契約を結ぶのみならず，事後の運行サービスとコストの調査（CS調査）をやっていくことが重要である．地域行政が交通計画を策定・管理するということは，ここまで実施することであり，これによって絶え間ないサービスの向上が担保されるのである．

表IV.1.5.2　各地の交通計画策定と路線契約先進事例[2]

都市	段階	自治体	事業者
ロンドン（イギリス）	計画	路線，ダイヤ，バス停位置，優先策を決定	参考意見を言うことだけができる
	運営	系統毎に入札制度補助額変動	車庫位置等考慮して応募
	運行	CS調査，運行評価調査	コスト最小化の努力
クリチバ（ブラジル）	計画	都市計画研究所が基本方針を立案 個別路線は都市交通局が立案	
	運営	運賃収入は都市交通局が一括管理し，運営距離とCS調査結果で事業者に配分	コスト最小化とCS向上の努力
	運行		車両と人の管理
三郷市（埼玉県）	計画	路線，バス停位置（地元調整），ダイヤを決定	
	運営	路線毎に事業者と契約 路線図と時刻表全戸配布 運行費補助はない	自治体と契約？
	運行		車両と人の管理

1.6　地域行政による路線管理の実施に向けて

　第I編にも述べたように，運輸規制緩和は地域行政への権限委譲を伴ってはじめて行政改革の効果を発揮できる．両者は車の両輪なのだ．しかるに，権限委譲の手続きはほとんど採られておらず，免許制の廃止の後は，運輸局によって運輸事業者の安全・安定性審査が行われ，路線ごとの許可が実施されている．地域行政は実は上述路線を事業者に割り当てる権能を本来的には持っていないのである（地域公共交通活性化再生法に基づく地域公共交通再編実施計画を策定すれば，事業者との合意を前提にこの権能を持てるようになる）．一方では，公共資金支出の主体として自治体が最も期待されており，従来主として事業者を対象に行われてきた国庫補助も，地域公共交通活性化・再生総合事業（2008〜10年実施）以降，一部の補助は自治体や法定協議会を対象とするものが出てきている．

　このような不完全な行政改革の状況下で，地域行政が主体的に市民の足を守る施策を推進するためには，種々の便法的方策を考える必要がある．第一に，各自治体は運輸局と十分な連携をとる必要がある．これまで，運輸局は地方交通計画策定に当たっても，市町村と直接連絡をとることはほとんど無かった．自治体の中には十分な計画策定能力に欠けるものもあろう．運輸局はこのような自治体に協力するとともに，地域の中核的都市を中心とした交通圏を編成して，上述の交通計画策定を誘導すべきである．逆に自治体側からは，実質的な路線運営の契約を運輸局の路線許可権を通して実現する途を追求することが望まれる．サービス管理の結果を運輸局に通告することも大切だ．すなわち，自治体ないしは地域行政と運輸局の連携である．

　また，地域行政は道路管理権をバス路線運行管理に活用する途を追求する必要がある．本来，バス停留所は道路交通法によって諸車の駐停車が禁止されており，路線バスのみが停まることができる．道路管理者が路線バスとして認定できないようなバス事業者は，バス停を使用できないはずである．交通管理者たる警察とも連携して，このルートからバス事業者管理の途を探ることも可能なのではないか．元来，バスサービスはその走行路たる道路整備と一体化してはじめて，高度なサービス水準を達成できるものなのである．

　そして，最後に，運輸局が運輸事業者を管理する形であることもあって，市町村と運輸事業者の間のパイプは必ずしも十分に形成されていないところが少なくない．地域行政は交通計画策定における協議の場などを活かして，事業者とのパイプを早急に開くべきである．そして地域行政と事業者の対等な商取引慣行の樹立こそがパートナーシップの確立の完成を導くであろう．

1.7　バスサービスをめぐる各主体のかかわり方

　以上，バスサービス市場のあり方について論じてきた．大都市など一部の地域を除いて，バス事業者自身の内部補助に頼った路線維持が困難となり，大半の路線で採算が確保できない一方で，国・自治体の厳しい財政状況を考えると，バスサービスの維持発展のためには，関係するさまざまな主体（ステークホルダー）の果たす役割を明確にするとともに，各主体が参画し協働する枠組みの構築が必要である[1]．この立場から，各主体のバスサービスへの関わり方について以下にまとめる．

(1)　市町村
　市町村は，民間路線バスへの補助，コミュニティバス・デマンド交通等の運営・運行，および市町村道や一部の駅前広場・バスターミナルの管理などを担い，バスサービスの確保維持にとって大きな役割を果たす存在となった．ところが，多くの市町村では現段階でも交通政策を専門に担当する部署はおろか，専任の職員さえ置かれていない状況にある．市町村ごとに所管部署名はバラバラであり，また職員は多忙である上に，配置転換によって方針が継承されないことも起こっている．

　自治体の典型的な対応として，民間事業者が運営する路線バスに新たに補助を行ったり，自治体運営のコミュニティバスに移行したりする場合，従来とほとんど同じ路線・停留所・ダイヤを継承し，その後地元要望などを受けて少しずつ変更を加えていくというパターンが多く見られる．しかし，そもそも民間事業者が補助・廃止対象路線に挙げたということは，その路線はある意味「落第」を宣告された状態になっているわけである．それを何の見直しもなく公的補助によって存続することは全く妥当ではなく，何らかの見直しがあってしかるべきである．一方で，自治体運営バスを冗長な巡回ルートにしてしまう例も多く見られる．すなわち，自治体運営になることによって，従来は路線バスが通っていなかった地区からも路線乗り入れの要望が出るようになり，それを反映した結果，どの地区にとっても不便な路線になってしまうというパターンである．

　これらの例は，市町村としてどのようなバスサービスを供給すべきであり，そのために自らが何を行うべきかに関して情報や知識を持ち合わせないためである．そこでまず求められるのは，域内の路線バス等の公共交通について，その利用や収支の状況をモニタリングし公開することである．そして，そのデータをもとに，路線の改善を常に行える体制を，自治体や事業者はもとより，住民・利用者・運転手など

の関連主体も参加する形で確立することが必要である．公共交通機関
には「適材適所」が肝要であり，ある場合には完全廃止や福祉目的の
移送サービスへの移行，タクシー車両利用やデマンド交通等への変更
といった選択をとることが妥当となるかもしれない．このような適材
適所の選択を行うために，地区内で合意形成を図りながら，地域全体
としてうまく機能し，税金を充当する意味がある公共交通網となるよ
うに改善していく仕組みをつくることが最も大切である．道路運送法
に基づく「地域公共交通会議」や，活性化及び再生に関する法律（地
域交通法）に基づく「法定協議会」はまさにこの役割を果たすことを
意図された協議組織である．

　その上で，市町村における公共交通政策の方針を「計画」「戦略」
「ビジョン」といった形で明文化することは重要である．地域交通法
で規定された法定計画「地域公共交通計画」はその 1 つの形と考えら
れる．それを策定し実施する場が法定協議会であり，関係者の参加を
求め，実態・ニーズ調査に基づいて PDCA サイクルによる公共交通網
の改善を進めていくことが必要であり，そのために主宰者としての市
町村の主体性が求められる [3]．また，策定された地域公共交通計画
（戦略・ビジョン）と総合計画や都市計画マスタープランといった上
位計画との関係を明確化し，まちづくりの中で公共交通がいかなる役
割を果たすのかを定義し組み込んでいくことが求められる．また，で
きれば公共交通全体の専任担当者を配置し，自治体運営バスの運営・
広報・フォローはもとより，事業者・住民等との調整機能を果たし，
公共交通ネットワーク全体を維持発展させていく体制づくりの核とな
ることも期待される．市町村合併や連携中枢都市圏など複数市町村で
の取り組み，そして国の地域公共交通確保維持改善事業（国庫補助制
度）によって公共交通ネットワークの広域での再構築が迫られる一方
で，住民や NPO が主体となった公共交通や移送サービスも増加しつ
つあることから，これらをコーディネートするための市町村の役割は
さらに重要になってきている．

(2)　都道府県

　交通事業者や国に代わって市町村がバスサービスに対して大きな役
割を担うことが求められるようになった現在，都道府県が果たすべき
最も大きな役割は，市町村を越えた生活圏の範囲に広がっている公共
交通ネットワークの分断を防ぎ，広域的な移動を担保することである．
　市町村が事業主体となる廃止代替バスやコミュニティバス等は市町
村界で路線が分断されてしまう傾向がある．そのために，地域の主要
都市と周辺市町村を結ぶ地域間幹線系統を対象とした国庫補助制度
（地域公共交通確保維持改善事業に基づく）や，それを補完するため

に多くの都道府県で設けられている協調補助や単独補助の制度がある（「4.6 制度設計」，「付録」を参照）．しかし，これらの制度では，市町村内で完結する支線的路線が廃止代替バスやコミュニティバスに移行することによって，幹線と支線とで事業主体が異なってしまい，運賃・ダイヤ・乗換場所の面で分断が生じることにつながる場合がある．そうなると，支線が運行されていてもその存在が地域の中心地では分からなくなってしまい，ネットワークとしての体をなさなくなり，結果的に幹線の利用も減ってしまうことが懸念される[4]．

　既に幹線バス路線の存廃問題が全国的に生じており，広域公共交通ネットワークの分断を防ぐという都道府県の役割はますます大きくなる．そのために重要なのが地域交通法に基づく法定協議会を設置し，その中でバスを含む地域公共交通網全体について検討し，地域公共交通を策定することである．各道府県では，地域間幹線バス路線に関して事業者と各市町村間の調整を行うために地域協議会を設置していたが，2020 年の地域交通法改正で地域公共交通計画が義務化され，さらに計画策定がないと地域間幹線系統補助など公共交通関連の国庫補助が得られなくなることもあって，法定協議会の設置が進み，従来の地域協議会がその中に取り込まれる動きが出ている．したがって，その活性化が必要である．

　地域協議会は，民営路線への公的補助の是非や，退出後の代替手段確保策に関する検討を行うことが定められている．しかしながら，それだけでは対症療法にとどまってしまう．地域全体の公共交通ネットワークがどうあるべきか，そしてそのために各路線・系統や結節点がどうあるべきかについて議論し，公共交通ネットワークを維持・発展させるための場となることによって初めて，各路線の存廃や公的補助の是非も議論できる．そのためにも，都道府県が幹線バス路線ネットワークの存在意義とあり方を法定協議会も活用して検討し，地域公共交通計画において提示することが必要である．

　2011 年度に始まった国の地域公共交通確保維持改善事業は，それまであった地方バス路線維持費補助金による地域間幹線への補助制度（生活交通路線維持費補助）を統合したが，都道府県との協調補助という制約が外されたため，従来以上に都道府県による地域間幹線への補助のあり方が問われるようになっている．それを可能とするための法定協議会の運営方法の見直しが必要である．また，都道府県の公共交通担当部局には，財政的な支援・調整はもとより，市町村が公共交通に取り組む際のアドバイザー的な役割，さらに，多くの場合複数市町村をまたがる鉄道線の活性化・充実や存廃対応での主体性や，バス等フィーダー交通との連携推進策も合わせて求められる．

(3) 国

　乗合バス事業の規制緩和以降，国は路線バスや自治体運営バスへの補助や介入からは一歩引いた形となった．そのこと自体は，「地域公共交通は地域自身が考える」という地方分権の趣旨に沿ったものと言える．問題なのは，権限は移譲されても，財源や人材，ノウハウが十分に移譲されていないことにあった．また，地域間幹線バス路線維持のための国庫補助制度は存続し，路線維持に一定の役割を果たしたものの，その補助要件に縛られて思い切った路線見直しをできない状況となり，利用者の減少を食い止められないという事態も生じた．このように，地域特性を強く反映する路線バスに対し，国の制度はどうしても杓子定規的にならざるを得ない面がある．そこで，「地域交通法」をベースに，自治体の地域公共交通施策を国が高い自由度をもって支援するしくみとして「地域公共交通活性化・再生総合事業」が2008〜10年に実施され，多くの自治体に活用された．特筆すべきは，地域公共交通のあり方を地域の多様な関係者が参加して検討する「法定協議会」や，そこで策定・実施される「地域公共交通総合連携計画」（現：地域公共交通計画）が普及したことである．しかし，2010年秋に行われた国の事業仕分けによって「各自治体の判断に任せるべき」と判定されたことなどから，この制度は廃止となった．

　代わって2011年度に新設された地域公共交通確保維持改善事業では，存続が危機に瀕している生活交通ネットワークについて，地域のニーズを踏まえた最適な交通手段の確保維持策を国が一体的かつ継続的に支援するものとしている．そのために，従来補助対象であった地域間幹線系統に加え，主に市町村内で完結する地域内フィーダー系統についても一定の基準を満たせば補助対象となった．また，関係者による議論を経た地域交通に関する計画に基づき実施される取組みを支援することとしており，法定協議会のしくみを継承している．しかしながら，補助対象系統の要件として様々な制約が科せられていることや，申請手続きが煩雑であることが問題である[5]．

　今後国は，地域の実情や自治体の創意工夫を尊重し，地域に合った公共交通サービスが生み出されるような支援制度の確立を目指すことが必要である．

　また，「ノウハウ提供」，つまり，各地でバス等の公共交通について悩んでいる自治体・住民・事業者に対して有効な助言や指導をすることも大切である．

　バス運行をハード面で支援する仕組みについては，以前存在していた各種の国庫補助制度が地域公共交通確保維持改善事業に統合され「地域公共交通バリア解消促進等事業」となった．補助対象として，車両やターミナルのバリアフリー化やBRTシステム，ICカード，バ

スロケーションシステムの導入が挙げられる．しかし，より広くバス走行環境確保や待合施設整備といった取り組みを進めるための支援制度は不十分である．2023年10月の改正地域交通法施行に伴い，地域交通計画に戻づく駅・バス停等の公共交通施設について社会資本整備総合交付金の活用が可能となった．

なお，近年，バスの運転手等の確保が全国的に困難となってきている．合わせて，重大事故発生など安全運行を脅かす事象が発生している．この主因として，規制緩和による競争の激化に起因する安全投資削減や労働環境悪化がもたらした運行現場のモラル低下や職業としての魅力低下が上げられる．このような状況を改善するために，運転手等確保のための給与上場や待遇改善を進めるとともに，事業者の安全運行を確保する策をとることで公共交通の信頼を維持することは，国の運輸行政の最も基本的な役割である．

(4) バス事業者

バス事業の規制緩和の一つのねらいは，事業者の地域独占による弊害を打破し，業界の活性化を図ることでバスのサービスレベルを底上げすることにあった．乗合バス事業において新規参入は小規模にとどまっているが，自治体運営バスにおいては既存乗合バス事業者の系列でない貸切バス会社が低コストを武器に参入するケースが広がり，入札・コンペ方式導入によってこの傾向が加速された．このため，従来の乗合バス路線に対する利用者・住民・自治体の要求が高まり，乗合バス路線への公的補助を打ち切って廃止に追い込み，新たにコミュニティバスを運行させる自治体も少なからず見られる．近年では，利用者が少ない地域・路線についてデマンド交通へ移行する動きも強くなってきている．

このような状況は，既存の乗合バス事業者にとっては逆風と言える．地域の公共交通ネットワークを一元的に維持してきたことは，「地域の信頼」という重要な財産の源泉となり，グループ企業も含めた経営に大きなプラスとなってきたはずである．路線廃止によって地域の信頼を急速に失うことで，このことを改めて思い知らされている既存事業者は多いと推測される．したがって，路線バス部門がよほど足を引っ張っているのでない限りは，なるべくグループ内で路線維持を考えていくことが望ましいと考える事業者も多く存在している．具体的な方策として，バス事業の分社やグループ内貸切バス・タクシー会社への移管・運行管理委託という形で運行経費を切り下げて，乗合バス路線として存続を図るか，コミュニティバスやデマンド交通を積極的に受託することが広く行われた．さらに，自治体や地域にバス運行を提案する例も見られる．

結果として，大半のバス事業者は低コスト競争（その多くは人件費削減に帰着する）による消耗戦に巻き込まれた．一番の基本である安全運行を脅かすことが懸念される．また，既存乗合バス事業者とその系列会社が自治体運営バスの委託を獲得できなくなることによって，乗合バス路線と自治体運営バス路線が分断されたり，乗合バス事業者の経営悪化によるバス路線の一層の廃止が進むといった事態も生じた．さらに，バス運転手の確保が困難となっているために，公的補助があっても運行できる事業者がいないという事態も珍しくなくなっている．

　この状況は規制緩和の弊害そのものであり，そうならないような補助・委託のあり方が自治体に求められることは前述の通りである．しかし，同時にバス事業者には，単純なコスト競争を乗り越えて，より高い付加価値を持った乗合輸送サービスを，いかに低コストで提供するか，そして運転手にとっても働きがいのある職場をつくっていくかというノウハウの蓄積とそのPRが必要である．

　具体的に求められるのは，「企画力」「提案力」「サービス力」の3つの力である．まず，「企画力」とは，既往の公共交通網・路線が抱える問題点を改善し，地域の状況やニーズに応じることが可能な新しい「商品」を開発する力である．現在の乗合バス事業者は，コスト削減策として事務部門が極端に切り詰められていることから，新企画を検討することが非常に困難となってきている．しかし，バス車内で乗務員と乗客が常に接しているという労働集約型産業の強みを生かしたマーケティング活動やPDCAサイクルを展開することは可能である．これを機能させるためには，経営側のみならず労働組合の参画も不可欠である．さらにこの企画検討活動は，社内のみならず，沿線の住民や商業店舗，企業，学校，病院，自治体といった地域との協働に発展していくことでより活性化できる．

　次に，「提案力」とは，企画された公共交通サービスを実施し，さらに成功につなげるための効果的なPRを行いうる力である．時刻表や路線図といった基本的な情報を紙・停留所・インターネットといった媒体を通して提供することはもとより，バス路線網の新たな方向性の地域への提案，需要の見込める集客施設や住宅団地等への路線乗り入れの申し入れ，自治体や住民が主体となったバス運行事例の紹介と具体的提案，バスサービスによって実現されるライフスタイルの提案など，多くの可能性を見いだすことができる．

　「サービス力」とは，安全で快適な移動をどう提供するかという力である．乗務員の運転技術や接客態度，車両・停留所の快適性といった直接的な要素はもとより，定時性・高速性に優れニーズに即応した路線やダイヤの設定も含めたものである．

　以上の3つの力は，運行現場はもとより，地域公共交通会議や法定

協議会といった，地域の様々な関係者との協議の場でも発揮されることによって有効となる．そのために，協議の場で関係者の意見を集め，それを参考にしつつ自身のノウハウや現場の状況を勘案した企画をつくって提案し，さらに協議や実際の運行を通じてよりよいものに改善していく，という流れをつくり出すために，どのような行動や発言をすればよいのかを周到に考える態度が望まれる．

(5)　地域住民 [6)-9)]

　地域公共交通機関を最も必要とするのはその地域の住民であることを考えれば，その企画・運営にも地域住民が参画し支えていくことが基本でなくてはならない．ところが，長年の参入退出規制によって，国と公共交通事業者が公共交通の方向を決めていく枠組となり，住民はそれに対して要求していくしかできないという立場に甘んじてきた．規制緩和によってこの枠組が崩壊した現在でも，このような意識が残っている．その典型が，鉄道・バス路線の廃止表明に対する存続の陳情や要望，署名運動や，とにかくただ乗るだけの「乗って残そう」運動である．これでは参画したことにはならない．

　まずは，公共交通維持が困難となった根本原因は自分たちが利用しなくなったためであるという事実を正視し，なぜ利用しなくなったかを考えた上で，住民が地域公共交通を自分たちで考え維持していく態度に一刻も早く立ち戻ることが求められる．その自覚があってこそ，「本当に路線バスは必要なのか」「バスでないとだめなのか」「なのになぜ存廃が問題となったのか」を考え直し，新たな公共交通の形を考え，その運営に主体的に関わっていくための議論ができるようになる．具体的には，どのような運行形態であれば利用されるか，そして，金銭負担面も含めて住民が運営にどのように関わっていくのかについて，積極的に議論に加わることが第一歩となる．近年見られるようになった住民組織や NPO 法人によるバス運営団体や支援団体はその究極形である．「パブリックコメント等での意見表明」→「地域公共交通計画策定時や路線見直し時などにおける懇談や意見表明」が全国各地に広がっていくことが，日本の地域公共交通を救う大きな原動力になると言える．

【参考文献】

1) 竹内伝史：需給調整規制の廃止に伴う地方自治体の新任務，公共輸送政策，運輸政策研究(運輸政策研究機構)Vol.3，No.2，2000.
2) 中村文彦：バス輸送計画の新しい展開に関する考察，バスネット研究会・土木計画学研究委員会共済，バスワンデーセミナー「バスサービスの課題と処方箋」，2003.
3) 加藤博和，福本雅之：地域公共交通計画の策定・実施方法に関する一考察

　　　〜地域公共交通の活性化及び再生に関する法律をいかに活用するか？〜，
　　　土木計画学研究・講演集 No.37，2008.

4) 加藤博和，福本雅之：地方部における幹線路線バス再生方策検討に関する
　　基礎的研究，土木計画学研究・講演集，No.36，2007.

5) 加藤博和：日本における地域公共交通確保維持改善制度の変遷と今後の活
　　用策に関する考察，土木計画学研究・講演集，Vol.44，2011.

6) 髙橋愛典：地域交通政策の新展開－バス輸送をめぐる公・共・民のパート
　　ナーシップ－，白桃書房，2006.

7) 中部地域公共交通研究会編著：成功するコミュニティバス　みんなで創り，
　　守り，育てる地域公共交通，学芸出版社，2009.

8) 秋山哲男，吉田樹，猪井博登，竹内龍介：生活支援の地域公共交通，学芸
　　出版社，2009.

9) 福本雅之，加藤博和：地域公共交通運営組織への地域住民参画促進方策に
　　関する研究，土木計画学研究・講演集，Vol.44，2011.

2章　調査

2.1　概要

　バスサービスの計画と運用を検討するに当たって，調査は全ての作業の基本となる．住民のニーズは何か，どの地域にどれだけの移動があるのかなどの利用者に関する情報や，現存の交通およびバスサービスの状況を把握することの必要性は強調してもし過ぎることはない．

　しかしながら，調査を実施するには予算や労力などの資源を少なからず投入しなくてはならない．このため，既に別途実施されている調査があれば，当該の課題への適用可能性を十分に吟味しつつ，最大限に活用することが有効である．本章では，改めて調査をせずとも活用可能な既存の調査がいくつかあることに着目し，それらを「2.2　既存調査データ活用の可能性と限界」において紹介する．そこでは，人々の一日の交通行動を調査するパーソントリップ調査，人口動向や通勤通学についての情報を見出しうる国勢調査，道路交通についての基礎データとなる全国道路交通情勢調査，そして，バス輸送実績や各種GIS調査等について述べる．

　おおよその交通流動や地域の人口配置などはこれらの既存の調査を用いて把握できるが，より詳細な交通の流れを把握するには必ずしもこれらで十分ではない．また，地域によってはこれらの調査が実施されておらず，データが整備されていない場合もある．そうしたケースに対応するためには，おおよその交通の流れを把握するための調査が必要となる．そのための基礎調査が「2.3　交通実態・ニーズ調査」である．また，交通実態の中でも，とりわけ既存のバス交通に焦点を当てたものが「2.5　乗降実態調査」である．

　より詳細に人々の行動を把握するには，交通行動だけでなく，一日の活動全体に焦点をあてた調査が必要となる．活動に関するデータがあれば，人々の活動パターンにあわせたきめ細かなバスサービスの計画および運用を検討することが可能となる．「2.4　生活実態調査」では人々の生活行動全般を調査する方法について述べる．基本的には，交通は，生活活動を実施するための派生的な活動に過ぎない．よって，活動に関する本源的な情報を必要とする場合には，この調査が必要となる．

　以上に述べた調査はいずれも，行動に焦点をあてた調査である．しかしながら，バスサービスの計画・運用を検討する際，人々の意識についての情報も重要な基礎情報となる．例えば，人々が何に不満を感じているのか，どのようなサービス水準を求めているのか等の情報があれば，サービスの改善を図る上で重要な示唆が得られる．「2.6　意

識調査」は，そうした視点から，人々の意識を調査する方法について述べる．また，様々なニーズがあったとしても，それは常に意識上に確固として現れているわけではない．他人との話し合いの中でそれらを発見したり，認識したりすることがある．特に，潜在的なニーズを把握するには，そのような意識の掘り起こしが必要であり，人々の意識をアンケートのように単一方向で調査するのではなく，インタビュー形式に基づく調査が有用となる．「2.7 潜在ニーズ調査」においてはその調査方法について，代表的な調査の例を引用しつつ説明する．

　既にバスサービスを供用している場合においては，現状のバスがどのように運行しているのかについての情報は，バスサービスの検討，とりわけ改善にとって重要である．特に，都市部においては道路混雑による遅延の程度を把握することが必要である．それらの調査を「2.8 運行状況調査」において述べる．なお，利用促進策のために必要とされるいくつかの調査については，「6章 利用促進策」においても触れられているので，そちらもあわせて参照されたい．

　実際の調査においては，例えば，住民の行動と意識をアンケートによって同時に調査するように，これら上述の調査をあわせて実施することが現実的かつ効果的である．本書では，読みやすさの観点から，それぞれの調査を個別に説明する形をとっているが，実際の調査において，それらをどのように組み合わせて調査を設計するのかを念頭におく必要がある．

2.2 既存調査データ活用の可能性と限界

(1) 基本的な考え方

　ここでは，バスサービスの計画等に活用の可能性がある既存の調査データについて説明する．既存データは，概して都市部においてはよく整備されている一方，地方部においては必ずしも整備されていないという傾向がある．しかし，地方部においても，よく調べてみれば活用可能なデータがある場合もあるため，自前で調査を行う前に，活用可能なデータを検索してみる価値はある．ただし，例え既存データが豊富にある都市部においてですら，既存データのみで十分であるということも稀であるため，適宜，別途の調査を行うことが望ましい．

　なお，それぞれのデータを使用する上での限界についても指摘している．それらが問題となる場合には，別途，交通実態について調査，あるいは生活実態調査が必要となる．それらの調査の詳細は，本章の後の節にて解説する．また，経営状況や費用構造といった事業者に関する調査データは，それぞれ「4.6 事業者選定」，「3.6 費用構造分析」で扱う．

(2) パーソントリップ調査
①パーソントリップ調査の概要

　パーソントリップ調査とは，交通の主体である「人（パーソン）の動き（トリップ）」を把握することを目的としており，調査には，どのような人が，どこからどこへ，どのような目的・交通手段で，どの時間帯に動いたか等について，調査日1日の全ての動きを調べるものである．PT調査と略されることもある．

　交通需要全体の中でのバス交通の位置づけを把握することができるという利点を有するが，きめの細かい交通計画の立案，たとえば，主要乗換バス停の整備計画，直通バス路線の新設などに用いるには，対象区域内の人口規模に応じて設定されたサンプル抽出率が概ね2～10%程度と小さいため，調査精度的に限界がある場合が多い．

②パーソントリップ調査の実施箇所

　国土交通省　都市局　都市計画課　都市計画調査室において，最新のパーソントリップ調査を実施した都市圏を紹介している[1]．調査後2年程度で調査データの利用が可能となる．データ利用に関しては，パーソントリップ調査の実施事務局（都道府県都市計画課など）に問い合わせて利用方法などを確認できる．なお具体的な問合せ箇所については，国土交通省　都市局　都市計画課　都市計画調査室において公表されている[2]．

③パーソントリップ調査から得られる成果
1) 詳細な移動実態を把握することが可能

　パーソントリップ調査は，ある1日の行動を調査したものであるため，様々な交通手段をどのように乗り継いでいるかということを把握することが可能である．たとえば，図Ⅳ.2.2.1では，自宅から勤務地までの移動を示したものである．この場合，自宅から徒歩でバス停まで行き，そこからバスに乗って駅まで移動する．その後，鉄道に乗り換えて，勤務地の最寄り駅まで行き，勤務地の最寄り駅から勤務地までは徒歩で移動するというものである．この移動について，たとえば，交通手段に着目すると，「徒歩→バス→鉄道→徒歩」となる．このような移動を4トリップと表現することもある．また，移動目的に着目すると，自宅から勤務地までの移動ととらえることができ，このような移動を1トリップと表現することもある．

　このようにパーソントリップ調査では，移動の実態のみならず，個人属性（年齢，性別など）なども把握しているため，これらを用いることにより，詳細な移動実態を把握することが可能である．

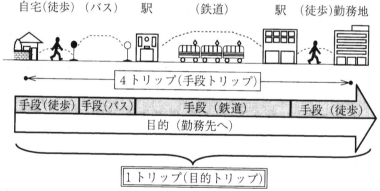

図Ⅳ.2.2.1　詳細な移動実態の概念[3]より引用

2) ゾーン間OD交通量

　調査対象区域（ゾーン）ごとに移動実態のデータを集計することにより，調査対象区域間（ゾーン間）の交通実態を把握することが可能である．その際，交通手段別，目的別，時間帯別等の集計もできることから，都市圏全体の交通需要の中でのバス交通の位置づけ（交通需要全体の中でのバス交通の利用実態の割合；交通手段分担率という）を把握することができる．なお，発ゾーンから着ゾーンへ移動するトリップ数を集計したものをOD交通量と呼ぶ．Oは発地を示す「Origi n」，Dは着地を示す「Destination」のそれぞれの頭文字を用いて表現したものである．

3）現況ならびに将来のゾーン間OD交通量

2)のゾーン間OD交通量については，調査時点における現況OD交通量と目標年次における将来OD交通量を集計することが可能である．ただし，将来OD交通量については，調査対象都市圏における整備計画や将来人口予測など，さまざまな前提条件を踏まえた予測結果であるため，活用するには留意が必要である．

④データの活用範囲
【留意点1】
パーソントリップ調査は，調査票ベースでは，詳細な乗継ぎ利用実態を把握することは可能であるが，都市圏全体の交通需要の実態を把握するためには，集計しなければ把握することができない．

【留意点2】
パーソントリップ調査は，抽出率が2〜10%のサンプル調査であることから，調査精度が低いと言わざるを得ない．そのため，交通需要全体の中での各交通機関別の移動実態（これを交通機関分担率などという）を把握することができるが，そのOD交通量（実数）については，あまり信頼できない．

【留意点3】
パーソントリップ調査では，その調査対象範囲を都市圏としてとらえていることから，調査対象範囲が非常に大きい．また，調査精度をある程度損なわないために，調査対象区域（ゾーン）をやや大きく取る傾向にある．すなわち，都市部においては，町単位となることもあるが，周辺地域では，一つの自治体で数個のゾーンとなる可能性もある．そのため，一つのゾーンに複数個のバス停や駅などが含まれる場合があることから，詳細な流動，たとえば，バス停間の流動などを把握することができない．

⑤調査規模
パーソントリップ調査では，調査対象圏域の住民基本台帳等から調査対象者をランダム抽出し，アンケート票を配布・回収している．そのため，有効回答率（ほぼ9割と言われている）は高く，地域や年齢等の偏りが少ない精度の高いデータが得られる．ただし，抽出率が2〜10%と非常に低い．

⑥全体として入手可能な成果
1) ゾーン間OD交通量（全交通手段，交通手段別）
2) 目的別OD交通量（全交通手段，交通手段別）
3) その他個人属性別等のOD交通量（全交通手段，交通手段別）

(3)　国勢調査
①国勢調査の概要
　国勢調査は，5年に一度総務省が全国的に実施する調査で，住民登録等と異なり，現在居住している市町村での全数調査である．さらに，10年に一度「利用交通手段」調査も実施されており，常住地及び従業地での利用交通手段を把握できる．

　　　　常住地：就業地又は通学地までの交通手段を居住地側で集計
　　　　従業地：就業・通学地までの交通手段を就業・通学地側で集計

　＜集計交通手段＞
　　　◇交通手段が1種類
　　　　　徒歩，鉄道，乗合バス，勤め先・学校のバス，自家用車
　　　　　ハイヤー・タクシー，オートバイ，自転車，その他
　　　◇交通手段が2種類
　　　　　鉄道及びバス，鉄道及び勤め先・学校のバス，鉄道及び自家用車，鉄道及びオートバイ，鉄道及び自転車，その他
　　　◇交通手段が3種類以上

②国勢調査から得られる成果
1)　市町村間通勤・通学目的OD交通量の把握
　国勢調査では，市町村単位で「地域内々，他地域からの流入，他地域への流出」別に，通勤・通学目的での移動者数を把握することができるため，これを用いて，市町村間通勤・通学目的のOD交通量を把握することができる．

2)　市町村間通勤・通学目的の交通手段別OD交通量の把握
　国勢調査では，10年に一度，通勤・通学目的による移動の交通手段を把握している．そのため，市町村間の通勤・通学目的の交通手段別OD交通量を把握することができる．
　なお，人口10万人以上の都市では，市町村間の交通手段別通勤・通学者数が整理されている．

③データの活用範囲
【留意点1】
　公表された調査結果（印刷物，CD，ホームページ等）は，市町村単位で集計されているため，市町村間の流動を把握することはできるが，市町村内における詳細な移動状況を把握することが出来ない．

【留意点2】
　交通手段別交通量はあくまで通勤・通学目的に限定されているため，通勤・通学以外の目的での移動状況を把握することは出来ない．ただし，前述したパーソントリップ調査結果などを援用することにより，通勤・通学目的以外の目的での移動状況を補完することで，通勤・通学目的以外の交通手段別交通量を予測することは可能である．

④調査規模
　国勢調査は，全国を対象として，居住者全員を対象とした全数調査であることから，信頼性は非常に高い．

⑤全体として入手可能な成果
　1）市町村間通勤通学目的OD交通量
　2）市町村間通勤通学目的の交通手段別OD交通量

(4)　全国道路交通情勢調査（道路交通センサス）自動車起終点調査
①全国道路交通情勢調査（道路交通センサス）の概要
　全国道路交通情勢調査（以下，道路交通センサスという）は，昭和3年以降全国的規模で実施している調査であり，昭和37年以降昭和55年までは3年ごとに実施してきた．昭和33年からは，一般交通量調査に加え，自動車起終点調査を実施している．昭和55年以降は，一般交通量調査と自動車起終点調査を行なう総合的調査は5年ごととし，3年目に量的な補完調査として一般交通量のみを実施している．
　バス計画等で活用可能な自動車起終点調査は，ア）路側OD調査，イ）オーナーインタビューOD調査（抽出率2〜3％程度）からなり，これらによって現況車種別OD（バスODとして抽出）が作成される．

1)　路側OD調査
　一部の県境等を横切る道路で自動車を道路脇にとめ，運行状況を聞き取り方式で調査する．また，フェリー乗船時に運行状況等を聞き取り方式により調査する．

2）オーナーインタビューOD調査

　車の所有者や使用者に対し，調査日の運行状況等についてアンケート方式で調査する．その結果は，オーナーマスターODで保存される．

②オーナーマスターODの内容

　バス計画等で活用可能なデータは，公表用に集計された現況OD（車種別ではバスOD）ではなく，アンケート票をそのまま入力したオーナーマスターODから集計する．ただし，オーナーマスターODの使用については，国土交通省の各地方整備局に許可申請を提出する必要がある．

1）集計可能項目

　上記のオーナーマスターODの"車種＝バス"で集計可能な項目は以下のとおりである．
・出発地～目的地，乗車人員，出発地・目的地間所要時間・距離　等
・運行目的別，出発時刻（到着時刻）別，起終点の施設別集計
　注）起終点の施設は，設定コードにより選択可能（病院，駅等）だが，Bゾーン内に限る（ゾーンに同様の施設が複数ある場合は，それらの合計となる）．

③オーナーマスターODの集計から得られる成果
1）路線バス利用ODの把握

　Bゾーンレベル（都市部は複数，町村レベルは概ね町村単位）ではあるが，路線バス走行台数及び輸送者数を把握することができる．この結果を用いて，ゾーン間平均乗車密度を把握することができ，運行計画及び採算性の検討等にも用いることができる．

2）路線バス利用ODの時間帯構成

　出発時刻及び目的地到着時刻別に，上記路線バス利用ODが把握できることから，交通結節点での最大駐車需要量把握等にも適用することができる．

④データの活用範囲
【留意点1】

　集計されるデータは，ゾーン間（Bゾーン：都市部は複数，町村レベルは概ね町村単位）であるため，詳細な利用実態，すなわち特定の病院などの施設等への移動実態などを把握することはできない．

【留意点2】

オーナーマスターODを用いることにより，バス走行台数の分布状況などを把握することはできる．しかしながら，抽出率が低いため（拡大係数が大きい），利用者数（乗車人員）を把握することは推計精度の面で限界である．ただし，別途調査されたデータ等，たとえば，路線バス利用者数等があれば，これらを援用することにより，バス利用者数を予測することは可能である．

⑤全体として入手可能な成果

1) ゾーン間車種別OD交通量（台数ベース，人ベース，平均乗車密度ベース）
2) 移動目的別ゾーン間車種別OD交通量（要集計）
3) バス利用者のOD交通量（要集計）

（5） バス輸送実績
①バス輸送実績の概要

バス事業者が独自に乗り込み調査を実施し，バス停間利用者数を把握している場合があったり，乗降センサーを導入し，自動で乗降者数をカウントしたデータを蓄積している場合があったりする．これらのデータを活用することにより，バス停ごとの利用者数やバス停間ODなどの詳細なバスの利用実態を把握することができる．

②バス輸送実績から得られる成果
1） 系統別バス利用者数

系統別路線バス利用者数（平均乗車密度等も把握できる）を把握することができることから，以下の検討に適用することができる．

ア）可能収益額の把握など採算性検討に適用できる
イ）系統維持に必要な補助金の算出に用いることができる
ウ）地域毎に集計することで，適用限度額の把握等に適用できる

2） 自動車輸送統計年報

国土交通省（運輸局）で発刊されている「自動車輸送統計年報」にバス輸送実績をまとめたものが掲載されている．これらのデータを活用することにより，バスの利用者数の経年変化を把握することができる．

③データの活用範囲
【留意点1】

「系統別輸送人員」を整理することによって，各系統が持つポテン

シャルを評価する指標として活用できる.

【留意点2】
　バス事業者が独自に調査し整理する「バス停間OD交通量」は，全てのバス停を網羅しているわけではなく，料金が変化するバス停間でのOD交通量となっている場合もある．そのため，料金が変化しないバス停が検討対象となる場合，乗降客の実態調査を行ない，補完する必要がある場合もある.

【留意点3】
　路線バス利用者は料金換算人であり，実際の利用者数とは異なることに十分留意する必要がある.
　（図Ⅳ.2.2.2の例での利用者）10人＋10人×2/3＋10人×1/3＝20人

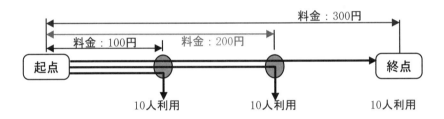

図Ⅳ.2.2.2　路線バス利用者の算出例

【留意点4】
　バス輸送実績で扱う平均乗車密度は，通常のバスに乗車している人数とは異なり，料金換算密度である点に注意する必要がある.

　平均乗車密度＝輸送人キロ÷走行キロ
　輸送人キロ＝輸送人員×1人平均乗車キロ

　1人平均乗車キロは，実態調査又は推計（料金収入から逆算）により設定する.

④全体として入手可能な成果
　1）系統別バス利用者数（運行本数，平均乗車密度等）
　2）系統別採算性の状況
　3）バス停間バス利用者数（調査がある場合ならびに料金変更箇所しか分からない場合もある）

(6)　大都市交通センサス
①大都市交通センサスの概要

　大都市交通センサスは，首都圏（東京都，神奈川県，埼玉県，千葉県，茨城県，群馬県，栃木県，山梨県），中京圏（愛知県，岐阜県，三重県），近畿圏（大阪府，兵庫県，京都府，奈良県，滋賀県，和歌山県，三重県）の三大都市圏について，大量公共交通機関の利用実態を把握することを目的に昭和35年以来，5年ごとに調査を実施しているものである．最近では，調査結果等を国土交通省のホームページ上で公表している．検索サイト等で，「大都市交通センサス」というキーワードで検索すれば，公表されているサイトにアクセスできる．

　　　＜バス・路面電車定期券利用者調査＞
　　　1）住所，性別，年齢，従業地又は通学地，定期券の種類
　　　2）通勤・通学に係る利用区間及び初乗り・最終降車時刻
　　　3）居住地の出発時刻，従業地又は通学地の到着時刻
　　　4）居住地から鉄道・バス・路面電車に乗車するまでの交通機関
　　　5）鉄道・路面電車又はバスを降車して目的地までの交通手段
　　　6）帰宅時刻，到着時刻，帰宅時の利用交通手段
　　　7）帰宅時の乗車駅・降車駅，乗車時刻・降車時刻　　　　　　等
　　　＜バス及び路面電車OD調査＞
　　　1）旅客の乗降停留所別OD交通量
　　　2）旅客の利用券種別OD交通量
　　　3）旅客の乗車目的別OD交通量
　　　4）旅客の鉄道への乗り継ぎの有無別OD交通量

②大都市交通センサスから得られる成果

　主に路線バス関連調査結果を中心に整理すると，以下の結果が入手可能となる．

1）系統別着時間帯別停留所間輸送人員
　運行本数とバス定員数を方向別に1時間単位で集計したもの
2）バス利用実態調査
　ターミナル駅で実施した，バス利用状況やバスサービスに関するアンケートを集計整理したもの
3）居住地行政区別時間帯別帰宅人員
　通勤通学の帰宅人員を14の時間帯に分類・整理されたもの
4）勤務・就学地行政区別時間帯別未帰宅人員
　帰宅の状態区分別に集計整理されたもの

5) 帰宅目的曜日別交通手段別移動人員（行政区間）

　　行政区ODペアごとの帰宅人員（定期券利用者）を交通手段別に整理したもの

6) 帰宅目的曜日別交通手段別移動人員（都心ゾーン・駅～居住地基本ゾーン間）

　　上記の行政区ODペアの発地を都心行政区に着目整理したもの

③データの活用範囲

【留意点1】

　調査対象者は，通勤・通学目的に限定されている調査であるため，通勤・通学目的以外での利用者数を把握することはできない．さらに，利用者実態調査は，定期券や一般利用者が含まれているが，OD調査は定期券利用者のみとなっている点に注意が必要．

【留意点2】

　起終点が調査対象地域内にある人を対象としている調査であるため，調査対象地域を通過する人や調査対象地域以外からの流出入者数を把握することはできない．

④調査規模

　利用者調査は，東京23区，大阪市内，名古屋市内に起点又は終点を持つ系統のみが対象となっているが，定期券，回数券及び現金利用者等全ての利用人員を対象として調査している．

⑤全体として入手可能な成果

　　1) 系統別着時間帯別停留所間輸送人員

　　2) バス利用実態調査

　　3) 居住地及び勤務・就学地行政区別時間帯別帰宅人員

　　4) 帰宅目的曜日別交通手段別移動人員

(7)　各種GIS調査

①GIS（地図情報システム）とは

　地域の社会・経済統計や路線バスなどの交通事業における営業・業務実績をデータベースとして蓄積し，必要に応じてそのデータベースを活用・加工しながら，地図画面上でビジュアルに分析・表現するツールをさす．

　近年，QGISなどフリーのGISソフトなども見られるようになり，日本の統計データが閲覧できる政府統計ポータルサイトのe-Statにおいて，統計地理情報システム（統計GIS）として，小地域又は地域メッ

シュ統計などの統計データ及び境界データのダウンロードが可能となった．これらを活用することによって，手軽にGISを活用したバス事業の現状診断及びバス潜在需要分析を行うことができる．

②主な機能
1）バス事業の現状診断
バス事業をめぐる環境変化及びバシ事業が抱える問題点・課題
2）バス潜在需要分析
潜在需要の有無，将来需要推移の見込み
3）今後のバス事業再構築に関する検討
路線の見直し，新タイプバスの導入可能性，料金施策　等

【参考文献】

1）国土交通省　都市交通調査・都市計画調査のホームページ
http://www.mlit.go.jp/crd/tosiko/pt/map.html（2012年7月25日閲覧）
2）国土交通省　パーソントリップ調査の実施状況・結果概要のページ
http://www.mlit.go.jp/crd/tosiko/pt/info.html　（2012年7月25日閲覧）
3）大橋健一，柳沢吉保，高岸節夫，佐々木恵一，日野智，折田仁典，宮腰和弘，西澤辰男；交通システム工学，コロナ社，2009年．

2.3 交通実態・ニーズの把握

(1) 基本的な考え方

　地域の公共交通を検討するにあたっては，地域の住民や従業者，来訪者の移動実態と移動ニーズを的確に把握することが基本となる．さらに，現在の実態だけでなく，現状では公共交通のサービス水準が低いために外出機会を逸している人々のニーズを把握することも重要となる．ここでは，これらの移動実態や移動ニーズ・意向などを把握するためのアンケート調査の手法について，一般的な考え方を示す．

　なお，ここでの内容は，「2.6 意識調査」，「2.7 潜在ニーズ調査」，「3.4 ニーズの充足状況の分析」，「6.4 調査を活用した利用促進策」と関連しており，それぞれの内容についてもあわせて参照されたい．

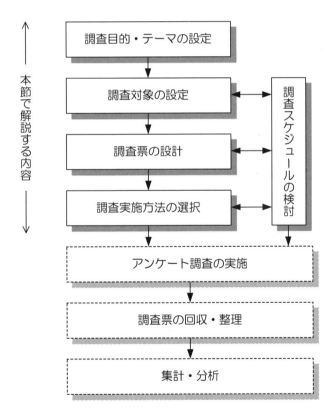

図Ⅳ.2.3.1　アンケート調査の全体構成

(2) 調査目的・テーマの設定

　アンケート調査を実施するにあたっては，まず「何のために調査するのか？」，「何を把握するために調査するのか？」といった調査目的・テーマを明確にしておく必要がある．アンケート調査では，例えば表IV.2.3.1に示すような内容について明らかにすることが考えられる．

表IV.2.3.1　アンケート調査で明らかにする内容（例）

既存のバスサービスについて	・バスの利用実態 ・バス利用者の行動パターンとその特徴 ・バスを利用しない人の行動パターンと利用しない理由 ・サービスの改善や新たな需要の掘り起こし 　　　　　　　　　　　　　　　　　　　　　　　　　　　　　　　など
新たに導入する生活交通手段サービスについて	・地域住民におけるふだんの行動パターン ・新たな生活交通手段に対する意向・ニーズ ・確保するべき路線・サービスの設計水準とそのときの需要の推計 ・需要開拓策につながる要因 　　　　　　　　　　　　　　　　　　　　　　　　　　　　　　　など

(3) 調査対象の設定

1) 調査対象者の抽出

　調査の対象地域及び対象者は，調査の精度，調査に要する時間・経費などを勘案して設定する．

　調査対象の母集団のすべてに対して行う調査を「悉皆調査（全数調査）」，調査対象の一部に対して行う調査を「標本調査（抽出調査）」という．一般的に，悉皆調査が不可能なとき，時間・経費に制約があるときは標本調査を行う．

　サンプリングの技法としては，例えば，単純無作為抽出法，等間隔抽出法，多段抽出法・確率比例抽出法，エリアサンプリングなどがある．調査対象地域の設定例を表IV.2.3.2に示す．

表IV.2.3.2　調査対象地域の設定例

既存のバス路線の場合	・調査対象地域としては，"調査対象と考えているバス路線の周辺地域のみ"や"自治区域のすべての地域"などが考えられる．
新たな生活交通手段の場合	・調査対象地域としては，"新たな生活交通手段導入を予定している地域周辺"や"自治区域のすべての地域"などが考えられる．

2) サンプル数の設定

　標本調査において，サンプリング誤差(精度)と調査費用はトレードオフの関係にある．このため，統計的観点から「どのくらいの幅で，どのくらいの信頼度の推定を行いたいのか」ということを明確にしておき，標本調査論の公式を用いて，必要サンプル数の検討をつけてお

くことが望まれる.
　具体的には，以下の公式を用いて算出することが多い．同公式を用いて算出したサンプル数の早見表を下表に示す.

≪サンプル数(n)の算定式：母比率推定の場合≫

$$n = \frac{N}{\left(\dfrac{\varepsilon}{K(\alpha)}\right)^2 \dfrac{N-1}{P(1-P)} + 1}$$

α　　　：母集団特性値の推定を誤る確率（通常5％がよく用いられる）
$K(\alpha)$：正規分布の性質から与えられる値
　　　　　　　　　　　　（α=5％のとき，$K(\alpha)$=1.96）
ε　　　：標本比率につける±の幅
P　　　：母比率※（一般的には0.5を用いることが多い）
N　　　：母集団の大きさ
n　　　：必要とされるサンプル数

　※質問項目に対して想定される回答の比率．一般的には事前に想定できないことから，最も必要サンプル数が多くなる「0.5」を用いることが多い.

表Ⅳ.2.3.3　サンプル数の早見表（信頼度95％）

標本誤差(ε) / 母比率(P, 1-P)		±1%	±2%	±3%	±4%	±5%
1%	99%	380	95	42	24	15
5%	95%	1,825	456	203	114	73
10%	90%	3,457	864	384	216	138
15%	85%	4,898	1,225	544	306	196
20%	80%	6,147	1,537	683	384	246
25%	75%	7,203	1,801	800	450	288
30%	70%	8,067	2,017	896	504	323
35%	65%	8,740	2,185	971	546	350
40%	60%	9,220	2,305	1,024	576	369
45%	55%	9,508	2,377	1,056	594	380
50%	50%	9,604	2,401	1,067	600	384

(4) 調査票の設計

調査目的・テーマが明確になったら，これに対する質問項目を検討し，調査票の設計を行う．

ここでは，以下の三種類の調査について考え方を整理する．

a. 普段の移動実態の把握
b. バスサービスに対する意向・ニーズの把握
c. 仮想的なバスサービスに対する利用意向の把握

1) 普段の移動実態の把握

地域の公共交通を考えていくにあたっては，ふだんの移動実態を把握し，分析することが基本となる（図IV.2.3.2参照）．

このような移動実態を把握する方法のひとつに，人の一日の動きを調べる「パーソントリップ調査」がある．これは，"いつ" "どこから" "どこまで" "どのような時間帯に" "どのような人が" "どのような目的で" "どのような交通手段を利用して" 動いたのかを調べるものであり，図IV.2.3.3に示すような調査票を用いて行われる．また昨今では，パーソントリップ調査でモビリティ・マネジメント(以下，MM)を一体的に実施したり，今日的な政策ニーズに対応した項目(例えば，移動困難に係る設問等)を追加したりするなどの工夫がみられている．

しかし，通常のパーソントリップ調査票は，調査内容が複雑で，調査対象者の負担が大きいことから，調査目的に応じて質問項目を絞るといった工夫も考えられる．（図IV.2.3.4，図IV.2.3.5に調査票を例示）

調査項目（例）

・個人属性（居住地、性別、年齢、免許の有無など）
・出発地、到着地
・出発時刻、到着時刻
・移動目的、移動手段
・自動車運転の有無、駐車場所　など

分析内容（例）

・人の流動を把握し、既存バス路線の見直しや新規路線の設定などの検討を行う
・自動車からバスへの手段転換の可能性を探る　など

図IV.2.3.2　普段の移動実態の把握に向けた調査・分析（例）

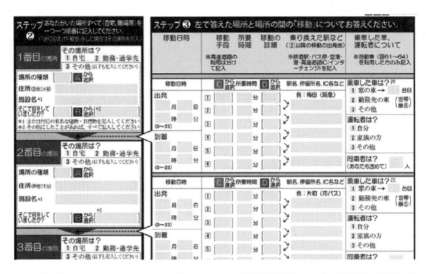

出典：「第5回近畿圏パーソントリップ調査」

図Ⅳ.2.3.3　パーソントリップ調査票の例
（上段：個人票，下段：世帯票）

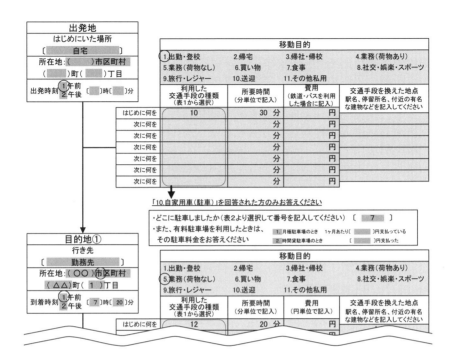

図Ⅳ.2.3.4　簡略化したパーソントリップ調査票の例（その１）

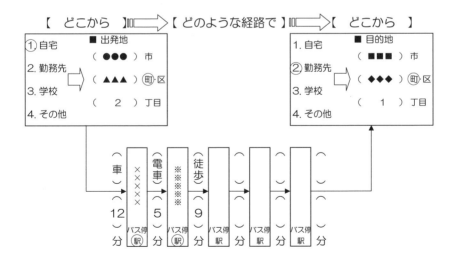

図Ⅳ.2.3.5　簡略化したパーソントリップ調査票の例（その２）

2) バスサービスに対する意向・ニーズの把握

　地域住民，特にバスを利用したくてもできない人々を対象に，バスを利用しない（できない）理由，バスルートやサービス水準（停留所の位置，運行ダイヤ，運賃等）に対するニーズを把握する．

　この際，居住地，性別，年齢，運転免許の有無別などの個人属性も併せて把握することによって，より具体的な検討・分析を行うことができる（図Ⅳ.2.3.6参照）．また，利用可能性の高い運行ルートを，直接地図に記入してもらう方法もある（図Ⅳ.2.3.7，図Ⅳ.2.3.8に調査票を例示）．

　なお，バスサービスに対するニーズや意向としては，人の移動に関するニーズや意向のみならず，交通政策や補助政策という対象について調査をする場合がある．また，ニーズや意向以外にも，バスサービスの認知や政策に関する賛否など，住民の意識を把握する場合がある．住民の意識を調査するための調査方法は，「2.6 意識調査」で解説しており，そちらもあわせて参照されたい．

調査項目（例）

・個人属性（居住地、性別、年齢、免許の有無など）
・バスを利用する理由／バスを利用しない理由
・バスを利用できない場合の代替交通手段の有無
・バスの運行に関する具体的な改善策（ルート、サービス水準等）　　　　　　　　　　　　　　　　など

分析内容（例）

・バスを利用できないときの行動パターンとその要因の把握を通じて、バスの利用可能性について検討

・バスの利用実態、バスに対するニーズ、地域住民の特性、社会経済情勢などを踏まえ、バス運行の必要性・重要性などについて検討

・バスの利用実態やバスに対するニーズを踏まえ、既存バス路線の見直しや新設路線などを検討　　など

図Ⅳ.2.3.6　バスに対するニーズの把握に向けた調査・分析（例）

質問1 あなたは、バスを主にどのような目的で利用されますか？該当する番号に〇をおつけください。

1. 通院　　　　2. 買い物　　　　3. 通園・通学　　　4. 通勤　　　　　　5. 趣味・娯楽

6. 金融施設　　7. 公共施設　　　8. その他（具体的に：＿＿＿＿＿＿＿＿＿＿＿＿＿）

質問2 あなたがバスを利用される際の目的地として、考えられる主な施設はどこですか？該当する番号に〇をおつけください。

1. 市役所　　2. 駅　　　　3. 病院・医院　　4. 福祉施設　　5. 保育所　　　6. 幼稚園

7. 小学校　　8. 中学校　　9. 高校　　　　10. 図書館　　11. 運動公園　　12. 郵便局

13. 銀行　　14. ＪＡ　　　15. 商店街　　　16. その他（具体的に：＿＿＿＿＿＿＿＿＿）

質問3 1時間に最低何便運行されていれば、バスを利用する可能性が高いですか？平日と休日、それぞれ1時間あたりの運行便数をご記入ください。。

●平日（月〜金）	朝夕のピーク時：1時間に（＿＿＿＿＿＿）便　，　昼間時：1時間に（＿＿＿＿＿＿）便
●休日（土日祝）	1時間に（＿＿＿＿＿＿）便

質問4 運賃が全区間均一だとした場合、いくらまでなら利用する可能性が高いですか？また、一ヶ月の定期代がいくらまでなら利用する可能性が高いですか？それぞれの金額をご記入ください。。

●均一運賃：片道　（＿＿＿＿＿＿＿）円まで	●定期代：一ヶ月（＿＿＿＿＿＿＿）円まで

質問5 ご自宅から最寄りのバス停まで、徒歩でどのくらいの時間であれば、利用する可能性が高いですか？最寄りのバス停までの時間をご記入ください。

● ご自宅〜最寄りのバス停留所まで、歩いて　約［＿＿＿＿＿］分くらい

質問6 始発と終発は何時くらいまで運行していて欲しいと思われますか？それぞれの時刻をご記入ください。

【 始発時刻 】　　　　　　　　　　　　【 終発時刻 】

午前［＿＿＿］時［＿＿＿］分ごろ　　　午後［＿＿＿］時［＿＿＿］分ごろ

図Ⅳ.2.3.7　意向・ニーズ把握のための調査票の例

図Ⅳ.2.3.8　希望ルートを地図へ直接記入してもらう調査票（例）

3) 仮想的なバスサービスに対する利用意向の把握

調査対象者に対して，仮想的なバスサービスに関する様々なサービス水準（例えば，ルート，所要時間，費用など）のシナリオを示し，それぞれの条件におけるバスの利用を分析するための情報として人々の意向を把握する（図IV.2.3.9参照）．その調査票の例を図IV.2.3.10に示す．

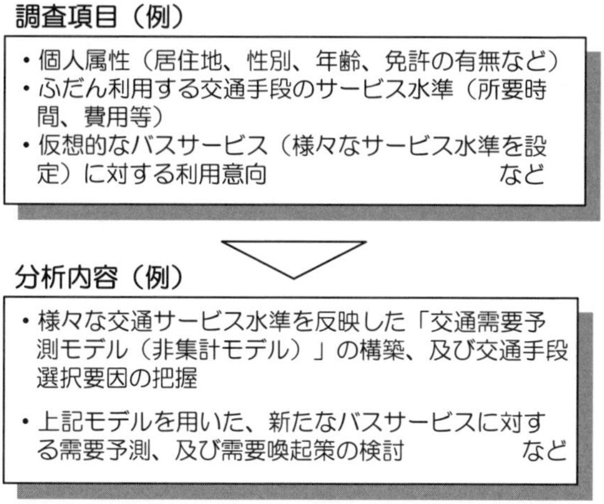

調査項目（例）

- 個人属性（居住地、性別、年齢、免許の有無など）
- ふだん利用する交通手段のサービス水準（所要時間、費用等）
- 仮想的なバスサービス（様々なサービス水準を設定）に対する利用意向　　　　　　　　　　　　など

分析内容（例）

- 様々な交通サービス水準を反映した「交通需要予測モデル（非集計モデル）」の構築、及び交通手段選択要因の把握

- 上記モデルを用いた、新たなバスサービスに対する需要予測、及び需要喚起策の検討　　　　　　など

図IV.2.3.9　仮想的なバスサービスに対する調査・分析（例）

質問 1 あなたがタクシーを利用して、最寄り駅から帰宅する場合、所要時間及びタクシー代はどの程度ですか？

所要時間 およそ( )分　　　タクシー代 およそ( )分

質問 2 つぎに、最寄り駅から自宅方面へ新たなバス路線が整備されたものとします。そこで、タクシーとバスの条件を比較して、どちらがよいかをお尋ねします。

質問 2-1 全所要時間が変化した場合、ケース①〜ケース③について、それぞれお答えください。

	タクシーの条件	1.タクシーを利用する	2.甲乙つけがたい	3.バスを利用する	バスの条件
ケース①	料金、所要時間は、問1であなたがお答えになった条件	1	2	3	料金はタクシーの1/4であるが、タクシーよりも余分に15分かかる
ケース②	同　　上	1	2	3	料金はタクシーの1/4であるが、タクシーよりも余分に10分かかる
ケース③	同　　上	1	2	3	料金はタクシーの1/4であるが、タクシーよりも余分に5分かかる

質問 2-2 運転間隔が変化した場合、ケース①〜ケース③について、それぞれお答えください。

	タクシーの条件	1.タクシーを利用する	2.甲乙つけがたい	3.バスを利用する	バスの条件
ケース①	料金、所要時間は、問1であなたがお答えになった条件	1	2	3	料金はタクシーの1/4であるが、バスの運転間隔は30分に1本

図Ⅳ.2.3.10　仮想的なバスサービスに対する利用意向調査票（例）

(5) 調査実施方法の選択
① 調査実施方法の種類と特徴
　アンケート調査の実施方法については，その依頼方法や回収方法などによりさまざまな方法が考えられるが，概ね次に示すような方法に大別される（表Ⅳ.2.3.3参照）．

　a. 面接(インタビュー)調査法
　　　調査員が，対象者(回答者)を訪問し，インタビュー形式で対象者本人に質問して，その場で回答を得る方法
　b. 留置(配票)調査法
　　　調査員が，対象者(回答者)を訪問し，調査への依頼をしてアンケート調査票を渡し，何日か後に収集して回る方法
　c. 集合(グループ)調査法
　　　対象者(回答者)に1つの会場に集まってもらい，アンケート調査票の説明を行った後に，調査票に記入してもらい，回収する方法
　d. 郵送調査法
　　　アンケート調査票を対象者(回答者)に郵送し，記入してもらった後に郵便で送り返してもらう方法
　e. 電話調査法
　　　調査員が対象者(回答者)に電話をして質問し，回答してもらう方法
　f. 電子(Web)調査法
　　　アンケートへの回答・回収をインターネットのサイトやEメールで行う方法

　調査方法の選択にあたっては，調査の目的，調査対象，質問(調査票)のボリューム，調査期間，調査経費，関係者の協力度などを勘案するとともに，表Ⅳ.2.3.4に示すような各調査方法のメリット・デメリットを踏まえ，効率的かつ効果的な調査方法を採用することが望まれる．
　なお，調査方法の分類およびそれぞれのメリット・デメリットについては，社会調査論の文献においては，表Ⅳ.2.3.5，表Ⅳ.2.3.6の整理も見られる．参考のため，それらについても紹介しておく．

表Ⅳ.2.3.4　さまざまな調査方法のメリット・デメリット

調査方法	メリット	デメリット
面接（インタビュー）調査法	○回収率は高い ○質問の量が多い，あるいは複雑な内容での質問ができる ○枝分かれ設問を効率よくできる ○質の高い回答が得られる ○対象者以外の回答を回避できる ○調査票以外の用具が利用できる	×調査費用が非常に高い ×調査員の教育・訓練や管理・監督が困難である ×追求調査・訪問の可能性がある ×対象者に拒否されやすい ×調査員の質問の巧拙が，調査結果に影響する
留置（配票）調査法	○面接調査より費用はかからない ○自治会組織などを活用することで費用を抑え，回収率も上がる ○回収率は高い ○追求調査・訪問は少なくてすむ ○調査事項の説明や回答のチェックがある程度できる	×最低2回の訪問（依頼時・回収時）を要するため，費用がかかる ×面接調査よりデータの質は低い ×調査対象者本人が記入したかどうかはわからない ×周囲の意見が影響する場合が多い ×自記式共通の欠点がある
集合（グループ）調査法	○多数の対象者に短時間で調査でき，時間と費用を節減できる ○調査事項の説明や記入上の指示などを調査対象者全員にできる ○調査員が少人数ですむ ○簡便に効率よく調査ができる ○調査票以外の用具が利用できる	×会場に来た人しか調査できない（出席率は一般的によくない） ×事前に対象者や現地等の特性を把握する必要がある ×何人かの発言によって大きな歪みを引き起こす可能性がある ×対象者同士の相談が行われる
郵送調査法	○一般的に費用は安くてすむ ○広い地域を対象に，またまんべんなく配布することができる ○調査員による偏りが生じない ○面接・訪問しにくいような人にも調査票を配布できる	×訪問調査法よりは回収率が低い ×協力要請の方法に工夫を要する ×多くの質問を聞きづらい ×対象者本人の確認ができない ×回収に時間を要する ×自記式共通の欠点がある
電話調査法	○簡単で迅速に調査できる ○広範囲な調査が短期間で、かつ低コストでできる ○電話帳などを使うことでサンプリングがやりやすい ○面接・訪問しにくいような人にも調査ができる	×対象が電話保有者に限られ，またかける時間帯に制約がある ×対象者本人かどうかの確認が困難であり，また拒否されやすい ×長時間を要する質問数や複雑な設問等への回答は困難なため，簡単な調査しかできない
電子（Web）調査法	○広範囲で大規模な調査が短期間で、かつ低コストでできる ○簡単で迅速に調査できる ○調査票に動画や音声を入れることができる ○追跡・スクリーニング調査がしやすい ○自由回答の記入率が高い	×対象者がインターネット利用者に限られるなど，偏りが生じる可能性が高い ×対象者本人の確認ができない ×対象者の全体像がわからない ×回答態度がわからない ×回答のクリックミス発生等の可能性がある

表Ⅳ.2.3.5　調査方法の概要[1]

調査法	特　徴　や　長　所
(1) 面　接 調査法	調査員が調査対象者と面接し，調査票に従って質問し，回答を調査員が記入する．回収率が高い．幅広い層の人々から回答が得られる．調査員が口頭で説明するので質問の誤解が少ない．記入もれが起こりにくい．複雑な質問も可能である．
(2) 配　票 調査法	調査員が調査対象者を訪問して調査票を配布し，一定期間内に記入してもらい調査員が再度訪問して調査票を回収する方法である．留め置き法とも呼ばれる．回収率は比較的高い．手元の資料（家計簿や通帳など）を見て記入してもらう調査に向いている．
(3) 郵　送 調査法	郵便で調査票と返信封筒を送り，回答してもらい，一定期日までに調査票を返送してもらう．幅広い地域の調査対象者に調査票を送って調査ができる．無記名の場合，ありのままのことを回答してもらえやすい．
(4) 郵送回収 調査法	郵便で調査票を送り，回答してもらい，指定した期日に調査員が訪問することによって調査票を回収する．調査員が回収して回るので，回収率は高い．手元の資料（家計簿や通帳など）を見て記入してもらう調査に向いている．
(5) 託　送 調査法	既存の組織や集団を利用して調査票を配布し，回収してもらう方法である．調査票に記入するのは回答者自身である．回収率は比較的高い．費用は少なくてすみやすい．
(6) 集　合 調査法	一定の場所に集合している調査対象者に調査票を配布し，調査員が説明して，その場で回答してもらう方法である．回答率が高い．普段，人々が集まって生活し，出席率のよい学校や職場の調査に向いている．
(7) 電　話 調査法	調査員が調査対象の世帯に電話をかけ，調査対象者であることを確認した後，質問を行い，回答を調査員が記入する．短期間にその時点での人々の意識や意見を調べるのに向いている．

表IV.2.3.6　調査方法の比較[1]

調査方法 比較基準	面接調査法	配票調査法	郵送調査票	郵送回収調査法	託送調査法	集合調査法	電話調査法
調査への協力態勢	あった方がよい	あった方がよい	特に必要としない	あった方がよい	必要	学校や企業で実施する場合には必要	特に必要としない
複雑な内容の質問	可能	むずかしい	むずかしい	むずかしい	むずかしい	時間をかけて説明すると，可能	非常にむずかしい
質問の量	多くできる	ある程度多くできる	ある程度多くできる	ある程度多くできる	ある程度多くできる	ある程度多くできる	多くできない
回答内容のチェック	可能	ある程度可能	不可能	ある程度可能	不可能	不可能	可能
調査員の影響	大きい	ほとんどない	ない	ない	ほとんどない	ある．質問によっては大きい	大きい
回答者の疑問に対する説明の可能性	説明可能	調査票の配布・回収時に説明可能	電話などで問い合せのあった時のみ説明可能	調査票の回収時に説明可能	電話などで問い合せのあった時のみ説明可能	説明可能	説明可能
本人の回答の確認	可能	ある程度可能	不可能	ある程度可能	不可能	可能	可能
調査員以外の個人の影響	ほとんどない	あり得る（家族等）	あり得る（家族等）	あり得る（家族等）	あり得る（家族等）	あり得る（会場での発言者等）	あり得る（家族等）
プライバシーの保護	むずかしい（調査員に知られる）	回収時に回収用封筒などを利用して，ある程度可能	可能	回収時に回収用封筒などを利用して，ある程度可能	回収時に回収用封筒などを利用して，ある程度可能	可能	むずかしい（調査員に知られる）
調査票の回収率	高い	高い	低い	高い	高い	学校や企業で実施する場合，非常に高い	ある程度高い
調査の費用	大きい	大きい	小さい	ある程度大きい	小さい	学校や企業で実施する場合，小さい	ある程度大きい
調査に要する日数	集中的にすると，短い	長い	かなり長い	長い	長い	集中的にすると，短い	短い

② 回収率向上のための工夫

　アンケート調査の回収率は，調査結果の精度に大きな影響を及ぼすことから，回収率を高めるための工夫を行うことが重要である．

　回収率は，調査対象の設定，調査の方法，調査票のボリューム・質問の内容や謝礼品の有無などによって左右される．一般的に，謝礼品をつけると回収率が向上するケースが多いが，回答者層に偏りが生じるといったデメリットもあるので注意が必要である．調査回収率については，様々な理論的，実証的な研究が進められており，より高い回収率を確保するには次のような工夫が有効であることが実証的に確認されている．

1) 調査協力の依頼を丁重に行う

　調査を回答するという行為は，被験者にしてみれば，何ら得るところのない，いわば利他的な協力行為である．このため，調査の依頼者は，被験者に失礼の無いように丁重に行うことが不可欠である．

・依頼者は，できるだけ権威のある肩書きの人に依頼し（市長など），依頼状にはその人のサイン，捺印，あるいは，顔写真を入れる．

　　　　（これだけで，10%前後の回収率の向上が期待できる）

・可能なら，調査票配付時に粗品を一人一人に謹呈する．これは，他の方法よりも遙かに大きな効果を持つ方法である．粗品としてはペンかボールペンが良い．これは，封筒に厚みが出るため開封する可能性が向上し，かつ，開封した際にそのペンを使ってすぐに回答が始められるからである．また，それらを「（ペン用の）のし袋」に挿入することで，より丁重さを向上させることができる．依頼状には，「些少ではございますが粗品を同封させて頂きました．よろしく，ご査収下さい．」等の一文を申し添える．

　　　　（これだけで，20%前後の回収率向上が期待できる）

・「返送すれば（抽選で）金券等を謹呈します」という方法が良く採用されるが，1000円程度未満ならたいして効果はなく，上記のような丁重に依頼したり，事前に粗品を提供することの方が効果が大きい（ただし，金券ではなく，あくまでも「丁重なお礼」という雰囲気が出せる粗品であれば，事後に提供するとしても効果が期待できるかもしれない）．

2) 調査の趣旨説明は簡潔に

　依頼状では，調査の趣旨をあまり長く書くと被験者は読まない．おおよそ，2，3行程度までにとどめるのが得策である．例えば，

「○○（調査主体）では，よりよいバスサービスを考えるために，皆様のご意見やご意向をお聴きするアンケートを企画致しました．是非とも，ご協力下さいますよう，お願い致します」という程度のもので十分である（ただし，そのような趣旨にする場合，例えば自由記述欄を設ける等，皆さんの意見をお聞きする項目を，一つ二つ設けておくことが不可欠である）．

3) 配付方法

　一人一人の「宛先」を明示する郵送配付が最も望まく，できれば，手書きで宛先を記載することが望ましい．ポストに直接投函する方法は「宛先」が無いため，回収率が大きく減少する．また，地域コミュニティが濃密な場合は，地域の自治会や商店街を通じて配付する方法も考えられるが，自治会があまり機能していない地域では有効ではない．

(6) 調査スケジュールの検討

　アンケート調査にかかる調査期間は，調査の目的，調査対象・規模，調査票の内容・ボリュームや調査方法などさまざまな要素を考慮して決める必要がある．

　調査期間は，調査項目ごとに要する所要日数（目安）を見込み，次の図のように整理する．ただし，ここで提示している所要日数については，これまでの実績・経験によるもの，あるいは文献等で示されているものを参考にして設定しているものであるため，必ずしもこのスケジュール通りではないことは十分に留意する必要がある．

　例えば，「調査の実施方法」についてみると，採用した調査方法によってその所要日数の目安はまったく異なってくる．集合調査法によるものだと実査が一日で終了するものもあれば，郵送調査法のように数週間も要するものもある．

　あるいは，「データ整備に要する期間」についても，回収された調査票の数量，調査票内の質問のボリュームや自由回答の量などによって異なってくる．

　以上に示すように，アンケート調査を進めていく上でのスケジュールを考えていくにあたっては，調査期間を決めるさまざまな要素を十分に考慮し，それぞれの調査ステップごとに所要日数を適切に積算していく必要がある（図Ⅳ.2.3.11参照）．

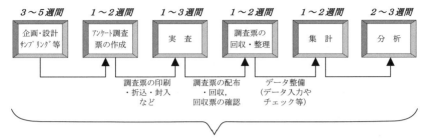

※ アンケート調査の企画・設計〜調査結果(分析)を提示できるまで、

<u>概ね 9〜17週間 くらい(見込み)</u>

図Ⅳ.2.3.11　アンケート調査にかかる必要な調査期間(例)

【参考文献】

1) 井上分天, 井上和子, 小野能分, 西垣悦代：よりよい社会調査をめざして, 創元社, 1995.

2.4 生活実態調査

(1) 基本的な考え方
　バスサービスは個々人の生活に密接に関連しており，良好なサービスとは生活のしやすさをより改善するものである．このため，サービスの計画に際しては，交通という生活のための手段のみならず，個々人の生活活動そのものがどのようであるのかを把握することが基礎となる．生活実態調査は，一日や一週間などのある期間内において個人がいつどこでどのような活動をしていたか（これを「アクティビティダイアリー」と言う）を調査するものであり，活動の実態やニーズを把握するために有用な調査である．

(2) 調査の手順
　基本的な手順は，「2.3 交通実態・ニーズ調査」と同様であり，そちらを参照されたい．以下では，留意事項を整理するにとどめる．

①調査目的・テーマの設定
　目的の例としては，バスダイヤの設定・変更，バス利用者とバス非利用者における生活パターンの差異の把握などがある．被験者には既に実施した活動を尋ねることが基本であるが，仮想的な状況を設定し，そのもとでの活動を尋ねることもできるため，顕在化したニーズからは把握できないニーズ，つまり，潜在ニーズの把握にも本調査を用いることができる．

②調査対象の設定
　調査対象者は慎重に選ぶ必要がある．既に顕在化した交通の主体のみに着目するのであれば現在のバスの利用者，潜在的な交通ニーズについても着目するのであればバスの非利用者にも対象を広げる必要がある．バスの非利用者は，現在において利用する可能性がある人と，現在において利用する可能性がないが将来利用する可能性がある人など，調査の目的に応じて細分類し，対象を検討する必要がある．
　バス利用者とバス非利用者における生活パターンの差異を把握する場合には，生活における両者の制約の差異を明らかにすることが趣旨であることから，制約を受けている人を対象とする必要がある．さらに，「バス利用者」と「バス非利用者」のみならず，バス非利用者を送迎している家族や近所の知人なども対象とすると，間接的に制約を受けている人々の実態を把握することができる．
　一般の社会調査と同様の考え方に基づいて，全数調査か標本調査かを決定する．中山間地域など人口が少ない地域においては全数調査が

実施しやすく，きめ細かな調査が可能となるため，調査の目的に沿うのであれば全数調査の実施を積極的に検討することが望ましい．

③調査票の設計
1）フェイスシート
以下の内容を基本として，必要な項目を含めておく．
- ・基本属性(年齢，性別，職業，世帯構成，住所)
- ・マイカーの有無
- ・送迎してもらえる人の有無
- ・外出の頻度
- ・バス利用の頻度

2）本票
ある期間内の活動を思い浮かべることは必ずしも容易でなく，回答の抵抗を最小限にするためには，調査票は調査目的にあった範囲でなるべく簡素なものを作成することが望ましい．

尋ねる内容は「いつ，どこで，何をしたか」が基本となるが，それをどの程度詳細に尋ねるかについては検討を要する．どの範囲の期間の活動を尋ねるかについては，交通行動を行った日を必ず含むようにするならば，過去一週間，二週間などと尋ねる日数を多くすればよいが，被験者の回答の負担は大きくなる．そこで，最近外出した日や外出する代表的な日について尋ねる方法もある．活動についても，活動の種類，活動の時間，訪問先をどの程度詳細に調査するかによって異なった形式の本票を作成することができる．それらを分類すると，概ね表IV. 2. 4. 1のように整理することができる．

本票のイメージを本節の末尾に示している．簡易版については，ここまで簡略化すると，生活実態調査と言うよりは，交通実態調査の簡略版と言ったほうが適切であろう．

表IV. 2. 4. 1　調査票（本票）の内容に関する分類

分　類	調査内容
完全版	家の出発時刻→訪問先1・活動の種類・活動時間 …→訪問先n・活動の種類・活動時間→家の帰宅時刻
準完全版	家の出発時刻→訪問先1・活動の種類 …→訪問先n・活動の種類→家の帰宅時刻
簡易版	家に居る時間帯，訪問先に居る時間帯

④調査実施方法の検討
バスの利用者は高齢者が多く，ある期間内での活動を思い浮かべることは必ずしも容易ではないため，調査員がその場で説明や回答の補助を行うことのできる面接調査法が望ましい．

⑤調査スケジュールの検討

　面接調査法や集合調査法の場合，被験者に都合の良い時間帯を設定し，必要なサンプル数が確保できるかについての概ねの確認をしておく．調査主体は被験者の都合を必ずしもよく把握しているわけではないため，⑦に示すように，調査地域の有力者に事前に連絡をし，相談にのってもらうことが有効である．

⑥調査員の教育

　調査会社への委託，アルバイトの雇用，自社の社員の調達などといった方法により調査員を確保し，調査の目的，調査票の記入方法，調査中の不測事態の対応などについて協議する．場合によっては模擬的な調査をするなどして，ある程度の経験を事前に積んでおくことも重要である．

⑦自治会等への協力要請

　被験者が安心して回答してもらうには，調査が信頼できる主体によって実施されるものであることを被験者に理解してもらうことが必要である．このため調査の目的や趣旨を自治会長等に説明し，調査への協力を要請する．また，可能であれば，調査対象地区の住民に，自治会長等から調査の実施およびその協力依頼をしてもらう．なお，自治会長等への協力要請は，普段から付き合いのある自治体の担当者から行ってもらうほうが円滑な場合もある．

　面接調査法や集合調査法など調査員と被験者が直接顔を合わせる調査においては，この作業が不可欠である．

⑧調査の実施

　調査を実施している期間内は，被験者が調査の担当者や責任者と連絡がとれるような体制をとっておく．調査員は被験者に失礼のない態度で誠実に対応する．なお，アクティビティダイアリーの調査はプライバシーの問題と隣り合わせであるため，回答を強要したり不必要な詮索をするなどをしてはいけない．

【参考文献】

　生活実態調査を行った事例として以下が参考になる．

1) 国際交通安全学会：過疎地域における生活交通サービスの提供方策に関する検討，2001.

【参考】調査票のイメージ

1. 完全版

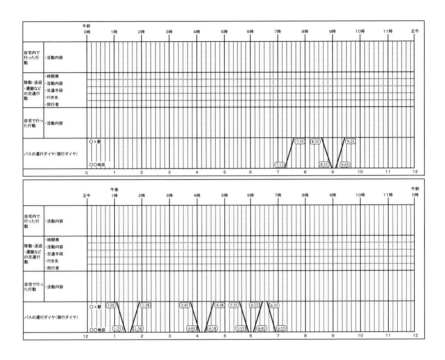

2．準完全版

＊□ の中は1つ選んで○をつけてください.

□ご自宅の最寄のバス停の名称は何ですか. （　　　　　　　　　　）

□日頃通っておられる場所（例えば会社，学校，医療機関など）はありますか. そこには何時から何時頃までおられますか. また，訪問の頻度はどの程度ですか.

1. ある　→　場所，時間帯，訪問頻度をお書きください.

（施設名，もしくは（　）市（　）町付近，（　）時（　）分頃から（　）時（　）頃まで，（　）日に1度）

（　　　　　　　　　　　　　　　　　　　　　　　　　　　　　　　）
（　　　　　　　　　　　　　　　　　　　　　　　　　　　　　　　）
（　　　　　　　　　　　　　　　　　　　　　　　　　　　　　　　）
（　　　　　　　　　　　　　　　　　　　　　　　　　　　　　　　）
（　　　　　　　　　　　　　　　　　　　　　　　　　　　　　　　）
（　　　　　　　　　　　　　　　　　　　　　　　　　　　　　　　）

2. ない　→　次の質問に進んでください.

□自宅（またはその周辺）に居なくてはならない（あるいは居たいと思う）時間帯はありますか.

1. ある　→　（　）：（　）頃から（　）：（　）分頃まで
　　　　　　　（　）：（　）頃から（　）：（　）分頃まで
　　　　　　　（　）：（　）頃から（　）：（　）分頃まで
　　　　　　　（　）：（　）頃から（　）：（　）分頃まで

2. ない　→　次の質問に進んでください.

□あなたご自身のことについておたずねします.

●年齢　　（　　　）才代　　　●性別　　（　　　）

●職業　　| 1. 会社員　2. 公務員　3. 自営業　4. 農業　5. 学生　6. 専業主婦
7. パート・アルバイト　8. 無職　9. その他（具体的に：　　　　　　　）

□その他，路線バスについてご意見があれば，自由にお書きください.

以上でアンケートは終わりです.
ありがとうございました.

3．簡易版

□訪問した場所（県立病院や市民文化会館など）を（　　　）の中に記入し，そこに行く
　までの交通機関を〇で囲んでください．
□ご自宅の出発時刻と到着時刻を記入してください．

<pre>
          ┌─────────┐
          │   ：   │到着
          └─────────┘
</pre>

ご自宅→（　　　　　）→（　　　　　）→（　　　　　）→（　　　　　）→
　　　マイカー　　　　マイカー　　　　マイカー　　　　マイカー　　　　マイカー
　　　鉄道　　　　　　鉄道　　　　　　鉄道　　　　　　鉄道　　　　　　鉄道
　　　バス　　　　　　バス　　　　　　バス　　　　　　バス　　　　　　バス
　　　タクシー　　　　タクシー　　　　タクシー　　　　タクシー　　　　タクシー
　　　徒歩　　　　　　徒歩　　　　　　徒歩　　　　　　徒歩　　　　　　徒歩
　　　その他　　　　　その他　　　　　その他　　　　　その他　　　　　その他

<pre>
                              ┌─────────┐
                              │   ：   │到着
                              └─────────┘
</pre>

（　　　　　）→（　　　　　）→（　　　　　）→ご自宅（住所：　　　　　）
　　　マイカー　　　　マイカー　　　　マイカー
　　　鉄道　　　　　　鉄道　　　　　　鉄道
　　　バス　　　　　　バス　　　　　　バス
　　　タクシー　　　　タクシー　　　　タクシー
　　　徒歩　　　　　　徒歩　　　　　　徒歩
　　　その他　　　　　その他　　　　　その他

□普段，自動車を運転しておられますか．
　　　　　　　　　　　　（1．運転している，　2．運転していない）
□差し支えなければ年齢をお書き下さい．　　　　　（　　　　　）才代

　　　　以上でアンケートは終わりです．ありがとうございました．

2.5 乗降実態調査

(1) 基本的な考え方

　既にバスサービスが供用されている場合，それらのバス交通の現況を把握したり，バスサービスの見直しを検討したりするにあたり，バスの乗降実態（バス利用のOD量）は最も直接的かつ基本的な情報である．これによって，現行バス路線の利用OD量，バス停ごとの利用量の分布，路線（系統）間の利用など様々なデータが取得でき，それをもとに利用者数の推計，バス停の位置の再検討，路線（系統）の新規設置および見直しなどが可能になる．

　乗降実態（バス利用のOD量）を把握するには，どのようなデータを取得したいのかによって調査の方法も多様であり，調査に費やす労力や費用に大きな差が生じる．ここでは，既存の調査結果を活用して乗降実態をどの程度把握できるかを簡単に整理した上で，新たに実施する乗降実態の調査手法を述べる．さらに，調査によって得られるデータを示すとともに，実際の事例をもとに，調査方法，取得データ，活用方法を具体的に示す．

(2) 既存調査結果の活用
①パーソントリップ調査（PT調査）の活用

　都市圏単位で実施されているPT調査では，交通機関別のOD量が収集されており，それを集計することで地域のバス交通利用量が把握できる．ただし，整備されているデータはPT調査におけるゾーン単位であり，ゾーン間の日単位のOD量である．このためバス停間OD量を把握するためには，各ゾーンに含まれるバス停を考慮しながらゾーンレベルの発生集中量を分割し，新たに設定した詳細ゾーンレベルでのゾーン間（バス停間）OD交通量を別途推計する必要がある．なお，時間帯別OD量や系統を考慮したOD量など，より詳細な情報の取得は期待できない．

②道路交通センサス調査の活用

　全国で実施されている自動車交通を対象とした道路交通センサス結果からもバス交通に対するOD交通量がPT調査と同様にゾーン単位で取得できる．ただし，この場合は自動車のトリップに着目しており，バスの利用者の個々の移動を把握することはできない．ここでもPT調査と同様に，ゾーンに対してバス停を考慮しながらゾーンの細分化を行い，ゾーン間（バス停間）のOD交通量（自動車のトリップ数）を別途推計により算定する必要がある．

③交通事業者が実施する輸送実績調査

　交通事業者が実施するバス交通に関する輸送実績調査結果からバス利用OD量が収集できる．ただし，事業者の規模や体力などによるところが大きいため，データの内容にはバラツキがある．一般的に取得できるOD量はバス停間OD量である．比較的運営規模の大きい公営事業者などでは，一定期間（数年）ごとに全路線を対象としたバス停間OD量や鉄道との乗り換えなどの調査も実施されている．

(3)　乗降実態調査

　各調査方法を比較すると表IV.2.5.1のように整理できる．

表IV.2.5.1　バス乗降実態調査の比較

種別	被験者の負担	調査項目	経費等
①バス車内で実施する調査	小	バス停別乗降者数，バス停間OD．属性は調査員による目測	調査対象路線によるが，都市部では大規模，地方部では比較的経済的．
②バス車内での調査票据え置き調査	小	バス停別乗降者数，バス停間OD．属性は設問を設定すれば可能	比較的経済的
③バス停で行う調査	無	（目測）バス停別乗降者数属性は調査員による．	調査対象路線によるが，都市部では大規模，地方部では比較的経済的．乗降がほとんど無いバス停でも調査員が必要なので無駄が生じる．
④対象地域内の居住者を対象としたバス利用に関する調査	大	乗降実態以外に設問によって，多くの項目が設定できる．	一般のアンケート調査のため費用はかかる．バス利用者数調査との併用が望ましい．
⑤プリペイドカードによるデータ収集	無	乗降バス停，時刻，乗り継ぎなど．	事業者の了承が得られれば費用は発生しない．データ量は全数取得できる．
⑥バスに取り付けた機器による調査	無	時刻，乗車・降車．	経済的．ただし，事業者からの提供が必要．
⑦調査員がバスに乗り込んで実施する簡便な調査	無	（目測）乗降バス停，年齢・性別，利用券種，目的など．	経済的．ただし，乗客数が少ない場合にのみ実行可能である．

①バス車内で実施する調査

バス車内の乗降口付近にそれぞれ調査員が乗り込み，利用者が乗車してきたときに調査票またはポケットサイズの調査カードを手渡し，降車時に回収する方法である．利用者による記入を要しない調査カードであれば，調査員がカードの手渡しと回収を行うだけであり，被験者への負担が少なく簡便である．回収時には調査員の目測により，大人か子供か，敬老パス利用か程度の分類は可能であり，調査カードを回収箱に分類して保管するなどしてバス停間ODを属性別に把握できる．また，被験者に少しだけ負担を強いるのであれば調査票（調査カード）の必要な部分を折り曲げるあるいは，切り取る程度のことは期待でき，これによって，年齢，性別，乗車前後の交通機関，出発地・目的地，移動の目的などを調べることができ，より詳しい属性のデータが取得できる．

　この調査では，調査日に運行しているすべてのバスに同乗して調査を行うことで，路線別（系統別）・バス運行便別・時間帯別にバス停間OD交通量やバス停別乗降客数が確実に把握できる．

　この調査をすべてのバスに対して実施するとすれば，各バスに2名の調査員が必要になり，系統の多い都市部などでは規模も大きくなり経費も要する．

②バス車内での調査票据え置き調査

　バス車内（例えば，運転手の後ろ側）に調査票を吊り下げて行う方法である．運行しているバス車内に調査期間継続して吊り下げておけば，日々調査票が回収されるという仕組みである．この場合，調査回答者が重複したり，特定の地域や特定のバス停の利用者の回答に偏りが生じるという懸念はあるが，経費は少なく経済的である．

　調査票は簡単なハガキサイズで，郵送，あるいはバス車内で回収する．乗降バス停に加えて，個人属性，目的，利用時間帯などの質問も設定することができる．

③バス停で行う調査

　バス停で乗車を待っている人に調査票を配布し，バスから降りてきた人から調査票を回収する方法である．調査票が路線（系統），時間帯などで見分けられるようになっていれば，あるいは，「①バス車内で実施する調査」と同様に調査票に工夫を施すことで属性データの収集も可能である．

　対象としたい路線（系統）のすべてのバス停に調査員を配置する必要がある．利用が少ないバス停でも調査員が必要である．バスの外で調査票の受け渡しを行うため，利用者数が多い場合など全ての利用者に配布できなかったり，被験者が回答を拒否したりするなどによって，

配布・回収が完全でない場合も想定されることから，利用者数全体に拡大するためには，並行して各バス停での乗降客数を調査するなど補完的な調査が必要である．

④対象地域内の居住者を対象としたバス利用に関する調査

　対象地域の居住者にアンケート調査を実施する方法である．乗降実態の把握という点からは，日常の利用について，頻度，利用するバス停などを質問することになる．しかし，バス利用に関する項目だけを収集するよりも移動全体について調査する方が，他の交通機関との関連なども把握できることから望ましい．内容には，通常の移動（例えば，普段利用する交通機関，駅やバス停，利用頻度など），特定の1日の移動（起床時から就寝時までの全トリップ，時刻，交通機関や路線・系統，駅やバス停など）の調査が想定される．アンケート調査として配布するため当然ながら全数回収は期待できないため，調査結果からバス乗降客数を把握するためには，母集団を特定して拡大する必要がある．

⑤乗車カードによるデータ収集

　都市部においては，公共交通の利用において磁気カードやICカードなどの乗車カードの利用が普及している．多くのカードシステムでは，利用時の乗車記録（乗降地点・時刻，利用金額等）がカードリーダーに蓄積される．これらのデータ収集システムの主目的は，各事業者内での乗降人員・利用金額等の把握やOD表の作成さらに，複数事業者で共通化している場合では，事業者間の精算である．しかし，これら以外にも，都市圏内でのカードシステムが共通化されていれば，各事業者のデータを統合することで，異なる事業者間の乗降客数や乗降時間などのデータが収集可能である．

　カードデータの情報からは，日々の大量でかつ全数の乗降場所・日時データを正確かつ安価に収集できる．また，カードには発行番号もあり，1枚のカードを特定の1人が利用していると仮定すれば，OD表や乗り継ぎ行動を把握することができる．

⑥バスに取り付けた機器による調査

　バス車両には，乗車・降車を自動観測する機器が用意されている場合もある．バス運行事業者の許可があれば，時刻別バス停留所別に乗降者数が把握できる．ただし，属性等に関する情報は得られない．

⑦調査員がバスに乗り込んで実施する簡便な調査

　簡便な調査方法として，調査員がバスに乗り込み，バスの乗客を対

象に，乗降バス停，おおよその年齢，性別，利用券種（カード，現金，定期券，回数券など），推測した目的，その他調査員が気づいた点等を，被験者に接触せずに視認しながら記録する．乗客数が多い場合には調査員の目視・記録能力を超えてしまうため，乗客数が少ない場合について有効である．

【参考文献】

1) 京都市：100円循環バスに係る交通社会実験調査報告書，2001.
2) 安田幸司，酒井弘：京都市都心における交通のあり方について－京都市100円循環バスの交通社会実験の取り組みから－，日本都市計画学会関西支部設立１０周年記念論文集，pp. 157-162，2001.
3) 岡村敏之，藤原章正，神野優，杉恵頼寧：共通プリペイドカードによる都市圏内公共交通乗車記録の特性分析，土木計画学研究・論文集，Vol. 19，No. 1，pp. 29-36，2002.

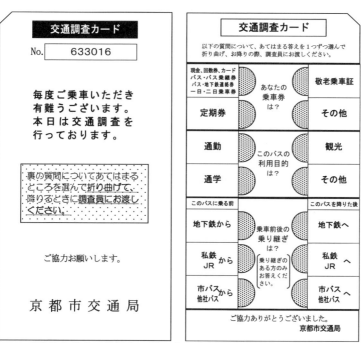

図IV.2.5.1　京都市で用いられた乗降実態調査の調査票

日付　10月 15日（日）		バス名					チーム名							周回数								
		調査員氏名																	周目				

（以下、乗降実態調査票の表形式。駅名は、カード①京都市役所前、カード②御幸町御池、カード③柳馬場御池、カード④堺町御池、カード⑤烏丸御池、カード⑥烏丸三条、カード⑦烏丸錦小路、カード⑧四条烏丸、カード⑨四条高倉西詰、カード⑩四条高倉詰、カード⑪寺町新京極口、カード⑫四条河原町西詰、カード⑬四条河原町北詰、カード⑭河原町三条南詰、カード⑮河原町三条北詰、合計。降り列は②御幸町御池、③柳馬場御池、④堺町御池、⑤烏丸御池、⑥烏丸三条で、各々大人・小人・敬老福祉・利用券・1日乗車の区分。）

図IV.2.5.2　京都市100円循環バスで用いられた乗降実態調査の調査票

□ 路線名 (_____)　　　　No._____

整理番号	性別	年齢	バス利用区間		バス利用目的							備考
			乗車バス停	降車バス停	1.通勤	2.通学	3.通院	4.行政サービス	5.買物	6.観光	7.その他(具体的に)	
1	1.男 2.女	歳くらい										
2	1.男 2.女	歳くらい										
3	1.男 2.女	歳くらい										
4	1.男 2.女	歳くらい										
5	1.男 2.女	歳くらい										
6	1.男 2.女	歳くらい										
7	1.男 2.女	歳くらい										
8	1.男 2.女	歳くらい										
9	1.男 2.女	歳くらい										
10	1.男 2.女	歳くらい										
11	1.男 2.女	歳くらい										
12	1.男 2.女	歳くらい										
13	1.男 2.女	歳くらい										
14	1.男 2.女	歳くらい										
15	1.男 2.女	歳くらい										
16	1.男 2.女	歳くらい										
17	1.男 2.女	歳くらい										
18	1.男 2.女	歳くらい										
19	1.男 2.女	歳くらい										
20	1.男 2.女	歳くらい										
21	1.男 2.女	歳くらい										
22	1.男 2.女	歳くらい										
23	1.男 2.女	歳くらい										
24	1.男 2.女	歳くらい										
25	1.男 2.女	歳くらい										

図Ⅳ.2.5.3　簡易な調査の調査票例（その１）

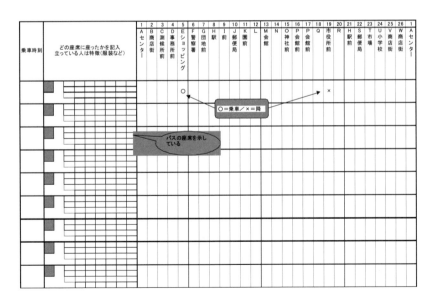

図Ⅳ.2.5.4　簡易な調査の調査票例（その２）

2.6 意識調査

(1) 基本的な考え方

　意識調査は，既存のサービスに対する住民の評価，新規のサービスの導入を想定した仮想的状況下での行動の可能性など，調査者が直接観察できない情報を把握するために行うものである．

　実際の調査に際しては，回答における被験者の負担の軽減や調査者の目的を効果的に達成する観点から，調査対象者の行動など意識以外の項目をあわせて調査することが一般である．「2.3 交通実態・ニーズ調査」において，行動に関する調査および移動に関する意識の調査方法について触れられているため，以下では，移動に関する意識以外，例えば，政策に対する意識や，現在のサービスに対する認知などを対象に解説する．

(2) 調査の手順

　基本的な手順は，「2.3 交通実態・ニーズ調査」と同様であり，そちらを参照されたい．以下では，留意事項を整理するにとどめる．

①意思決定課題の特定

　ある課題に対する意思決定には，決定を下すための情報が必要である．その情報の収集活動が調査である．このため，直面している意思決定課題が何かを明らかにしないまま調査を設計しようとしても，そもそもどのような情報を収集すべきかが定まらない．

　効果的な情報収集を行うためには，例えば「交通政策におけるバス交通の今後の方向性を決定する」「路線，運行間隔，運行時間を決定する」「補助金の額を決定する」といったように具体的な課題を特定することが必要となる．他の節で紹介している生活実態調査や乗降実態調査では，基本的には過去に住民が行った活動の把握を目的としており，どのような意思決定課題であったとしても調査方法・内容は概ね不変であるが，意識調査においては意思決定課題に対してどのような意識を把握すべきかが大きく異なる．このため，意思決定課題の特定は他の調査に比べて重要な作業となる．

②調査目的の設定

　意思決定課題を特定した上で，その決定のためにどのような情報を収集すべきかを明らかにする．例えば，「交通政策におけるバス交通の今後の方向性を決定する」との課題に対しては住民が抱える交通の問題点や交通の現状に関する評価，「路線，運行間隔，運行時間を決定する」との課題に対しては現状および今後予定されるサービスに対

する住民の選好を把握することなどが調査の目的となる.

③調査対象の設定
「2.3 交通実態・ニーズ調査」に示す内容と同様である.

④調査票の設計
以下では,社会調査論の標準的なテキスト[1), 2)]に基づき,バスサービスに関する調査票を設計する際の留意点を整理する.

1) ワーディング (wording)
調査票の言葉遣いのことである.言葉遣いは回答に影響を与えるため,十分な配慮が必要である.

・すべての調査対象者が理解できる言葉を用いる
　専門用語,カタカナの名称,流行語などは,特定の層にしか理解されないため,そのような言葉は用いない.

・多様に解釈できる言葉は避ける
　「この一週間に,バスに何回乗車しましたか」という質問において,一往復を1回と数えるのか,2回と数えるのか,人によって解釈が異なりうる.また,バスサービスという言葉も,利便性と解釈する人や,乗務員の接客態度と解釈する人など様々である.

・質問の範囲・条件を限定する
　例えば,「バスに乗ったことがありますか」という質問では,バスの範囲が不明である.つまり,路線バスのことなのか,貸切バスも含まれるのか,さらに,遊園地でのアトラクションのバスや,忘年会会場への送迎バスなども含まれるのかなどが明らかでない.

・嫌悪感や反感をもたせるような言葉や,プラスやマイナスのイメージをもつ言葉は避ける

・誘導的な表現は避ける

2) 質問内容
・一つの質問で一つのことを聴く
　例えば,「バスは移動制約者の交通手段であり,維持する意義は高いと思いますか」という質問には,「バスは移動制約者の交通手段である」ことと「バスを維持する意義が高い」ことに関する二つ

の内容が含まれている．本来は，それぞれを別の質問で尋ねなければならない．

・想像的なもの，長期の見通しなどの質問内容は避ける
　　将来におけるバスの維持可能性など，一般の人々にとってその事項の想定が難しいものは質問すべきではない．

・実態を把握する質問は，調査対象者の実生活に即して質問する
　　「この一年間にバスに何回乗車しましたか」と質問されても，バス利用に関する人々の記憶のサイクルとして一年間は長すぎる．「この一週間」やせいぜい「この一ヶ月」とすべきである．

3）質問・選択肢の配列
・導入しやすい質問から並べる
　　よく考えないと回答できない質問から配列すると，対象者の拒否感や負担感は増大する．自身の行動や経験などの質問から配列し，意見や態度を聴く質問はその後に配列することが一般である．

・質問は，対象者の思考の切り替えを頻繁に行わないですむように配列する
　　例えば，「最近の外出行動→一年前の外出行動→最近の外出に関する意識→一年前の外出に関する意識」という質問は，今と一年前と記憶を行ったり来たりしなくてはならず，回答者にとって負担となる．

・調査対象者の属性に関する質問は最後に配列する
　　属性に関する質問は，個人や世帯に関するプライベートな事柄に関する質問で構成されるため，そのような質問への抵抗感を持つ人がいる．その抵抗感を和らげるために最後に配列する．

・選択肢は調査対象者が答えやすい配列にする
　　例えば，外出先を尋ねる質問の回答の選択肢として，ある特定の層がAとC，別の層がBとDへ外出していることが想定される場合，選択肢の配列は，A，B，C，Dとせずに，A，C，B，Dとする．

・前の質問の回答が後の質問の回答に影響を与えたり，前の選択肢に対する回答が後の選択肢に対する回答に影響を与える場合，それらの質問や選択肢を離して配列する
　　調査対象者は，調査票の中の回答の論理性を保とうとする傾向が

ある．このため，前の質問の回答に影響されて次の質問がある方向に導かれることが想定される．この効果は，キャリーオーバー効果と呼ばれている．この効果は，調査票の中での論理を優先させた建前の回答を導いてしまう可能性を示唆している．

4) 回答の様式

回答の様式は表IV.2.6.1のように整理できる．自由回答は収集した後の集計や分析において処理が困難であるものの，調査対象者が調査者にもっとも直接的に伝えたい意見を述べてくることが多くあることから，自由回答の回答欄は必ず設ける．

表Ⅳ.2.6.1　回答様式の例[2)]

回答様式 （対応質問例）	回答選択肢数	解答欄呈示例	期待回答数	回答様式別称
はい～いいえ回答 「～ですか」	2	1　はい 2　いいえ	1	2項択一回答
程度回答 「どの程度に～ですか」	3以上	1　非常に○○ 2　やや○○ 3　普通 4　やや×× 5　非常に××	1	多項単一選択回答 評定尺度回答
選別回答 「あてはまるものに○をしてください」	2以上	1　○○○… 2　△△△… 3　□□□… 　　　　：ﾞ	0～ 選択肢数	多肢選択（単一,複数）回答
選択回答 「～と思うものは何(々)ですか」	2以上	1　○○○… 2　△△△… 3　□□□… 　　　　：	0～ 選択肢数	多肢選択（単一,複数）回答
順位回答 「特に（最も,○○番目に）～と思うものは何ですか」	2以上	1　○○○… 2　△△△… 3　□□□… 　　　　：	1以上 指定数以下	比較選択回答 選択数制限回答 順序づけ回答 一対比較回答
想起回答 「～の名前をあげてください」	なし （単語で回答）	記入欄 1 _____ 2 _____	1以上	
数値回答 「いくら(単位)ですか」	なし （生数値で回答）	記入欄 　　　　　　　　　（単位）	1	
数値段階カテゴリー回答 「次の段階のどれですか」	2以上	1　～以下 2　～以下 　　： 3　～超	1	
項目並列 （項目の並列,回答選択肢は同じ）	2以上	項目1　1○○○　2△△△　… 項目2　1○○○　2△△△　… 項目3　1○○○　2△△△　… 　　：ﾞ	1項目に 1以上	
尺度並列 （尺度の並列,事物は1つ）	並列尺度ごとに2以上（一定）	非常に　やや　普通　やや　非常に 尺度1　○ |---------|---------|---------|---------|× 尺度2　△ |---------|---------|---------|---------|× 尺度3　□ |---------|---------|---------|---------|×	1尺度に 1回答	SD式回答
自由回答 「自由にお答えください」	なし （話し言葉,文章で回答）	記入欄	できるだけ多くの発言	

5) 何を尋ねるか

　調査目的によって，何を尋ねるかは異なる．以下では，いくつかの主要な項目について示す．

・認知

　バスを実験運行している際の調査や，バスサービスを改変した場合の調査などに設けられる．「あなたは，現在実験運行されている○○バスについて知っていますか」がその一例である．

・賛否

　「補助金の増大について賛成しますか，反対しますか」という設問がその一例である．何らかの案に対する調査対象者の賛否を把握する場合に設けられる．

・項目／代替案に関する評価

　調査対象者が，項目や代替案に付与している重みの違いを把握する場合に設けられる．例えば，「路線バスの維持は，以下のどのような観点で重要だと考えますか」という重要性を尋ねる設問が考えられる．また，個人的な好き嫌いの範囲で，項目や代替案に関する個人の評価を尋ねる場合には，選好性に関する質問が設けられる．「あなたにとって，60分に一便で100円のバスサービスと，30分に一便で200円のそれは，どちらが望ましいですか」という設問がその一例である．選好性とは，個人の好みを尋ねるものであるが，重要性では個人の好みを離れて，「個人的にはこちらの案を選好するが，他の人々の状況を考えて社会的に判断すれば別の案が重要だと思う」といった没個人的な判断を求めることができる．特に，地方部でのバスサービスは，個々人の選好にのみ着目してバスサービスの維持を主張できる可能性は低く，「バス利用は選好しないが，バスの維持は重要だと思う」という回答がどれだけ得られるかが重要な視点となる．重要性と選好性を混用せずに区別することは，バスサービスの維持という課題に対しては大事なポイントである．

・状態に関する評価

　満足度，苦痛度，公平性など，ある状態に関する個人の評価を尋ねる際に設けられる．「現在の路線バスの利便性に関してあなたはどれだけ満足していますか」や「今の補助金制度について，不公平だと思いますか」などがその例である．

・理由や動機

　「なぜ」を尋ねる場合に設けられる．一般には，ある内容についての回答が選択され，その後にその回答の理由を尋ねる．

・能力

「あなたはバス停まで何分以内であれば歩くことができますか」
がその代表である．個人の能力として，とりわけ，歩行能力やバス
を待つ忍耐力が重要な質問項目になる．人々がサービスを利用する
には，サービスが物理的にあるということだけでなく，上記に例示
したような，そのサービスを獲得するための個人の能力を要する．
能力が及ばないサービスであれば，他のサービス要素をいくら改善
しても選択の対象外であり続けるだけである．

⑤調査実施方法の選択

　意識調査では被験者に現在の意識を感覚的に回答してもらうことか
ら，回答者の負担が比較的少ない．このことから，郵送調査法や託送
調査法でも相応の情報を収集することができる場合が多い．

⑥調査の期間

　「2.3　交通実態・ニーズ調査」に示す内容と同様である．

⑦自治会等への協力要請

　調査をアンケートに基づいて実施する場合，回収率を高める努力が
不可欠である．アンケートの対象者が学生や高齢者などの特定の属性
を含む場合には，例えば学校や集会の会場などに足を運び，調査の趣
旨説明も含めた協力依頼を伴った託送調査法が有効である．

⑧調査の実施

　調査の実施中は被験者の質問に対応できる体制を整え，不測の事態
に備えておく．

【参考文献】

1) 島崎哲彦：社会調査の実際　－統計調査の方法とデータの分析－，学文社，
　　2005.
2) 林知己夫：社会調査ハンドブック，朝倉書店，2002.

2.7 潜在ニーズ調査

(1) 基本的な考え方

これまでにあまりバスを利用したことのない人にとってバスサービスは未知のサービスである．それを使ってどのような活動ができるのか，バスにどのような価値を見出しうるのかを発見するには，人々の意識上にあるバスサービスの理解のみならず，意識下に埋もれている潜在的なニーズを活性化して掘り起こし，それが何かを調査することが有用となる．しかしながら，潜在的なニーズを把握するための調査方法は今のところ確立していない．しかし，1990年代以降，特にコミュニティバスの計画の流行とともに，マーケティングの分野において商品開発のために活用されているグループインタビューの手法を用いて，バスサービスの潜在的なニーズを把握する試みがなされるようになっている．以下では，その経緯とともに，潜在的なニーズを把握するための手法としてのグループインタビュー調査の活用可能性を整理する．

(2) 潜在ニーズ調査としてのグループインタビュー調査の活用

グループインタビュー調査は，商品開発において一般に活用されている．商品開発の課題は「実際に買ってもらえるものは何か」であるが，消費者は必ずしもどのような商品がほしいかを明確に認識しているわけではない．このため，個々の消費者では意識しえない深層心理に集団での会話を通じて接近し，それに基づいて新商品を開発することが有用となる．その調査手法としてグループインタビュー調査が確立されている．

この調査が本格的にバスの潜在的なニーズの把握に活用されたのは，東京・武蔵野市の市民交通システム検討委員会においてコミュニティバスの検討がなされたときと考えられる．グループインタビュー調査を採用したのは，移動手段を持っていない高齢者にも利用しやすいユニバーサルデザインの考え方をとったことが契機であり，高齢者にとっての潜在ニーズを探る有用な方法としてこの調査に関心が注がれた．加えて，従来のアンケート調査では住民のニーズを十分に把握できないという疑問もあった．

その後，グループインタビュー調査は全国各地のコミュニティバスやデマンド交通の検討で用いられ，現在では計画の立案に十分活用できるようになっている．また，この調査は，バスサービスの事後評価や効果の検証，改善・充実策の検討などにも活用できることがフォローアップ調査で分かってきている．

(3) 特徴と方法

①特徴

1) 本音の意見を聞き取り，計画に取り込むことができる

　グループインタビュー調査は，参加者の自己紹介から始まる．参加者は「場（会場）」の雰囲気に慣れてリラックスしてくると，日常生活の話し言葉になり，会話が弾み，徐々に本音で話し始めるようになる．そうなると，インタビュアは，本音を引き出すための突っ込んだ質問ができるようになり，参加者と気軽に対話ができるようになる．外出への切実な願いや外出を阻害する壁などの本音が浮かび上がる．

2) 具体的かつ掘り下げた意見を聞き取ることができる

　例えば「バスの始発は何時からあるといいですか」と聞くと「朝8時から運行して欲しい」と回答がある．さらに「なぜ朝8時なのですか」と聞くと「通院に利用したいので」という回答が返ってくる．このような因果関係など，計画立案に欠かせない具体的な意見を聞き取ることができる．説得力や実効性のある計画，対症療法ではなく原因療法としての計画をつくることができる．

3) 関心や興味のあることを探ることができる

　関心や興味のある質問がなされると，活発な意見が出て「場」が盛り上り，計画のキーポイントを明確にすることができる．反対に関心の薄い質問が多いと発言が出にくくなり，「場」が静まりかえる．インタビュアには実施計画書（インタビュー項目）にとらわれない臨機応変な対応が求められる．

4) 生活体験に根差した意見を聞き取ることができる

a. 切実な願いを計画に取り込める

　高齢者の「送迎をしてもらうのは気を遣うので自分一人で出かけたい」「夫の車だとゆっくり買い物ができない」「送迎を頼める人がいないので引きこもりがちになり，健康によくない」「バスは，乗降口の段差が高くて利用できないので低くして欲しい」など，生活体験に根ざした意見を聞き取ることができる．

b. 気付かなかったことを計画に取り込むことができる

　高齢者の「階段は上りより下りが辛い」「握力が弱くなってきたので，階段の手摺りを細くして欲しい」など，健常者（計画者）が見落しがちな点や気が付かない点を発見することができる．

c. 地域特性に合った計画をつくるのに役立つ

「利用してもいいと思うバスの運賃は」と聞くと，大都市では「自転車の一時預かりが1回100円なので，バスは1回100円より高ければ利用しない」と，バスは自転車と競合していることが分かる．また，「ジュース代の130円より安くして欲しい」という子どものことを考えた意見もある．地方では「車のガソリン代程度の運賃なら利用する（子どもに利用させることができる）」と，バスはマイカーと競合していることが分かるなど，地域性が出てくる．

d. 新たな需要の開発（創造）に役立つ

切実な願い，これまで気付かなかったこと，地域特性などを計画に取り込めることで，バス利用を敬遠している人やバスから逃げていった市民を呼び戻すなど，新たな需要を創出できる．また，人々は必ずしも自分のニーズを確固として認識しているわけではなく，他人との意見交換を通じて触発されることが多くある．新たなバスの利用の仕方や価値を住民自身が見出す機会を与えることができる．

5）市民参加の一つの手法として期待できる

グループインタビュー調査は，市民が計画に対して自由に意見を言える場である．発言の機会に恵まれない市民や発言が苦手な市民などの意見も聞けるため，これまでの地域代表，市民活動グループなどによる市民参加とは異なる形態と位置づけができる．

6）口コミのＰＲ効果や利用促進が期待できる

二時間とたっぷり時間をかけたインタビューで，参加者は調査のテーマについてかなりの情報を得ることになる．その情報は地域の井戸端会議の格好の話題となり，地域に短期間に広まるので，口コミによる相当大きいＰＲ効果を期待できる．

また，「私たちが計画に意見や要望を出した」という参加意識から，具体化されたら利用しようという気持ちが湧き，利用を周囲に働きかけようという動機も生まれる．

②実施方法

調査は，実施計画書の作成，実施の準備，インタビュー調査の実施，結果の分析の手順で進められる．その手順に沿って，個別に方法や留意点などを紹介する．

1）実施計画書の作成

まず「グループインタビュー調査実施計画書」を作成する．その内容は，調査の目的，調査対象者とグループ構成，インタビュー項目，補

完調査，実施方法と調査スケジュールなどで構成される．

2）目的の明確化

　調査目的によって，グループの構成やインタビュー項目が異なってくる．「何を求めるのか」，「調査の結果をどう活用するのか」などの目的を明確にする．

3）対象者とグループの構成
a．調査対象者の設定

　バス事業の導入方針や目標などに照らし合わせて設定する．例えば，車や自転車を使いにくくなってきている高齢者などの移動をしやすくする，ということであれば，調査対象者は「高齢者（女性）」と「その高齢者や子どもなどの送迎をする主婦」にする，という設定になる．なおこれまでの経験から，自分の移動手段を持っている地域代表や男性は極力少なくすることが望ましい．

b．グループの人数

　1グループの人数は「7〜8人程度」が適当である．この人数より少ないと，「場」が盛り上がらず本音が出にくくなる．必要なことを聞き取れないという問題も出てくる．また，この人数より多い10人以上になると，1人あたりの発言の回数や時間が少なくなる．待っている間に参加者同士で勝手に雑談を始めるようになり，インタビューの進行に支障が出る．なお，バスの運行実施計画を策定する段階などの場合でインタビュー項目を絞ることができる場合には，グループヒアリング調査という形態にして，1グループ15人程度までであれば調査が可能と考えられる．

c．グループ数

　グループ数は多い方がよい．しかし，スケジュールや期間，調査費用などには制約があるため，一般的には，調査の目的を達成するために必要と思われる最小のグループ数（例えば4グループ程度）を設定する．

d．グループの構成

　調査対象者やグループ数と関連させながら「グループをどのような特性の人で構成するか」を設定する．その場合，地域や年齢層などに偏りが出ないように参加者の条件を決める．

4）インタビュー項目と補完調査

a. 基本項目と展開項目

インタビュー調査は，参加者の集中力などから通常1グループ二時間程度が限度となる．インタビュー項目は，この時間内で聞き取ることができる内容とする．しかし，予定外の話題で盛り上がる，興味や関心がないと発言が出ないなど，「どういう展開になるのか分からない」ということを想定しておく必要がある．逆に，この点こそが調査の特徴であり，面白さでもある．

このため，インタビュー項目は「どうしても聞き取りたいこと」に加えて，計画づくりや需要開発などのヒントになるような発言にインタビュアができるだけ対応できるように「関連することを幅広く」用意しておくことも必要となる．

b. 具体的な意見を聞き取る

計画（案）に対する評価や改善への意見を，試案図などを配布してより具体的に聞き取ることもできる．配布資料はインタビュー終了後に回収することが多いが，基本的な内容は口コミで広まってしまうので，事前に対応を検討しておくことが必要である．

c. 本音を聞き取るための準備

「何が本音の意見か」「何が新たな需要を開発する意見か」などの交通ニーズを見極めるためには，本章の他節にある基礎調査を十分に行い，その分析結果をインタビュー項目に取り入れておく必要がある．例えば，市民の生活行動（移動状況），地域交通の状況，人が集まる商業施設や病院等の位置や利用状況などの整理とその分析である．

d. 補完調査

参加者の家族や友人の意見も収集したい場合は，参加者にアンケート調査票を持ち帰ってもらい，郵送で回収することもできる．また，インタビュー調査で出された意見を確認するために参加者にアンケート調査を実施することもできる．

5) インタビュアに求められること
a. インタビュアの4つの条件

グループインタビュー調査の成否はインタビュアに左右される．インタビュアは，発言が出やすいようにリラックスした雰囲気を演出できる，静まりかえった時に場を盛り上げられる，意見が出やすいように質問の仕方を工夫できるなどの「コミュニケーション力」が求められる．また，発言が話したがりの人に偏らないようにする，

横道にそれたら上手に元に戻す，二時間のインタビュー時間で聞き取れるなどの「場のコントロール力」を持っている必要がある．

　最も求められることは「本音を聞きだす力」である．そのため，インタビュアは，計画や事業の目的・内容を理解し，基礎調査の結果を把握しておく．地域性に関係することであれば，地域の実状を現地踏査しておくことが必要となる．

　さらに，参加者が問題とすることの背景やバスとの関係などを瞬時に理解し，対応するためには，日常生活に関する情報をどれだけ踏まえているかという「情報力」が重要となる．医療や介護保険，教育，交通事故や犯罪の傾向，ショッピングセンター，流行などの幅広い情報が求められる．

b．インタビュアの適性

　インタビュアは，商品開発などでは専門家に依頼することが多い．しかし，交通計画ではプランナー（コンサルタント等）が行うことが望ましい．それは，計画の基礎調査から立案までに携わっていることから，「何が本音なのか」「これまで気付かなかったことは何か」などが分かる立場にあるからである．

　ただ，行政や地域団体の職員がインタビュアになることは避けることが望まれる．特に行政の職員は，発言に責任があるなどのために参加者とうまくコミュニケーションを取れないこと，インタビュアの条件を備えていないことなどのために，項目順に単純に質問をすることになりがちである．話しているうちに「苦情や陳情を聞く会」になってしまうことも想定される．

6）インタビューの実施
a．参加者の選定と案内

　参加者の選定及び募集は，地域活動のネットワーク等を活用して行政が行う．例えば，コミュニティセンターや公民館の登録団体，自治会や老人クラブなどを通して，参加条件に合う人を選定・募集するという方法である．この場合，団体やクラブの役職者などは，立場上，構成員の意見を整理した建て前の意見になりやすいので，本音を聞き取るには役職者以外の参加を求めることが重要となる．

b．インタビューの記録

　書記を付けて，発言内容を書き取り，グループ別のインタビュー記録を作成する．参加者の本音をニーズとして分析するには「どういう特性の人が何を発言したか」ということが重要になるので，記録には「意見に発言者名を付ける」ことが不可欠である．ただし，

インタビュー記録は，個人情報であるから内部資料として外部に漏れないように留意する.

c. 会場の確保と傍聴

　会場は，地域の公民館やコミュニティセンターなどの会議室，集会室を利用することが多い. また，参加者が高齢者や主婦などの場合，インタビューが二時間になるため，楽な姿勢で気楽に発言してもらえるように椅子席の会場にする. また，傍聴は，参加者がリラックスして気軽に発言できる雰囲気を損ねないように二名程度（関係者）とする.

d. 参加者へのお礼

　自治体ごとに住民に対するお礼の慣習などがあるのでそれに合わせる. 例えば，地域の商品券，図書券，袋詰めのお菓子，交通費程度の現金などである.

e. 会場の設営とインタビューの実施

　調査開始の30分前には出向き，インタビュー会場の設営を行う. 参加者とインタビュアのテーブルを「ロの字型」にする. 少し離して書記と傍聴者のテーブルを配置する. また，参加者の気持ちをほぐすために，お菓子をテーブルの上に1人毎に並べ，参加者が着席したら挨拶を交わしながらお茶などを出す.

　開始時間になったら，先ず，インタビュアまたは主催者（行政）が調査の簡単な主旨説明を行う. 次に，参加者全員に自己紹介を順番にしてもらう. 名前や住所にインタビュー項目の一部を加えた内容で行うが，これには緊張感を和らげ，発言しやすくする効果もある. この後，インタビュアが参加者と対話をしながら，また，参加者同士の対話を聞きながら項目ごとに意見を聞き取って行く. 最後に，参加へのお礼を述べ，終了する. この後に，補完調査を行う場合は調査票を配布し，お礼品などを渡して閉会とする.

7) 調査結果の分析

　書記の作成したインタビュー記録から，調査結果を分析する. 本音の意見をニーズとしてキーワード的な表現にするなど，インパクトがあり，また，計画に活用しやすいようにできるだけ具体的な内容でまとめる.

　分析者は，インタビューを傍聴して会場でしか得られない情報を見逃さないようにすることが大切である. 本音の発言に参加者がうなずく，関心のある話題には発言が活発になるなど，会場の反応を分析に

反映させることになる.

(4) アンケート調査との使い分け
①アンケート調査との違い
　アンケート調査には, 「ここは住みよいが55％」といった調査結果
を数字で具体的に表現できるという利点がある. また, 調査対象者数
の多さから「多くの市民の意見を反映している」という説得力もある.
しかし, バスのような新しいものの開発では, 利用するかどうかでは
なく「あった方がよい」というような「建て前の意見が多い」という
問題点がある. また, アンケート項目を設計する計画者の能力の範囲
でしか把握できないため, 「これまで気付かなかったこと」「先を見
通した意見」などが捉えにくいという問題点がある.
　グループインタビュー調査は, アンケート調査では捉えにくい意見
を聞き取れる, 因果関係を探れるという長所がある. しかし, グルー
プインタビュー調査は住民ニーズの把握手法として「調査対象者が少
ないのではないか」という指摘がある. 1グループ2時間という長時間
のインタビュー調査であるため, 参加者から家族や友人などの意見を
聞けることなどを考慮すると, 実際は参加者1人から3人分程度の意見
を聞けると考えてよい. すると, 4グループであれば, 約100人の意見
を聞けるということになる. 参加者数のみを見て「住民ニーズを把握
するには調査対象者が少ない」という判断が正しいかどうかは, 今後
の成果によると考えられる.

②アンケート調査との使い分け
　バスの調査では, システムの開発ではグループインタビュー調査を,
運行後の利用実態の把握にはアンケート調査を, 導入効果の把握や運
行システムの評価, 改善方策の検討にはアンケート調査とグループイ
ンタビュー調査の両方を活用することが多い.
　両調査手法の活用の具体例として, 武蔵野市のムーバスにおける
「バス停の改善検討」の例を紹介する. アンケート調査では, バス接
近表示システムが欲しいが28％, 庇が欲しいが19％, 腰を降ろせる工
夫をして欲しいが14％, 灰皿が欲しいが4％であり, バス接近表示シ
ステムへのニーズが最も高かった. しかし, グループインタビュー調
査でバス接近表示システムの必要性を聞いてみると「バスが時刻通り
に来るからいらない」「バスはスピードがゆっくりで, 来るのが見え
るからいらない」などの意見であった. アンケート調査でのニーズは
「ないよりはあった方がよい」という建て前の意見であることが分か
り, バス接近表示システムの設置の検討を見送った.

(5)　プロセス別のグループインタビュー調査の活用

　グループインタビュー調査は，「コンセプト・システム開発⇒運行によるシステムの評価・導入効果の分析⇒システムの改善・充実⇒他地域への展開」というプロセスの各段階で活用の可能性がある．

①基本計画策定の段階

　バス運行を検討する契機はそれぞれのケースで異なりうる．しかし，基本計画の構成は概ね以下のようである．

- ・地域・交通特性の把握
  都市構造，人口構成，交通，市民生活，商業・産業，等
- ・市民交通課題の把握
  高齢社会対応，公共交通ニーズ，公共施設利便性，既存交通改善，新しい交通システム導入，等
- ・バス導入方針
  導入のねらい，まちづくりとの連携，運行地域の設定，等
- ・バス運行基本計画
  運行方針（コンセプト，ねらい等），運行ルート，運行システム，車両・バス停，事業方法，事業化スケジュール等

　基本計画を作成するプロセスでは，「公開」「参加」が求められていることに配慮して，検討組織を設けて専門家や関係機関に市民（公募・地域代表等）の参加を図ることが望ましい．グループ数はそう多くはなく，5から7程度の例が多い．グループの設定は，行政区分や地形，過去の合併の歩みや地域特性などによって行うこととなる．

②実施計画策定及び事業化推進の段階

　基本計画における運行システムを確定し，事業採算の検討，地域支援の推進などのために，導入地域でグループインタビュー調査（グループヒアリング調査も考えられる）を実施することが望ましい．グループ数は，運行ルートの距離や本数，沿線人口などから設定するが，1〜4グループの範囲で行っている例が多い．

　調査は，ルート図やダイヤなどを具体的に提示して行う．これは，運行システムの改善や提案の意見を聞き取る，どのような目的で週に何日ほど利用するのか，家族の利用はどうかなどを把握するためである．また，補足的に家族へのアンケート調査を実施することも考えられる．

③フォローアップ調査の段階

バスを導入した後においては，それによってもたらされた効果や運行システムの是非を検証し，社会的な意義を事後評価することが必要となる．また，コミュニティのバスとして，沿線住民や市民から支援（利用促進や運行・運営の協力）を受け，地域の誇りとなるように成長させるために，改善策や充実策の検討も必要である．その一連の事業をフォローアップ調査として基本計画段階から位置づけておくことが望ましい．

調査の内容としては，意識調査をはじめ，生活・交通実態調査，乗降実態調査などが挙げられる．これらに加えて，沿線住民グループインタビュー調査も有用である．すなわち，それぞれがどのような利用の仕方をしているのかを共有することにより，新たなバスの使い方を互いに発見する機会を与えることができる．なお，調査の開始は，運行開始から3ヶ月程度を経過してからが望ましい．

(5) 留意点

グループインタビュー調査がバスの計画づくりや評価などに有効であることは確かといえる．しかし，自治体の首長や行政の理解がないとグループインタビュー調査の採用が難しいことも事実である．この手法には，調査に要する時間とそれに見合う予算，それを担う行政担当者の配置が求められることとなる．

グループインタビューではなく，ワークショップを活用してバスの計画をつくるという手法もある．ワークショップは，行動的で活発な市民が対象となりがちであることから，交通サービスや移動制約者のニーズなどへの理解が抽象的となり，必ずしも十分な成果を挙げることができない場合もある．また活動的な市民は，市役所や公共施設での会合などへ出かけることが多いことから，どうしても公共施設循環型になる．それに高齢者のために病院などを加えるといった計画をつくりがちである．結果として本当にバスサービスを必要としている住民のニーズに応えられないバスサービスとなりかねない恐れがある．

一方で，グループインタビューの場合，移動手段を持っていない，高齢女性を中心として実施している例が多い．通常の委員会での高齢者委員になりがちな自治会や老人会，婦人団体等の役員は，自分の移動手段を持っている元気な高齢者が多い．そのため，外出への切実な願いなどといったことは地域代表という立場で考えることとなり，移動手段を持たない高齢者の意見を強く発言することなく，結果として，それらの意見が計画に反映されなくなりがちである．また，移動手段をもたない高齢の女性の場合，地域活動などへの参加が活発でないこ

とや足・腰などが弱っていることが多い一方で，外出に対する潜在的な欲求が強いためインタビューでは具体的な意見が出されやすい．結果として高齢者が利用しやすければ，市民はもっと便利になるという，いわゆるユニバーサルデザインの考え方に基づいて，運行システム設計と需要創出戦略が計画に盛り込まれる可能性がより高く期待できる．

【参考文献】

1) 武蔵野市建設部交通対策課：武蔵野市市民交通計画, 1995
2) 武蔵野市コミュニティバス実施検討委員会：武蔵野市コミュニティバス実施検討委員会報告書, 1993
3) 武蔵野市市民交通システム検討委員：武蔵野市市民交通システム検討委員会報告書, 1992
4) 鈴鹿市・平成１１年度鈴鹿市西部地域コミュニティバス事業実証運行計画報告書, 2000
5) 鈴鹿市・平成１５年度鈴鹿市コミュニティバス事業　南部地域新路線導入基本計画策定調査, 2004
6) 地域科学研究会　・まちづくり資料シリーズ「コミュニティ交通編」

2.8 運行状況調査

(1) 基本的な考え方

　バスの計画通りの運行は利用者にとっては当然のことであり，それがなされていない場合には，即座に何らかの改善を施す必要がある．特に，都市部においてはバスの運行が道路事情に影響を受けることがしばしばであるため，運行状況を常に観測し，把握しておくことが求められる．以下では，運行状況を調査するための手法について整理する．

(2) 調査の必要性

　バス運行状況調査を実施する目的は様々である．例えば，道路事情（混雑，路上駐車，工事，踏切など）や冬季の天候，一時的な需要の集中などにより，バスの運行の定時性が懸念される場合には遅延の影響を把握することが求められる．また，フリー乗降方式など発進停車の状況を詳細に把握することが重要となる場合にも，運行状況調査が実施される．このような異なった目的に対して調査の方法も異なりうるが，最近では情報・通信機器の発達により，機器を用いて様々な目的に応じた効率的な調査がある程度はできるようになった．すなわち，システムの機器構成や機能にもよるが，バス運行管理システムを用いるとバスの運行状況のデータをある程度の精度で簡易に蓄積することができ，一時的にデータの保存機能があるGPS受信装置の配備やデジタルタコグラフをとりつけることでも運行状況を記録することができる．

　しかしながら，このような装置が搭載されていることは必ずしも一般的ではなく，また，分析のニーズによってはより詳細な情報（例えば路上駐車車両による影響の程度を混雑による渋滞の影響と区別して評価しなくてはならないなど）が必要となることなどにより，マニュアルによるバス運行状況調査を行う場面が生じる．

(3) 調査の目的と方法

　上記にもあるように，バス運行状況調査を実施する目的は多様であり，調査の方法もそれによって異なる．大きくは，概略の所要時間の把握，混雑時の遅延状況の把握，路上駐車など道路状況の詳細の把握，の3種類があると考えられる．それらに対応した典型的な調査の方法を表IV.2.8.1のようにまとめることができる．なお，表中の「名称」は，著者による表現であり，必ずしも一般的なものではない．

表IV.2.8.1　バス運行状況調査の目的と方法の概略

名称	目的	方法
所要時間調査	バス停間の所要時間あるいは走行速度を把握する.	調査員がバス停通過時刻（到着あるいは出発）を記録する.
発進停止調査	バス停での停車時間と信号や渋滞車列内での停車時間を区別することで，バスの遅れ状況を把握する.	調査員が，発進および停止の時刻を記録するとともに，停止毎に理由を記録する．専用の調査用紙を作成するか，音声録音，ビデオ録画を用いる.
挙動詳細調査	路上駐車による車線変更の影響など，道路状況とバスの遅れの関係を詳細に把握し，規制対策の課題などに踏み込んだ考察をする.	把握すべき事象を列挙しそれらを時刻とともに記録．通常は，発進，停止，車線変更について時刻と理由を記録．専用の調査用紙を作成するか，音声録音，ビデオ録画を用いる.

(4)　留意点

　データの再現性に配慮するのであれば，ビデオ撮影をすることが最も望ましい．しかし，録画データを解析にもちいる数値データに変換する作業に相当の時間と労力を要することに留意する必要がある．調査費用や日程の制約からサンプル調査が選択される場合，道路交通の時間変動や曜日変動あるいは天候変動の影響を十分に把握する必要がある．

　また，車両前方に調査員が陣取ると，特にバス車内が混雑する時間帯には乗客の迷惑になるばかりか乗降時の妨げになってしまい，データの正確さに影響を及ぼしかねない．よって，調査員の立ち位置にも留意が必要である．

3章　分析

3.1　概要

　バス事業の計画や運営を検討するに当たっては，既存のデータや調査によって得られた情報を用いて，事業に関連する様々な現象や環境を分析し，課題の抽出，整理することが必要である．その際，バス事業は純粋に営利目的の事業としてではなく，地域住民の移動，あるいは生活そのものを支援する公益性を持つものでもあることから，需要に応じた効率的な運営を行うための分析にとどまらないことに注意が必要である．

　バス事業を取りまく環境は，車社会化，人口減少，少子化など厳しい状況にある．「3.2 経営環境分析」では，バスの需要に影響を及ぼす要因を述べるとともに，その動向を明らかにするための分析方法について説明する．

　3.3～3.5では利用者の行動を分析するための方法を取り上げる．「3.3 生活・交通実態の分析」では，生活行動や交通行動の調査結果に基づいて，住民にはどのような行動特性をもつ層があり，それらの実態や傾向を把握するための分析方法について述べる．

　「3.4 ニーズの充足状況の分析」では，潜在ニーズと実際の生活行動を比較することによって，ニーズがどれだけ充足されているかを分析する．この分析は，従来の需要分析のように利用者の全体としての数（量）を把握するのではなく，それが顕在化の可能性がある住民の需要に対してどれだけ顕在化に貢献しているのかを把握することを目的としている．また，現行の事業計画手続きにおいては，その計画のもとでの顕在需要を推計しておくことが求められる．「3.5 利用者数の推計」では，この顕在需要を分析する手法について説明する．

　3.6～3.8では，バス事業の供給側に着目した分析方法を取り上げる．バス事業は，基本的には独立採算で運営することが求められており，補助金の投入や自治体自らが運営する場合においても，効率的な運営が求められる．そのためには，まずバス運営のための費用構造を分析し，コストを削減する余地があるのか，あるいは効率的な運行を行うために注意すべき点は何かを検討しておく必要がある．「3.6 費用構造分析」では，バス運営の費用項目を整理し，生産量を変化させたときの費用変化の考え方について述べる．

　中山間地域などにおいては住民の足を確保するため，赤字路線に補助金を投入することが避けられない状況にある．しかし，単に赤字路線だからということで補助金を投入することは，経営努力を怠ることになる．「3.7 生産性分析」では，バス路線運行にかかる標準的な費

用を推定し，実績値と比較することで生産効率性を分析・評価する方法について述べる．

　バス事業，あるいは個々のバス路線への参入・撤退は，その採算性が一つの判断基準となる．採算性においては，生産性分析で対象とした費用面に加えて，需要に応じた収入も加味することになる．「3.8 採算性分析」では，採算性の考え方を整理した上で，運行計画の評価における位置づけについて述べる．なお，運行計画の評価においては，採算性だけでなく採算性以外の評価も合わせた総合的な評価が必要であることについても触れる．

3.2 経営環境の分析

(1) 基本的な考え方

　バス事業に係る環境を分析し，今後の事業の見通しをたてておくことは必須の作業である．環境はサービス供給者の外的・内的な環境に大別され，それぞれ外部環境，内部環境と呼ばれる．内部環境は，供給者の財務や保有技術，組織などの要因から構成される．自治体にとっての予算制約は，内部環境の一要因である．ここでは，内部環境の分析は，マーケティングを扱った文献[1]に詳しいことからそちらを参照していただくこととし，外部環境の分析のみを取り上げる．

　外部環境は，供給者が影響を及ぼしうる環境とそうでない環境とに細分することができ，前者をミクロ環境，後者をマクロ環境と言う．バスサービスの供給に関連する環境要因を表IV.3.2.1に整理する．サービスの供給者が民間事業者か自治体かで重点的に着目すべき項目は異なるが，いずれの主体であれバスサービスの検討において重要となる項目に〇印を付している．これらのうち，技術や政治・法律，競合については適切な情報収集をもとに思考実験に基づく定性的な分析を主とすることが現実的であるが，人口動態や社会環境，顧客の分析はバス事業経営の根幹に係る環境であり，調査データをもとに綿密かつ定量的に分析することが求められる．このうち，顧客の分析は，「2.3 交通実態・ニーズ調査」や，後に示す「3.3 生活・行動実態の分析」や「3.4 利用者数の推計」において詳しく扱う．以下では，人口動態と社会環境の分析に焦点を当てるが，とりわけ重要となる人口構成や人口分布，運転免許保有率を中心に解説する．

表IV.3.2.1　バスサービスに係る環境要因

マクロ	〇人口動態	人口構成，高齢化率，人口分布
	経済	経済成長率，個人消費，産業構造
	生態学的環境	自然環境，公害，気候変動
	〇技術	新技術（環境，安全，制御，バリアフリー技術など）
	〇政治・法律	法律改正，規制，税制，外圧
	文化	ライフスタイル，風俗
	〇社会環境	自動車保有率，免許保有率，社会資本整備，土地利用，混雑
ミクロ	〇顧客	潜在利用者数，利用者意識，交通・生活行動
	〇競合	他の交通事業者の戦略やサービス供給能力，代替交通サービス（福祉バスやスクールバスなど）の供給状況
	生産要素	関連メーカー（自動車，各種機器業者など）の供給状況

(2) 短期的視点と長期的視点に基づいた分析の必要性

　バス事業経営は，バス需要の動向に左右されるところが大きい．バス需要は，モータリゼーションの進展とともに多くの地域で1970〜80年頃をピークとして減少傾向にある．特に地方部においては人口減少も相まって，バス経営を取りまく環境は厳しいものとなってきており，規制緩和以前から民営バス路線の撤退が相次いでいる．そのような地域においては，自治体が住民とりわけ交通弱者のモビリティ確保に責任を持つことになる．その場合，直面する財政制約のもとで経営感覚をもって事業に当たることが求められる．

　一方，都市部においては需要の減少は地方部ほどではないものの，渋滞による走行環境の悪化は所要時間の増加といったサービスの低下だけでなく，運行費用の増加となって経営を圧迫することになる．走行環境の改善はバス事業者の努力のみでは如何ともしがたく，道路管理者，交通管理者，さらには住民の協力が不可欠であり，そのためには走行環境の悪化の状況とそれが経営に与える影響を分析し，理解を求めることが必要である．

　このような経営環境は，その地域の人口，年齢構成，土地利用の状況，周辺都市との関係などによって異なり，また，その変化のスピードも異なる．一般に，バス事業は路線網の再編や増減便が容易であることから，短期的な視点でその時点における経営環境に応じた事業計画を考えれば十分と思われがちであるが，車両などへの投資や人員計画などは規模の小さい事業体ほど変更の影響は大きく，また，サービス変更に対する住民や関係機関との合意形成にも時間を要し，頻繁な変更はサービスに対する信頼を失うことにもなりかねない．よって，長期的な視点を持っておくことも必要である．

(3) 短期的視点での分析

　地方部におけるバス利用者は，高齢者や高校生など免許非保有者にほぼ限定され，さらにこれらの一部の人も家族の送迎に頼るなど，バス利用者層は非常に限定的である．したがって，これらの利用者層の存在を把握する必要があり，単にバス路線沿線の人口分布だけではなく，地区毎の性別・年齢構成や免許保有状況を把握する必要がある．また，バス利用者の目的地である病院，商業施設，高校などは郊外に移転しているケースが多いことから，従来のバス路線と実際の利用者ニーズとの乖離にも注意する必要がある．

　これらに関する現時点における正確な実態を把握するにはアンケート調査等に基づいて行うことが望ましいが，既存の統計資料として活用できるものも多くある．「2.2 既存調査データ活用の可能性と限界」を参照するとともに，行政機関においては交通の関連部局以外に

おいても活用可能なデータの蓄積がある可能性も高いことから，該当しうる部局に問い合わせることも有用である．

①地区別の人口，性別・年齢構成，運転免許保有率

　地方部におけるバス利用者層は主に高齢者，高校生（スクールバスを考慮する場合には小中学生等も含む）といった免許非保有者であることから，バス路線の変更等の検討に際しては，これらのバスの利用可能性が高い人の居住分布を詳細に把握しておく必要がある．地区の大きさはバス停の勢力圏から考えて500m〜1km四方程度，町内会程度の大きさが望ましい．

　地区人口については，国勢調査のメッシュ人口や住民基本台帳に基づく丁目別，あるいは自治会別人口が利用可能である．また，モバイル空間統計をはじめとする携帯電話ネットワークを活用した人口の統計情報も利用でき，時間別にどこの居住者がどこに位置しているのかなども把握できる．一方，運転免許保有率は都道府県別に加え，一部の都道府県では市町村別のデータが公表されている．

　これらのデータは，GISデータなど地図上で表現すると視覚的に理解が容易となる．多くの情報を効果的に理解する上でも，また，住民との合意形成の観点においても，その活用が望ましい．

②学校，病院，商業施設等の利用実態

　バスの利用可能性が高い人々の主な目的地には，学校，病院，福祉関連施設，商業施設，銀行・郵便局，役場・公民館といった施設が含まれることから，これらの立地状況，各施設の利用実態について把握しておく必要がある．これらの多くは，国土数値情報ダウンロードサービスで入手することができる．その際，近年では生活圏が広域化していることから，自治体の枠にとらわれず，住民が移動する空間的範囲の実態から施設の抽出を行う必要がある．その実態の基礎データは「2.3 交通実態・ニーズ調査」によって収集することができる．

(4)　長期的視点での分析
①年齢構成，運転免許保有率等の変化

　少子高齢化はバス事業にとって追い風なのか逆風なのか．少子化は主な利用者層である高校生の減少となって正に逆風である．一方，高齢化は現在のバス利用者に高齢者，特に女性の高齢者が多いことから，利用者層の増加として追い風のように思われがちである．

　図Ⅳ.3.2.1は，国立社会保障・人口問題研究所における仙台市と丸森町の将来人口を例にみたものである．棒グラフが人口，折れ線グラフが高齢化率を表しており，棒グラフは4つの年齢構成に分けている．

仙台市，丸森町ともに人口が減少するとともに，高齢化率が増加している．0〜14歳の人口もともに減っている．一方で，高齢者の人口については仙台市では増加の一途であるのに対して，丸森町では減少している．具体的には，2025年には5,243人であるが，2035年には4,516人，2045年には3,601人である．このように，高齢化率が増加したとしても高齢者の人口は減少している地域が地方に多く見られる．高齢率が高まるという意味での高齢化は必ずしも高齢者の人口の増加を伴わず，したがって，バス事業の追い風にはならない．

各市町村ならびにメッシュ単位の将来人口は，国立社会保障・人口問題研究所もしくは国土数値情報で入手でき，自分の地域における変化を把握することができる．

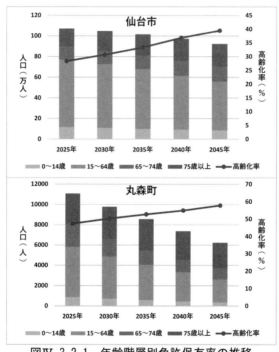

図Ⅳ.3.2.1　年齢階層別免許保有率の推移

一方，運転免許保有率については，基本的には都道府県単位でのデータが公表されている警察庁の運転免許統計を用いることができる．この統計で得られる保有者数と都道府県の人口（国勢調査や住民基本台帳）を組み合わせることで，保有率を求めることができる．その例として，図Ⅳ.3.2.2に鳥取県における保有率を示す．

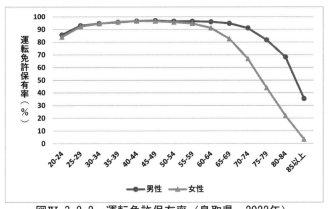

図Ⅳ.3.2.2　運転免許保有率（鳥取県，2022年）

　この図より，将来の概ねの保有率も把握することができる．例えば，現在における75-79歳の女性の保有率は45%ほどである一方，65-69歳のそれは80%である．したがって，10年後における75-79歳の女性の保有率は80%ほどになる．このように，現在の保有率を明らかにすることで，将来についても概略的な分析が可能である．

　これまで，バス利用者には女性の高齢者が多かったが，この顧客層について運転免許の保有率が急速に高まる．このため，今後は楽観ができない状況にあると言える．

　なお，運転免許の自主返納の件数についても，運転免許統計で把握することができる．この統計の「申請による免許取消」が自主返納に該当する．このデータより，件数や動向を把握することができる．

②高齢者の自動車利用の変化

　現在の免許保有高齢者の多くは主に自動車を利用していると思われるが，より高齢化社会になると，免許を保有していても運転できない・したくない高齢者も増加してくるものと考えられる．また，現在は家族，特に配偶者による送迎に頼っている人も，独居世帯になってしまうと送迎も頼めなくなる可能性がある．将来のバスの利用可能性を考える場合には，これらの点についても十分考慮しておく必要があり，そのためには「2.6　意識調査」が基本的な調査方法となる．一例として，むつ都市圏での免許保有者の運転に対する意識調査結果[2] を図Ⅳ.3.2.3に示す．

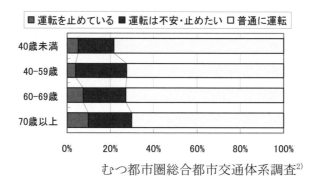

むつ都市圏総合都市交通体系調査[2]

図IV.3.2.3　免許保有者の運転に対する意識

【参考文献】
1）グロービス：MBA マーケティング，ダイヤモンド社，1997.
2）むつ都市圏総合都市交通計画協議会：むつ都市圏総合都市交通体系調査報
　　告書，2002.

3.3 生活・交通実態の分析

(1) 基本的な考え方

住民の生活・交通実態を把握することは，住民が日常生活を営む上で必要とするバスサービスを計画するのみならず，限られた財源の中で自治体が効率よくバス事業を行う観点からも重要な検討事項である．その分析・検討を行う基礎的な情報は，第Ⅳ編2章に記された種々の調査によって得られる．ここでは，それらの情報に基づいて，生活・交通実態を分析する方法を示す．

なお，本節では，需要が少なく民営事業としてバス事業が成り立たない地域において，自治体担当者自らがバスサービスを計画する際の手がかりを提供するという本書の趣旨にのっとり，自治体が関与して少ない便数のバスサービスを効率よく提供し，住民の日常生活における活動機会を保障するという状況を想定して記述する．

(2) 個人属性の分類
①交通手段の利用環境

バスサービスを計画するために生活・交通実態を分析する際，まずはじめに，どのような人がバスサービスを必要とするのかという分析が必要である．実際には，年齢や運転免許の保有率に着目した分析が多数見られ，一般的に年齢が高まるほどバスの利用率が高まり，運転免許保有率の低い女性の方が男性よりバス利用率が高いという傾向がみられる．

これに対し谷本・宮崎[1]は，運転免許の有無，自由に利用できる自動車の有無，送迎してくれる人の有無に基づき，「マイカー族」，「送迎族」，「公共交通族」という分類を行っている（表Ⅳ.3.3.1）．

表Ⅳ.3.3.1　交通利用環境属性の分類[1]

分類	交通利用環境の状況
マイカー族	運転免許を持っており，自由に使える車を持っている人．
送迎族	運転免許を持っていても自由に使える車を持っていない人や運転免許を持っていない人で，気兼ねなく送迎を頼める人がいる人．
公共交通族	運転免許を持っていても自由に使える車を持っていない人や運転免許を持っていない人で，気兼ねなく送迎を頼むことができない人．

このような交通利用環境の分類に基づいて生活・交通実態を分析す

ることにより，バスサービスを必要とする人をより明確に区分して捉えることができる．

②外出時の身体的な制約

他方，年齢や運転免許の保有だけではなく，外出時の身体的な制約とバス利用の関係を分析する試みもなされている．図IV.3.3.1は，年齢と外出に際しての身体的な制約の関係を表したものである[2]．年齢の高まりとともに外出に制約のある人の割合が高まる傾向がみられる．

生活実態の分析にあたっては，こうした外出における身体的な制約を用いる方がより明確に傾向を捉えることができる場合がある．

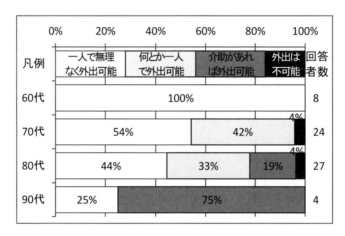

図IV.3.3.1　年齢と外出に際しての制約の関係[2]

(3)　活動機会の内容の分析

自治体が主体となってバスサービスを提供する際，どのような人のどのような活動に対してサービスを提供するかを検討することが重要である．そのためには，どのような人がどのような方法で活動機会を得ているかを分析することが有効である．

図IV.3.3.2はある地方都市における調査・分析の例であり，日常生活に必要な活動のひとつである食料品の買い物について，先に示した外出時の身体的な制約と買い物の方法およびそれらの頻度の関係を分析したものである[2]．図中の数値はそれぞれの1日当たりの頻度であり，アンケート調査の回答に基づき，ほぼ毎日は1.0，週に2・3回は0.5，週に1回は0.2，2週に1回は0.1，月に1回は0.05，それ以下は0.02，全くないは0をそれぞれ乗じて換算したものである．図IV.3.3.2より，無

理なく外出できる人は買い物の頻度が高いほか，自分自身が一人で行ったり，他の家族が同行したり，他の家族が行くなど買い物の方法も多様である．一方，外出に対する制約が強まるにつれ，買い物の頻度そのものや自分自身が買い物に行く頻度が減少することがわかる．介助があれば外出可能という人は，無理なく外出できる人に比べて買い物の頻度は約半分であり，家族や親族のサポートがなければ買い物にいけないことが読み取れる．

　ここでは買い物を一例として挙げたが，他の目的に対してもこうした分析を行うことにより，日常生活に必要な活動機会をどのような方法で得ているかが判り，人々の活動機会を保障するために自治体がどのようなサービスを提供すればよいかを検討することができる．

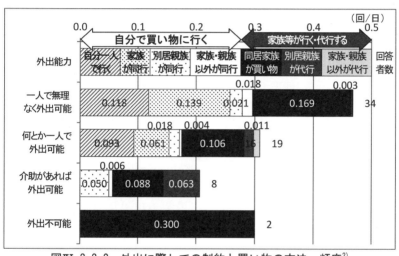

図Ⅳ.3.3.2　外出に際しての制約と買い物の方法・頻度[2]

（4）　活動時間帯の分析

　生活実態を分析するための視点として，日常生活に必要な活動がどのような時間帯に行われているかを分析することが重要である．自治体が限られた財源の中で限られた便数のバスサービスを提供する際，同じ便数でも運行時間帯やダイヤの設定によってそのサービスを利用可能な人数が異なるため，活動の時間帯を把握することが重要である．

　日常生活に必要な活動には，通勤や通学のように毎日定められた時刻に行われるものや，定期的な通院のように一定の周期で繰り返し行われるものなどがあるが，一般的には様々な時間帯に行われる．どのような内容の活動がどのような時間帯に行われるかを表す方法の一つ

に，「外出時間の分布表」[3)]がある.

　これは，ある人の1日の生活において，外出を伴う活動の開始時刻と終了時刻の組み合わせを，表IV.3.3.2に示す様式で表したものである. すなわち，表側に活動の開始時刻，表頭に活動の終了時刻をとり，活動の頻度を積算して該当する表のセルに示す. たとえば，午前9時に病院に着き，診療を終えて11時に帰途に就く場合は，活動の開始時刻9時，同終了時刻11時がクロスするセルに1回の活動として積算する. その活動が毎日行われるものではなく，1週間に1度だけ行われる場合は1/7（回/日）として積算すればよい. また，活動時間が日によって異なる場合は，それぞれの時間帯の平均的な活動の頻度を積算すればよい. なお，活動の開始・終了時刻は，便宜的に1時間ないし30分程度の幅をもった時間帯として表すのが実用的である. このようにして，個人の1日の平均的な外出時間の分布を表すことができる.

　また，個人の外出時間の分布を地区単位で集計することによって，地区レベルでの外出時間の分布表を同じ形式で作成することができる.

表IV.3.3.2　外出時間の分布表の例

| | | \multicolumn{10}{c}{活動終了時刻} | 合計 |
		8	9	10	11	12	13	14	15	16	17	合計
活動開始時刻	7	0.1	0.8	0.0	0.1	0.1	0.0	0.0	0.2	0.0	0.0	1.3
	8	0.0	0.0	0.2	0.2	0.3	0.1	0.1	0.0	0.0	0.1	1.1
	9		1.1	1.5	2.1	1.5	0.0	0.0	0.2	0.0	0.0	6.5
	10			3.1	12.3	4.1	0.7	0.1	0.0	0.0	0.0	20.3
	11				0.3	7.0	0.7	0.0	0.0	0.4	0.0	8.4
	12					0.7	0.6	0.5	0.0	0.0	0.0	1.8
	13						0.0	0.4	1.5	0.1	0.0	1.9
	14							0.2	4.4	1.8	0.1	6.5
	15								1.5	2.8	1.3	5.6
	16									0.3	5.0	5.3
	17										1.3	1.3
合計		0.2	1.9	4.8	15.0	13.8	2.2	1.2	7.8	5.3	7.9	60

注: 活動開始，終了時刻は1時間単位で表記.
　　7とは，7時台(7:00～7:59)を表す.

　外出時間の分布表の基となる個人の活動の内容は，交通実態調査（第IV編2.3）や生活実態調査（第IV編2.4）によって把握できる. それらの調査に基づき，何時から何時まで，どこで，どのような活動を行っているかを集計すれば，外出時間の分布表を作成できる.

　なお，公共交通のサービス水準が低い地域では，公共交通を利用し

た活動機会が低いサービス水準の影響を受けている可能性がある. そのような影響を除外して活動機会を把握するためには, 移動の制約が少ない自動車利用者を対象として, 外出時間の分布表を作成することが望ましい.

外出目的別にこの表を作成すると, たとえば, 通勤・通学の外出時間の分布表, 通院や買い物の外出時間の分布表などが得られる. これらの表を地区単位で作成すれば, その地区における活動機会の内容や活動時間の分布を知ることができる. それに基づき, どのような時間帯にどの程度のバスサービスを提供すれば, どのような目的の活動機会を保障することができるか, あるいは, どの時間帯にバスサービスを提供すればより多くの活動機会を保障できるかなどの分析を行うことにより, バスサービスの計画策定に必要な情報が得られる.

(5) 活動の頻度の分析

生活実態を分析する際には, 活動の頻度について分析することも重要である. たとえば, 食料品や日用品の買い物は週2〜3回の頻度で行う人が多いが, 投薬や定期的な診療を受けるための通院は, 1週間に1回または2週間に1回の頻度で行う人が多いなど, 活動の種類によって頻度や周期に特徴がある. 稀に, アンケート調査結果から, 活動の頻度を意識せずに「バスを利用する」という回答件数を集計し, 利用者数を推計するケースが見られるが, 頻度を反映しないと過大推計になる危険性がある.

また, 利用者が少なく, バスの運行本数が限られる地域では, 活動の頻度や周期, 曜日などに合わせ, バスの運行日を週に2〜3日に限定することにより, 活動機会を確保しつつ, 運行費用の低減を図ることが可能になる.

このようなことから, 生活実態の分析に際しては, 活動の頻度を分析することが重要である.

(6) 交通手段利用の分析

近年, 運転免許の保有率の高い世代が高齢化し, 高齢者の運転免許保有率が高まっている. そのため, 自動車を利用して買い物や通院などの活動を行う高齢者が増加している.

一方, 本格的な高齢社会を迎え, わが国では後期高齢者といわれる75歳以上の人口が増加している. 既往のパーソントリップ調査などから, 75歳を超えると外出しづらくなる人の割合が高まるほか, 80歳前後になると運転免許を持っていても, 運転ができなくなる人の割合が高まることが明らかになっている. このため, バスサービスを計画する際には, 年齢などの個人属性と交通手段の利用の関係について分析する

ことが重要である．以下，いくつかの分析事例を記す．

①交通利用環境と交通手段の分担率

　図Ⅳ.3.3.3は，交通利用環境の属性と交通手段分担率の関係を表したものである．性別に関わりなく，公共交通族に分類される人は総じてバスの分担率が高いことがわかる．公共交通族の人口は，交通実態調査などから得られる運転免許や自動車の保有状況等から地区別に集計することが可能であり，こうした分析を通じて地区ごとのバス利用者数の実態を捉えることができる．

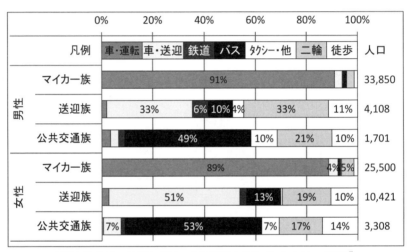

図Ⅳ.3.3.3　外出に際しての制約と買い物の方法・頻度[4]

②年齢と自動車の運転

　図Ⅳ.3.3.4は，ある自治体の全世帯を対象として実施したアンケート調査結果から，年齢別の自動車運転の状況を示したものである．図中の「以前は運転」とは，運転免許を保有しており，以前は運転していたが今は運転していないということを表す．図より，75〜84歳の男性では，10%の人が運転をやめたことがわかり，85歳を超えると運転をやめた人の方が運転を継続している人を上回る．

　このような分析を通じ，年齢別に自動車の運転ができない人の割合や人数を把握し，バスを必要とする人数を推計することが，高齢化が進展する中でバスサービスを計画する際に重要である．ただし，自動車の運転ができない人はバスを必要する人では必ずしもなく，むしろ，バスも利用できない人である可能性が高いことに留意を要する．

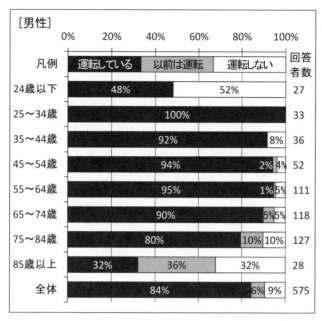

図Ⅳ. 3. 3. 4　年齢と自動車運転の関係（男性）[5]

【参考文献】

1) 谷本圭志，宮崎耕輔：活動機会の保障を目的とした公共交通サービスの計画，地域社会が保障すべき生活交通のサービス水準に関する研究報告書，国際交通安全学会，pp. 16-26，2008.
2) 喜多秀行，岸野啓一：過疎地域における活動機会の獲得に関する実態調査，地域公共交通と連携した包括的な生活保障のしくみづくりに関する研究，国際交通安全学会，pp. 121-159，2011.
3) 谷本圭志，牧修平：地方における公共交通のサービス供給基準に関する研究，運輸政策研究，Vol. 11 No. 4，pp. 10-20，2009.
4) 豊岡市資料
5) 東吉野村地域公共交通活性化協議会資料

3.4 ニーズの充足状況の分析

(1) 基本的な考え方

　活動・移動ニーズを満たすための一つの手段がバスサービスであり，それが顕在化の可能性がある住民の需要に対してどれだけ顕在化に貢献しているのかはバスの貢献の一側面を把握する上で必要である．しかし，どれだけの顕在化がなされているのかは，需要の母集団が何であるかを特定することなしに分析することはできない．ここでは，需要の母集団をどのようにとらえるのかの概念整理をした上で，それを分析する手法に焦点を当てて紹介する．この手法によって把握される顕在化可能な需要の母集団と，実際に顕在化している需要との乖離を測定することで，ニーズの充足状況を分析することができる．

(2) 顕在需要／潜在需要／最大可能需要

　今現在バスを利用している旅客数は顕在化している需要，すなわち**顕在需要**である．しかしながら，その背景には，今は実際にはバスを利用してはいないが，バスを利用する可能性を持つ人々もいる．彼等も含めた需要は，一般に，**潜在需要**と呼ばれる．潜在需要という考え方を用いるのなら，今現在バスを利用している顕在需要は，潜在需要の一部が「顕在化」したものとして解釈することができる．さらに，この潜在需要の背後には，さらに**最大可能需要**がある．これは，物理的にバスを利用する事が可能な最大量である．

　これら3つの需要の概念的な関係は，図IV.3.4.1に示した通りである．ここで，例えば，ある地域を走るバス路線を考えてみよう．この時，そのバスを実際に利用している需要が「顕在需要」である．一方，そのバス路線のバス停に到達可能な人々に，最大バス利用回数（例えば，往復の二回など）を乗じたものとして求められるものが，「最大可能需要」である．つまり，ひとまずはバスのキャパシティを考慮せずに，そのバス路線の地域の土地利用状況を勘案しつつ求められる，利用可能な最大量が最大可能需要である．

　この図に示したように，潜在需要は最大可能需要の一部であるが，最大可能需要と潜在需要とを分ける基準は何であろうか？

　潜在需要とは，先に定義したように「バスを利用する可能性を持つ需要」である一方，最大可能需要とは「バスを利用することが“物理的”に利用可能な最大需要」である．この両者の定義からも分かるように，両者は共に“利用可能性のある潜在的な需要”である．しかし，最大可能需要の利用可能性は“物理的”なものにのみ限定されている一方，潜在需要の利用可能性は“実際”のものであり，これが両者の相違点である．このため，最大可能需要は以下の二種類に分類できる．

a) 物理的には利用可能だが，バスを利用する可能性が著しく低い需要（あるいは，バスを利用する可能性が皆無な需要）

b) 物理的に利用可能であり，しかも，バスを利用する可能性が存在する需要

この後者の需要こそがここで言う"潜在需要"である．

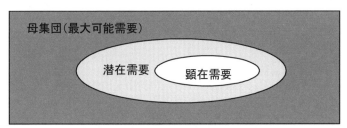

図Ⅳ.3.4.1　顕在需要と潜在需要

(3)　潜在需要分析／予測の意義

　もしも，潜在需要が把握できるなら，それはバスサービスの供用や改変，あるいは，利用促進策を考える上で，極めて有用な情報となるだろう．例えば，現状のバスの潜在需要と顕在需要を比べて，両者に乖離があるのなら，第Ⅳ編6章に詳しく論ずる利用促進策を適切に実施すれば，まだまだ顕在需要の増加が見込める，ということを理解することができるからである．つまり，"潜在需要の掘り起こし"（つまり，利用促進）に向けての努力が必要であることが明らかとなると同時に，その努力によってどの程度まで顕在需要が増加するのか（そして，それに伴う料金収入がどの程度増加するのか）という利用促進策の効果予測を行うことができるからである．さらに，今現在バスを供用していない地域の潜在需要が把握できるなら，そのバスサービスを便利なものにし，かつ，利用促進策を適切に実施すれば，どの程度の"顕在需要"が得られるのかを予測することができるからである．

　言い換えるなら，潜在需要は，顕在需要の"上限値"を与えるものである．それ故，潜在需要の分析・予測の手法は，第Ⅳ編「3.5 利用者数の推計」で論ずるいわゆる"需要予測"の手法で直接的に活用できる．ただし，一般的な需要予測手法が，いわゆる"点推定"でもたらされるものである一方，潜在需要の予測手法は，それが顕在需要の上限値を与えるものである以上，"区間推定"のための手法として活用できる点が特徴である．

(4) 潜在需要の予測手法：行動意図法（Behavioral Intention法，BI法）

繰り返すが，潜在需要とは，「バスを利用する可能性が存在する需要」である．そして，潜在需要は，最大可能需要と違い物理的に利用可能であるだけではなく，"実際"に利用可能である，という条件を満たす需要であると述べた．

では，"実際の利用可能性"，とは一体なんだろうか？

それが"物理的"なものではないとするなら，それは"主観的"なものでなければならない，という帰結が論理的に得られることとなる．かくして，潜在需要を把握するためには，人々の"主観"を測定する方法が必要となるのである．その方法こそ，行動意図法（BI法，Behavioral Intention法）と呼ばれる方法である[1]．この方法は，主観データとして，各人にバスを利用するか否かの"行動意図"（behavior intention）を測定するものであり，その概要は，以下のようなものである．

ステップ1） 予測対象とする行動に関する行動意図，ならびに，意図−行動一致性に影響を及ぼす要因を調査する．

ステップ2） 態度理論の意図−行動一致性についての諸理論に基づいて，それら調査データを用いて個々人の行動意図から行動を予測し，それらを拡大・集計化する．

（出典　文献1））

以下，まず「行動意図」について概説した後に，行動意図法の各ステップについて述べる

①行動意図について

行動意図とは，自分が特定の行動（例えば，バスの利用）を実行するか否かについての意図を意味するものであり，社会心理学の態度理論（attitude theory）と呼ばれる理論体系においては，行動を予想するにあたって最も信頼性の高い心理要因であることが知られている．しかしながら，行動意図と実際の行動が乖離することも同時にしられており，かつ，行動と意図が乖離する条件についても様々な知見が積み重ねられている．

		行動	
		する	しない
意図	する	一致	無行為の失敗 (01, 02, 03, 04, 0C1)
	しない	行為の失敗 (C1, C2, 0C1)	一致

図Ⅳ.3.4.2　行為の失敗と無行為の失敗とその原因[1)]

　図Ⅳ.3.4.2は，行動と意図との関係を意味するものである．例えば，「バスを利用する」という意図を形成している場合に実際にバスを利用する場合，逆に「バスを利用しない」という意図を形成している場合に実際にバスを利用しない場合，行動と意図は一致していると見なすことができる．しかしながら，バスを利用するという意図を形成しているにも関わらず実際には利用しないことも，逆に，バスを利用しないという意図を形成しているにもかかわらず実際には利用することも生じうる．こうしたケースはいずれも，行動と意図とが不一致となっているものである．特に，前者の利用しない意図にも関わらず実際には利用してしまうケースを「行為の失敗」，後者の利用する意図にもかかわらず実際には利用しないケースを「無行為の失敗」と呼ばれている．

表Ⅳ.3.4.1　意図－行動一致性に影響する要因[1)]

■**行為の失敗の原因**
　C1. **対象行動についての強い習慣**
　　強い習慣を形成している場合，その行動を無意図的に実行する
　C2. **対象行動の衝動性**
　　ある行動を衝動的に実行する場合にはそれに先だつ行動意図を形成しない

■**無行為の失敗の原因**
　01. **代替行動についての強い習慣**
　　習慣化された行動は自動的に実行されてしまうために，その行動の代替行動についての行動意図を形成している場合にもそれが実行されない
　02. **弱い行動意図**
　　ある行動意図を形成していても，その意図が弱ければ実行しない
　03. **対象行動の実行計画の非現実性**
　　行動に先立った実行計画が非現実的な場合，意図があってもその実行を失敗する
　04. **楽観バイアスと対象行動の実行困難性**
　　行動の実行困難性を楽観的に見積もるために，実行困難性が高い場合には実行計画が不十分となり，その実行を失敗する

■**双方の失敗の原因**

さて，表IV. 3. 4. 1は，従来の社会心理学研究より明らかにされている，行為の失敗，無行為の失敗のそれぞれの理論的な条件をまとめたものである．例えば，バスを利用するという意図があるにもかかわらず実際にはバスを利用しないケース（無行為の失敗）は，自動車利用についての強い行動習慣が形成されている場合，その意図が弱い者である場合，バス利用の具体的知識を十分に持たない場合などにおいて生じやすい．

②行動意図の測定

行動意図法は，先に示したように，ステップ1）にて行動意図，ならびに，意図と行動の一致性を予想するための変数を測定し，ステップ2）においてそれらのデータを用いて一人一人の行動を予測，拡大する方法である．

行動意図を測定するには，言うまでも無く調査が必要である．その場合の調査は，バスを利用できそうな人々（つまり，最大可能需要）を対象に，層別（例えば，地域別）にサンプリング調査をする．そして，調査票において以下の質問を尋ねる．

行動意図を測定するには，仮想的な状況を説明する必要がある．まず，バスが今まで存在していない場所において潜在需要分析を行うには，導入を予定しているバスシステムのバス路線図や時刻表のチラシ等を用意し，質問の冒頭で，目立つ形で「現在，○○地域に新規バス路線の導入を予定しています．まず，添付したチラシを良くご覧下さい．」と教示して，バスサービスの概要の理解を促す方法がある．この時，複数の代替案がある場合には，それらを個別に提示してもよい．ただし，ここで注意すべきは，あまりに複雑な情報を提供しても，被験者はほとんど理解できないという点である．このため，説明は最大限に簡略化し，分かりやすくレイアウトすることが肝要である．例えば，「○○まで行くのに，『最高に便利なバス』ができた場合を想像して下さい」というような大雑把な教示を行うとともに，この設定で得られた予測値を「潜在需要」と見なす方法がある．そして，実際の「顕在需要」の予測については，その潜在需要を，例えば，2/3～1/3程度に割り引くことで，予想する方法が考えられる．この件の詳細な議論については，文献2），3）を参照されたい．

さて，これらの教示に基づいて，例えば，以下の質問で行動意図，ならびに，利用頻度の予想値を測定する．

　一方,既にバスサービスを提供している場合にも,潜在需要と顕在需要とが乖離しているものと考えられる.なぜなら,人々はどのようなバスサービスがあるのかを十分に理解していないからである.この場合の潜在需要を測定するには,まず,現在のバス利用頻度を測定し(これが顕在需要となる),その上で,現状のバスシステムの状況を説明するチラシを用意するとともに,先ほどと同様に「まず,添付したチラシをよくご覧下さい」と教示し,バスサービスの概要の十分な理解を促す.そしてその上で,

と尋ね,「何となく知っていた,全く知らなかった」と回答した被験者に,

と尋ねる.この3)で測定されるバス利用頻度に基づいて「潜在需要」を計算する.なお,既にバスサービスを提供しているが,そのダイヤの改編や料金の変化などを実施する際の潜在需要を把握するには,以上の方法における「チラシ」において,改変後の状況を記述した上で,ほぼ同様の方法で行動意図を測定するとよい.

③行動－意図の一致／不一致をもたらす要因の測定

　行動と意図の不一致をもたらすものとして,例えば,「01.代替行動についての強い習慣」「03.対象行動の実行計画の非現実性」については,例えば,次のような項目で測定できる.

```
(01のために) 普段，クルマをどれくらい使いますか？
    01_a: ほとんどの外出で，クルマを使っている
    01_b: 時々クルマを使い，時々バスや電車を使っている．
    01_c: クルマを使うことはほとんどない
(03のために) バスをどれくらいつかっていますか？
    03_a: しょっちゅうバスを使っている
    03_b: ときどきバスを使っている
    03_c: ごくたまにバスを使っている
    03_d: 何回か，バスを使ったことがある
    03_e: バスを使ったことがない
```

④バス利用の行動意図に基づく各人の潜在的バス利用頻度の予測

さて，以上のようなデータを調査で入手すれば，後は，調査回答者の一人ずつ，バスの利用頻度を予想する．この時，一人一人の潜在的なバス利用頻度Fは，次の式で求められる．

$$F = \sum_k (F_k P_k)$$

ここに，kは目的を意味する引数，F_kは目的kについて被験者が回答した予想利用頻度（バス利用の行動意図の質問で「利用しないと思う」の回答の場合には0，「利用すると思う」「多分利用すると思う」の場合には「どれくらい利用すると思いますか？」の質問の回答で得られる数値），P_kは目的kで「バスを利用する」という行動意図が実際に実行される確率である．

P_kについては，既存のデータ分析[2)3)]に基づくと，先に例示した「（01のために）普段，クルマをどれくらい使いますか？」と「（03のために）バスをどれくらいつかっていますか？」の回答，ならびに，行動意図測定の際に「多分」と答えたか否かに応じて，表IV.3.4.2のような数値が基準値として活用できる．たとえは，バス利用の実行計画の現実性が高く（しょっちゅう，あるいは，ときどきバスを利用している），代替行動の習慣も弱く（クルマを使うことはほとんど無い）人が「多分」と付けずに「利用すると思う」と回答した場合，その回答は相当程度信頼できる（80%）一方，ほとんどバスを利用したこともなく（バス利用の実行可能性が低い），ほとんどの外出でクルマを利用している（代替行動の習慣強度が強い）人が「多分」利用すると回答した場合は，その回答はほとんど信頼できない（5%）．

表IV.3.4.2 行動意図が実際に実行される確率P_kの基準値

	強意図（利用すると思う）			弱意図（多分利用すると思う）		
	バス利用の実行計画の現実性_高 (O3_a,O3_b)	バス利用の実行計画の現実性_中 (O3_c, O3_d)	バス利用の実行計画の現実性_低 (O3_e)	バス利用の実行計画の現実性_高 (O3_a,O3_b)	バス利用の実行計画の現実性_中 (O3_c, O3_d)	バス利用の実行計画の現実性_低 (O3_e)
対象行動の習慣強度_弱 (O1_c)	80%	55%	30%	40%	25%	15%
対象行動の習慣強度_中 (O1_b)	60%	40%	20%	30%	20%	10%
対象行動の習慣強度_強 (O1_a)	40%	25%	10%	20%	15%	5%

⑤バス潜在需要の計算

　バス潜在需要を計算するには，後は，こうして得られた，各人の潜在的なバス利用頻度Fを，拡大すればよい．ここに拡大係数は，調査を実施した時の，層別（少なくとも地域別，可能なら，地域別性別年齢別）のサンプリング率を用いて設定すればよい（なお，調査の際には，ここで拡大することを想定して，拡大係数があまりに大きくならないように，十分なサンプリング率を，各々の層毎に確保しておくことが重要である）．

　なお，こうして計算される需要は，あくまでも「潜在需要」であり，実際の「顕在需要」とは異なる点に注意する必要がある．この「潜在需要」を顕在化するには，第IV編6章（特に，「6.4 調査を活用した利用促進策」を参照されたい）で論じた利用促進策を十分に実施することが必要である．

　また，こうした"潜在需要"のどの程度が顕在化した顕在需要となっているのかについては，今のところ十分な実証的確認は行われていない．ただし，既存の事例では，おおよそ"半分"程度の水準であるという事例も報告されており[3]，潜在需要から顕在需要を検討するには，この「半分」という数値を基準値として採用することができるものと考えられる．ただし，この"顕在化率"が状況に依存することも考えられるため，この点については，今後の分析がまたれるところである．

【参考文献】

1) 藤井　聡，トミー・ヤーリング：交通需要予測におけるSPデータの新しい役割，土木学会論文集，No. 723/IV-58, pp. 1-14, 2003.
2) 藤井　聡：行動意図法（BI法）による交通需要予測－新規バス路線の"潜

在需要"の予測事例－，土木計画学研究・論文集，20（3），pp. 563-570，2003.

3）藤井　聡：行動意図法（BI法）による交通需要予測の検証と精緻化，土木学会論文集，No. 765/Ⅳ-64，pp. 65-78，2004.

3.5 利用者数の推計

(1) 基本的な考え方

　バスサービスの検討に際して，路線の利用者数はどの程度見込めるのか，採算性はどの程度であるかなどの評価が，意思決定の基礎的な情報となる．そのためには，生活・交通行動の実態や人々の意識，新たに利用可能な交通資源などを調査し，それらを踏まえてバスサービスの利用者がどの程度見込めるかを分析することが必要である．

　バスの利用者数の推計には，例えば大都市におけるバスネットワークの計画など大規模なネットワークを対象として長期的な視点に基づく必要があるものから，地方部における廃止代替バスなどのように小規模なネットワークや個々の路線を対象とし，時として利用主体や利用目的など詳細な利用状況を把握することが求められるものまで，様々なケースが想定される．ここでは，想定されるケースを整理し，それぞれに対する利用者数の推計手法やそれを活用する際の留意点について記述する．

(2) 利用者数の推計の必要性と意義

　利用者数の推計には概ね次のような意義があると考えられる．

①計画の定量的評価：利用者・納税者である住民や事業主体であるバス事業者，また計画主体となりうる行政・自治体に対して，計画の有効性とその効果を分かりやすく伝える．
②代替案の比較検討：複数の代替案（ルート案やサービス水準などの案）に対する定量的な評価を通じて，最適な代替案を選択するための基礎資料とする．
③財務評価：実施する施策が，短期的あるいは長期的に採算の取れる事業か，もしくはどの程度の公的支援が必要かを検討する際の基礎データとなる．
④費用対効果：実施する施策が社会的に意義のあるものか（社会的便益が費用を上回るか）を検討する際の基礎データとなる．

(3) 想定される検討ケースと利用者数の推計手法の選択

　利用者数の推計が必要となるケースとして，概ね表Ⅳ.3.5.1のように整理することができる．すなわち，都市圏全体の公共交通網計画を行うような場合と，潜在的な利用者数の絶対量が少ない地域で廃止代替路線の検討を行う場合では，利用者数の推計において活用するデータ，計画の目標年次，ネットワークの大きさ，採り得る手法などが自ずと異なってくる．

利用者数の推計が必要となるケースには様々なものが考えられるが，ここでは計画の種別や内容などから次のように分類し，推計手法などについて記述する．

表Ⅳ.3.5.1　検討ケースと推計手法

計画の目的・種別	内容（例）	地域	計画期間	主な利用者数の推計手法
総合交通体系計画	公共交通のマスタープラン策定	都市部地方部	長期	予測モデルによるOD交通量の推計　等
公共交通網計画	都市（圏）全体の鉄道・バス交通網計画	都市部地方部	中長期	予測モデルによるOD交通量の推計，路線配分　等
バス網計画	都市・地域のバス網計画	都市部地方部	短中期	予測モデルによるOD交通量の推計，路線配分，既存データに基づく利用者数の推計　等
バス路線計画	バス路線の再編計画コミュニティバス等新規バス路線の計画	都市部地方部	短期	既存データの活用や実態調査・意向調査に基づく路線別利用者数の推計　等
代替交通計画	路線バスの廃止代替交通手段の検討	地方部	短期	既存データの活用簡易な調査等に基づく利用者数の把握等

(4)　利用者数の推計に当たっての留意点

　近年のバス利用者の変化動向を見ると，

①運転免許保有者の増加，とりわけ女性や高齢者の運転免許保有率の増加に伴って自動車利用が進展し，女性や高齢者のバス利用が減少している

②少子化の進展や団塊ジュニアといわれる年齢層の成人化に伴い，高校生や大学生の通学におけるバス利用が減少している

③高齢人口の増加，とりわけ身体機能が衰えると考えられる後期高齢者（75歳以上の人）の増加により，自動車の運転できない高齢者のバス利用が増加している

④地域によっては敬老福祉乗車証などの交付年齢に達した人の増加によって高齢者のバス利用が増加している

などの特徴が見られる．バス利用者数を推計する際には，こうしたバス利用者の質的な変化ともいうべき変化を見通し，それを反映させることが重要である．この点については，「3.2 経営環境の分析」も参照されたい．バスの利用者数の推計には，交通需要予測で用いられている従来の手法を活用することができるものの，これらの中には，結果として得られる将来の交通量やトリップ数について，個人属性別の内訳が明示されない手法も決して少なくない．そこで，少子・高齢化の進展や日常生活への自動車交通の普及などに伴う上記のような変化を，交通需要予測の手法の中に反映させていくことに留意する必要がある．

(5)　利用者数の推計手法
①総合的な交通体系計画や公共交通網計画を行う場合
　都市全体あるいは都市圏などを対象に総合交通体系のマスタープランを策定し，その中で公共交通やバス交通の計画を行う場合や，都市全体の公共交通網の計画を行う中で，バス交通のあり方や位置づけなどを検討する場合には，長期的な視点から将来のバス利用者数を推計する必要がある．こうした場合には，パーソントリップ調査などの大規模調査データに基づき，次のような手順で将来のバス利用者数を推計することが一般的な手法としてあげられる．

1)　**計画期間**
　　・中・長期（10〜20年後）
2)　**計画に必要な情報**
　　・将来の利用主体別のバス利用トリップ数
　　・将来のゾーン別のバス利用者の発生量・集中量，バスの分担率
　　・将来のゾーン間バス利用OD交通量
3)　**推計手順**
a. 計画の基本的な枠組みを定める．
　　計画の対象圏域，計画目標年次を定める．また，対象圏域内を計画の基本単位となる地域（ゾーン）に分割する（ゾーニング）
b. 対象圏域全体の交通量を推計する．（総発生集中量の予測）
　　対象圏域の将来人口や運転免許保有率などを想定するとともに，対象圏域全体の将来交通量（将来のパーソントリップ数）を予測する
c. その交通量がどこで発生・集中するかを推計する．（ゾーン別発生・集中量の予測）
　　将来の人口などに基づき，ゾーン毎に交通が発生・集中する度合い（発生・集中力，ポテンシャル）を推計し，対象地域全体の将来交通量をゾーン毎の発生交通量・集中交通量に分割する

d. どこからどこへどの程度のバス利用者があるかを推計する．（OD交通量の予測）

現在の交通流動や将来の道路網・鉄道網の整備状況などを考慮し，将来，どのゾーンからどのゾーンにどの程度の交通量が生じるかを推計する

e. どのような交通手段を利用するかを推計する．（交通手段分担量の予測）

それぞれのゾーン間の交通特性（ゾーン間の距離，交通手段別の所要時間や費用，公共交通の乗り換え回数等）を反映させ，それぞれの将来OD交通量を交通手段別の交通量に分割する

4) 留意点

この手法は，四段階推計法といわれ，広く活用されているものである．具体的な手法は，参考文献1)～3)などに詳述されている．しかし，従来どおりの手法では，発生量・集中量を推計した段階で，利用主体別のトリップ数を明示的に表すことができなくなる．すなわち，推計の結果から，「高齢者のバス利用トリップ数」などを示すことが難しくなる．そこで，将来の利用主体別のトリップ数が検討の情報として必要な場合は，あらかじめ，主体毎に区分して利用者数を推計するなどの対応が必要である．具体の手法としては，あらかじめ20歳未満，20～64歳，65歳以上などのように主体を区分した上で，それぞれについてこの手法を適用して利用者数を推計することなどが考えられる．

②都市・地域のバス網計画を行う場合

都市内やいくつかの市町村に広がる地域において，バスサービスの検討を行う場合には，短期的・中期的な視点から将来の路線別のバス利用者数を推計することが必要になる．この場合，①に示したゾーン間のバス利用OD交通量を，バス路線のネットワークモデルに配分することによって別の利用者数を推計することがよく行われる．推計の枠組みや手順は次のとおりである．

1) 計画期間
　・短・中期（1～10年後）
2) 計画に必要な情報
　・将来のゾーン間バス利用OD交通量
　・将来の路線別のバス利用者数，バス停間のOD交通量　等
3) 推計手順
a. 計画の基本的な枠組みを定める．
　・計画の対象圏域，計画目標年次を定める．

・対象圏域内をバス路線が区分できる大きさのゾーン（場合によってはバス停が区別できる程度の大きさのゾーン）に分割する（ゾーニング）.

b. どこからどこへどの程度のバス利用者があるかを推計する. （OD交通量の予測）

・基本的な手順は，前節の「①総合的な交通体系計画や公共交通網計画を行う場合」のb〜eに示したものと同じである. ただし，①では総合交通体系計画が目的であったため，市町村程度のゾーニングとしたが，この場合はバス路線やバス停が区別できるような細かいゾーニングとなる.

・将来のOD交通量を推計する際，一般的にゾーンが細かくなると推計のために必要となるゾーン毎の将来指標（人口，ゾーン間の所要時間等）の設定が困難になるため，次のような方法をとることが多い.

・総合交通体系計画や公共交通のマスタープランなどで，もう少し大きなゾーン（例えば市町村単位等）の将来バス利用OD交通量が推計されている場合は，それをベースに必要なゾーンにブレイクダウンする. また，現状のバス路線の乗車人員やバス停間のOD交通量が既往の実態調査等で得られている場合は，それをもとに計画目標年次のOD交通量を推計する.

c. どの路線にどの程度のバス利用者があるか，バス停間の利用者数はどれくらいかを推計する. （路線配分）

・ゾーン間のバス利用OD交通量をバス路線のネットワークに配分することにより，バス停間の利用者数を推計する.

・なお，計画目標年次が1・2年後といった近い未来で，既往調査等から現状のバス停間のOD交通量が既知である場合は，現状の路線別の利用者数やバス停間のOD交通量を基に計画年次の利用者数を推計するという方法も考えられる.

4）留意点

バス停間のOD交通量を推計する際には，パーソントリップ調査等の既往の交通実態調査を活用しうる場合が多い. これらの調査では，広く都市圏を対象に実施されることなどから，集計や計画の基本となるゾーンが市町村あるいは市町村を数個に分割した程度の地域を単位としている場合がある. また，多くの調査はサンプリング調査であり，中にはサンプル率が数%程度の調査もある. 一方で，バス路線単位の利用者数や，バス停間のOD交通量を推計する場合には，町字単位など細かいゾーンを対象とした交通量が必要となる. これらを背景に，実務の場面ではベースとなる調査で得られた交通量の精度を超えた細かさのデータを扱ってしまう場合もあり，推計値の精

度について十分に吟味しておくことが必要である．これらの点については，「2.2 既存調査データ活用の可能性と限界」および「2.5 乗降実態調査」を参照されたい．

③個々のバス路線計画を行う場合

市町村内においてコミュニティバスの計画を行うなど，個々のバス路線計画を行う場合には，短期的な視点から当該路線のバス利用者数の推計が必要になる．この場合は，①や②に示すバス停間のOD交通量のような量的な推計だけでなく，利用主体や利用時刻，利用目的，行き先の施設など，細かい情報が検討に際して必要となる．また，多くの場合は計画年次が半年後，1年後など短いタイムスパンであると考えられ，バス利用者の現状分析や他の交通手段を含めた交通実態の分析を行い，当該路線のバス利用者数を推計することが多い．

なお，ここでは，主にバス路線網の密度が相対的に低い地方部を想定して利用者数の推計手法を示す．大都市部等，バス路線密度の高い地域におけるバス路線の計画については，ネットワーク全体の中で検討する必要があり，その利用者数の推計手法については，②に示した方法が活用できると考えられる．推計の枠組みや手順は次のように考えられる．

1) **計画期間**
   ・短期（現状～数年後）
2) **計画に必要な情報**
   ・計画路線のバス利用者総数
   ・バス利用者の内訳（利用主体別の利用者数，目的別の利用者数等）
   ・バス利用者の特性（利用時刻帯，目的地，目的地の施設等）
   ・ゾーン間またはバス停間のOD交通量
3) **推計手順**
a. 計画の基本的な枠組みを定める．
   ・計画対象路線を定めるとともに，その利用圏域を想定する．
   ・計画対象路線の路線バスの運行開始時期を定める．
b. 計画路線のバス利用者数を推計する．
   ・新たなバス路線の利用者数を推計するためには，前記のようにバス利用者数の内訳や特性を把握することが重要である．
   ・既にバスサービスが供用されている地域においては重回帰分析などにより利用者の推計モデルを構築することができる．ただし，地方部におけるバスは，免許非保有者にとっても送迎やタクシーより分担率が少ない場合も多く，非常に代替性の高い手段選択に

なっていることに注意する必要がある．その一例を以下に示す．

　宮城県丸森町においてバス停毎に，バス利用者数を免許非保有者数とバス路線沿線施設ダミーを説明変数として重回帰分析により推計した結果[4]を図Ⅳ.3.5.1に示す．図にはモデルによる推計値と実績値の比較を示している．利用者数の少ないバス停においては十分な説明力があるとは言えず，あくまでも概略検討の参考として考えておくべきであろう．一方で，モデルからの乖離はその地域におけるバス利用促進策を考える上での重要なヒントにもなる．すなわち，推計値より輸送実績が上回る地区と下回る地区を比較することにより，利用の顕在化に影響を及ぼしうる要因を抽出することができる．

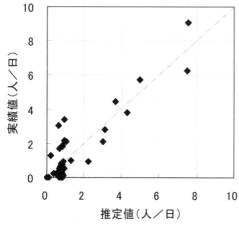

説明変数	回帰係数	t値
免許非保有人口	0.01	4.85
沿線高校数	0.30	2.06
沿線病院・医院数	0.07	2.87
他路線接続ダミー	3.02	6.84
決定係数	0.80	

（宮城県丸森町）

図Ⅳ.3.5.1　重回帰分析による利用者数の推計例[4]

④路線バスの廃止代替交通の計画を行う場合

　路線バスの廃止申し出に伴って代替交通手段の計画・検討を行う場合には，さらに細かい視点でバス利用者数を推計することが多い．道路運送法上は，路線バスの廃止申し出から6ヶ月で退出できることや，路線廃止が申し出られるのはバス利用者数の少ない路線や地域が多いことを考え合わせると，廃止代替交通の利用者数を推計する際には，利用実態の調査や沿線地域などでの聞き取り調査などを通じた，既存路線バス利用者の詳細な内訳の把握や代替交通手段の潜在的な利用者数の推計などが重視される．

　こうした場合の利用者数の推計手順は次のように考えられる．なお，ここでは，主に地方部において，1ないし少数の路線の廃止が申し出ら

れた場合を想定している．廃止対象が市町村の一部地域あるいは全域の全線に及ぶ場合など，ネットワーク全体が廃止対象になるような場合については，むしろバス路線網計画，公共交通網計画の対象となると考えられる．

a) 計画期間
- 短期（半年～1年後）

b) 計画に必要な情報
- 廃止代替交通の利用者数
- バス利用者の内訳（利用主体別の利用者数，目的別の利用者数等）
- バス利用者の特性（利用時刻帯，目的地，目的地の施設等）

c) 推計手順
①計画の基本的な枠組みを定める．
- 廃止対象のバス路線沿線を中心に，廃止代替交通手段のサービス圏を考慮して，計画の対象範囲を定める．
- 廃止代替バスの運行開始時期を定める．

②廃止代替交通の利用者数を推計する．
- 廃止対象となるバス利用者数の現状を把握する．多くの場合は，バス利用者数は少ないと考えられ，バスの運行回数も決して多くないと想定されることから，簡便な交通実態調査を実施して利用者数を把握することが現実的な手法である．具体的には，路線バスに調査員を同乗させ，バス停別の乗降者数や利用者の特性（性別，およその年齢，利用目的，利用時刻帯等）を目視で観察して記録するなどの方法が考えられる．その詳細については，「2.5 乗降実態調査」を参照されたい．
- 利用者のニーズを的確に捉えるとともに，現状ではバスを利用していない潜在的なバス利用者を把握するために，沿線地域の住民に対するヒアリング調査や交通行動調査などを実施することなども考えられる．その詳細については，「2.3 交通実態・ニーズ調査」，「2.6 意識調査」を参照されたい．
- 得られたバス利用実態に関するデータを分析して，廃止代替交通の利用者数を推計する．具体的な手法については，③に例示した方法を参照されたい．

d) 留意点
路線バスの廃止が申し出られる地域では，もとよりバスの利用者は少ない．それに対して，従前の利用者だけを対象に廃止代替交通を運行しても，採算が悪いのは自明である．そのため，廃止代替交通を運行する際には，潜在的な利用者を含めて，利用ニーズにマッチ

したサービスを行うことが重要であり，そのためには，現状の利用実態を詳細に分析するとともに，潜在的な利用者を把握することが重要である．その際，こうしたケースでは利用者が少ないことや対象地域が限られていることなどから，きめ細かな実態調査を比較的少ない労力で実施することも可能であり，対象地域の問題に応じた調査の企画・実施がポイントとなる．その具体的な方法としては「2.7 潜在ニーズ調査」を参照されたい．

【参考文献】
1) 土木学会：交通需要予測ハンドブック，pp. 64-98，技報堂出版，1981.
2) 佐佐木・飯田：交通工学，pp. 54-119，国民科学社，1992.
3) 新谷編著：都市交通計画（第2版），pp. 81-110，技報堂出版，2003.
4) 久保田恒太，徳永幸之：地方部におけるバス費用構造分析とサービス改善方策に関する研究，土木計画学研究・講演集，No. 29，CD-ROM，2004.

3.6 費用構造分析

(1) 基本的な考え方
　個々の事業者や路線別の運行費用の構造を知ることは，路線網の再編といった事業の計画や事業の効率化を検討する上で重要かつ不可欠である．また，事業者のみならず行政担当者においても，運営補助金等を支出する，あるいは委託運行等を実施する際に，路線バスが効率よく適切に運行されているか，事業者が企業努力をしているか等を確認する上で必要であり，どのような要因が費用に影響を与えるのか十分に理解しておく必要がある．

(2) 運行費用のデータ
　路線バスの運行費用は，標準原価（実車走行キロ当たり輸送原価）として国土交通省から公表されている[1]．この標準原価は，運賃の認可や補助金算定などの際の基準となるもので，旅客自動車運送事業等報告規則に基づき毎年各事業者から報告される原価を，経済圏や地理的条件をもとに分けた全国21のブロック（標準原価ブロック）毎に，一定の要件を満たすバス事業者（保有車両数30両以上の事業者）の原価を平均したものである．図Ⅳ.3.6.1に示すように，標準原価はブロックや事業形態（公営・民営）によって非常に大きな差があり，さらに同じブロック・事業形態でも事業者によって差がある．

(3) 運行費用の構成
　旅客自動車運送事業等報告規則における科目に従って，運行費用（営業費用）項目を整理する．運行費用は，運行に直接必要な運送費と運行を管理運営するための一般管理費に大別され，それぞれ，表Ⅳ.3.6.1に示す科目に細分される[2]．これらの費用の構成比率は地域や事業者によって異なるが，一般には運送費が運行費用の85〜95%を占めている．運送費においては人件費が65〜75%と大きな比重を占め，その他では燃料費5〜10%，修繕費4〜8%などが大きい．民営や公営，大都市部か否かによっては図Ⅳ.3.6.2[1]のような違いがある．

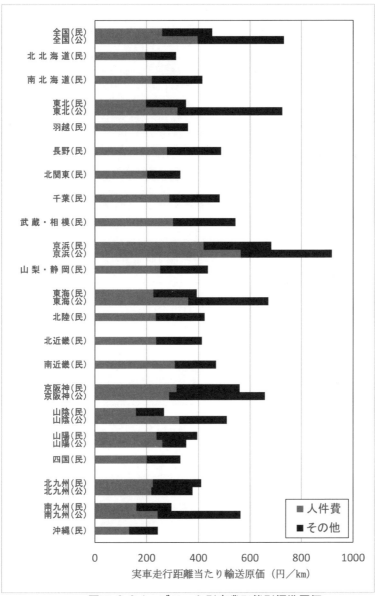

全国（民）
全国（公）
北 北 海 道（民）
南 北 海 道（民）
東北（民）
東北（公）
羽越（民）
長野（民）
北関東（民）
千葉（民）
武蔵・相模（民）
京浜（民）
京浜（公）
山 梨・静 岡（民）
東海（民）
東海（公）
北陸（民）
北近畿（民）
南近畿（民）
京阪神（民）
京阪神（公）
山陰（民）
山陰（公）
山陽（民）
山陽（公）
四国（民）
北九州（民）
北九州（公）
南九州（民）
南九州（公）
沖縄（民）

■ 人件費
■ その他

0　　　200　　　400　　　600　　　800　　　1000
実車走行距離当たり輸送原価（円／km）

図Ⅳ.3.6.1　ブロック別事業形態別標準原価

分類	科目	概要
運送費	人件費	現業部門の従業員に係る人件費 （例：給与，手当，賞与，退職金，厚生福利費など）
	燃料油脂費	事業用自動車に係わる燃料費及び油脂費 （例：軽油費，LPガス費，油脂費など）
	修繕費	事業用固定資産の修繕に係わる費用 （例：車両修繕費，建物構築物修繕など）
	減価償却費	事業用固定資産に係わる減価償却費 （例：車両減価償却費，建物構築物減価償却費など）
	保険料	事業用固定資産及び運送に係わる諸保険料 （例：自動車損害賠償保険料，建物火災保険料など）
	施設使用料	事業用固定資産に係わる使用料 （例：借地料，借家料など）
	自動車リース料	事業用自動車及びその付属品に係わるリース料 （メンテナンスリースの場合の整備料を含む）
	施設賦課税	事業用固定資産に係わる租税 （例：固定資産税，自動車重量税，自動車税など）
	事故賠償費	事故による見舞金，慰謝料，弁償金等
	道路使用料	有料道路料金
	その他	現業部門に係わる経費で他の科目に属さないもの （例：被服費，水道光熱費，通信運搬費，旅費など）
一般管理費	人件費	本社その他管理部門の従業員に係る人件費 （例：給与，手当，賞与，退職金，厚生福利費など）
	その他	現業部門に係わる経費で他の科目に属さないもの （例：被服費，水道光熱費，通信運搬費，旅費など）

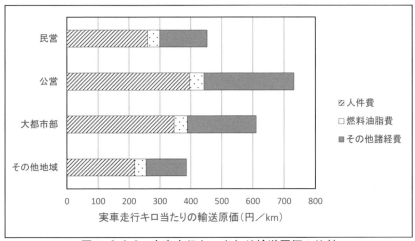

図Ⅳ.3.6.2　実車走行キロ当たり輸送原価の比較

(4)　生産量変化に伴う費用の変化

　これまでは，事業者全体での費用構造について見てきた．しかし，事業効率化や路線網再編などを検討する際，あるいは広域路線における補助金の負担割合を決める際には，路線別の費用，さらには生産量（走行キロ）の変化に伴う費用の変化を分析する必要がある．

　個々の路線毎の費用を厳密に把握することは難しい．1台のバス及び1人の運転手が1路線（系統）のみを運行する場合，その路線の費用構造は明確であるが，複数の路線に渡る場合，人件費をはじめ，修繕費，減価償却費，保険料，さらには一般管理費を各路線別に求めるのは困難である．一般には，事業報告が総走行キロの比率で按分することになっている[3]ことから，総走行キロの比率で按分することが多いが，合意形成の観点からゲーム論的に負担方式を考察した研究[4][5]もある．

　生産量変化に伴う費用の変化を分析する上では，総費用を「可変費用と固定費用」に分けて考える必要がある．また，「平均費用と限界費用」という概念も登場する．これらについて以下に概説する[6]．

①可変費用と固定費用

可変費用：　　生産量を増減することに伴って増減する費用で，1つの路線で考えれば，運行キロや運行回数を増やすことにより変化する費用である．

固定費用：　　生産量の増減とは関係なく一定の費用である．

　例えば1路線の増便又は区間の延長を行う場合，事業者または営業所

の全路線でみれば，施設の増加が伴わなければ施設使用料などは一定なので固定費用となるが，路線単位でみれば，施設使用料などはその走行キロで按分することになるため，可変費用となる．このように費用の中でもその着目の違いによってその区分が変わる．表Ⅳ.3.6.2には，全路線と路線単位で見た場合の可変費用と固定費用を分類した例を示す．

表Ⅳ.3.6.2　可変費用と固定費用の分類例

分類	全路線	路線単位
可変費用	人件費（運転手） 燃料油脂費 修繕費 減価償却費（増車の場合） 保険料 自動車リース料（増車の場合） 事故賠償費 道路使用料 その他運送費	人件費（運転手） 燃料油脂費 修繕費 減価償却費（増車の場合） 保険料 自動車リース料（増車の場合） 事故賠償費 道路使用料 その他運送費 施設使用料 施設賦課税
固定費用	施設使用料 施設賦課税 人件費（管理部門） その他一般管理費	人件費（管理部門） その他一般管理費

②平均費用と限界費用

平均費用：　生産量1単位あたりの費用（＝総費用÷生産量）．
　　　　　　実車走行キロ当たり輸送原価は平均費用の概念である．
限界費用：　生産量を1単位増やすために必要な費用．
　　　　　　1つの路線で考える場合，路線長を1km又は運行回数を1回増やすために必要な費用と考えことができる．

　図Ⅳ.3.6.3は，固定費用と変動費用，平均費用と限界費用の概念を表したものである．生産量xのときの平均費用はa，限界費用はmであり，$a>m$である．路線長の変更や運行回数の変更など生産量をΔxだけ増やしたときの費用は限界費用，すなわち$m\Delta x$だけ増加するが，平均費用である輸送原価で考えると$a\Delta x$増加することになり，過剰反応と

なってしまう．特に規模小さい事業においては固定費用の影響が大きいため，平均費用と限界費用の違いを十分認識しておく必要がある[7]．

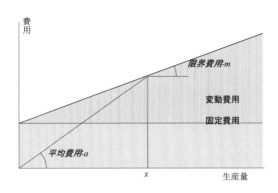

図Ⅳ.3.6.3　可変費用と固定費用，平均費用と限界費用

【参考文献】
1) 国土交通省自動車局旅客課：令和元年度　乗合バス事業の収支状況について，https://www.mlit.go.jp/report/press/content/001372205.pdf，2020.11.
2) 国土交通省自動車交通局旅客課通達：旅客自動車運送事業等報告規則に基づく報告書類の記載等に際しての留意点等について，https://wwwtb.mlit.go.jp/kyushu/content/000230312.pdf，2019.7.
3) 自動車運送事業に係わる収益及び費用並びに固定資産の配分基準について（運輸省自動車局長通達，1977.5），旅客自動車運送事業等通達集，ぎょうせい，pp.178-183，2003.
4) 谷本圭志，喜多秀行：広域バス路線の補助金負担方式に関するゲーム論的考察，土木学会論文集，No.751/Ⅳ-62，pp.83-95，2004.
5) 谷本圭志，喜多秀行，藤田康宏：住民によるバスサービスの自己調達費用の試算に関する考察，土木計画学研究・論文集，Vol.21，No.3，pp.811-818，2004.
6) 費用の理論については多数の参考書があるが，初心者向けには例えば「伊藤元重：ミクロ経済学，日本評論社，1992.」等が分かりやすい.
7) 久保田恒太，徳永幸之：地方部におけるバス費用構造分析とサービス改善方策に関する研究，土木計画学研究・講演集，No.29，CD-ROM，2004.

3.7　生産性分析

(1)　基本的な考え方

　一般的に，ある産業（または個別企業）の生産性とは生産量などの産出（アウトプット）をその生産に必要な投入（インプット）で除したものとして定義される経済的統計量の総称である．例えば，労働生産性とは単位労働投入あたりの生産量のことであり，人口一人当たりGDPなど，一般的な統計量として知られている．人口一人当たりGDPが各国の豊かさを示すひとつの指標であるように，生産性指標を用いることで，各業種，各産業，各部署などの生産効率性を比較することが可能になる．

　この生産性分析をバス事業に用いることで様々な分析が可能となる．例えば，多くのバス会社を抱える行政主体においては，各会社の収支報告のみならず，生産性分析の結果を知ることで，より妥当な補助金政策を策定することが可能であろう．つまり，各会社がどの程度効率的に事業を運営しているのか，また，非効率的な場合の改善点はどのようなものかを知ることができる．さらに，各路線の生産性分析の結果からは，より効率的な路線運営計画の方法を探ることが可能となるであろう．ただし，現実的に生産性分析をバス産業へ適応するには多くの困難がある．まず，生産性指標の一つである全要素生産性(TFP)手法[1]を用いるためには，投入量および算出量に関する詳細なデータが必要となる．通常，第三者には入手困難なことが多い．そこで，以下では，バス産業は公共サービスの一種であり，算出に関するクオリティーが同じことを仮定し，投入すなわちインプットに関する効率性を分析するための手法として費用関数を用いた方法を紹介する．

(2)　費用関数による生産性の分析

　存続が不可欠な不採算路線に対しては補助金等の支出が必要となる．無計画な支出は自治体の財政を圧迫し，また事業者の営業努力を消極的にさせる可能性もあることから，補助金の導入については，路線の性格を考慮し適切に評価を行う必要がある．従来，路線を評価する指標としては営業係数や輸送密度が用いられているが，これらは営業費用を最小にする投入や産出がなされているかという経営努力や，路線ごとの潜在的な利用者数の差異について勘案していない．そこで，以下では，各路線別に補助金投入の可否を判断する路線の評価指標の一つとして路線の生産性を取り上げ，それを分析する方法を述べる．なお，ここで言う生産性とは，当該路線にかかる標準的な費用と実績値とを比較することで表される費用面からの生産効率性のことである．

　まず，費用関数を推計する．費用関数とはバスサービスの生産に投

入される生産財の量，あるいは，生産財の価格のいずれかの関数とし
て推計する．具体的な生産要素の価格としては，賃金，燃料費，維持
費などがある．具体的に，熊本県の民間バス会社であるK社の生産性分
析を行う場面を例示して解説を進める．2000年の物価を基準とするK
社のバス輸送企業としての標準的な費用構造を示す費用関数は，式(1)
で表されるものとする．この場合，費用関数は価格に関する情報以外
に路線規模に関する情報を加えることとする（なお，費用関数の推定
については，付録を参照のこと）．

$$\ln C = 0.637 - 0.410 \ln W + 0.328 \ln R - 1.082 \ln F + 0.407 \ln J + 0.548 \ln S$$
$$- 0.253 (\ln W)^2 / 2 + 0.070 (\ln R)^2 / 2 + 0.135 (\ln F)^2 / 2$$
$$- 0.094 \ln W \ln R - 0.159 \ln W \ln F + 0.024 \ln R \ln F$$

(1)

C: 費用，W: 人件費の単価，R: 車両修繕費の単価，F: 燃料油脂
費の単価，J: 乗車人員，S: 走行距離

この関数にある年のデータを代入することにより，その年における
当該路線にかかる標準的な費用（以後，「標準費用」と言う）を推定
することができる．この標準費用と実際値を比較することにより，当
該路線の生産性が分析できる．ここでは，K社の1993年の45路線を評価
対象として例示する．
　まず，路線別の標準費用を式(1)より推定する．投入要素価格である
人件費の単価，車両修繕費の単価，燃料油脂費の単価については路線
共通に2000年基準価格に修正した値を用いる．路線ごとのデータであ
る乗車人員および走行距離については，式(1)の費用関数がK社の全体
の標準的な費用構造として推定されているため，単一路線のデータを
そのまま用いると誤差が生じる．そこで，その年のK社の総走行距離に
対する各路線の総走行距離の比率を求め，各路線の乗車人員および費
用をその比率にしたがって拡大した値を用いる．つまり，評価対象の
各路線を独立した一つのバス企業と考えて当該路線の評価を行う．
　図IV.3.7.1に費用関数により算定された標準費用と拡大実績費用を
比較した結果を示す．標準費用より高い実績費用の路線（高コスト路
線）が19路線，標準費用より低い実績費用の路線（低コスト路線）が2
6路線存在することが分かった．この結果と実際の黒字および赤字路線
との関係を表IV.3.7.1に整理する．これより45路線中，黒字路線にも
かかわらず高コスト構造である路線が2路線，赤字路線にもかかわらず
低コスト構造である路線が6路線あることが分かる．

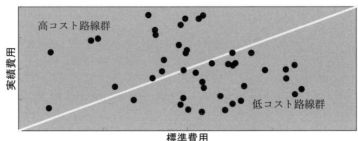

図Ⅳ.3.7.1 標準費用と拡大実績費用の比較

表Ⅳ.3.7.1 推定費用と営業実績の比較

	黒字路線	赤字路線	計
低コスト路線	20	6	20
高コスト路線	2	17	25
計	22	23	45

(3) 生産性の要因分析

　従来の評価指標では，補助金対象路線は23路線となる．しかし，生産性分析を通して高コスト構造の赤字路線と識別された17路線については，無条件に補助金を投入する前にコスト構造の改善を図る必要がある．そこで，コスト構造に影響を与えている路線設定要因の抽出を行う．各路線が高コスト路線群であるかと低コスト路線群であるかを，「路線長」，「所要時間」，「バス停数」，「運行回数」，および「重複数」といった各路線の設定要因を用いて判別分析を行った結果を表Ⅳ.3.7.2に示す．

　高コスト・低コストの路線群の判別には「路線長」が最も影響があり，次に「重複数」，「所要時間」，「バス停数」，「運行回数」と続く．これらの変数を用いてＫ社のバス輸送の標準的生産構造を達成できる路線か否かを的中率87%という高い確率で判別することができた．以上より，「路線長」が短く，「所要時間」が長く，「バス停数」が多く，「運行回数」が多く，「重複数」が多いほど，Ｋ社のバス路線は標準費用以上のコストを要するとのことが明らかになった．

　このように生産性分析を行うことにより，補助金を投入すべき路線の選定が効率的に行えるとともに，補助金が投入されない赤字路線に対しても改善策[2]を示すことが可能となる．

表Ⅳ.3.7.2　判別分析による生産性要因

変数名	判別係数	順位
路線長（km）	0.295	1
所要時間（分）	-0.097	3
バス停数	-0.031	4
運行回数	-0.004	5
重複数	-0.176	2
定数項	0.794	
的中率	87%	

(4) 生産性分析の課題

　ここで紹介した生産性分析は，当該路線にかかる標準的な費用と実績値とを比較することで表される費用効率性を判断している．すなわち，当該路線の事業性に重点をおいた分析となっている．一般的な事業活動と違いバス事業は地域住民の足という公共性も担っているため，費用効率性のみでバス事業の生産性を判断することは十分ではない．路線の潜在的なバス需要（路線ポテンシャル[3]）をどの程度顕在化させることができているか，すなわち集客性の観点から路線の生産性を分析することも必要である．集客性はバスサービス水準に依存している部分があり，またサービス水準と費用はトレードオフの関係にあるため，集客性と費用効率性の分析は無関係ではない．バス路線の生産性の判断にあたっては集客性と費用効率性のバランスを考慮する必要もあろう．

【付録】トランスログ型費用関数

　トランスログ型費用関数は社会資本が民間資本および労働に対して代替的であるか補完的であるかを推定することができる[4]．そのため近年，企業の生産関数に対する双対アプローチを用いることにより，生産の理論と整合的な費用関数を導出し，この近似式としてトランスログ型費用関数を用いることによって企業の生産性構造を分析するという手法が開発されてきた．トランスログ型費用関数は前もってモデルの関数形を特定化できない場合に用いられる関数で，要素間の生産構造特性を推定パラメータや各生産構造指標の算出により検証できるという利点がある．その一般形は，費用関数の二次のテーラー展開によって得られる．いま，n個の投入要素，およびm個の産出物を持つ場合の費用関数は式(A.1)のトランスログ型費用関数で近似される．

$$\ln C = \alpha_0 + \sum_{i=1}^{n} \alpha_i \ln P_i + \sum_{i=1}^{m} \beta_i \ln Q_i + \frac{1}{2} \sum_{i=1}^{n} \sum_{j=1}^{n} \gamma_{ij} \ln P_i \ln P_j$$
$$+ \sum_{i=1}^{n} \sum_{j=1}^{m} \delta_{ij} \ln P_i \ln Q_j + \frac{1}{2} \sum_{i=1}^{m} \sum_{j=1}^{m} \varepsilon_{ij} \ln Q_i \ln Q_j$$

(A. 1)

ここで，α_0, α_i, β_i, γ_{ij}, δ_{ij}, ε_{ij}はパラメータである．総費用Cは投入要素価格P_iに関して一次同次，つまり投入要素のすべての価格をある一定の倍率で増加させると総費用も同率で増加するということである．そのための十分条件は以下のようになる．

$$\sum_{i}^{n} \alpha_i = 1 \,{}' \sum_{i}^{n} \gamma_{ij} = 0 \,{}' \sum_{j}^{n} \gamma_{ij} = 0 \,{}' \sum_{i}^{n} \delta_{ij} = 0$$

(A. 2)

生産活動において，一般に産出量どうし，投入要素価格どうしで以下の対称性が成り立つ．

$$\gamma_{ij} = \gamma_{ji} \,{}' \quad \varepsilon_{ij} = \varepsilon_{ji}$$

(A. 3)

投入要素価格の変化に対して企業が最適行動をとったとき，費用を最小にする生産要素投入量は，シェパードの補題により次式で与えられることが知られている．

$$\partial C / \partial P_i = X_i$$

(A. 4)

いま，式(A. 1)を営業投入要素価格の対数$\ln P_i$で偏微分すると，

$$\partial \ln C / \partial \ln P_i = (P_i / C) X_i = \alpha_i + \sum_{j=1}^{n} \gamma_{ij} \ln P_j + \sum_{j=1}^{m} \delta_{ij} \ln Q_j$$

(A. 5)

が得られる．式(A. 5)の$(P_i/C)X_i$は総費用に占める投入要素iの費用シェアU_iを表す．以上のことから費用関数の中には生産関数の技術的要件に関するすべての情報が含まれていることになる．
熊本県の民間バス会社であるK社の標準的な費用構造を推定するために

トランスログ型費用関数を適用する．ここでは費用関数の変数として，式(A.1)の産出物Q_iとして乗車人員Jと走行距離S，投入要素価格として人件費W，車両修繕費R，燃料油脂費Fの単価を用いる．なお，これらのデータは，1991〜2002年の「一般乗合旅客自動車運送事業要素別原価報告書集計表」から得ている．また，投入要素価格と目的関数である総費用については，2000年を100としたデフレータで除して，2000年基準価格に修正している．ただし，推定すべきパラメータ数に対してデータが12年分と少ないので式(A.1)の第5，6項の部分を無視し，(A.2)，(A.3)のパラメータの制約条件下を考慮すると費用関数および人件コストシェア関数，車両修繕コストシェア関数は，それぞれ次式で表される．

$$\ln C - \ln F = \alpha_0 + \alpha_W(\ln W - \ln F) + \alpha_R(\ln R - \ln F) + \beta_J \ln J + \beta_S \ln S \quad (A.6)$$
$$- \gamma_{WR}(\ln W - \ln R)^2/2 - \gamma_{WF}(\ln W - \ln F)^2/2 - \gamma_{RF}(\ln R - \ln F)^2/2$$

$$U_W = \alpha_W + \gamma_{WR}(\ln R - \ln W) - \gamma_{WF}(\ln W - \ln F) \quad (A.7)$$

$$U_R = \alpha_R + \gamma_{WR}(\ln W - \ln R) - \gamma_{RF}(\ln R - \ln F) \quad (A.8)$$

パラメータの推定結果を表IV.3.7.3に示す．表IV.3.7.3に示した以外のパラメータは，(A.2)，(A.3)のパラメータの制約条件より求められる．

表IV.3.7.3 費用関数のパラメータの推定結果

	推定値	t値		推定値	t値
α_0	6.378	7.730	β_S	0.548	5.534
α_W	−0.410	−2.199	γ_{WR}	−0.094	−7.549
α_R	0.328	3.990	γ_{WF}	−0.159	−4.692
β_J	0.407	4.471	γ_{RF}	0.024	1.379
	R^2			D-W	
(A.6)式	0.917			2.147	
(A.7)式	0.917			1.356	
(A.8)式	0.998			1.424	

【参考文献】

1) 中島隆信：日本経済の生産性分析—データによる実証的接近，日本経済新聞社，2001.

2) 杉尾恵太，磯部友彦，竹内伝史：企業性と公共性を考慮したバス路線別経営改善方針の提案，土木計画学研究・論文集，No. 16, pp. 785-792, 1999.
3) 竹内伝史，山田寿史：都市バスにおける公共補助の論理とその判定指標としての路線ポテンシャル，土木学会論文集，第 425 号／Ⅳ-14, pp. 183-192, 1991.
4) 高瀬浩二：変量効果をもつ動学的多変量要素需要モデルー紙・パルプ産業パネルデータへの応用一，早稲田経済学研究 50 号，2000.

3.8 採算性分析

(1) 基本的な考え方

　住民のニーズにきめ細やかに対応したサービスや需要応答型の運行サービスなど，事業者や自治体が選択しうるサービスの代替案は多様である．このため，様々な観点から各々の優劣を評価し，どの代替案が地域にとって適しているのかを判断する必要がある．その際，事業の採算性が一つの重要な指標となる．特に，民間の事業者にとって，採算性は事業の成立と密接に関連しているため，その分析の持つ意味は非常に大きい．以下では，採算性の考え方を整理した上で，運行計画における位置づけと分析の事例を示す．

(2) 採算性分析の方法

　採算性は事業に係る収益と費用の差で与えられる．事業に係る収益は基本的には「3.5 利用者数の推計」にある方法で推計した利用者数に運賃を乗じて算出するが，定期券などの割引運賃も考慮する必要が出てくる．また，費用は「3.6 費用構造分析」で述べた方法で分析することができる．具体的には，費用に関する情報が不足する場合は，営業費用などの距離単価を算出し，それに当該路線の距離を乗じることで費用を算出することができる．一方，費用に関する情報，特に，固定費用と可変費用が把握できる場合には，それら各々の費用を求めた上で，合計の費用を算出することができる．

(3) 採算性に及ぼす影響要因

　図Ⅳ.3.8.1はバス需要とバスのサービス水準（以下，単に「サービス水準」と言う）の関係を①都市部，②人口集積のある都市近郊や中山間地域，③非常に低密度な中山間地域別に示したものである．バス需要の大きさは対象とする地域区分の人口集積に依存している．

　①都市部では，サービス水準が高いと大きなバス需要があるが，A点よりもサービス水準が下がると需要は急激に減少する．これは，他の交通機関への転換が大きくなるためである．B点より右側では非常にサービス水準が低いため，バスによる移動が必要不可欠な利用者だけの需要であり，サービス水準の低下に伴う需要の低下は鈍くなる．

　②人口集積のある地域では，グラフの形状は都市部とほぼ同様になるが，全体に需要は下側，サービス水準は右側にシフトすることとなる．C点から右側はサービス水準の低下によって需要が潜在化する部分であり，D点よりもサービス水準が低下すると，都市部と同様にバスによる移動が必要不可欠な利用者だけの需要しか発生しない．

　③非常に低密度な中山間地域では，現在の自動車利用者からの転換

は考えられず，全体の人口が少ないために，サービス水準の変化に対する需要の差がほとんど期待できない．E点，F点の持つ意味は，人口集積のある中山間地域と同様である．

図Ⅳ.3.8.1をもとに，バス需要に料金収入を乗じたものから当該のサービス水準を提供するために必要な運行経費を差し引くことによって図Ⅳ.3.8.2が得られる．この図は採算性とサービス水準の関係を地域区分別に示したものであり，曲線の形状に対してⅠからⅨまでそれぞれ分割を行っている．

①都市部におけるⅠの区間では，バス需要に対してサービス水準が高すぎるため，需要は多いものの採算性は低くなる．Ⅱの区間は高いサービス水準で需要は多く，それに見合った運行を行っているために採算性は高くなる．Ⅲの区間では，サービス水準の低下に伴って需要が減少するために，採算性が低くなる区間である．ただし，サービス水準の低下に伴って運行経費が減少するために，徐々に曲線の傾きは緩やかになる．Ⅳの区間に入ると，需要は変わらずに運行経費が減少するために，採算性は再度上向きになる．しかしながら，このようなサービス水準では，当該バスが必要不可欠な利用者にしか利用されないこととなる．多くの地方都市部において，経費削減のためにサービス水準を低下させたバス路線は，この領域にあるといえる．

②人口集積のある都市近郊や中山間地域におけるⅤの区間では，バス需要に対して供給するサービス水準が高く採算性が低くなる区間である．Ⅶの区間ではサービス水準の低下に伴う需要の減少が生じて採算性が低下する領域であり，Ⅷの区間では，最小限の需要に対して，サービス水準の低下に伴う運行経費の減少によって採算性が向上する領域である．

このように都市部と人口集積のある中山間地域では，曲線はほぼ同じ形状を示し，それぞれ区間Ⅱ，Ⅵとなる交通サービスを提供することが望ましい．

一方，③非常に低密度な中山間地域では，需要そのものが小さいために，サービス水準を高くするほど採算性は悪化し，運行を行わないことが最も採算性が高くなる．規制緩和に伴って検討が必要なバス路線の多くは，この②と③の曲線の中間にあり，人口集積が高ければ②の曲線の区間Ⅱとなるサービス水準による運行を行い，人口集積が少なくなるにつれてその他の指標を同時に考慮する必要が高くなる．

以上のように，バスの運行サービス水準と一般的に適用される採算性は，計画対象地域の人口集積の程度や地形条件等によるバス運行の効率性に大きく依存することとなる．そのため，諸条件の異なる他地域の成功したサービスをそのまま導入しても成功するとは限らず，各地域の条件に対して詳細な検討を行う必要がある．

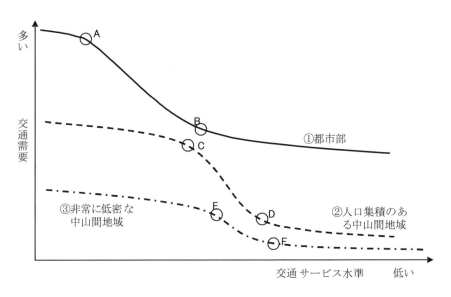

図Ⅳ.3.8.1　人口集積別の交通需要とバスサービス水準の関係

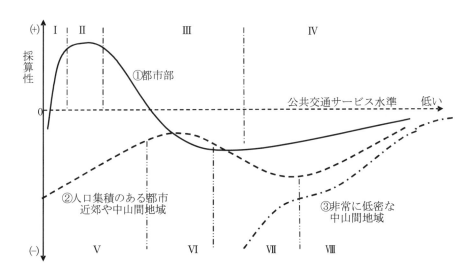

図Ⅳ.3.8.2　人口集積別の採算性とバスサービス水準の関係

(4)　バス運行計画における採算性の位置づけ

　ここでは，採算性と採算性以外の評価指標の関係を考察する．バス

運行計画における採算性以外の評価指標としては，「対象地域の生活のしやすさ」「バスの利用しやすさ」「対象地域内の公平性」等が考えられる．

　従来は民営バス事業者の事業効率が優先され，採算性だけが非常に重視されて公共交通の運行がなされてきた．しかしながら，今後の地域の公共交通計画に際しては，住民が享受できる生活水準を考慮して，その運行水準を決定することが必要である．つまり，公共交通の計画立案者である自治体が住民に保証する生活の水準を決定して，必要となるサービス水準による運行計画を行うことが重要となる．このような考え方を行うと，自治体が投入する費用は公共交通サービスを補助するものという位置づけではなく，住民の生活水準をある一定水準以上に維持するために必要な行政経費であると考えることができる．

　また，同じ採算性であっても，人口集中地区のサービスを向上させ住民の平均的な生活のしやすさを向上させるのか，あるいは地域全体の公平性に特化したサービスとするのか，といった個々の詳細計画の決定も行う必要があり，自治体の行政サービスのあり方に対する考えに依存するものである．さらに，提供した公共交通サービスが定着する時間を考慮する必要があるケースも考えられ，単年度で検討するのではなく，ある程度の時間軸を考慮して評価することも必要である．まちづくりと連携した公共交通サービスでは，総合的な観点から採算性を評価することも必要となる．

4章　設計

4.1　概説

　サービスの設計は，調査や分析をもとに具体的なバスサービスをつくりあげていく作業である．社会にとって支持されるサービスをつくりあげることができるか否かの分岐点がまさにこの作業であり，それに際しては高度な専門知識を必要とする．本章では，どのような設計手順が必要か，その内容はどのようなものかを簡潔に整理するが，実際の作業においては，コンサルタントや学識経験者など専門家の助力を仰ぐことが有効であり，マニュアルのみに基づく単純作業は本書の推奨するところではない．

　バスサービスは競争市場で供給することをまず考えるべきである．健全な競争条件を整えるには，目に見えない参入障壁や慣行を排除するなど，自治体がすべきことは少なくない．「4.2　市場整備」においては，そのための方法について述べる．

　「4.3　公共負担方式」においては，バスサービスに対してどれだけの公的負担を支出するかについて解説する．この技術を必要としている自治体は多く存在していると思われるが，その要請に適切に応えるための技術的基盤は必ずしも十分ではない．本書では，これまでに提案された一つの考え方を紹介する．しかしながら，それは一つの考え方に過ぎず，実際の決定に際してはバスサービスの設計者が単独で検討するのではなく，サービスの当の利用者である住民との協議・検討を要する．「4.4　住民参加」は，住民とサービスの設計者が対話をして検討を進める上での基本的な考え方や過程，その際に有用な情報について解説する．なお，住民参加は必ずしも公的負担の設計においてのみ必要となる技術ではなく，サービスの水準や内容などを検討するあらゆる場面において適用可能なものであり，自らが属する地域社会がどのような活動を確保すべきかを住民が確認・発見し，住民が納得するサービスをつくりあげるためには不可欠の技術である．

　「4.5　事業者選定」から「4.12　車輌選定」までは，バスサービスを供給するための具体的な作業の一連の流れに沿って整理している．「4.5　事業者選定」においては，事業者を選定する場合に，サービスの提供価格だけでなく，サービスの品質という視点が重要であることを指摘する．「4.6　制度設計」においては，現行の法制度のもとで可能な運営・運行方式について紹介し，各制度にどのような利点・短点がありうるのかについて述べる．

　「4.7　路線網設計」「4.8　運行形態の選定」「4.9　運行計画」「4.10　運賃設定」「4.11　施設整備」「4.12　車両選定」は，バスサービス

要素の設計である．これらは必ずしも一つの作業として完結するのではなく，互いにフィードバックさせて検討することが求められる．本書においては，これらを分離して記述することによって，内容の簡潔さ，理解の容易さを追求したが，実際の作業においてはそれらの間の関連性の理解と総合的な視点での検討を要することを十分に認識した上で各節を読んでいただきたい．

4.2 市場整備

(1) 市場整備とは

　ここでいう市場とは，バス輸送を計画あるいは企画しようとする場，もしくはバス利用ニーズがある地域を意味する．そして，市場整備とは，そういった市場がいろいろな意味で公正にかつ効率的に機能できる環境を整備することであり，整備する主体は官側，すなわち関連する行政機関である．なお，バス輸送を計画あるいは企画する主体は，従来であれば，バス事業者であったが，本書の随所でわかるように，立案する主体は多様化しており，必ずしもバス事業者だけでなく，タクシー事業者はもとより，典型的なコミュニティバスでみられるような，自治体，あるいは商工団体，もしくは，近年の事例にみられるように，NPOや市民団体などさまざまである．

　なぜ，市場整備の議論をしなくてはならないのか，もう少し具体的に述べる．もっとも典型的でかつ散見される例は，既存のバスサービスが地域のニーズを満たしていない実態であろう．供給側の事業者と需要側の住民の間でのサービスと金銭授受であるとしても，第三者が手を加えることなく住民のニーズが満たされる方向に事態が改善されるとは考えにくい．両者の土俵であるところの市場の環境が整備されていないところにその原因があるといえる．このまま住民がニーズを満たされないままではまずいというところに，ここでいう市場整備の必要性があるといえる．さらにいえば，住民に対してプラスになれば，めぐりめぐって供給者たる事業者にもプラスになるという循環的なメカニズムが働くように市場を整備していくことが望まれるともいえる．特にニーズ調査など初期費用が支障となってニーズを満たすサービスが実現されていないとすれば，その部分に手を加えることによって，初期コストが下がり，コストに対してのメリットの相対的な度合いがより向上する．そのような意味で，市場整備は，必要かつ効果的なことといえる．

　別の言い方をしてみよう．例えば，本書で述べられているような調査分析手法を用いて，ある地域にバス利用のニーズがあることが明らかになり，既存のバス事業者は自前ではバス運行する意思がないとする．その場合，他の主体が何らかの方法や手順によって，バス輸送を計画，立案することになる．乗合バス事業については，これも本書の随所で触れられているように，規制緩和が施行されているので，どの主体であれ新規に運行することは原則的には妨げられるものではない．ところが，さまざまな理由からバスの運行が実現に至らない，あるいは実現にかろうじて至ったとしても，本来めざしていたものとは異なるサービスになっている，というような場合がある．これについても，

前段落で説明したように，市場の整備を進めることによる対応の可能性が大きいといえる．

　以下では，上記のような事態は，現在の市場の整備に何らかの問題があり，それを是正していくための課題と解決の方向を整理する必要があるという認識に基づいて，論点を簡潔に整理する．

(2)　市場整備の現状
　ここでは，具体的な例を通して現状を整理する．

①完全独立：既存事業者によるサービスがその地域に全くない場合

　この場合は，いかようにも計画は可能であり，市場整備に関する問題も課題も存在しないようにみえるが，必ずしもそうとは言えない．自治体がコミュニティバスの運行を計画した際に，地元住民がバスの通行を環境破壊と受け取って反対した例や，バス停の設置を迷惑施設であるからという理由で拒否した結果，路線の変更や計画の中止を余儀なくされた例がある．通行する道路の選定やバス停位置の選定は道路行政および警察行政の範疇であり，いわゆる乗合バス事業の規制緩和の対象の範囲にはなっていない．このことが市場の機能を損ねている面は否めない．

　また，バス停確保のための地元との調整の手間すなわちコストについては，もともとサービスがない場所であるがゆえに多くのしかかり，これが事業者へのディスインセンティブになっている部分があり，市場整備にあたって官側が配慮することが望ましい課題のひとつといえる．

　さらには，計画立案の際に，基本となる道路交通に関するデータや，人の移動に関するデータが，そもそもない，あるいは存在はするが利用が容易な状況にはない場合が多い．結果として対象地域の交通実態の現況把握，認識に時間と費用を要する，あるいは正しい認識ができないことになりかねない．このことが市場の環境において，不都合を生じさせているといえる．

②部分重複：その地域にはないが地域と他都市を結ぶ幹線でサービスが重複する場合

　この場合は，いわゆる幹線支線乗継を前提に，地域内のバスサービスを地域内で簡潔させるのであれば，問題の様相は先の①と同等といえる．しかし，地域住民のサービス向上のために他都市（多くの場合母都市あるいは都心）まで幹線道路を経由して直行させるサービスを考えた場合には，事態が大きく異なってくる．

　業界用語でクローズドドアという考え方がある．後から参入する事

業者（この場合でいうと，当該地域から母都市へのバスサービスを運営する事業者）が，既存事業者の既得権益，すなわち幹線道路上でのバス利用者から得られる収入を侵害しないように，途中バス停での乗降をさせないためにドアの開閉をさせない（つまりクローズドドア）というルールが適用される場合が多かった．規制緩和後については，そのようなルールの持つ意味はなくなっているはずであるが，実際には状況はほとんどかわっていない．理由は単純で，バス停を複数事業者で共有することが現在の仕組みでは難しいためである．既存事業者は，新規事業者が同じバス停を使用することを事実上拒絶でき，共用を強要させる公的な制度がない．

　規制緩和はあくまで，事業の参入撤退に関する規制緩和であり，①でも述べたように，道路管理や交通管理にかかわる事項については，制度は変更されていない．バス停については，本書で数度にわたり触れられているが，上記のように既存事業者に絶対的な既得権が残っている．新規事業者の選択肢は，クローズドドアを行うか，幹線道路上に新規にバス停を探すか，異なる道路を経由するか，母都市への運行をあきらめるかしかない．クローズドドアには，急行運転の実現というプラスの面があるという指摘もありえるが，それは結果論であって，社会基盤施設としての交通結節点たるバス停にかかる事情が理由となって市場が正常に機能しないことで，不都合が生じているといえる．

③完全重複：計画している地域に既存事業者が存在し，少なからず路線も重複する場合

　この場合は，②に加えて，特に規制緩和前においては，運賃やダイヤなど，さまざまな面で調整や指導が加わってきていた．確かに同一区間で，赤いバスは150円で，青いバスが100円というのは利用者の混乱を招くし，赤いバスも青いバスも20分間隔で運行しているにもかかわらず，実際のダイヤは，赤いバスは10時10分，30分，50分で，青いバスは10時08分，28分，48分となっているようでは，下劣な競争のルポルタージュとしてはおもしろいとしても，もしどちらかのバスに公的な財源がつぎ込まれているとするならば，きわめて由々しき問題といわざるを得ない．

　交通を計画する立場からすれば，全体としてバスという資源を有効に活用する方向で調整をしていくことになるが，このことが，ニーズに対応した新たなサービスを供給する市場に悪影響を与えることであってはならない．このようなことが起きないような調整が個別に行われているが，2020年11月の独占禁止法特例法の施行以後は複数事業者間での運賃やダイヤの調整も行われるようになった．

　ここで，調整の中でも例外的な事例として運賃の調整例を紹介する．

茨城県龍ヶ崎市では，市が計画し運行補助を行うコミュニティバス導入に際して，その運行時間帯は，市内の他の路線も，同種の需要へのサービスという意味では共通という前提のもと，運賃を同額にするという方針を打ち出し，わが国初の大規模割引の実証実験を実施した．実際には，当面はコミュニティバスの運賃が100円なのに対して，在来路線の運賃を最大で通常の60%以上の割引となる市内上限200円とした．不便な地区を運行するコミュニティバスが100円でしかも税金がつぎ込まれ，高密度な地域を運行する補助のないバスが運賃470円のままでは，コミュニティバスの計画自体が全市民から賛同を得られないという議論を発端としたこの展開は，コミュニティバスの位置づけに新たな方向性を示したものといえる．しかし多くの例では，運賃やダイヤについての調整のあり方が問題となっており，市場環境において不都合を生じていることは否めない．以前は，交通事業者間での調整は独占禁止法に抵触するおそれがあることにも注意が必要であったが，2020年に施行された独占禁止法特例法により，地域交通法（地域公共交通の活性化及び再生に関する法律）に規定される協議会で地域公共交通計画が策定されていることを原則として，共同経営計画の作成が可能となった．

　また，②と同様に，バス停や駅前広場での停車施設についても，新規参入の障壁となっていることは明らかである．既存事業者がバス停使用を拒否したために，新規事業者が10km近くにわたってバス停を設置できなかった事例もあり，不都合が生じている．

　さらに，これも②で述べた実態把握の問題もある．完全重複の場合には，既存事業者の輸送実績に関するデータの利用という問題が追加される．このデータを，営業上のデータであり，企業としての経営戦略にかかるデータとみるか，地域の交通全体をよりよいものにしていく際に有用となる交通計画の基礎データとしてみるか，という解釈の違いに起因する問題であろう．交通計画の立場からすれば，費用や労使問題にかかるデータ以外は，後者と解釈し，公共の道路を使用しているシステムである限り，そのシステムの使われ方，すなわち輸送実績については，情報は開示されるべきであるということになる．

(3)　市場整備の課題

　以上述べたことをもとに，市場を整備する主体である官すなわち行政サイドを念頭に，市場整備の課題を整理する．

　前項の①，②，③で若干濃淡が異なる部分はあるが，新規のサービスを市場で実現するときの障壁，換言すれば，初期のさまざまな意味での費用の除去，少なくとも軽減が課題となることは明らかである．前項での議論での例示につなげるのであれば，停車施設の課題，交通実

態情報の課題，総合的な調整の課題の3つをあげられよう．以下，順番に課題を整理する．

①停車施設について

　本書の別項で詳細に述べられているが，バス停留所が既存事業者の既得権益の拠り所となっている実態からの脱却をはかる必要がある．理想的には，停留所はすべて道路管理者の管理下にあり，バス事業者はそれを無償あるいは有償で借用するというかたちが，ひとつの案であろう．バス停に付随するポール，ベンチあるいは上屋などの施設の整備，運用，維持管理および住民との調整が，すべて道路管理者の責任となってくることは，自治体にとっては負担かもしれないが，利害関係が，徐々にではあるが，明確になっていくことは大きなメリットといえる．この理想像に至らないとしても，これに近いかたちを現行の制度の運用の中で，例えば，バス停施設を自治体が整備提供するときに契約を取り交わしていくなどの方法で，具体化していくことは不可能ではない．

　駅前広場バス乗降施設やバスターミナルについても同様で，施設全体の管理者が第三者として存在し，そこが全体的な視点から調整を図る，あるいは必要に応じて利用権の入札を行う，といった方法が，既得権益の問題を解決していく糸口となろう．駅前広場に関しては，2003年に福島県で公正取引委員会からの勧告指導があったことからも，既得権益を盾とした新規参入の排除という考え方を見直す動きが，全国的に注目されていくことになる．大都市郊外部でのコミュニティバスの多くが，駅前広場に入れない，あるいは隅に追いやられているなどの問題を抱えている．このことについても，今後，その問題の所在が公になっていくにつれ，何らかの対応を求められていくことになる．その際にも，そもそも駅前広場をどう使うかは，誰がどう決めているのか，そこに発生している既得権益はどのように是正されていくべきか，議論が活発になっていくことが期待される．

　いずれにしても，停車空間の確保に関する準備立てを行政サイドが推進することが，市場整備の一要素となる．

②地域の交通実態データについて

　地域の交通実態を定量的に把握する作業をバス事業者にすべて押し付けることは，本節の冒頭に触れた初期費用の増大につながる．実態の把握までを行政がバックアップすることは市場整備の大きな課題のひとつである．実態把握に際しては，新たに調査を実施する場合と既存のデータを活用する場合がある．前者については，国土交通省等の支援を活用して調査を実施するやり方がある．例えば，地域公共交通

確保維持改善事業の調査事業によって，地域公共交通計画策定のための調査費の補助が得られる．一方，後者については，既存データをどう入手するか，といったところから解決する必要がある．以下では，これについて 3 点指摘する．

ひとつには，道路交通センサスデータや都市圏パーソントリップデータが，現状では，必ずしも利用しやすくないことを改善していくことが求められる．計画立案者が現況の把握をしようと思い立ったときに，入手可能かつ分析可能な状況になることが期待される．この点は，早晩解決されることであろう．

次に，道路交通に関しては，交通管理者すなわち警察サイドで保有しているさまざまなデータがあり，これらについても必要に応じて，開示が求められることが期待される．どの都道府県の交通管制センターでも，データの処理技術には多くの労力を要する．そのため，データの開示に消極的な場合が依然としてある．処理技術自体は，警察組織内部の問題であり，今後の改善に期待するほかはない．

もっとも深刻な問題のひとつが，既存事業者によるサービスのデータおよびその利用状況のデータの開示と活用である．地域全体の交通事情の把握に際しては，当然必要なデータであり，道路という公共的な財産を利用したサービスという点からも必要なデータであるが，これまでの経緯を見ると企業経営上の理由から，開示されていない場合が多い．データ整備に関して，自治体サイドで若干の費用が発生するにしても，地域の交通事情のデータが開示され，少なくとも自治体の計画立案にかかわるセクションが，それを把握できている必要がある．

③自治体の総合的な調整について

既存事業者の路線やサービスとの重複が存在している状況では，自治体による総合的な調整が必要となる．これまでの調整が，基本的には，既存事業者の既得権益を守ることに主眼がおかれ，地域全体のモビリティ向上や，公共交通という資源の有効活用のための工夫という観点は重視されてきていない点が問題である．さらに，これまでは，このことが，市民団体や意欲的な新規参入民間事業者からの工夫されたアイデアの提案環境を損ねていた面もあった．これらの点で，調整という面での，これまでとは異なった自治体の姿勢が，市場整備につながるといえる．

規制緩和実施後にも，上記のような従前のままの調整が行われているとすれば，それは即座に是正されるべきであろう．仮に国の出先機関から，事業者指向の指導を受けたとしても，自治体は，即座にそれを受け入れるべきではなく，自治体としての，市民のモビリティ確保という立場を明確に打ち出すことが望まれる．極論するならば，市民

が必要とする利便性を，財源の許す範囲で，市民の合意の下に調整されるのであれば，既存のバス事業者がそこに存在していないことは，問題ではない．既存のバス事業者のノウハウを十分に活用できる可能性があるにもかかわらず，活用していないことは損失かもしれないが，自治体がめざすべきは，最終的なモビリティ確保のビジョンにいかに効率的かつ効果的な方法で到達するかであり，そこに事業者が動機付けをもって組み込まれていくことが望まれる．その意味で，自治体による調整は，やり方次第ではあるが，市場の整備に大きく貢献する重要な作業といえる．また，道路運送法に基づく地域公共交通会議や，地域交通法に基づく協議会は，公共交通に関係する様々なステークホルダーが参加しており，調整を通じて市場整備を進める場として活用することが期待される．

4.3 公共負担

(1) 基本的な考え方

多くの地域では，公的資金の投入なしにバスサービスを維持することはできない．しかし，その支出額を天井知らずとすることはできず，サービスの提供による効果と費用とのバランスは絶えず意識されていなくてはならない．それでは，妥当な公共負担額はいかにして求められるか，という問題が生じるが，本節で言う「公共負担の設計」はこのことを指している．その設計においては，事業者の生産性の低下を起させない方策が伴わなければならず，ここで赤字補填もしくは補助と言わずあえて公共負担と呼ぶ意図もそこにある．事業者の生産性を損なわないようにしつつ，公的負担の支出額を算出・管理する方策はいまだ確立しているとはいえない．また，地域の公共交通サービス確保のための公的負担の考え方も変りつつある．地域公共交通計画では，「市民の足を守る」ための施策はシビルミニマム施策であり，自治体行政の責務と考えている．市民は誰でも均しく公共交通サービスを享受できるべきである．しかし，本節に述べるように，市民の居住地選択の仕方によっては，公共交通サービスを供給するための行政コストは膨大なものとなる畏れがあり，人々が際限なく居住地選択の自由を主張するならば，このシビルミニマム施策にも一定の限定を付することが適当であろう．具体的には，対象地域に都市計画的なゾーニングを指定し，ゾーン種別ごとに確保すべきサービス水準を設定するのである．こうすることで各サービス水準に応じたバス・コミュニティバス・デマンド交通・タクシー等の公共交通モードの選択が可能になる．また，ゾーニングの無指定地には公的施策としての公共交通サービスは提供しない．すなわち，自ら選んだ居住地に責任をもったシビルミニマム施策の享受の体系を構築することといえようか．

以下には，目下考えられる公的負担の支出額の算定の方策を紹介するが，これらの実際の展開には，上記のような施策の観点の確立が必要であろう．

(2) 限定依存人口に基づく方法
①限定依存人口

バスサービスを維持しようという動機の多くは，サービスがなければモビリティを喪失してしまう市民がいるという現実から生じている．よって，個々のバス路線にモビリティを依存している人々が沿線（停留所勢力圏内）にどれだけいるかという数値はサービスを維持するか否かを検討する上での有用な指標となりうる．その数値をここでは「限定依存人口」と呼ぶ[1]．もちろん，人々の年齢や経済的・身体的条件に

よって，その依存の程度は異なるが，その点は後に検討することとして，まずはこれを地域（空間）的に計測することを考える.

地域には，バスを中心とするいくつかの公共交通路線があり，それらの勢力圏はお互いに競合・干渉しあっている．したがって路線ごとに勢力圏を確定するためには，計算時の路線に優先順位をつけねばならない．その際，公共負担の支出限度を検討するということは，多かれ少なかれ支出の効果は高めたいが何らかの資源の制約に直面し，企業的な側面での判断を求められている場面であると考えられることから，各路線の収支額（路線収入額－路線運行経費）で順序付けることとする．すなわち，利用者は複数の路線を利用できる場合，より収益性（効率）のよい路線でサービスを受けることを原則とするわけである．また，利用できるか否かの判断は，停留所と居住地の間の距離によるものとする．この臨界値は計画サービス水準の一種と考えることができる．こうして，収支額の高い順に，路線毎の停留所勢力圏内居住者人数を計測して，これを限定依存人口とする．上位の路線の勢力圏に計測した人口ドットは，より下位の路線ではカウントしない．計測はいわゆる人口ドットマップを用いるが，GISを用いることでこの作業を容易に行うことができる.

なお，人口を計算する際に，人口の階層構成に応じて，公共交通サービスへの依存度を反映した重み係数を階層別人口に乗じて合算することで人々の階層的特性を配慮することができる．別に行った研究[2]では，この重み係数をパーソントリップ調査の年齢別バス分担率を用いて次のように求めている.

総合限定依存人口
$$= 0.05(若年人口) + 1.00(青壮年人口) + 2.07(老年人口) \quad (1)$$

②公共負担額の算定

図IV.4.3.1は1980年代前半の名古屋市営のバス路線（139路線）について限定依存人口を計測したものである[3]．これによると全路線の27%は限定依存人口を持っていない．しかも，同図には黒字路線の構成比も示したが，黒字路線の多くは限定依存人口のない路線に集中している．すなわち，限定依存人口を担う路線は，往々にして事業の収益性を低下させていることがわかる.

収益性の悪い路線を廃止すると，その路線の限定依存人口はサービス圏外人口（以後，これを「圏外人口」と言う）になってしまう．図IV.4.3.2は赤字額の多い順に一つずつ路線を廃止していった時の圏外人口の増加と赤字額の減少の関係を示している．この図を左方向に外挿すれば，圏外人口を限りなく0に近づけることはできるが，そのとき

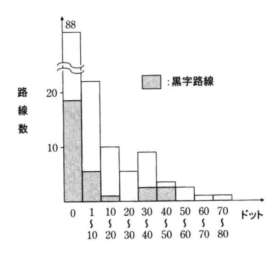

図IV.4.3.1　限定依存ヒストグラム[3]

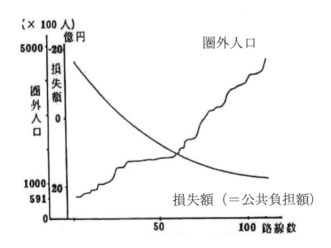

（赤字額多い順）

図IV.4.3.2　圏外人口と損失額[3]

の路線網全体の損失額（すなわち，公共負担額）は急激に増加することがわかる．

　これより，圏外人口を一人減らすために必要となる損失補填額（限界公共負担額）は図IV.4.3.3のように一般化して表すことができる．

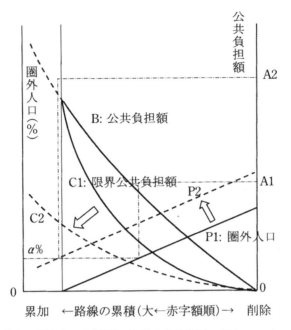

図Ⅳ.4.3.3　圏外人口の解消に伴う公共負担額の増加のメカニズム

　一般に，圏外人口を数割程度認める場合の限界公共負担額はさほど大きくないが，数％に抑えようとすると急激に高くなる．地域の行政にとって，公共負担の能力には限界があり，極めて限られた数の市民のために莫大な公的財源を費やすことは正当化されないであろう．そのため，一定の閾値を設定して，何％かの市民を圏内に取込むことは断念せざるをえない．いまα％の圏外人口を許容するとすれば，図Ⅳ.4.3.3より支出すべき公共負担額A1が求まることになる．

③サービス水準と公共負担額
　図Ⅳ.4.3.3における圏外人口を表す線P1は停留所までの到達許容距離を500mとした時のものである．これを300mに縮める（サービス水準を上げる）と，この線はP2に移行する（圏外人口が増加する）．こうして，上述のメカニズムにより必要な公共負担額はA2に増加する．このように，計画された路線網を具体的な居住人口分布付きの地図に展開すれば，限定依存人口指標を用いて必要公共負担額を求めることができる．すなわち，許容圏外人口率と停留所までの許容到達距離を決定すれば，公共負担額を算出することができる．

(3) 路線ポテンシャルの計測と意義
1) 輸送密度指標の限界

　1980年代，国鉄が膨大な赤字を抱え，事業破綻の危機に直面していた頃，赤字体質の元凶である路線を識別し，廃止またはバスへの転換を促進するために，特定地方交通線の認定が行なわれていた．その認定は，いくつかの但し書きは付くものの旅客輸送密度4,000人／km・日未満というのが基準であった．ここで旅客輸送密度とは各路線の一日の延輸送人キロを路線延長で除したものである．バスでもよく用いられる乗客密度と同じで，これらはいずれも実際に達成された乗客輸送量に依拠した指標である．それが各路線の生産性（効率性）を測る指標として用いられ，それによって路線の廃止が判断されている．

　しかし，公共交通サービスの大目的を考えるならば，効率性の追求はあくまでも手段であって，路線の存廃のような根源的課題は，公共的見地に立ったサービスの必要性で議論されねばならない．過疎的な地域への公共交通サービスは根源的な悪であるのか．多くの場合，そのような地域への路線敷設は，乗客密度が薄弱なことを知った上で，それでも必要性のあることに基づいて，いわゆる赤字覚悟で実行されたのではなかったか．存廃の議論のみならず新規計画の場合でも，バス路線の場合この観点と覚悟が必要なことは本書でもこれまで度々論じたところである．

2) 「路線ポテンシャル」

　本来の路線別効率性の議論は，路線が地域に敷設された時に持たされた地勢・地理的・経済社会的条件による「素質」がいかに活かされているかに基づいてなされねばならない．沿線に需要の薄い路線でも，涙ぐましい努力によって営業係数を低下させている例がある．本当の効率劣悪路線とは沿線の可能性を潰している路線であろう．路線の経営状況を知る指標として，よく用いられる営業係数は次のように分解することができる．

$$\text{営業係数} = \frac{\text{収入}}{\text{経費}} = \underbrace{\frac{\text{収入}}{\text{旅客キロ}}}_{(A)} \cdot \underbrace{\frac{\text{旅客キロ}}{\text{潜在沿線需要}}}_{(B)} \cdot \underbrace{\frac{\text{潜在沿線需要}}{\text{走行キロ}}}_{(C)} \cdot \underbrace{\frac{\text{走行キロ}}{\text{経費}}}_{(D)}$$

$$\tag{2}$$

　このうち，(D)が運行生産性とでも呼ばれるべき指標であり，(B)が集客成果であって営業生産性と呼んでもよい．この二つが本来の効率性を測る指標であって，中間に介在する(C)は路線が地域に設定された時に決まる「素質」を示すものである．路線事業者の努力によって左

右できるものではない．したがって，路線毎の生産性を評価するので
あれば，この素質に当る項を除去してやる必要がある．この項は，
「路線ポテンシャル」と名付けることができる．位置によって決めら
れる素質的(潜在的)力とでも言おうか．この路線ポテンシャルを路線
ごとに計測しておくと，路線別の効率性の議論に補正を加えることが
できるだけでなく，各路線の性格を判断したり，公共交通計画本来の
目的に則した路線計画を策定する際に大変便利である．

3）路線ポテンシャルの定義

路線ポテンシャルは

   ① バス停勢力圏人口，

   ② バス停ポテンシャル，

   ③ 系統ポテンシャル，

   ④ 路線ポテンシャル

を順に計測することで算出される[4]．その計測手順ごとにその手法を
述べる．ここで路線ポテンシャルの計測の際の「系統」および「路線」
について，系統とは運行区間を示すものであり，路線とは一つの核と
なる系統を中心に，枝分かれ系統や短縮系統を集約したものである．i

①バス停勢力圏人口の計測

バス停勢力圏の設定は，バス停から半径Rbの円を基本として，隣接
するバス停間については，その境界線を運行頻度によって設定し，区
分したものである（図Ⅳ.4.3.4参照）．ここで，鉄道駅の勢力圏につ
いては，駅からほど近い円形(半径Rs)を完全駅勢圏，それより広い円
形領域(半径Rs')を部分駅勢圏とする．バス停勢力圏が完全駅勢圏と重
なる場合は，バス停勢力圏から重複領域を除き，部分駅勢圏と重複す

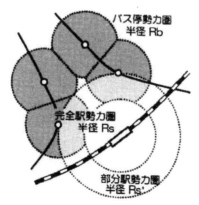

図Ⅳ.4.3.4 バス停勢力圏4)

る場合には，重複部分の人口データに補正係数(0.4)がかけられる．こ
れらにより得られたバス停勢力圏の圏域に含まれる，潜在的な交通発
生力に関するデータ(居住人口，第3次産業従事者数，学生の生徒数，
病院の病床数，鉄道駅からのバス乗継ぎ人数)をそれぞれ集計する．こ
れらの指標について，居住人口以外の指標を居住人口1人当りに換算
するための重み係数を乗じて，1つに集約したものが修正勢力圏人口
である[2].

$$修正勢力圏人口＝(居住人口)＋0.14(業務人口)＋1.45(生徒数)$$
$$＋3.62(病床数)＋30.0(接続駅乗車人員) \qquad (3)$$

②バス停ポテンシャルの計測
　バス停ポテンシャルは，バス停周辺から発生する可能性のある公共
輸送利用者の発生量を示すもので，集計したバス停勢力圏人口に，そ
のバス停が属するゾーンの交通発生強度と公共輸送分担率を乗じるこ
とで求められる．ここで，交通発生強度とはゾーンの生成原単位に類
するものであるが，生成原単位は例えば職業階層ごとに異なるもので
あるし，ゾーンによって人口構成は異なる．そのため，ゾーン毎に職
業階層別の生成原単位と人口構成比を集計し，両者の積和を持って交
通発生強度とする．

③系統ポテンシャルの計測
　系統ポテンシャルは，系統が経由するバス停のポテンシャル値の総
和に，その沿線から発生する全発生交通量に対する，その系統のみで
完結できるOD交通量の比(系統係数)を乗じて算出する．

④路線ポテンシャル（PR）の計測
　路線に含まれる各系統のポテンシャル値（PLi)をその系統の運行頻
度(Fli)で重み付き平均した値(Pla)を式(5)で算出し，その一方で各系
統の延長(Lli)を路線について式(6)のように運行頻度で重み付き平均し
た値(Lla)で除して，単位距離あたりのポテンシャル値を計測したもの
が，路線ポテンシャルであり，式(4)で求められる．

$$PR \;=\; Pla/Lla \qquad\qquad\qquad (4)$$
$$Pla＝ \;\; \Sigma\;(Fli \times Pli)\;/\Sigma FLi \qquad\qquad (5)$$
$$Lla＝ \;\; \Sigma\;(Fli \times Lli)\;/\Sigma FLi \qquad\qquad (6)$$

4) 路線ポテンシャルの算出と集客成果の評価
　路線ポテンシャルの計測は，いまやGISを用いた計画支援システム
によって比較的容易に実行できる．ここに紹介する例[4]ではWindows
上で稼動するGISであるSIS Ver.5.0(Informatix社)を使用し，これに

あわせたデータ整理を行った．地図情報には国土地理院の「数値地図2500」を用い，座標系は平面直角座標系第Ⅶ系を設定した．以下の計測例は2000年の名古屋市市営バス，221系統156路線で構成された路線網を用いている．

路線ポテンシャルは「事業経営の努力によって喚起できる最大限の需要量」とも言えるため，実際の需要と計測された路線ポテンシャルとの関係を見ることで，潜在需要が発現されやすい路線の傾向を探ることができる．ここで，名古屋市交通局より入手できた実需データは，路線単位の1日当り乗車人員(1998年)であり，路線ポテンシャル指標の計測を行った路線網は2000年度の路線であるため，1998年度での路線網と完全には一致しない．そのため，実需との比較・検討に用いる路線数は，整理した156路線の内で，乗車人員データとの対応がとれた141路線とした．

路線単位でのポテンシャル値と，実際の乗車人員との関係を図示したものが図Ⅳ.4.3.5である．ポテンシャル値と乗車人員の間の相関係数はr=0.37であり，説明力はそれほど高いとは言えない．しかし，路線ポテンシャル指標は元々，顕在化した乗車人員を厳密に規定するものではない．顕在化するための企業努力をしなければ，それが実際の需要として顕在化し得ないことはありうることである．その観点からすれば図中の点線囲み内(①)の10路線については，他の路線群に比べ

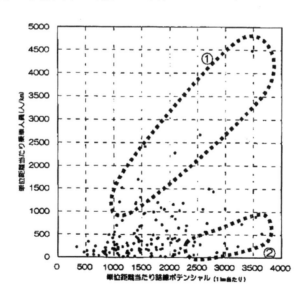

図Ⅳ.4.3.5　路線ポテンシャルと乗車人員との散布図[4)]

て沿線から発生しうる需要を十分に顕在化できている路線ということができる．それに対して点線囲み（②）のグループは路線ポテンシャルが高いにもかかわらず，乗車人員として反映できていないグループである．

　これより，乗車人員を路線ポテンシャル（いずれも単位路線延長あたり）で除した指数は，路線の集客成果の評価指標として使うことができる．「路線乗客顕在化率」とでも名付けえようか．

(4) 路線ポテンシャルを用いた公共負担額の算出
1) 臨界ポテンシャルの算出と公共負担対象路線

　些か古い例であるが1985年の名古屋市市営バス111路線について，この路線ポテンシャルを計測したものがある[5]．これを路線ポテンシャルと各路線について計算した営業収支額から成る2軸平面にプロットしたものが，図IV.4.3.6の左側である．両者の相関は r ＝0.71とあまり良くないが，それでも回帰直線を求めることに問題はないであろう．

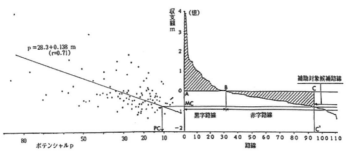

図IV.4.3.6 ポテンシャルを用いた補助路線の判定（限界ポテンシャルの決定）[5]

この回帰直線の意味するところは，各路線について平均的な営業努力がなされ，生産性効率に格差がないのであれば，一般に営業収支額は路線ポテンシャルに比例する，ということであり，回帰直線はその一般的関係を表現している．

　一方，各路線の収支額を大きい方から順に並べると同図の右側のような図が描ける．ここでAからBまでが黒字路線で，Cは従来の内部補助を実行した場合企業全体として収支が均衡する限界の路線（赤字路線）を示している．したがって従来の考え方でいけば，このCの赤字額MCより大きい赤字を出している路線（Cより右）が公的（外部）補助の対象となる．このMCに相当する路線ポテンシャルは先の回帰直線（左図）から求まってPCである．これを「臨界ポテンシャル」と呼んで，平均的な営業努力と生産性効率の下では，外部補助を必要としない境界の

ポテンシャル値と解釈できる.

運輸規制緩和後の今日では,原則として内部補助の考え方は排除されているから,外部補助(というより,ここでは公共負担)の対象路線はCからBに限りなく移行しているはずであり,PCはそれに応じて高い値となっている.

2) 公共負担額の算定

この図の左図PC付近を拡大したものが図IV.4.3.7である.これによって公共負担の対象路線と公共負担額を算定することができる.臨界ポテンシャル値PCが求まることにより公共負担の対象路線は同図に斜線を施した領域,すなわちポテンシャルがPCより小さく収支額が赤字である路線に限定される.図中丸で囲ったDのような路線群は,その赤字額から従来は補助対象とされることが多かったが,ポテンシャルは十分あるのだから自力更生による生産性(集客力)向上が要求されることになる.また,Cのような路線は,ポテンシャルは低いが,赤字を出していないのだから外部からの補助は必要ないであろう.

公共負担額は各路線ともこの図の縦距のうち,回帰直線より上では全赤字額が,下では回帰直線と収支額0の横線に挟まれる距離に相当する金額とすることが適当であろう.路線Bについてはf全額であり,路線Aではgの部分のみ,hに相当する分は生産性改善によって自力克服されねばならない.

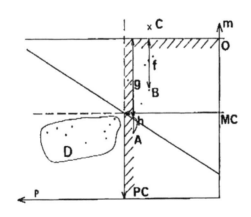

図IV.4.3.7 補助路線の決定と補助金額の算定[5]

3) 結語

こうして,公共負担の設計をしてゆけば,当該企業は全体として若干の赤字を残すこととなる.しかし,それは企業が親方日の丸に陥る

ことのないように，常に生産性の維持・向上を図るためのインセンティブとして必要なギャップであろう．そして，このような分析と公共負担額の決定作業を毎年繰り返すことによって，交通企業の経営環境は緊張状態の中で改善され，全般的な生産性向上も図られていくことになる．

地域公共交通計画活性化・再生制度の普及によって，公共交通サービスへの公共補助の考え方が，「公共の負担すべき資金」へと変わりつつある．しかし，民間事業者に運行委託された路線に補助（とくに欠損補助）を入れたとたん，運行生産性管理が疎かになり「親方日の丸現象」が生じることは，まゝ見られると言われる．公共資金の投入が生産性阻喪の原因となってはつまらない．ここに述べた公共負担額管理の手法は，需給調整規制の時代に考えられたものである[5]が，その考え方は今日にも通じると思われるので，敢えてここに登載した．

それと同時に，路線網の編成に当って，各路線の路線ポテンシャルを最大化できるような計画策定技法の重要性が改めて認識される．サービス圏外人口を可能な限り少なくするという政策目標との共存こそが肝要であって，一方が他方の怠慢の口実にされるようなことがあってはならない．

【参考文献】

1) 杉尾恵太，小林勇，竹内伝史，磯部友彦：限定依存人口指標を用いたバス路線網の再編方針の検討について，土木計画学研究・講演集，No.20(2)，pp.691-694，1997．

2) 杉尾恵太，磯部友彦，竹内伝史：企業性と公共性を考慮したバス路線別経営改善方針の提案，土木計画学研究・論文集，No.16，pp.785-792，1999．

3) 山田寿史，竹内伝史：バス路線の限定依存人口の分析，土木学会第41回年次学術講演会講演概要集第4部，pp.245-246，1986

4) 杉尾恵太・磯部友彦・竹内伝史：GISを用いたバス路線網計画支援システムの構築，土木計画学・論文集，Vol.18，No.4，P.617〜626，2001

5) 竹内伝史・山田寿史：都市バスにおける公共補助の論理とその判定指標としての路線ポテンシャル，土木学会論文集，第425号，pp.183〜192，1991．

4.4 住民参加

(1) 基本的な考え方

　バスサービスに何らかの変更を施す場合，それに関与する主体が必ず存在する．少なくとも，それを実施しようとする主体（例えば公的負担の負担者たる納税者，自治体やバス事業者）と変更によって何らかの影響を受ける主体（例えば利用者）がいる．中でも，日常の生活に直接的な影響を受け，かつ，公的負担の実質的負担者である住民には，変更に関する十分な理解を求めた上で，それに基づいた利害の調整が必要となる．

　住民参加の目的は主体の間で満場一致の合意形成を目指すことではない．サービスの変更において，各主体の価値観の相違を確認し，意思決定に際する有用な情報を収集し，包括的な意思決定を行うとともに，住民の納得を高めることで決定の質を高めることに目的がある．

　以下では，バスサービスの変更の文脈における住民参加のポイントを示す．すなわち，具体的にどのような場合に住民参加が必要となるのか，そこではどの主体の参画を求めて住民参加を行うのか，そこではどのような議論の素地が必要となるのかについて述べるとともに，住民参加を支援するための道具についての簡単な紹介を行う．

(2) 住民参加の目的

1) サービスの利用者および提供費用の負担者としての住民の関心と価値観を確認する
2) 地域社会の関心と価値観を確認する
3) 住民からバスサービスの変更に関係する情報（交通実態，意識など）を収集する
4) サービスに係る代替案の範囲やその実施に伴う（正負の）効果を住民に周知する
5) 住民相互の情報交換を促進する
6) 情報の確実性を高める
7) 最終的な意思決定をより総合的・包括的なものへの改善する

　ここで，1)，2)については若干の補足説明が必要である．個々の住民は，それぞれがおかれている状況のもとで，様々な関心や価値観をもっている．しかし，それらの関心を同等に扱うかについては慎重でなければならない．例えば，バスサービスが通学や通院，買い物など生活にとって基礎的な活動を支えている人々と，そのような基礎的な活動は確保されているがより容易に活動が実施できることを望んでいる人々がいたとする．このとき，この地域社会の価値が基礎的な活動

を誰にでも保障することにあれば，前者の人の関心に優先性をおくことになる．また，運行に必要な経費を税と運賃でどのように分担するかも大切な視点である．

個々の住民の関心を確認すること自体は重要であるが，地域社会として，つまり，個々の住民の現在における私的な立場をはなれて，どのような関心が当該地域において重要かの議論なくして個々人の関心のみに目を向けてはいけない．バスサービスが人々の生活の根底を支えている地域においては，この点の重要性はより強調される．このため，住民の関心と価値観を確認すると同時に，その確認作業を通じて，地域社会の関心や価値観を確認・発見することが住民参加の一つの大きな目的である．

(3) どのような場合に住民参加が必要となるのか

住民参加マニュアル[1]によると，住民参加が必要となる場合として，以下の五つを挙げている．

1) 決定が重要な社会的価値の中で選択を迫られる時
2) 決定による結果が，経済上，政治上，あるいは社会的に，他の誰よりもそれらの関係者やグループに影響を与える時
3) 住民が，決定によって多大な利益，あるいは損失を受けると言うことに気づく時
4) 決定がすでに論争の原因となっている問題を含んでいる時
5) 決定を実施するために，住民の積極的な支持や活動を必要とする時

バスサービスを変更するに際しては，大別して二つの場面が考えられる．一つは，その変更に際する利害が不特定多数に生じる場合，もう一つは，利害が特定の住民にのみ生じる場合である．バスを含めた長期的な地域交通政策を策定する場合は前者の一例である．特に，どの地域にどこまでの水準のバスサービスを維持するかに関する決定を行う場合には，上記の1)が該当し，その際の住民参加の目的は（2）における1)，2)，5)が強調される．後者の典型は，ある路線を廃止する場合である．この場合，当該路線の沿線の住民に多大な影響が及ぶため，上記の2)，3)が該当し，住民参加の目的は（2）における3)，4)が強調される．

(4) 誰が参加するのか

住民参加と言っても，住民のみが参加の対象ではない．より質の高い決定をするには，サービスの変更に関わる法制度を所管している主体，サービスの提供者と利用者，サービスの受益者など，幅広い主体

の参加を求めることが有効である．具体的には，表IV.4.4.1に示す主体が考えられる．

表IV.4.4.1　住民参加に参画する主体の例

行政機関（省庁／部局レベル／国・都道府県／市町村レベル，運輸行政／道路行政／警察など），公共施設管理者，バス事業者，利用者，沿線の住民・産業団体（商店街，病院・診療所など），沿道の住民

(5)　住民参加のレベルと技法

1) 情報収集：関係者に係る社会，文化，経済状況の把握
2) 広報：すべての関係者に対して情報提供を行う．広報・情報提供はすべての関係者が共通の認識を形成するために必要不可欠であり，以下の3)，4)のための基礎である．
3) 協議：サービスの変更を実施するに先立つ設計の改善や実施中の変更を行うために意思決定者と各関係者で話し合いを行い，問題の焦点を絞り込むとともに，解決のため選択肢を質・量ともに改善していく．
4) 決定への参加：サービスの変更およびその実施について，関係者が何らかの方法で意思決定に参加する．

　以上の概略をまとめたのが表IV.4.4.2であり，それらの詳細や具体的な運用方法は文献[1][2][3][4]を参照されたい．

表IV.4.4.2　住民参加の技法

レベル	技　法	内　容
1) 情報収集	アンケート調査	適切なサンプリングがなされれば，幅広く情報収集できる．収集した情報は住民の一時点での回答であり，住民参加の過程における任意の時点での回答を追うには時間と費用がかかる．
	インタビュー調査	関係者の問題意識や関心の強さを効果的に収集できる．サンプルの大きさによろうが，その実施には多大な時間がかかる．また，インタビューの対象者の選定，つまり，どの範囲までを対象とするかは細心の留意を要する．

	資料収集	当該の地域社会の特徴を見出し，そこの関係者の背景を把握する．地元の図書館や大学，政府機関の報告書等が基礎情報となる．
2) 広報	ラジオ，テレビ，新聞，広報誌，ホームページ	各関係者別に容易にアクセスできるメディアを把握し，それら個々のメディアに対して広報を行う．各メディアは情報発信力（情報量，情報更新速度）が異なるため，弱い点は別途のメディアで補完するなどの留意を要する．
	配布資料・パンフレット	関係者が知りたい情報に焦点をしぼって効果的に伝達することができる．そこでの表現は簡潔で視覚的なアピールが重要であり，客観性や一方的な「押し付け」がないよう配慮を必要とする．
	展示会	問題に関心のない関係者に対する情報伝達には有効である．また，参加者の教育効果もある．
	セミナー・説明会	各関係者に専門的な背景を知ってもらうために実施する．特に住民においては，専門的背景を知ることにより，何に対しても防御的な姿勢に固執することがなくなり，建設的な協議の土台を形成することができる．一方，セミナーの意図に疑問をもったり，参加メンバーの選定において疑義が生じないよう留意を要する．
3) 協議	公聴会	最も伝統的な技法．情報を公開し，すべての関係者が一同に会して協議し，その内容を共有化することができる．その会の設定や運営（場所や時間，進行，席の配置）を慎重に行う必要がある．

		ワークショップ	教育的なフォーラムであると同時に具体的な解決策を見出すことを目的とする．少人数で構成され，そこには意思決定機関の担当者や専門家，住民などの関係者が参加する．
		オープンハウス	問題の様々なトピックごとに展示ブースを設け，そこを訪れた参加者に対して意思決定機関の担当者が説明していく．気軽にかつ広範囲の参加者と協議を行うことができ，個別に問題の解決を図ることもできる．オープンハウスによって知識を得た後にワークショップを実施することでさらに効果を上げることができる．
		はがき，メール，ウェブサイト等による意見募集	意思決定機関の広報内容について，会議形式以外の手段で意見を募集する．聴衆の前で発言することを躊躇する関係者の意見や要望を効果的に収集できる．それに対する回答が不可欠であり，それがなければ自分の意見がないがしろにされたとの反感を与えてしまう．
4) 決定への参加		ブレーンストーミング・KJ法	参加者がもつ情報や関心を表明し，それに基づいてさらにアイデアを創発していく．そこでは，アイデアの質ではなく量を追求する．様々な意見をもつ参加者が一緒になって活動することで，決定における問題構造を共有化することができる．
		シミュレーションゲーム	参加者が一定のシナリオにおいてある立場をとり，その立場にたって決定によって生じる結果についての情報を学習する．ゲームの種類は多様であるが，実際の状況を再現でき，かつそれが参加者にとって十分複雑過ぎないようにする点で工夫を要する．

項　目	情　報	備　考
	社会実験	今後想定されるであろう状況を現実に現し，参加者がそれを体験することによって決定によって生じる結果についての情報を学習する．詳細は「6.5 社会実験」を参照のこと．

(6)　住民参加において準備する基礎的な資料

　有意義な討論をするには，様々な情報を必要とする．表Ⅳ.4.4.3に，基礎的な情報の例を示す．

表Ⅳ.4.4.3 住民参加における基礎的な情報の例

項　目	情　報	備　考
既存のバスサービス水準と利用の実態	・運賃，所要時間，バスによって移動可能な目的地，待ち時間（もしくは運行本数），バス停までの距離，運行時間帯，路線図 ・路線ごとの利用者数，バス停別の利用者数，OD別の利用者数	新規のバスサービスの導入や既存のサービスを変更する場合には，導入および変更後のサービス水準も示す．
交通行動生活行動	・（顕在的な）外出頻度，外出先，目的，時刻 ・（希望する）外出頻度，外出先，目的，時刻 ・自由に使える車の保有状況，送迎・相乗りの可能性の状況 ・学校，病院，公共施設，商店などの始業時刻 ・目的地となる施設の位置（地図） ・年間における雨天日の時期，日数	年齢や性別などの個人属性，季節や天候などの環境属性によって交通・生活パターンが異なりうるため，それに有意な影響を及ぼしうる要因を特定した上でなるべくきめ細かな情報の提供が有用となる．
運行費用補助金	・運営費用，車両購入費用 ・可能な運行形態（デマンドなど） ・ドライバーを引き受けてくれる人 ・補助額，利用者一人当たりの補助額	公開する性質の情報ではないが，広告主や財政的な支援を提供するスポンサーの有無も運営費用に影響を与ええることに留意を要する．
車両	・利用可能な交通手段	公共施設，教習所，

	・車両の仕様（乗車定員，バリアフリー対応，デザイン案，他地区における例）	ホテル，各種会場などが有する交通資源とその仕様を幅広く収集することが肝要である．
走行環境	・車庫，転回所，バス停の候補 ・商店や病院，公共施設などにおけるバスの乗り入れ可能空間 ・バスが走行可能な道路 ・法的な規制	バス停などのバスがある空間を占有する場合，その場所に隣接する居住者や商業者などの理解・協力が不可欠であるため，計画の熟度に応じた公開の仕方に十分な配慮を要する．

　近年では，利害調整や合意形成のための科学的な支援道具が開発されつつある．これらの技法は，バスサービスの検討においても適用可能なものである．その内容は，例えば木下・高野[5]を参照されたい．また，公共交通サービスの現状や施策の効果を定量化，可視化する手法も提案されている．図Ⅳ.4.4.1に活動機会指標[6][7]による可視化の例

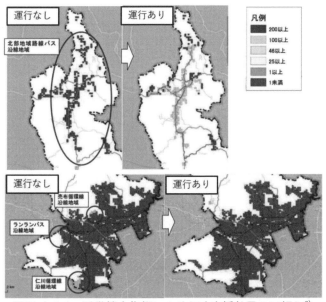

図Ⅳ.4.4.1　活動機会指標による行政支援効果の可視化[6]

を示す，

(7) 地域公共交通会議または法定協議会の活用

　これらの役割を担う最重要の場が「地域公共交通会議」または「法定協議会」，および議会である[8]．提供されるサービス水準と住民/利用者負担の関連や運行の効率性担保など，すべての住民が会場に臨席しているとの意識を持って論点を整理し必要な情報と共にいくつかの計画案として提供するとともに，利害の異なる人々が納得しうる理由と共に計画案の順序づけを提示することが重要である．このようなプロセスに基づき選ばれた将来の公共交通の姿が「地域公共交通計画」としてまとめられるべきである．

【参考文献】

1) カナダ環境アセスメント庁編：住民参加マニュアル 住民参加プログラムの計画と実施，石風社，1998.
2) 環境省総合政策局環境影響評価課編：参加型アセスの手引き －よりよいコミュニケーションのために－，財務省印刷局，2002.
3) 月刊「地方自治職員研修」編集部編：住民参加の考え方・すすめ方 自治を深化させる方法論，2003年11月号増刊，第36巻通巻505号，2003.
4) 屋井鉄雄，前川秀和監修：市民参画の道づくり パブリック・インボルブメント(PI)ハンドブック，ぎょうせい，2004.
5) 木下栄蔵，高野伸栄編：参加型社会の決め方 －公共事業における集団意思決定－，近代科学社，2004.
6) 谷本・牧・喜多：地方部における公共交通計画のためのアクセシビリティ指標の開発，土木学会論文集 D，Vol.65, No.4, pp.544-553, 2009.
7) 喜多秀行・池澤伸夫・村瀬弘次・西村和記・粉川朋美：活動機会指標に基づく地域公共交通計画の策定-兵庫県宝塚市の事例-，土木計画学研究・講演集 Vol.67, D08-2, 2023.
8) 自家用有償旅客運送ハンドブック（国土交通省物流・自動車局旅客課），https://www.mlit.go.jp/jidosha/jidosha_tk3_000012.html

4.5 事業者選定

(1) 基本的な考え方

　道路上で旅客を輸送する行為は「道路運送法」によって規定されているため，バスサービスを検討する際に，そのしくみや考え方を理解しておくことは重要である．道路運送法はもともと，路線バスやタクシーを収益が確保できる「事業」としてとらえ，業界の秩序を形成することで公共交通網の維持を図るという視点に立った法律であった．それに基づき，国が需給調整規制によって地域独占を認めることで，事業者の独立採算確保を前提とした「内部補助」による赤字路線維持を可能としてきた．しかし，モータリゼーション進展等によって公共交通利用者が減少する一方で，独占による弊害や，国が地域公共交通政策に関わることの限界が指摘されるようになった．

　そこで，2002年2月に，乗合バス事業とタクシー事業の需給調整規制（参入退出規制）の緩和を始めとした道路運送法および関連法令の見直しが行われた．これによって，国は道路運送事業の安全性・信頼性確保に重点を置くこととなり，地域公共交通のマネジメントに地方公共団体が主体的に取り組むという流れができた．その後の制度見直しによって，さまざまな運営・運行の方式が可能となり，運行主体についても従来に比べて選択の幅が増している[5),6)]．その選択に当たっては運行のための経験や技術が重要となるのはもちろん，どのような制度に位置づけられるかについての理解が必要である．

　また，公共交通は社会インフラだという認識の下，地域社会が必要とするサービス水準とそれに要するコストを適切に対応づけ，最も効率的にサービスを供給しうる事業者と自治体が契約をする「公共調達」の仕組みを構築し，その下で事業者選定を行うという観点も欠かせない．

　以下では，バスサービスの運営・運行方式に関する現行制度を整理しつつ運行主体がどのような制度に位置づけられるのかについて触れ，さらに個別の状況に応じてどの運行主体・制度を選択すべきかについて述べる．なお，本節における内容はすべて2023年10月の地域交通法改正を踏まえたものであるが，今後も変更されることが十分考えられるので，実務にあたっては各地方運輸局・支局と相談することを勧める．

(2) 道路運送事業としての路線バス運行に関する制度

　不特定多数の乗客が乗り合わせて運行されるバスサービスは，運行主体や運行目的の違いによって，路線バス・コミュニティバス・公共施設巡回バス・福祉バスといった言葉で呼び分けられることが多い．

これらはいずれも通称であり，法的に明確な定義があるわけではない．
　有償で（すなわち，乗客もしくは運行委託元から運賃を徴収して）旅客を乗せて運行を行うことは，道路運送法第3条の「旅客自動車運送事業」にあたり，国土交通大臣の許可を必要とする．使用する車両は事業用自動車と呼ばれ，ナンバープレートは緑色（軽自動車は黒色）となる．旅客自動車運送事業は一般旅客自動車運送事業と特定旅客自動車運送事業に分かれ，さらに一般旅客自動車運送事業は一般乗合旅客自動車運送事業（乗合バス），一般貸切旅客自動車運送事業（貸切バス），一般乗用旅客自動車運送事業（タクシー＜乗車定員10人以下＞）に分かれる．一方で，自家用自動車（白ナンバー車，軽自動車は黄ナンバー車）を使用して無償もしくは例外的に有償にて旅客を運送する方式もある．
　以上の事業区分にのっとって，バスサービスの実施方式は一部の特殊な例外を除いては以下のように分類される．

・有償運行：
　1．道路運送法第4条に基づく運行
　　1-1．事業者が直接申請する場合
　　1-2．「地域公共交通会議」の協議を経て申請する場合
　2．同79条に基づく運行
・無償運行

　いずれを選択するかは，それぞれの地区の状況と各方式の特徴との相性を考慮した上で行われる必要がある．そこで，各方式の特徴を以下に説明する．

①道路運送法第4条の乗合許可に基づく運行
・事業者が直接申請する場合
　一般乗合旅客自動車運送事業者（路線を定めて定期に運行する自動車により乗合旅客を運送する事業者）が道路運送法第4条の規定によって運行する方式で，4条バスと呼ばれることがある．4条バスは制度上，運賃収入等による採算確保を前提として運行することが想定されてきたが，自治体等から欠損補助を受けて運行することも可能である．市町村が事業主体となるいわゆるコミュニティバスについても，旅客自動車運送事業者に運行を委託する場合には4条許可で運行される．
　4条バスを運行しようとする事業者は，「事業計画」（路線・営業区域，営業所の場所と配置する事業用自動車の数等）を国土交通大臣に提出して許可を得ることが必要である．2002年の4条バスの需給調整規制の緩和では，1)参入：免許制から，一定の条件を満たすことを審査

する許可制へ，2)退出（休止，廃止）：許可制から事前（退出6カ月前）届出制へ，3)運賃：総括原価に基づく個別認可制から上限認可制に変更し，上限未満での設定は届出制へ，という変更が行われた．しかし，規制緩和後も新規参入にあたっての審査基準は細かく定められている．例えば，a)5両の常用車及び1両の予備車を最低限配置しなければならないこと，b)停留所設置要件の厳しさ（後に説明），c)退出（廃止または休止）する場合に，道路運送法施行規則第15条の4第2号に基づいて各都道府県に設置され，市町村・地方運輸局およびバス事業者が参加する「地域協議会」の協議事項になること，などが挙げられる（なお，「地域協議会」については法的拘束力がないため，協議を経ずに国へ廃止届が提出される場合もある）．このことから，新規参入の大半は，収益性が高く参入がしやすい地域間高速バスとなり，一般の路線バスへの参入は小規模にとどまっている．なお，いわゆる「クリームスキミング(cream skimming，いいとこどり)」防止規定によって，利用者の多い特定時間帯・曜日のみへの参入は原則として認められないことになっているが，採算性の高い路線のみへの参入は認められている．

・「地域公共交通会議」の協議を経て申請する場合

　需給調整規制緩和によって，路線バスによる生活交通の確保維持策について地方で協議する場が必要となった．その役割が期待されたのが，都道府県が設置する前述の「地域協議会」である．しかしながら，地域協議会において現実に行われている協議の大半は，既存バス事業者の4条路線に関する退出や公的補助の是非に関する件であり，地域公共交通のあり方を，住民・利用者なども参加して広く検討する動きはあまり生じていないのが実情であった．

　一方で，道路運送法においては，有償のバスサービスは4条許可によることが原則であるにもかかわらず，運賃設定の自由度が低い（例えばワンコイン運賃の設定が困難），事業者選定の幅が狭く事業者間競争が働かない（貸切許可に比べ乗合許可は参入が難しいため事業者が限定される），手続きが複雑で時間もかかる，といった理由から，コミュニティバスでは4条許可が忌避された．代わりに，道路運送法第21条第2項の，「一般乗合旅客自動車運送事業者によることが困難な場合において，国土交通大臣の許可を受けたとき」に一般貸切旅客自動車運送事業者が乗合旅客運送できるとする規定を用いた運行（21条バスもしくは貸切乗合）や，自治体の所有する自家用乗用車（白ナンバー）を用いて有償で乗合旅客運送を行う79条バス（詳細は後述）による運行がなされる場合が多かった．

　このような状況を一挙に解決するために，2006年10月に施行された

改正道路運送法において新たに規定されたのが「地域公共交通会議」である．この会議の特徴を要約すると，1)単一もしくは複数市町村単位で設置（都道府県単位も可），2)関係者が広く参加し，地域公共交通のあり方を議論，3)確保必要性について協議が調った路線・運行について4条許可の要件弾力化・手続簡略化，の3点となる．地域公共交通会議の活用方法については後述する．

　地域公共交通会議での協議を経ることによって，4条許可が従来の21条許可並みに弾力化された（これを新4条と呼ぶことがある）．そのため，21条許可については災害時やイベント時といった臨時的な運行（最大1年間）に限定して適用されることとなり，また既存の21条バスは新4条の許可を得たものとする見なし措置がとられた．その後，21条許可については自治体等による実証実験運行に使用することも認められるようになり，最長3年間までの延長が可能となった．

　現在では，全国の多くの市町村で地域公共交通会議が設置され，コミュニティバスの多くがそこで協議されるようになっている．ただし，誤解してはならないのは，コミュニティバス運行や変更のためには地域公共交通会議における協議が必須ではないということである．逆に，公的補助を受けていない従来からの路線バスについても，地域公共交通会議で協議することで，手続簡略化等の恩恵に浴することができる．すなわち，地域公共交通会議を設置し協議するか否かは，前述の1)～3)の特徴を踏まえてそれぞれの市町村が決めることである．

　ただし，以下の場合には，地域公共交通会議で協議が調うことが国より求められるので注意が必要である．

　a)デマンド乗合運行：2006年改正以前の道路運送法では，一般乗合旅客自動車運送事業の定義に「路線を定めて定期に運行」という文言が含まれていた．そのため，予約に応じてダイヤや経路が変化するデマンド運行は4条許可でなく21条許可によっていた．改正によって「路線を定めて定期に運行」が削除されるとともに，乗合事業が「路線定期運行」（従来の4条許可）に加え，デマンド運行にあたる「路線不定期運行」および「区域運行」を含む3つのカテゴリから構成されることとなった．ただし，「路線不定期運行」「区域運行」の許可を得るためには，路線定期運行との整合性をとることが求められ，具体的には既存乗合バス事業者も参加する地域公共交通会議で協議が調うことが前提とされている（ただし，交通空白地帯，交通空白時間または過疎地であって路線定期運行によるものが不在である場合など，明らかに路線定期運行との整合性をとる必要がない場合，地域公共交通会議での協議は不要である）．

　b)タクシー車両による乗合運行：路線定期運行は，原則としてバス車両（乗車定員11人以上）によるものとされている．タクシー車両

（乗車定員10人以下）を用いて運行しようとする場合には，地域公共交通会議で協議が調う必要がある．ただし，過疎地や交通空白地帯等で運行する場合は協議不要とされている．また，タクシー車両を用いて乗合運送を行う場合，その事業は乗用事業（タクシー事業）でなく乗合事業であることに注意が必要である．すなわち，乗用事業許可しか受けていない事業者は運行できない（ただし，地域公共交通会議での協議を経ることで乗合許可は弾力化される）．

②道路運送法第79条に基づく運行（自家用自動車による有償運送）

　4条バスおよび21条バスは事業用自動車（緑ナンバー車）による運行である．道路運送法第78条（2006年改正以前は80条）の冒頭にも，自家用自動車は「有償で運送の用に供してはならない」と規定されているように，「白バス」行為は一般には道路運送法違反である．しかし，第78条には自家用自動車による旅客の有償運送（自家用有償旅客運送）を認める場合が規定されており，その1つとして，市町村やNPO法人等による運送を挙げている．具体的には，道路運送法施行規則第49条で，1)交通空白地有償運送（2020年11月の道路運送法改正以前は，公共交通空白地有償運送と，市町村運営有償運送のうち交通空白輸送に区分されていた），2)福祉有償運送（2020年11月の道路運送法改正で，市町村運営有償運送のうち市町村福祉輸送が併合された）の2種類が認められており，運送にあたっては道路運送法第79条や関連法令に定める手続きを経て，国土交通大臣の登録（許可ではない）を受けることとなっている．なお，第4次地方分権一括法（2015年4月施行）を受け，自家用有償旅客運送に係る事務・権限を市町村長や都道府県知事に移譲することが可能になった．そのため，移譲先の地方公共団体で自家用有償旅客運送を行う場合は，当該首長の登録を受けることになる．

　採算が見込めず乗合バス事業者が運行する可能性のない路線について，自治体が，所有する自家用自動車を用いて有償の路線バスを運行する旧80条バスは，以前から過疎地を中心に広く行われていた．これが2006年道路運送法改正によって市町村運営有償運送に移行した．2020年11月の同法改正後は，交通空白地有償運送に編入されたが，市町村が運営する場合であっても，自家用有償旅客運送を実施する場合，国土交通大臣等の登録に先だって，地域公共交通会議において協議が調うことが要件となっている（従来は，市町村以外の事業主体によるものについては，地域公共交通会議とは別に「運営協議会」が設けられ協議されていたが，2023年10月からは地域公共交通会議に一本化して協議されることとなった）．これは，道路運送法が「有償旅客運送は緑ナンバー車両による4条許可を受けること」を大原則としているためである．すなわち，地域公共交通会議で，乗合事業者による運行が困

難と認められた場合に初めて，自家用有償旅客運送が選択肢となるということに注意が必要である．

　また，市町村が運営する自家用有償旅客運送には，地方自治法244条の2で定められている「公の施設の設置及びその管理に関する事項は，条例でこれを定めなければならない」という規定が適用されることから，自治体で条例を定める必要がある．条例制定は，受委託や欠損補助によって運行する4条バスでは不要であるが，指定管理を行う場合にはやはり必要となる．

　一方，市町村以外の非営利の事業主体が交通空白地有償運送や福祉有償運送によって生活交通を確保する取り組みも全国で多数行われている．もともと移動制約者の移動を確保するボランティア活動として始まったものであるが，バス・タクシー事業者との関係を整理するために，2004年に国土交通省が通達を出して80条許可を与えるしくみができ，さらに2006年改正道路運送法で自家用有償運送として位置付けられた．事業主体になれるのは，NPO法人（特定非営利活動法人）のほか，民法第34条に基づく法人・農業協同組合・消費生活協同組合・医療法人・社会福祉法人・商工会議所・商工会であるが，2015年4月より法人格を有しない団体にも認める道が開かれた．国土交通大臣の登録に先立って，地域公共交通会議（2023年10月以前の「運営協議会」を含む）で「必要性（バス・タクシー事業者では困難であるが必要な運送であること）」「対象者」「収受する対価」等について協議が調うことが必要である．交通空白地有償運送は，従来，地域住民その他当該地域を反復継続して来訪する者を対象（市町村運営有償運送のうち交通空白輸送はだれでも利用できた）としてきたが，2020年11月の道路運送法改正で，観光旅客を含む当該地域への来訪者の運送が可能になった．福祉有償運送は，障害者や要介護・支援者のほか，介護保険法に基づく総合事業の対象となる「厚生労働大臣が定める基準に該当する第一号被保険者」（すなわち「基本チェックリスト」の該当者）等のうち，他人の介助によらず移動することが困難で，単独では公共交通機関を利用することが困難な者とその付添人が利用対象者である（道路運送法施行規則49条）．

　緑ナンバー車での有償運行の場合，車両に関する基準が通常より厳しくなっている．運転手は第二種免許が必要であるが，特に大型第二種免許の取得は容易でないことから運転手の確保も問題となる．また，運行管理者（国家資格が必要）の配置も必要である．一方，自家用有償運送は車両の規定は一般の乗用車と同じであり，第一種免許所持者が運転でき，運行管理者も不要である．しかし，各地方運輸局・運輸支局は，安全性の観点から，79条バスでもできるかぎり第二種免許所持者を運転手にするとともに，登録にあたっては運行管理・整備管理

体制の整備を指導している（タクシー・バス事業者に運行管理を委託する「事業者登録型自家用有償運送」の制度が2020年から法令で位置付けられ，活用可能となっている）．第一種免許所持者が運転する場合には，講習会の受講を義務づけている．しばしば，4条バスより経費が低いという理由で79条バスや後述の無償バスが選ばれることがあるが，その場合，安全性の確保に懸念が生じることに注意が必要である．

79条バスの運転手には，自治体職員が担当する場合と，民間会社（バス事業者や人材派遣業者，シルバー人材センターなど）から運転手を派遣してもらう場合がある．車両は，新たに用意される場合と，従来から保有しているスクールバスや福祉バス等が利用される場合がある．後者では，自治体が運行するバスを一本化し効率化することを1つの目的とすることが多い．

③無償運行

福祉バスや公共施設巡回バスといった名称で，高齢者・障害者を初めとした移動制約者の利用を想定して市町村等が運行するバスは，利用者から運賃を徴収しない無償運行とする場合がある．このような運行は，以前は道路運送法で「無償旅客自動車運送事業」に区分され，国土交通大臣への届出が必要であったが，2002年2月の規制緩和においてこの規定が廃止され，無償による乗合バス運行は届出不要となり，だれでも運行することができるようになった．近年では，無償バスでも，利用者を限定しなかったり，コミュニティバスと呼んだりする例が増えてきている．また，商業施設や旅館などが運行する無料シャトルバスも同様の位置づけである．

無償運行と見なされる条件は「完全に無償」であることである．運賃と呼ばずに協力金や寄付金といった名目で車内で金銭を収受することや，地域の住民組織等が，主な利用者となる地域住民から運営費を集めて運行することは有償運行にあたるとされ，4条許可や79条登録が必要となる可能性がある．有償運行許可を怠った場合には道路運送法違反となって後にさまざまなトラブルを招くことから，有償運行にあたるか否かの見極めは非常に重要であり，地方運輸局・支局に相談することが望ましい．なお現在では，住民ボランティアが燃料費相当分程度の低額を徴収して住民等の運送を行う場合には，自家用有償運送の登録は不要とすることが国によって許容されている．

無償運行の場合，車両は白ナンバー車でよい（貸切バス・タクシー車両を用いてもよい）．運転手も第一種免許保有者でよく，人材派遣業からの運転手確保も一般的に行われている．諸手続がいらず，運賃収受機器等も不要であるため，有償運行に比べて経費が抑えられ，収入がゼロであっても無償運行の方が経費が安い場合もある．これらの

理由で，自治体運営バスでは無償運行が選択されることがある．

④その他

　スクールバスや通勤用バスのように特定の旅客を対象とした運送においては，自家用自動車や貸切バスによる運行のほか，道路運送法第43条の規定に基づく「特定旅客自動車運送事業」によって運行されることがある．このケースでは，学校・企業等とバス事業者との有償契約による運行となる．

　なお，以前は乗客を限定して有償運行を行う場合には，旅行業法で規定されている募集型企画旅行（いわゆる会員募集）として貸切バスを運行する方法が行われたことがある．この場合，4条・21条・79条バスと異なり，車内で旅客から運賃を収受することはできない．その一例であり，利用者から見れば乗合バスとほとんど変わらない運行方式として，2000年代後半に急速に利用者を増やしたのが「高速ツアーバス」である．これについては，従来の乗合事業による高速バスとの制度的な食い違いに起因する様々な問題が指摘され，2013年8月に禁止となった．

(3)　路線バス運行に関わるその他の要件

　路線バス運行の検討にあたっては，道路運送法のほかにも多くの制度や社会的条件が関係する．中でも重要なのは，道路管理者および交通管理者(警察)との調整，である．これらに関して協議を行い，必要な了解を得た上で初めて道路運送許可を申請することができる．

①道路管理者による規制

　路線バスは乗降のために停留所を設ける必要があるが，これを道路上に設置する際には，道路法に基づく道路管理者の「道路占用許可」が必要となる．停留所には標識が置かれるとともに，バスを待つ人も滞留することから，歩行者や自動車の通行の妨げになる場合には許可されない場合がある．許可された場合には占用料を支払う必要がある．

②交通管理者による規制

　路線バスは公道上で走行・停車することから，当然ながら道路交通法の規定に従って運行されなければならない．そこで，交通管理者が交通の安全および円滑化の観点から運行路線について確認を行う．道路上に停留所を置く場合には「道路使用許可」が必要となるが，その際には交通に支障のないことが条件となるため，バスベイが設置されていなかったり，停留所が自動車走行や歩行のじゃまになったりする場合には許可されないことがある．また，停留所を民地に置く場合に

は道路占用許可や道路使用許可は不要であるが，駐停車禁止場所の場合には停車することができず，交差点の前後や見通しの悪いところなどでは停留所を設置しないように指導される．

以上からも分かるように，路線バスへの新規参入やコミュニティバス新設において最も問題となるのは停留所の設置である．4条バスでは停留所位置や，過疎地域で主に普及している自由（フリー）乗降区間の設定は届出事項である．また，道路交通法で，停留所の前後10mは駐停車禁止と規定されており，他車を排除できる．しかし，21条バスや79条バスの場合，貸切車両や自家用車両による運行であることから，停留所位置は道路運送法上の許可・届出事項ではなく，標識は単なる目安に過ぎない．むろん，駐停車禁止にもならない．一方で，停留所設定の自由度は大きい（もちろん，道路占用許可・道路使用許可は必要）．この扱いは，デマンド交通（路線不定期運行，区域運行）におけるミーティングポイントも同様である．

また，4条バスへの新規参入事業者が既存事業者の停留所を使用する場合には，その事業者に承諾を得る必要があるが，新規参入事業者に使用を認めることは考えにくい．その結果，停留所が互い違いに配置されるなど，停留所設置の統一性が失われる懸念がある場合には，総合交通政策の観点から自治体による調整が必要となる．これは駅前広場やバスターミナルの使用においても同様である．

運行ルート設定にあたっても大型車通行禁止や一方通行などの規制を受ける．場合によっては路線バスが規制適用除外とされることもあるが，ここでの路線バスとは4条バス（区域運行を除く）のことであり，注意が必要である．また，通行規制で間違えやすいのがマイクロバスの定義である．マイクロバスとは乗車定員11〜29人の乗用車を指す通称である．ところが，近年コミュニティバスを中心として導入が増えてきている小型バスと呼ばれる車両は，全長は7m程度でマイクロバスと同等であるが，定員は立席も含めて40数名となっていることが多く，マイクロバスの定義から外れる．このため，「マイクロバスを除く大型車通行禁止」の規制がかかっている道路を通行することはできない．コミュニティバスは従来の路線バスより細い道を通ることが多いが，これらの通行規制に抵触していないことが基本的な条件となる．なお，バス専用・優先通行帯（バスレーン）や公共交通優先信号（PTPS: Public Transport Priority System）の設置も交通管理者の権限である．前橋市「マイバス」（4条許可）などでは自動車通行禁止の道路（現在はアーケードは撤去）をバスが走行しているが，これは道路中央に幅4mのバス通行帯を設けるという形で実現している．

また，バス路線設定にあたっては，沿線住民の同意も重要である．

騒音や大気汚染，交通事故，舗装の弱さ等の懸念によって運行に反対する意見が多い場合には運行は困難である．また，停留所設置はその目の前に住む住民から嫌がられることが多く，適当と思われる位置に設置することが困難になる場合がある．都心部では既に停留所の置きやすい場所には既存事業者が設置していることから，新規参入事業者にとっては大きな障壁となる．

(4)　路線バスの事業主体・運行主体と運行方式の選択

　1990年代半ば以前，有償の自治体運営バスは，「○○市（町・村）営バス」や「自主運行バス」を名乗って運行する旧80条バス（2006年改正以降は79条バス）と，停留所・車両・運賃等が一般の路線バス（4条バス）と見かけ上区別できない形で運行する21条バスとにほぼ分けることができ，外見からも容易に見分けることができた．乗合バス事業者が廃止した路線について，21条バスによる存続が選択される場合には，乗客から見て廃止以前と変わらない形で運行を継続するために，自治体がその事業者もしくはグループ会社（多くの乗合バス事業者は貸切バス事業を兼営もしくはグループ会社で運営している）に委託する場合がよく見られた．これは，「○○バスが廃止され市町村営バスになってしまうと地域のイメージが下がる」という考えが強かったことがその背景にあった．逆に，旧80条バスが選択される場合には，自治体運営バスになったことを積極的にアピールするという意味が込められることが多かった．

　しかし，自治体等が事業主体となる「コミュニティバス」は，一般路線バスとは全く異なる路線・ダイヤ・運賃・車両設定となっているにもかかわらず4条許可で運行されるケースが多くなった．運行事業者が幅広く選択できること，自治体が自ら車両や事業所を準備する必要がないこと，プロの事業者に運行を委託する有利さが認識されたこと，が挙げられる．ただし，中山間地域では，4条バスにしようにも委託する事業者が存在しない場合や，遠隔地のため委託料が高くなってしまう場合もあり，地元での雇用対策という意味もあって79条バスが選択されることがある．

　以上のような状況もあって，現在では，各自治体運営バスがどの方式に基づいて運行されているかを外見で区別することが困難になってきている．運行方式と運行目的とは必ずしも対応しないことから，運行にあたっては，個々の事情に応じて最も好都合な運行方式を選択すればよい．その際の留意点を以下に示す．

①4条バスにおける運行・管理委託

　採算性確保を前提とした従来の4条バスにおいては，事業に関する企

画から，許可を受けて事業運営と実際の車両運行を行うまでを一つの会社で行うのが当然であった．さらに，高コストのために損益分岐点が高く採算が悪化した場合の改善策として，関連のバス・タクシー会社に事業譲渡したり，分社化するなどしてコスト削減を図る方法が多く行われてきた．既に，ほとんどの大手民鉄ではバス部門を分社化している．しかし，これも運営と運行を1社で行う体制であることには変わりはない．

ところが近年では，4条許可を保持したまま，路線の運行や車両管理を別会社（一般乗合旅客自動車運送事業者）に委託することで，事業主体と運行主体が分離する形をとる場合が増加しつつある．

例えば名鉄バスでは，2000年度より不採算路線を中心にグループの乗合バス・貸切バス会社への委託を行っている．また，京都市交通局では2000年から路線の民営乗合バス事業者への管理委託を進めてきた．この方式によって，既存事業者の「のれん」はそのままで運行経費を半額近くまで圧縮できるケースも出ている．なお，この方式は，許可路線の総延長もしくは車両の1/2（特別の場合には2/3）を越えない範囲で適用できることになっている．

②企画・運営と運行の分離

4条許可で自治体運営バスを運行する場合，バス事業者が運行許可を受けて運行・車両管理を担当し，路線計画と欠損補助を自治体が行うという分担を基本とするが，車両購入や路線のPRといった様々な業務について，運行事業者と自治体との分担関係を柔軟に設定することができる．例えば，自治体が専用車導入や独自デザインのバス停設置を行ったり，路線やダイヤの編成に主体的に関わったりすることである．いわゆるコミュニティバスを4条バスで運行する場合には，自治体が路線設定を行い，受託したバス事業者は運行のみを行う体制となっていることが多い．

規制緩和の直後，貸切バス事業者が増加し，2006年以降は地域公共交通会議による許可弾力化によって，貸切事業者が乗合許可を得て自治体運営バスを運行受託することが容易となっているために，受託を巡る競争が行われるようになり，経費節減やサービス向上につながった例が見られる．但し，運転士不足の問題が顕著になった昨今は，受託先が容易に見つからない場合に留意する必要がある．また，79条登録による市町村有償運送においても，運転・車両管理業務を民間会社に委託する方式が既に一般的である．（この場合，委託する民間会社は一般旅客自動車運送事業許可を受けている必要はない．）しかし，競争に伴う経費減は，運転手の労働条件の悪化や，安全確保に必要な経費の抑制を伴っている可能性もあり，注意が必要である．そのため，

国土交通省では，事業者選定や路線・ダイヤ設定における留意点をまとめた「コミュニティバスの導入に関するガイドライン」を公表しているので，参考にされることが望ましい．そこでは総合評価型入札を推奨している．

4条許可は委託元（事業主体）の自治体や住民組織にではなく，委託先（運行主体）のバス運行事業者に対して出される．例えば，京都市伏見区で運行している「醍醐コミュニティバス」は「醍醐地域にコミュニティバスを走らせる市民の会」が事業主体として企画・運営するが，4条許可は運行を委託されている(株)ヤサカバスに出されている．このために，事業主体（委託元）と運行主体（委託先）の分離が進むことで，許可を出す地方運輸局と，実際に路線を企画する事業主体とが直接には関係しない状況が生み出され，特に自治体運営バスや住民による自主運行バスを地方運輸局が把握しづらい状況をもたらす結果となっている．また，このような運営・運行分離方式では，運行の現場と運営側との意思疎通が薄くなる危険性があり，現場の運転手や利用者が運営に参画できるような仕組みの構築が合わせて必要である．後述するように，地域公共交通会議をそのための組織として活用することができる．

③地域・住民組織による自主運行の動きと道路運送法[7)-11)]

路線バス廃止の進展と自治体の財政悪化に伴って，「地域・住民組織が主体となったバス運行」が全国的に増加する傾向にある．4条許可による例として，愛知県豊田市の「高岡ふれあいバス」のように住民組織や地元企業も参画した組織が事業主体となったものや，三重県四日市市の「生活バスよっかいち」のように住民・地元企業がNPO法人を設立して事業主体となったものがある．一方，79条登録については，兵庫県淡路市（旧津名町）長沢地区「ふれあい号」のように，市町村運営有償運送として登録された乗合タクシーを地元自治会が委託を受けて運営・運行しているところや，富山県氷見市八代地区「ますがた」のように，公共交通空白地有償運送として，地域で設立されたNPO法人が会員となった地域住民をマイクロバスで運送しているところなど，さまざまな方式が存在している．

有償運行の場合には基本的には4条許可もしくは79条登録のいずれかの許可が必要となるが，総運行経費は許可・登録不要の無償運行に比べてどうしても割高となってしまう．そのため，収支率（運賃収入の運行費用に占める比率）が低い場合，有償よりも無償の方が欠損補填額が低くなって，無償運行が選択されることがある．このような理由で，住民組織等による自主運行バスには無償運行が選択される場合もみられる．ただし，前述の無償運行の項で説明したように，利用者が

運行費用を直接負担することができない点に注意が必要である.

④地域公共交通会議の活用 [12]

　地域公共交通会議の制度については既に概説したが,市町村単位で設置でき,その地域の需要に応じた乗合旅客運送や自家用有償旅客運送の事業計画などについて関係者間で協議し,合意が得られれば,許可の要件弾力化・手続簡略化が行われる,一種の「特区」制度となっている.しかし,既存交通事業者の反対表明,いわゆる「拒否権」を発動することにより,望ましい公共交通ネット枠が形成されなくなることへの懸念もあり,地域にとって望ましいサービスとは何かという観点から開かれた議論が重要である.

　構成員は,会議を主催する自治体の首長またはその指名する者,一般乗合旅客自動車運送事業者およびその他の一般旅客自動車運送事業者及びその組織する団体(バス協会等),住民または利用者の代表,地方運輸局長またはその指名する者,一般旅客自動車運送事業者の事業用自動車の運転者が組織する団体(労働組合等),道路管理者,都道府県警察,学識経験者その他会議運営上必要と認める者とされている.これら構成員は利害関係者であり,地域公共交通会議はその目的である交通利便性確保・向上策実現への意識を関係者が共有した上で公開の場で調整を図り,合意に至るための場と位置付けられる.これは,以前の21条・80条許可が道路運送法上で例外的な措置であり,手続きに問題があったことを踏まえたものである.言いかえれば,地域公共交通会議を意識共有や合意形成の場として活用することは重要かつ有効である.しかしながら,地域公共交通会議開催を単なる手続きととらえ,実質的な協議をする場として活用していない自治体が多数存在している.また,コミュニティバスやデマンド交通といった自治体等が事業主体となるサービスについては多く検討されているが,従来の路線バスにまで踏み込んだ議論に至っている会議もまだ少ない.

　地域公共交通会議の制度は,2007年10月施行の「地域公共交通の活性化及び再生に関する法律」の第6条に規定される法定協議会のしくみへと発展した.この法定協議会の機能を兼ねた地域公共交通会議を開催し,バスサービスの見直しを地域公共交通計画として策定・実施する市町村も多数出てきている.2011年度から始まった国の「地域公共交通確保維持改善事業」に基づく補助を得るために必要な協議も可能である.地域公共交通会議等のしくみや機能をよく理解し,その場を起点としてバスサービスを含む地域公共交通全般をよりよいものとしていく取り組みを進めていくことが求められている.地域公共交通会議についての詳細は,国土交通省が出している「地域公共交通会議の設

置及び運営に関するガイドライン」，もしくは参考文献12), 13)を参照
されたい．

　以上，バスサービスを供給する際の各種制度について説明してきた．
繰り返しになるが，需給調整規制緩和以降の制度改正によって可能と
なった様々な運営・運行方式の特徴を理解し，比較検討した上で各地
域・路線の輸送実態に即した方式を選択することが重要である．
　しかし，いずれの方式をとるにせよ，事業者単独による採算確保を
前提とした維持は大半の路線で困難であり，また自治体財政も逼迫し
つつあることから，バスサービスに関わるさまざまな主体の果たす役
割を明確にするとともに，各主体の協働によって維持・発展させる枠
組みの構築が必要である．各主体のバスサービスへの関わり方と，そ
れを実現するための制度のあり方については「1章　バスサービスの
市場とサービス供給体制」に詳しく述べられているので，そちらを参
照されたい．また，本節で述べてきた運営・運行方式の選定において
は，定時定路線かデマンド運行か，車両の大きさをどうするか，など
といった運行形態と密接に関連する．運行形態の選定については4.8節
に述べられている．

【参考文献】

1) 国土交通省自動車交通局旅客課：コミュニティバス等地域住民協働型輸送
　サービス検討小委員会報告書，2006.
　https://www.mlit.go.jp/common/000162174.pdf
2) 国土交通省自動車交通局旅客課監修・道路運送法令研究会編集：Q&A改正
　道路運送法の解説，ぎょうせい，2006.
3) 国土交通省自動車交通局旅客課：四訂旅客自動車運送事業等通達集，ぎょ
　うせい，2008.
4) 竹内伝史：市民の足を守るバスサービスの計画と行政　―バスの需給調整
　規制の廃止を受けて，運輸と経済Vol.61，No.8，pp.50-59，2001.
5) 鈴木文彦：規制緩和後のバス事業の動向と展望，運輸と経済Vol.62，No.10，
　pp.56-68，2002.
6) 福本雅之，加藤博和：地区内乗合バスサービス運営方式の類型化および適
　材適所の検討，土木学会論文集 D，Vol.65，No.4，pp.554-567，2009.
7) 中川大，能村聡：規制緩和下における市民組織によるバス支援プロジェク
　トの可能性と課題，土木計画学研究・講演集No.27，2003.
8) 磯部友彦：住民主導で開業した路線バスの意義―愛知県・桃花台バスの事
　例―，土木計画学研究・講演集No.27，2003.
9) 加藤博和：日本における住民主導による地域公共交通確保の取り組み，運
　輸と経済，Vol.71，No.7，pp.99-108，2011.
10) 加藤博和，高須賀大索，福本雅之：地域参画型公共交通サービス供給の成
　立可能性と持続可能性に関する実証分析―「生活バスよっかいち」を対象

として－，土木学会論文集D，Vol.65，No.4，pp.568-582，2009.

11) 猪井博登，新田保次：住民が主体となったコミュニティバスの運行に関する研究－津名町長沢地区の事例をもとに－，土木計画学研究・講演集No.29，2004.

12) 加藤博和，福本雅之：市町村のバス政策の方向性と地域公共交通会議の役割に関する一考察，土木計画学研究・講演集No.34，2006.

13) 中部運輸局　愛知運輸支局：地域公共交通会議等運営マニュアル，平成25年2月.
https://wwwtb.mlit.go.jp/hokkaido/bunyabetsu/tiikikoukyoukoutsuu/
31manyuaru/09koutsuukaigimanyuaru_tyuubu.pdf

4.6 制度設計

(1) 基本的な考え方

路線バスの乗客数が減少の一途をたどり，また赤字路線の欠損を同はって成立しなくなりつつある現在，多くのバス路線が公的負担なくして運行が不可能な状況にある．欧州では，地域公共交通は独立採算が成りたたぬものであり，「公共サービス義務(Public Service Obligation: PSO)」という考え方の下でサービス確保がなされている．この点が，これまで民間事業者が公共交通サービスを提供してきたわが国とは大きく異なる点であり，わが国の特に地方部は，欠損金の補填を，地域社会を維持・活性化するための政策的経費と見なすか，民間事業者に対する赤字補填と見なし続けるか，の大きな岐路に立たされている．

前者においては，自治体あるいは国が政策的に確保すべき公共交通サービスとは何か，それはだれが何に基づいて決めるのか，といった議論が避けられない．これについては，第Ⅲ編「地域でつくる公共交通計画」を参照されたい．そこでは，地域社会が必要とする公共交通サービスは，人々がどのような生活を営むことができるかという観点から描いた将来像を踏まえて地域社会がその総意として選び，そのうち，民間事業者に全面的に委ねることが可能，あるいは委ねた方がうまく提供できる場合は民間事業者に委ねる．そうでない場合は，確保すべきサービス水準を明示し，それを最も効率的に提供できるよう構築した適切な公共調達のしくみの下で住民編サービスを行うことが求められる．

以下では，後者，すなわち自治体が民間事業者に赤字補助を行いバスサービスを維持するために必要な公的補助制度について説明する．

その一方で，複数の市町村をまたぐ幹線的なバス路線に対する市町村間の補助については，これらの当事者の間での協議によることとなっており，特定の制度はない．このため，補助拠出額の負担を巡っては市町村間での利害の対立が不可避的に発生する．この場合，当事者の間で補助金を負担するための制度を自らがつくらなければならない．そこで，以下では，現行の補助制度の概要を述べるとともに，幹線的なバス路線への補助金拠出における利害の調整方法について紹介する．

(2) 路線バスに対する公的補助の概要

路線バスに対する公的補助は，主に当該地区の住民生活にとって欠くべからざる交通（生活交通）を確保するための路線（生活路線）でありかつ運賃等収入のみでは採算が確保できない路線に対して拠出される場合と，公共施設アクセスや観光振興といった目的のために運行

される路線に対して拠出される場合とがある．また，補助の対象によって，運行によって生じる欠損に対する補助と，車両購入や施設整備に対する補助とに分けることができる．

　公的補助は，その対象とする主体（路線バスの場合，バス事業者や市町村など）が実施する事業を効率的に導くために拠出されるべきものである．その際，補助を受ける側の立場からは，自分たちの目的を達成するためにどのような補助金が適用されうるかをよく検討して路線設定を行う必要がある．しかしながら，なるべく多くの補助金を得て負担を軽くしようと考えた結果，補助金設定の本来の目的とは必ずしも一致しない方向に行動し，いわゆる「補助金目当て」で利用者不在のバスサービスとなってしまい，社会的に望ましくない状況が出現してしまう可能性も十分にある．これは補助制度の本質的な問題点である．補助金拠出にあたっては，補助を受ける主体の行動を予測し，意図に見合った状況が達成できるかを吟味して補助制度を設計することが理想である．

　路線バスやコミュニティバスの運行を対象とする補助制度は，国・都道府県・市町村の各レベルで実施されている．このうち，国が路線バス（4条バス）の運行や車両購入に対して直接補助する制度に関しては「付録　地域公共交通に関わる法令，ガイドライン等」において紹介しており，また各運輸支局においても相談窓口を設けている．また，大半の都道府県では国の補助制度を補完もしくは拡充する形で独自の都道府県単独補助制度を定めている．適用範囲や内容については都道府県ごとに大きく異なっており，補助対象が4条バスのみならず自家用有償運送，無償運行に及ぶ場合もある．実際に活用されるにあたっては各都道府県の担当部局に照会されたい．

　国庫補助制度および都道府県補助制度の多くは，複数市町村にまたがる路線を対象としている．このような路線では，補助拠出額の負担を巡って市町村間で利害対立が発生する場合があるため，市町村負担が少なくて済む国庫補助・都道府県補助制度は有効である．

　一方で，需給調整規制の緩和と軌を一にして単一市町村内路線が国庫補助対象外となったが，これは路線バスへの国の関与を最小限とする方針に沿った措置である．したがって，単一市町村内（平成の大合併以前の市町村構成が適用される）の路線バスや自治体運営バスを中心に，市町村単独で運行事業者への補助を行う必要が新たに生じることから，これを支援するために，市町村の生活交通確保策に関しては特別地方交付税措置（支出の8割相当分）が行われる仕組みとなっている．ただし，特別地方交付税の充当割合は，財政力指数に応じた切り下げが図られるようになったほか，2011年度開始の地域公共交通確保維持改善事業では，主に市町村内で完結する「地域内フィーダー系統」

への補助制度も新設されたが，その補助要件は厳しく額も多くない．

　一方，バスをはじめとした公共交通に関する補助の財源として，自動車関連税収に期待する声は昔から存在している．すでに道路特定財源制度は廃止されているが，それに代わって創設された社会資本整備総合交付金の対象として2023年度に地域公共交通再構築が追加されることとなり，民間事業者が担う部分も含めて社会資本として位置づけられた．

(3)　国庫補助制度（地域公共交通確保維持改善事業）とその活用例

　4条路線バスを対象とした国庫補助制度のうち最も代表的なものである，地域公共交通確保維持改善事業の「地域間幹線系統確保維持費国庫補助金」（2002年の需給調整規制緩和以前は，地方バス補助制度（地バス補助）の「生活交通路線維持費補助金」）と「地域内フィーダー系統補助」があり，以下前者について，その仕組みと活用法を簡単に紹介する．

　この補助金の対象となるのは「地域間幹線系統」＜都道府県等が定めた地域公共交通計画に位置付けられた系統であり，1)一般乗合旅客自動車運送事業者による運行であること，2)複数市町村にまたがる系統であること（平成13年3月31日時点で判定），3)1日当たりの計画運行回数が3回以上のもの，4)輸送量が15人〜150人／日と見込まれること，5)経常赤字が見込まれること，の5つすべてに該当する路線＞である（系統長10km以上の要件は廃止となった）．補助対象系統について，国が事業者に対して欠損の1/2を（上限は補助対象経費の9/20まで）補助し，上限を超えた分については都道府県または市町村が補助することになる．多くの場合，都道府県が国と同額の補助を行い，市町村の負担は発生しないしくみとなっている．なお，市町村合併に関する特例として，2001年3月末の市町村構成が当面適用されることになっている．この制度について，規制緩和以前と比べて大きく変更されたのは以下の点である．

①事業者補助から路線ごとの補助へ

　以前は黒字事業者には補助が認められなかったが，現在は黒字事業者であっても当該路線が赤字であれば認められるようになっている．これは，需給調整規制の撤廃により，内部補助による路線維持がなされなくなったことによるものである．また，既存の事業者に無条件に補助するのではなく，事業者が各都道府県の地域協議会に対して，補助を受けての運行を希望する旨を申し出て，その妥当性を審議することによって，情報を開示しつつ競争のインセンティブが担保された方法で運行事業者を決定することで，なるべく補助金が有効に活用され

るようにするしくみとなっている.

　ただし,このしくみには1つの落とし穴が存在する.事業者が補助を受けて運行を希望する旨を申し出たものの,地域協議会でそれが認められない場合には,自治体は結果的に当該路線は必要ないと判断したとみなされる.通常,事業者による路線退出申し出から廃止まで6ヶ月の期間(実際には地元との協議のため1年程度置くことが多い)が必要であるが,自治体が路線廃止に反対しなかった場合には,申し出後30日間で廃止が可能となる.これは上記の場合にも適用され,協議会での決定後30日間での廃止が可能となってしまうのである.このプロセスで廃止される路線は,退出申し出路線に比べて(事業者から見て補助金を出してもらえると判断するような)重要な路線であることが多いにもかかわらず,ほとんど報道が行われないまま廃止に至ってしまうことに注意が必要である.また,多くの都道府県では地域協議会に代えて地域公共交通会議で廃止協議を行うことが可能となっているが,近年は主に運転士不足を理由に,廃止予定日まで6か月以内の場合でもバス事業者が協議を申し出て短期で廃止するケースが散見される.事業者としては急を要するとしても地域にとっては重要な路線であるかもしれず,このような案件で拙速に廃止までの期間を短縮することには慎重になるべきである.

　2014年以降は,地域交通法で規定された特定事業を実施するための国庫補助制度が整備されてきている(活用のためには地域交通法に基づく協議会で地域公共交通計画を策定することが必要).バス路線再編に活用できるものとして,地域公共交通再編事業が創設され,2020年には地域公共交通利便増進事業へと発展した.さらに2023年度には,自治体と交通事業者が複数年かつエリア単位で,黒字路線・赤字路線を一括運行する協定を締結し,国が当該運行について複数年(最長5年)定額を支援するエリア一括協定運行事業が新設された.2024年度以降は,地域公共交通確保維持改善事業についても地域公共交通計画の策定が義務付けられる.

②平均乗車密度から輸送量へ

　規制緩和以前は補助対象基準に用いる利用状況指標として平均乗車密度が一般に用いられていた.平均乗車密度は,「(乗車人員×1人平均推定乗車キロ)÷実車キロ」で定義され,平たく言うと平均してバスに何人乗っているかを表す値である.以前は5人以上15人以下を第2種生活路線,5人未満を第3種生活路線と呼んでいた.この基準は現在でも都道府県・市町村補助における基準値として用いられることがあり,地域によっては値を上下させて基準としている場合もある.一方,現行制度では輸送量(=平均乗車密度×運行回数)が指標として用い

られるようになった．これは，平均乗車密度5人以下の場合には運行回数が過剰であると見なし，平均輸送量を5人で除して（端数切り捨て）標準運行回数を求め，これを基準として補助する考え方である．平均乗車密度を基準とする場合には乗客減少に合わせて運行回数を減回しないと補助対象から外れてしまうのに対し，輸送量を基準とする場合には補助額の減額で済むことから，事業者や地元自治体の裁量によって運行回数の維持を図ることが可能となっている．

　この補助制度によって，従来は公共交通が整備されていなかった地域中心地と周辺地区との間に新たに利便性の高いバス路線を実現させることは可能であり，その例も全国各地で出てきている．しかし，現在のところ国庫補助対象地域間幹線系統の大半は既存系統にそのまま適用するものである．中には，市町村間の移動にほとんど利用されておらず，複数の市町村内路線をくっつけただけのような系統への適用も見られる．この場合，むしろ系統を分割した方が各市町村内移動のニーズに合うダイヤを組むことができたり，系統の短縮化によって定時性が向上したりといったメリットが得られる場合もあるが，国庫補助を失うと市町村の負担が増加するためにそのような見直しは行われにくい．この対策として，市町村間移動にどの程度利用されているかを補助要件に追加することが考えられる．

（4）　スクールバス・福祉バスの混乗について

　中山間地域や学校・病院から離れた地域では，文部科学省の補助および普通交付税措置によるスクールバスや，厚生労働省の補助および普通交付税措置（特別交付税による場合もあり）による福祉バスが運行されているケースがある．これらはその性格から，一般住民の利用（これを混乗と呼ぶ）は原則として認められない．しかしながら，このような地区では自治体運営バスや公的補助路線バスが並行していることも多く，その場合にはそれぞれのバスが別個に走ることになって非効率である．そこで，路線バスとスクールバス・福祉バスとを一体的に運行するために，スクールバス・福祉バスへの混乗を認めようという動きが起こり，スクールバスについては1996年度から混乗のための手続きが簡素化され，また福祉バスのうち，へき地患者輸送車については2000年度から混乗が可能となった．これによって，各種バスの整理統合による効率化を図るケースも全国的に増えてきている．最近では，私立学校や自動車学校のスクールバスに一般客を混乗させる方式も出てきている．なお，混乗客を有償輸送する場合には，当然ながら79条登録や4条許可等が必要である．

(5) 間接的な補助について

公共交通事業者に直接補助金を出すのではなく，利用者に対する補助という形で間接的に補助する制度も全国的に多く見られる．その典型的な例が高齢者や障害者に対する無料パスやチケットの交付である．これは，使用状況に応じて自治体がバス事業者に運賃を支払う形をとるため，事実上は事業者に対する補助として機能している．近年，自治体の財政逼迫によってこの制度が見直されることが多くなっており，その結果バス事業者の経営に影響を与えるケースも出てきている．

一方，沿線住民自身が民営バスの運営を支える方法として，利用するしないに関わらず回数券を一定額購入するというものがある．これは「鰺ヶ沢方式」という名でよく知られている[1]．特別な制度変更を行う必要なく実施でき，規制緩和以前においては有力な方法として認識されていた．しかし，規制緩和後にはバス運行方式の自由度が高くなっていることから，「鰺ヶ沢方式」が採用されることは少ない．

(6) 広域的なバスへの補助金拠出における利害調整

採算が確保できないバス路線が広域的，すなわち，複数の自治体にまたがる場合には，それらの自治体がバス事業に補助金を共同で拠出する場面が一般に伴う．その場合には，どのような負担割合で補助金を拠出するのかの利害調整を必要とする．以下では，その調整を手探りで行うのではなく，ある手順に従った制度として設計した場合を想定して解説する．なお，この利害調整は補助金という費用の負担にあるため，複数の自治体が共同でバスを自主運行する場合の事業費の負担についても全く同様の議論が該当する．

①検討のフロー
おおまかな検討の内容を図Ⅳ.4.6.1に示す．

②各項目における検討作業
0. バス利用実態・ニーズの共有化
各市町村におけるバスの利用実態や利用者のニーズは異なることが一般である．現在の実態を踏まえてニーズに即したサービスをより安価に提供しようとすることは各市町村の共通の思惑である．利用実態や利用ニーズの事実認識が共有化されていれば，その事実に基づいて利害の調整を行うことになるが，それが共有化されていない場合には，認識の違いに端を発する非生産的な協議に陥り，協議そのものを破綻させる可能性すらある．例えば，利用者が多い自治体ほど多くの負担をすべきとの雰囲気がある場面において，利用者数に関しての認識が共有化されていなければ，「本自治体の認識では，貴自治体の利用者

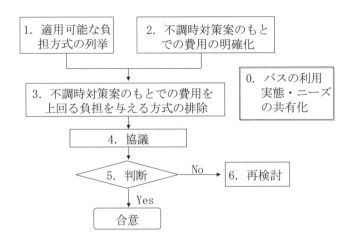

図Ⅳ.4.6.1　検討のフロー

数はもっと多いはずである」といった種の客観的根拠を伴わない内容
に議論が終始することになりかねない．認識の乖離を埋めるにしても
そのための材料が何もない状況では，新規に調査を行うかその議論を
放棄することを選択する以外になすすべはない．事実認識や各自治体
の目的を共有化することは，利害を円滑に調整する上での前提である．

1.　適用可能な負担方式の列挙

　従来，よく用いられてきた負担方式として走行距離按分に基づく方
式がある．しかし，その方式が唯一ではなく，広域的なバス路線をこ
れまでに導入している地域においては下表に示すような代替的な方式
を検討の過程において見出している．適用可能な負担方式を列挙する
ことは，それらのどれが有力かを巡って利害の源になるが，逆に合意
の可能性を広げることでもある．表Ⅳ.4.6.1に代表的な負担方式の例
を整理する．

表Ⅳ.4.6.1　代表的な負担方式の例

運行回数比，人口比，路線の損失額，走行距離比，利用者数比，均等割り，商圏人口，バス停数比

2.　不調時対策案のもとでの費用の明確化

　「不調時対策案」とは，協議が不調に終わった際に，当該の市町村

が単独で実施しなくてはならない代替案のことである．交渉学においてはBATNA(Best Alternative to Negotiated Agreement)[2]と呼ばれる．よって，「不調時対策案のもとでの費用」とは，当該の市町村が単独でバスもしくは他の生活交通を確保する場合に要する費用である．不調時対策案のもとでの費用は協議において許容できる最大限の費用であり，これを正しく認識することで自分にとって利益のある協議が可能となる．一般の交渉においては，相手に足元を見られることによって協議を有利に進めることができなくなるため不調時対策案を協議の相手に知らせてはいけない．しかし，自らの妥協の範囲を相手に知らせることで，相手による一方的な負担額の提示を理に適った理由をもって退けることが可能になる．もっとも，かねてから交流のある市町村の間では互いの不調時対策案は正確でないにしろ概ねは理解できると思われる．相手の勝手都合を知った上で協議を行うことでより円滑に利害が調整される可能性は高い．

3. 不調時対策案のもとでの費用を上回る負担を与える方式の排除

どの市町村も不調時対策案のもとでの費用を上回る負担を負うことは合理的ではない．そのような負担を与える方式はあえて候補に含めておく必要はないことから，それらを排除する．

4. 協議

各市町村の事情を踏まえ，どの方式が有力か，または，候補にあがっている方式に基づいて妥協できる負担額を協議する．その際に生じる利害には以下の二つの側面があることに留意する必要がある．

- 費用の構造に根ざす利害

広域的にバスの路線を確保することで，住民のニーズにあったサービスを提供することに伴う利用者増によって収入の増加が見込まれ，費用面においては効率的なバスの運行によって運行費用が削減できるなど，各市町村が単独でサービスを確保する場合に比べて補助金の拠出額が減少できる．その意味においては，補助金の負担の本質は，広域的なバスを複数の市町村が共同で実施することによって得られる「補助金の節約額」の配分である．とは言え，節約額をどのように配分すべきは費用の構造，つまり，どの自治体が補助金の節約に貢献しているのかに依存し，その貢献度に応じた公平な配分が求められる．この利害は構造的な問題であり，それぞれの配分主体がどの市町村かからは離れているという意味で没個性的である．

【例】

　二つの市町村をまたぐ広域的なバス路線を確保しようとしている．二つの市町村をそれぞれ1，2と記す．不調時対策案のもとでのそれぞれの費用をC(1)，C(2)で，二つの市町村が共同で広域的なバス路線を確保した場合に要する費用をC(12)で表す．一般には，各市町村に関連する指標（例えば走行距離や利用者数）をとりあげ，その比でC(12)の負担を算定することを考える．その指標として，市町村1に関連する指標値をa，市町村2に関連する値をbとする．このとき，市町村1，2の負担額はそれぞれaC(12)/(a+b)，bC(12)/(a+b)である．しかし，節約額の観点から検討すると，以下のようになる．節約額はC(1)+C(2)−C(12)であり，この額は市町村1と2が共同した結果得られたものであり，それを得る上では二つの市町村の貢献は対等であると考えれば，それぞれの市町村への節約額の公平な配分は(C(1)+C(2)−C(12))/2であり，上記のように何らかの指標で配分することが公平と考えればa(C(1)+C(2)−C(12))/(a+b)，b(C(1)+C(2)−C(12))/(a+b)である．後者の場合には，市町村1,2の負担額は，C(1)−a(C(1)+C(2)−C(12))/(a+b)，C(2)−b(C(1)+C(2)−C(12))/(a+b)として与えられる．

- 「各主体の役割」に根ざす利害

　「地域の中核的な都市は多くの負担をして当然」という主張がいくつかの事例に見られる．この例に見られる利害は，どの自治体がどのような役割を果たすべきかという観点に基づくものである．上述の費用の構造に根ざす利害が没個性的であるのに対し，この利害は各配分主体がどの市町村かを具体的に特定した上での利害である．一般に，各市町村の役割が確固として決まっていることはなく，各々が期待として抱いているため，少なくても役割は全ての当事者にとっての共通の了解となっていない．そもそも，どの市町村がどのような役割を果たすべきかという論点はバス交通に閉じた課題ではなく，全ての政策に共通した内容であり，バス交通の協議の中で検討する範疇を超えている．しかしながら，この種の利害は，普段から各市町村が抱いている「思い」が引き金になるものであることから，この論点に陥ることは少なくない．地域の中での各市町村の役割を議論すること自体は重要ではあるが，それによって直面しているバス交通の課題が円滑に解決できなければ本末転倒である．このため，この観点に根ざす利害対立が精鋭化した場合には，バス交通の範疇での議論に方向を向ける努力が必要である．

5. 判断

　それまでの協議の過程に基づいて，各市町村が当該のサービスに対する負担額に合意するか否かの判断を行う．

6. 再検討

　合意がなされない場合，1. に再度もどって再検討を開始するか，もしくは再検討の余地がない場合には協議を終了する．再検討を行う際には，これまでに広域的なバスの確保を実現している事例を参考にすることが助けとなる．

　これらの事例においては，市町村の間で負担に関する何らかの公平性が担保されたため負担額の合意に至っているものと考えられる．そこで，それらの公平性を知り，その公平性に基づく負担額に準拠して再検討を行うことができれば，より効率的に協議の合意を見出せる可能性がある．谷本ら[3],[4]は公平性の規範として協力ゲーム理論において提案されている公平配分概念を対象として，それらのどの規範が従来の事例において該当していたかを推定している．公平配分概念は，鈴木[5]，岡田ら[6]に詳しい．

　その結果，「相対仁」と呼ばれる概念が一つの有力な規範であり，また，その概念はある条件下においては多目的ダム事業において適用されている慣用的な費用配分方式（分離費用身替り妥当支出法）が与える負担額に一致する[6]．その慣用的な方式を既往の文献より解釈すると，以下の手順によって負担額が算出できる．

1) 当該の自治体にとって最も有利，すなわち，小さな負担額を与える方式のもとでの負担額を算出する．当該の自治体をiで表し，その額をA_iとする．
2) 当該の自治体にとって最も不利，すなわち，大きな負担額を与える方式のもとでの負担額を算出する．その額をB_iとする．
3) 各自治体のA_iを算出し，それらの和と全体としての拠出額の差を算出する．その額をCとする．
4) 自治体iにA_iを配分し，その後にCをB_i-A_iに比して配分する．

　この方式に基づいて算出される負担額を準拠として，各市町村の公平性を満たす負担額を協議していき，全ての市町村が合意できる負担額を検討する．

【参考文献】

1) 地域交通フォーラム　地方バスの活性化策－青森県津軽地域の試み，運輸と経済 Vol.54，No.3，pp.4-33，1994.

2) Susskind, L, McKearnan, S., and Thomas-Larmer, J.: The Consensus Building Handbook: A Comprehensive Guide to Reaching Agreement, Sage Publications, 1999.

3) 谷本圭志，鎌仲彩子，喜多秀行：広域バス路線の補助金負担に関する合意形成過程と公平性のゲーム論的分析，土木計画学研究・論文集，Vol.20，No.3，pp.721-726，2003.

4) 谷本圭志，喜多秀行：広域バス路線の補助金負担方式に関するゲーム論的考察，土木学会論文集，No.751，pp.83-95，2004.

5) 鈴木光男：新ゲーム理論，勁草書房，1994.

6) 岡田憲夫，谷本圭志：多目的ダム事業における慣用的費用割振り法の改善のためのゲーム論的考察，土木学会論文集，No.524/IV-29，pp.105-119，1995.

4.7 路線網設計

(1) 基本的な考え方

　2002年の乗合バス需給調整規制撤廃によって内部補助によるバス路線維持が前提でなくなることに備え，2001年4月に国は地方生活バス路線維持費補助金制度という新たな国庫補助制度を設けた．この制度では，従来は補助対象路線を赤字事業者の赤字路線に限っていたものを，黒字・赤字事業者を問わず生活交通確保のため地域にとって必要な赤字路線に拡大した．同時に，対象路線は広域的・幹線的路線に限定された．この制度改正により，バス事業全体ではなく，個別路線の特性把握や経営効率性の評価が今まで以上に厳しく求められるようになった．この考え方は，現行の地域公共交通確保維持事業にも引き継がれている．

　このような中，生活に必要な最低限の路線を維持するために，国や自治体の補助金に頼らざるをえない地域では，どのような路線を引き，それにどのような役割を持たせるのかが交通計画において重要な論点となっており，利便性が高くかつ効率的な路線網をいかに設計するかが課題となっている．一方で，都市部においては，路線への新規参入を容易にして事業の自由競争を促すことで，バス輸送は路線沿線のニーズに応じた高サービス・低料金のシステムへ改善されることが期待できる反面，需要の多い都市中心部では供給過剰による混乱が生じるとか，不採算路線からの撤退が急増し，その沿線住民の日常生活に必要なモビリティの維持が困難になるなどの懸念もあった．このような状況下では，バス事業全体ではなく，個別路線の特性把握や経営効率性の評価，およびそれに基づいた路線網の再編計画が今まで以上に厳しく求められるようになったといえる．

　ここでは，コミュニティ路線や地方部の路線のように，単一で機能を発揮するような路線ではなく，都市圏においてネットワークとして機能するようなバス路線網を対象とした路線網設計の方法について紹介する．なお，通過ルートや停車バス停の一部が異なるだけでほぼ同一と見なせる1つ，または幾つかの系統を統合したもの路線を言う．路線網の設計の際には，バスの運行経路形態に大きな影響を及ぼす結節点（ターミナル）をどのように配置するかも重要となることから，このことについても簡単に触れる．

　以下では，まず，バス路線網の評価・設計手法についての代表的な研究成果の幾つかを紹介する．次に，路線網設計の際に考慮すべき評価主体とその評価項目，路線・路線網の標準的タイプとその特徴を紹介する．最後に，実際に熊本都市圏で行われているバス路線網再編案の策定方法について紹介する．

(2)　路線網設計に関する代表的研究成果

　従来の路線網と運行サービスの評価・計画手法[1], [2], [3] は，その数学的取り扱いや解法に幾つかのバリエーションはあるものの，基本的には総走行時間などのシステム効率性指標を最適化するような路線網や運行頻度を決定する数理最適化手法が用いられてきた．これらは，道路ネットワーク上の各リンクをバス路線の一部にするか否かを0-1変数とするような，通常は非線形の整数計画問題を定式化し，その解法として分枝限定法やGAによる近似解法を提案するなど，問題の定式化や解法の開発を主な目的としてきた．しかし，最適化の結果は，現実的でない経路網やサービス水準となることもあるなど，実際の都市圏では，計算可能性と共に，適用可能性に課題があった．さらに，利用者需要は固定であるのが一般的であり，路線網再編後のバス分担需要の変動を考慮するのは難しい．また，都市軸には幹線サービスを導入し，幹線上の主要ターミナルからは面的なフィーダーサービスを徹底するなど，その都市圏総合交通体系における公共交通サービスの基本戦略を考慮することは容易ではなかった．

　これに対して，竹内ら[4]は既存路線を競争的で経営可能な企業路線と市民のモビリティ確保のためのシビルミニマム路線に分類することを目的に，路線ポテンシャルという指標を用いて各路線の持つ潜在的な集客能力を推計する方法を提案した．路線ポテンシャルとは，経営効率性の主要な指標である営業係数（＝収入/経費）を（収入/旅客キロ）・（旅客キロ/潜在沿線需要）・（潜在沿線需要/営業キロ）・（営業キロ/乗務時間）・（乗務時間/経費）に分解したとき，路線ごとに固有と見なすことができる潜在沿線需要/営業キロ（人/km）の値を示す指標である．溝上ら[5] は，この路線ポテンシャルによる潜在需要の顕在化可能性だけでなく，生産効率性という2つの視点から，「需要の顕在化可能性が小さいため，重複度や運行頻度の適正化や潜在需要の高い地域に経路を変更すべき」や「生産効率性，需要顕在化可能性ともに高いにも関わらず，経営は赤字にならざるを得ないような地域のモビリティ確保のために存続すべき」といった経路変更やサービス改善を実施することによって路線再編を行うシステマティックな路線網の再編方法を提案している．この方法を231路線から成る熊本都市圏のバス路線網に適用した結果，再編後の路線ポテンシャルは再編前に比較して9.3%増加すること，単位距離当り乗車人員の平均値も4.1%増加することが予測されている．

(3)　路線網設定時の評価項目

　生活交通の持続的な確保に向けて，地域公共交通を維持していくた

めの様々な取り組みが全国各地で行われているが、その評価には地域
公共交通のステークホルダーである利用者と事業者、および行政の3者
の視点からなされる必要があろう。それぞれの評価の視点と評価指標
を表IV.4.7.1に簡潔にまとめた。利用者の視点としては、利便性の高
いバス路線サービスを享受することである。事業者としては、利用者
に対して適切な水準のサービスを提供する一方で、バス事業を継続し
ていくために運行効率性や採算性といった経営面からの視点が重要で
ある。一方、行政としては、投資に見合った効果が得られるかどうか
を判断するための費用便益分析による社会・経済的な効率性や、市民
のモビリティ水準や活動機会の向上とそれらの個人間・地域間の公平
性の確保などが求められる。さらに、補助金総額をいかに削減するか
といった財政的な視点も必要となる。

表IV.4.7.1　バス路線網設定時の評価の視点と指標

評価主体	評価の視点	評価指標
市民	・交通利便性の向上 ・モビリティ水準の向上 ・利用者ニーズへの対応 ・活動機会の確保	・所要時間・料金水準 ・乗換抵抗 ・利用者余剰 ・サービス満足度
バス事業者	・車両運行効率性 ・路線重複度 ・利用客数 ・財務状況	・路線数・車両数 ・収支 ・供給者便益
行政	・社会・経済的効率性 ・提供サービスの地域間、属性間の公平性 ・適切な補助額	・社会的余剰 ・コスト ・補助金と制度

(4) 路線・路線網の種類とその特徴

路線のタイプは、その幾何学的な形状から、往復（ピストン・シャ
トル）型と循環（巡回）型に大別される。路線の集合体である路線網
も、その幾何学的な形状から、放射型や格子型を始めとして様々なタ
イプのものが考えられる。一方、その機能の視点から、個々の路線が
同等の機能を分担するタイプと、幹線や支線という階層・分化した機
能を分担するタイプ、いわゆるゾーンバスシステムに大別されよう。
また、最近では、定時・定路線での運行だけでなく、利用者の需要に

応じて運行経路や時間を変えるデマンド型路線もある．以下では，これらの代表的なタイプについて，その特徴と導入時の留意点について説明する．

①放射型路線網
放射型路線網は，駅などの交通結節点や市街地中心部などの起点から郊外の住宅地や集落へ向けて放射状に路線が伸びた形態で，利用者は自宅から乗り継ぎをすることなく，市街地中心部にある目的地に行くことができるという利点を持つ．しかし，居住地や主要施設が幹線道路から離れて分散しているような地域では路線数が増えると同時に路線長が長くなる傾向にあり，車両の運用などの面で非効率的となる他，路線網が複雑で分かりにくくなりやすい．

②幹線・支線型路線網
幹線・支線型路線網は，長大なバス路線を幹線・支線に整理し，車両の効率的な運用を図るものである．階層化路線網，またはゾーンバスシステムとも言われる．利点としては，バス路線が短くでき，バスの定時性の確保が期待できること，幹線と支線の役割分担を明確にし，色分けをすることなどで利用者からみて分かりやすい路線網をつくることができること，幹線は大容量の車両で多頻度の運行を実現できることから，「幹線道路まで行けばバスに乗れる」という利用者にとって利用しやすい環境を作ることができるという利点がある．この方法は，国外ではブラジルクリチバ市や韓国ソウル市での実施が有名で，幹線と支線だけでなく，在来型バスや直行バスなど，果たすべき役割ごとに車体が色分けをされており，利用者が一目見てバスの種別や行き先などが分かるよう，工夫されている．国内では，大阪府や盛岡市で導入事例があるが，路線網として機能するまでには至っていない．

しかし，幹線・支線型は乗り換えを増加させるという点で利用者の利便性の低下につながる恐れがある．そのため，乗り換え施設の整備や時刻表の整合を図るなど，乗り換え抵抗の軽減に努める必要がある．また，幹線・支線輸送をベースとしながら，利用者が多い乗り換え区間は幹線と同じ車両を使用して，そのまま支線を運行することで，乗り換え回数の減少を図る方法が有効である．

③循環（巡回）型路線
循環（巡回）型はコミュニティバスなどで運行されるケースが多い．一回の循環時間を概ね30〜60分程度に抑え，遅延が発生した場合の定時刻への回復可能性を低くしないようにする必要がある．また，車両数に余裕があり，利用者が見込めるのであれば，双方向の循環を採用

することで，利用者の利便性が高めることができる．例えば，循環バスを双方型にし，さらに二つの循環路線を8の字に運行することで，別の循環路線にも乗り換えなしで行くことができるように工夫した例が，三重県亀山市「さわやか号」などでみられる．

　当然のことながら，同一時間内では，往復型の方が循環型より，より遠くへ行くことができる．その反面，同一路線長では，停留所の間隔が同じであれば，後者の方が前者より停留所の密度が高くなり，路線へのアクセスが容易となる．どの形態を採用するかは地域の実情に応じて決めることとなるが，これまでは，コミュニティバスなどでは多くの公共施設を廻る循環型が好まれる傾向があった．しかしながら，循環型によってある程度の規模の地域でサービスを提供しようとすると，目的地までの所要時間が長くなり，利用者にとって不便になってしまう．そのため，当初は循環型で運行されていた路線が往復型へ変更された事例（愛知県豊田市「高岡ふれあいバス」）や，両回りを設け，目的地までの所要時間の均一化を図った事例（愛知県東郷町「じゅんかい君」），経路を見直して必要以上の迂回をなくした事例（愛知県小牧市「こまき巡回バス」）が見られる．特に，一回の循環に30分を超える時間を要するような循環型路線は，利用者の利便性を損なわないような路線設定をする必要がある．

④デマンド交通

　デマンド交通は，予め運行ルートや運行ダイヤが決まっておらず，需要（予約）に応じて運行経路を決めたり，運行時間を決めたりする方法である．スウェーデンのフレックスルートなどでの導入が有名であるが，国内でも高知県四万十市（旧中村市）の「中村まちバス」や福島県南相馬市（旧小高町）の「おだかe-まちタクシー」（原発災害のため運休中）などを皮切りに各地で導入されている．デマンド交通にも，予約があれば基本ルートから迂回をする迂回型や，起終点のみが決まっているもの，起終点も決まっていないものなど，多様な方法がある．いずれにしても，従来の路線バスよりもきめ細かく運行すること，需要のあるポイントだけを回ることで運行効率性が向上するなどの効果がある．ただし，利用者にとっては「予約」が必要になり，この手間が大きな抵抗となって需要が伸び悩んでいる場合もある．

(5)　路線網・路線設計における留意点
①路線の基点（起終点・経由点）を利用者のニーズに合わせる
　路線の基点としては，鉄道駅などの交通結節点や大規模小売店舗，商店街等の商業施設，学校，役所，病院，郵便局や銀行，娯楽施設やその他の公共施設がある．これらの施設は，多くの場合，どこに住ん

でいる人にも目的地となるため，そこへ乗り換えをせずに行くことができるように配慮することが望ましい．また，それぞれの施設の利用開始時間についても十分に配慮する必要がある．

　反面，自治体が運行するコミュニティバスでは，ともすれば，一つの路線で多くの公共施設を廻る傾向にあるが，実際に，一度にいくつもの公共施設に立ち寄る利用者はほとんどいないことなどを考え，事業者の都合に偏らないよう注意も必要である．そのためには，「2.3 交通実態・ニーズ調査」や「2.4 生活実態調査」などの調査を行うことが基本となる．

②地域における居住者の散らばり等を把握する

　どこにどのくらいの延べ利用者があるか把握するための基礎となるデータは，居住地とそこに住む人々の数，および密度である．また，外出行動の主な目的が通勤か通学か，買い物か，あるいは病院への通院か，車を所有しているのか，子供を連れているのか等，居住者の属性にも依存する．居住者の属性の地理的な分布を個々に把握するのは非常に困難であり，多くの場合，ある程度空間的に集計されたデータとして扱うこととなるが，その場合には，これらの属性を推定するために，特に居住者の年齢と世帯構成，自動車の使用状況を重要な要素として把握する必要がある．個人の特性を踏まえた利用者数の把握については，「3.2 経営環境の分析」や「3.5 利用者数の推計」を参照されたい．

③乗り換え抵抗を減らす

　乗り換え回数は，利用者の利便性に大きく作用する要因となるため，乗り換え回数は原則ゼロにすることが望ましい．しかし，幹線・支線型路線（ゾーンバスシステム）の導入などによって，やむを得ず乗り換えが必要になる場合は，乗継時間の軽減，乗継料金の低減，乗継情報提供を検討する必要がある．また，乗り換え地点は，商業施設や娯楽施設等目的地に併設させることも乗り換え抵抗抑制に効果的である．乗り換え抵抗の増加や減少によって利用者がどれだけ影響を受けるかについては，「3.3 生活・交通実態の分析」で取り上げた交通行動分析のモデルを援用して検討することができる．

④他の交通手段との補完・競合を考慮する

　路線網を考える上で，鉄道との連携は非常に重要であり，なるべく鉄道駅を路線網の結節点とするのが良い．一方，競合するタクシーとの関係では，特に，自治体が運行するコミュニティバスが過度にその経営を圧迫しないような注意が必要である．

⑤路線の統合による単純化を図る（路線数を減らす）

　路線バスの分かりにくさの理由には，第一に路線数が多く，複雑であることが挙げられる．そのために，路線を統合し，単純な路線に再編することが重要な課題となる．

⑥路線の距離/運行所要時間を短くする

　各路線の運行に要する所要時間があまり長くならないように留意すべきである．所要時間を短くすることで，一台当たりの運行回数を増やすことができると同時に，バスの定時性が確保できるようになる．そのためには，距離が遠い路線では，⑦で述べる迂回率を減らすことで時間を短縮する方法が考えられるが，それによってサービスを利用できない人が生じてしまう場合もある．地域によって一概には言えないが，都市部では概ね30分以内，距離にして10km程度が望ましいと言われている．バス停の間隔は短い程，バス利用者にとっては便利となるが，バス停の数が増えると全体としての運行速度が低下し，所要時間が長くなるため，同様に注意が必要である．長野県飯田市の市民バスの循環線は，8の字の冗長路線から単純な環状に変更し，さらに30分間隔のダイヤヘッドを導入して集客を図っている．

⑦迂回率の減少を図る

　利用者の目的地となる駅や商業施設，公共施設などにもれなくバス停を設置して巡回することは，路線が複雑化するとともに，迂回率が増すことによって乗車時間が増えることで，バスの利便性の低下につながるおそれがある．

　⑥と同様に，路線の距離や運行の所要時間に加えて，迂回率（起終点間の直線距離に対する運行距離）の指標を用いて，利便性のバランスに注意を払う必要がある．

⑧バス停の間隔を吟味する

　バス停の間隔は，重要な利便性の要素の一つである．市街地の場合は，特に高齢者の利用のしやすさを考えると，バス停間隔は概ね200mが望ましい．詳細は「4.12 施設整備」を参照されたい．しかし，一方では，バス停が多すぎると運行速度の低下につながる．路線周辺の施設配置，土地利用状況を鑑みて大まかなバス停間隔の基準を定め，実際のバス停の設置には地先の状況に応じて設置する必要がある．

⑨運行間隔・運行ダイヤを吟味する

　運行間隔が，バスの利用のしやすさに最も影響を与えるサービス要

素であり，都市部では10〜20分間隔，地方部でも地域間を結ぶ幹線的なサービスは一時間に一本の確保を目指すことが望ましい.

⑩道路状況を把握する

バスの走行にあたり，安全上十分な道路幅員があるか，バス停の設置や乗客の乗降のためのバスの停車によって交通安全上の問題を引き起こさないか，等の観点から見た道路状況. 特に，福祉目的のバスの場合には，幅員の大きい幹線や補助幹線道路から離れた地域や，密集市街地内の狭隘な道路を走行若しくは道路上で停車する場合も少なくないため，十分な考慮が必要となる. 詳細は「4.12 施設整備」を参照されたい. また，都市部では，場合によっては時間帯別の道路混雑状況に関するデータも必要となる.

⑪サービスの公平性に配慮する

自治体がバスを運行する場合，乗客が最も多くなる路線にサービスを投入するという考え方だけで路線を設計するわけにはいかない. なぜなら，最低限のサービスを確保するという公平性の観点も重要となるからである. このことを考慮しながら，例えば，市街地では巡回型，郊外部ではシャトル型の幹線とデマンド型の支線の組み合わせ，というようなきめの細かい路線網設計を行い，限られた予算内で最も効果の大きい方策を模索する必要がある.

⑫路線の設計プロセスを重視する

運行ルートやバス停の位置の設定においては，既に顕在化している交通需要だけでなく，適当な交通手段がない，もしくは不便であるために埋もれている交通需要を考慮することが重要である. そのため，路線網や路線の設計に当たっては，「2.6 意識調査」や「2.7 潜在ニーズ調査」などによって住民の意見を聞き，住民との話し合いにより，ニーズにあった路線を検討する必要がある. より発展的には，住民のニーズを創出していくことを考えてもよいであろう. また，その過程を通して，バスのPRや地域の生活の足としての認識の醸成を図ることができ，結果として，運行後のバス利用促進につながることも多い. この点については，「4.4 住民参加」や「6章 利用促進策」も参照されたい.

(6) ゾーンバスシステムによる熊本都市圏バス路線網再編案の設計事例[6]
①熊本都市圏の乗合バス事業の現状

熊本都市圏は，九州の中央部に位置する中核市である熊本市と周辺の3市9町1村で構成され，都市圏人口は100万人を超える. 熊本都市圏

のバス路線網は，熊本市営バスと民間3社（平成21年3月時点）により，都心に位置する交通センターを中心に放射状に形成されており，1日に約97,000人が利用している．しかし，利用者数は昭和60年以降，20年間で半減し，この10年でも約3割減少している．その結果，収支率は約76%となり，バス事業者の経営状況は年々，悪化している．これに伴って熊本市からバス事業者への補助金は年々増加し，平成19年度時点で約2億円となっている．さらに，市交通局には一般会計からの繰出金が毎年10億円を超えており，市の財政そのものを圧迫している．

また，バス事業の運行体制は，平成15年に九州で2番目の規模を持つ九州産交が産業再生機構の支援を受けたのを期に，熊本市は競合する8路線を市営から民間に移譲した．さらには，平成21年4月には民間3社の共同出資による「熊本都市バス株式会社」を設立し，市営バスの7路線22系統の面的移譲を受けて運行を開始するとともに，同年6月には熊本市長が平成28年4月までに市営バスを廃止する方針を表明するなど，変革期を迎えている．

このような状況の中，熊本市は，将来にわたって利便性の高いバスサービスを提供できる交通体系の確立に向けて望ましいバスサービスの水準及び市営を含めたバス事業の運行体制等のあり方の検討を行うことを目的に，平成20年5月に「熊本市におけるバス交通のあり方検討協議会（以下，協議会）」を設置した．協議会が平成20年3月に策定した「熊本市地域公共交通総合連携計画」の中では，「市営バス事業を民間事業者に全面移譲する」とする考えが示される一方で，バス事業は市民の生活交通を確保する重要な行政サービスの一貫であり，行政は市民の一定のモビリティ水準の確保に責任を持つために，適切にバス運営に関与していくとも言及した．その一環として，現行バス路線網の再編案の設計を行ってきた．以下ではその考え方と方法，再編網の評価結果について紹介する．

②階層化バス路線網の概念

熊本都市圏のバス路線網を形成する系統の多くは，住宅地等の郊外部から都心部の交通センターまで直接乗り入れる運行形態となっている．そのため路線長が長く，定時性の確保が困難になるなど，非効率的な運行形態となっている．また，各バス事業者が独自のテリトリー内に系統を設定しており，テリトリーを越えた系統はほとんどない．熊本市内だけでも231系統ある上，ルートが重複や屈曲している系統も多く存在するために，利用者にとって非常に分かりにくい路線網となっている．その結果，都心部においては事業者間の競合区間が多数存在し，乗客の取り合いや無駄な停車時間が生じるなど，効率的運行の妨げとなるとともに，過剰なバスに起因する交通渋滞が発生するなど

の問題も生じている.

そこで，バス路線網再編にあたっては，バス事業者間のテリトリーをなくし，熊本都市圏全体で利用者にとって利便性が高く，かつ効率的なバス路線網の構築が可能とされている階層化バスネットワーク（ゾーンバス）システムの概念を導入した．具体的には下記の基本的な考え方に基づき再編案の検討を行った．

1) 熊本都市圏都市交通マスタープランの「8軸公共交通網」の構築を意識した一体的な公共交通体系の構築
2) 路線配置や需要特性等を考慮して，幹線，市街地幹線，市街地環状，支線，中心部循環の5種への路線分類
3) 新都市マスタープランで提案されている多核連携型都市構造と整合した交通結節点（乗換拠点）の設定

階層化とは，提供するべき役割や機能が異なる路線を階層的に連結し，需要特性に応じて適切なサービス水準を設定するネットワークの構成方法である．長くて複雑なルートを持つバス路線を複数の路線に分割するため，バス1台あたりの路線延長が短縮されることによって，バス事業者にとっては定時性の確保や車両の効率的運用が可能となる．一方，利用者にとっては乗り換えが発生するものの，乗換抵抗の軽減策を講じさえすれば，運行本数の増加に伴うサービス水準の向上やバス路線網が分かり易くなるなどのメリットがある．このように，路線の役割や機能に基づき路線分類を行う階層化バスネットワークは，地域特性や利用者ニーズにきめ細かく対応できるとともに，有機的かつ効率的な運行を可能とするという視点からも注目されている．

③階層化バス路線網再編の手順

従来の路線権やテリトリーといったバス事業者相互の垣根をなくし，熊本都市圏として一体的，かつ利用者の利便性を考慮したバス路線網に再編することを目的として，バス事業者の中で路線や時刻表を設定している若手熟練者を集めたワークショップを複数回開催し，合議をしながら協働でバス路線網再編計画案を作成していった．

階層化バス路線網への再編の手順は下記である．

Step1：主要ターミナルを設定し，そこを始点として「8軸公共交通網」を基本に幹線路線を設定する．

Step2：幹線上の施設集積地などに地域拠点と整合させてサブターミナルを設置する．

Step3：幹線を補完するための市街地幹線や，サブターミナル間を結ぶ市街地環状を設定する．

Step4：幹線や市街地幹線上の主要バス停や終点バス停をミニバスターミナルとし，サブターミナル間やミニターミナルから地

域内を運行する支線を設定する.

Step5：上記を繰り返し，サブターミナル以下のターミナルを適切に設定し直しながら路線網を修正する.

ワークショップでは，各バス事業者と熊本市がそれぞれ上記の前提条件にもとづいて作成した独自の路線再編計画案を持ち寄り，上記の手順と表Ⅳ.4.7.2と表Ⅳ.4.7.3に示すようなターミナルと路線の設定規範に基づきながらそれらを統合し，ターミナルと路線の階層区分，および階層ごとの路線に設定する運行頻度をシステマティックに決定していった.

表Ⅳ.4.7.2　ターミナルの特性

分類	機能の考え方
主要ターミナル	熊本市中心部における公共交通体系の核となり，複数の公共交通機関の結節点
サブターミナル	幹線と市街地環状等が交差する地点
ミニバスターミナル	商業施設や医療施設などの地域の拠点機能 幹線と市街地環状，支線の結節点

表Ⅳ.4.7.3　路線の特性

分類	路線配置	需要特性	運行頻度
幹線	広域交通体系と一体になって中心部と拠点間を結ぶ放射状の公共交通の骨格路線	多い	10〜15分間隔 ピーク時　6本/時程度 その他　　4本/時程度
市街地幹線	市街地内を運行し，幹線空白地を補完する準骨格路線	比較的多い	約20〜30分間隔
市街地環状	市街地内において拠点間を連絡する環状路線	比較的多い	約30分間隔
支線	結節点間を結ぶ路線	多い	20〜30分間隔
支線	地域内の面的サービス路線	比較的少ない	30〜60分間隔
中心部循環	中心部を循環する環状路線	比較的多い	10〜15分間隔

④再編路線網の運行効率性の評価

作成された階層化バス路線網を図Ⅳ.4.7.1に示す．バス路線網再編の結果，熊本市内だけでも200を越える現況の路線数を118まで集約化

した．これにより，総路線長は現況の半分以下なるものの，総走行台k
mは現況の9割程度に維持されており，バスサービス水準を維持しつつ，
より効率的な運行が可能となった（表Ⅳ.4.7.4参照）．また，バス路
線の重複が改善されたことで，バス停別の通過路線数は現況に比べて
減少し，特に幹線路線においてその傾向が顕著である．バス停別の運
行本数についても，過剰に設定されていた幹線上のバス停では平滑化
され，郊外部では現況より運行本数が増加するバス停が生じるなど，
サービス水準の適正化と平滑化が図られている．

　図Ⅳ.4.7.2は単位距離当たり路線ポテンシャル値の分布を示す．現
況では路線ポテンシャル0～50人/kmの路線が多かったのに対して，再
編後は全体的に分布が0～150人/kmにシフトし，高いポテンシャルを持
つ路線が増加している．その結果，路線ポテンシャルの平均値は現況
が33.7人/kmであるのに対して，再編後は100.5人/kmまで増加した．

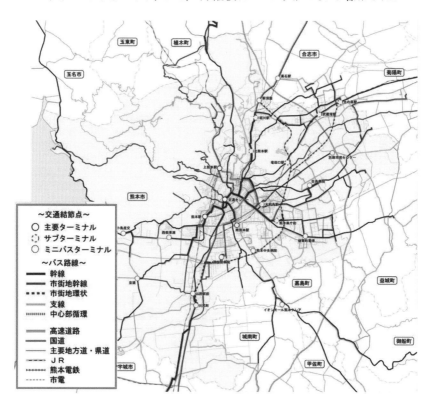

図Ⅳ.4.7.1　熊本市バス路線網再編計画

表IV.4.7.4　バスサービス水準の比較

	現況	再編計画
系統数	231	118
総路線長(km)	5,869	2,703
総走行台km	62,865	56,952

しかし，階層化の概念を導入したことで，従来，郊外から都心まで乗換なしでバスを利用できたトリップの中には，サブターミナルやミニターミナルなどの結節点で乗り換えが必要になるケースがある．図IV.4.7.3に路線網再編前後の乗換回数別ODペア数を示す．路線が設定されていないためにバスで到達不可能なODペア数が減少するため，1ODペア当たりの乗換回数の平均と分散を比較すると，現況の1.47，1.80に比べて再編後は1.41と1.10と，平均，分散とも小さくなっている．これは，乗換回数が増えるODペアよりもバスを利用して到達できるODペア数が増えたためである．しかし，乗り換えを必要としないODペア数が減少し，2回以上の乗り換えが必要となるODペア数は増加している．乗換料金の低減や乗換施設の整備など，乗換環境の向上に向けた取り組みが必要となる．

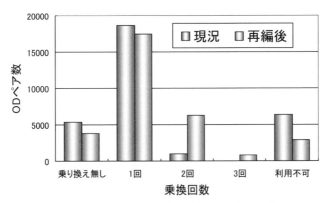

図IV.4.7.3　乗り換え回数別のODペア数

⑤階層化バス路線網再編計画の交通需要予測

　階層化バス路線網計画では，乗換料金を課金する案と乗換料金を課金せず距離比例制料金とする案の2案について検討した．バス路線網再編計画を評価するための交通需要予測のフローを図IV.4.7.4に示す．

まず，PT調査の自動車とマストラのOD交通量データを用いて推定した集計ロジット型交通機関別分担モデルにより，再編後の自動車OD需要とマストラOD需要の予測を行う．推定された各OD需要を道路網ネットワーク（セントロイド213，リンク数3,159，ノード数2,435）と再編後のバス路線網ネットワークを含むマストラ路線網に配分する．自動車は確定的均衡配分を行い，道路区間別交通量を算出する．一方，マストラのうちバスに関しては，道路混雑による所要時間の変動を考慮するため，道路区間別交通量からバス路線網上のリンク所要時間を算出し，確率配分モデルより路線別の利用需要を算出する．このとき，同一OD間に利用可能な複数の路線が存在した場合は一般化費用の小さい順に確率的に配分する．最後に，算出した道路区間別交通量と路線別利用需要を基に交通機関別OD間一般化費用を算出し，これらが収束するまで繰り返し計算を行う．いわゆるヒューリスティックな分担需要変動型ネットワーク均衡需要予測手法であり，都市圏におけるバス路線網の再編にはこの程度の需要予測手法を用いる方がよい．

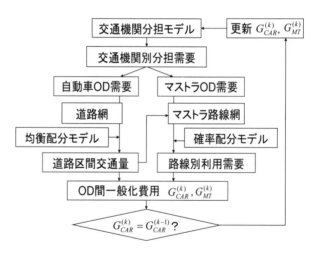

図IV.4.7.4　交通需要予測のフロー

　需要予測の結果を表IV.4.7.5に示す．図IV.4.7.5には路線別単位距離あたり乗車人員の分布を示す．路線再編後の乗車人員分布は現況に比較して右側へシフトしており，乗車人員が増加する路線比率がかなり増え，その中でも距離比例制料金の場合が最も大きい．しかし，再編後は乗換回数が増えることもあり，乗換料金課金の場合はマストラの分担率が0.7%ほど減少し，総収入も約7%減少する．一方，距離比例

評価指標	乗換料金課金	距離比例制
分担率	0.993	1.027
総収入	0.931	0.729

注）現況を1.0とした比率を示す

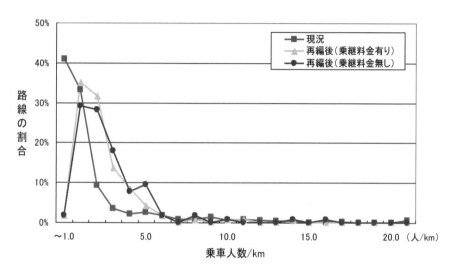

図IV.4.7.5　路線別単位距離当り乗車人員の分布

制にすると利用需要が2.7%ほど増加するが，総収入は乗換料金を無くすことで27%程度減少する．

⑥階層化バス路線網再編計画の費用便益分析

　行政としては，投資に見合った効果が得られるかどうかを判断するための費用便益分析による社会・経済的な効率性や，市民のモビリティ水準の確保とその個人間・地域間の公平性などが求められる．さらに，補助金総額を如何に削減するかといった財政的な視点も必要である．ここでは，事業の実施の有無に対する行政判断上，欠かせない評価指標の一つである費用便益分析のうち，バス路線再編計画による便益額を算出することで評価を行う．便益の算出方法は費用便益分析マニュアル[7]に依拠した．

バス利用者の便益は，全公共交通利用者が負担する金銭的，時間的その他のすべての費用がバス路線網再編によって軽減される効果を消費者余剰によって計測する．先に推定した交通機関分担モデルを用いた選好接近法から得られる時間価値は17.5円/分であるが，便益を算出する際の時間価値には，費用便益分析マニュアルに基づき，バスの時間価値原単位374.27円/分・台，平均乗車人員13.82人/台より得られる1人当たりの時間価値30.0円/分を用いた．

供給者便益に関しては，現況と各整備後との事業者の利益の差である．供給者便益を算出するためにはバス路線網再編後の収入額と支出額を求める必要がある．収入額は需要予測の結果から得ることができる．支出額は人件費や燃料油脂費，その他の運行費用があり，それぞれ現況データから回帰分析を行い，再編後の支出額の予測を行った．自動車利用者等の便益である環境等改善便益は，所要時間短縮，走行費用減少，大気汚染改善，CO2削減，交通事故減少の5項目について算出している．

便益額の算出結果を表IV.4.7.6にまとめて示す．バス利用者の便益は，乗換料金の有無が大きく影響し，距離比例制の場合の便益が約4倍大きくなっている．供給者便益については，現況の利益が実績値から

表IV.4.7.6　費用便益分析結果

		乗換料金課金	距離比例制
	利用者便益	11.27	45.23
	供給者便益	27.41 {=6.01-(-21.40)}	10.75 {=-10.65-(-21.40)}
環境等改善便益	所要時間短縮便益	-1.05	1.83
	走行費用減少便益	-0.30	0.48
	大気汚染の改善	-0.02	0.10
	CO2排出量の改善便益	0.00	0.01
	交通事故減少便益	-0.07	0.26
	小計	-1.44	2.69
	合計	37.23	58.67

注）時間価値：30.0円/分，単位：億円／年

年間で-21.40億円であるのに対して，乗換料金課金だと6.01億円，距離比例制だと-10.65億円の利益，つまり10.65億円の赤字が生じる．これより，現況の利益との差で求められる供給者便益は27.41億円，10.75億円となる．環境等改善便益は，乗換料金課金の場合，自動車利用者が現況に比べて増加するため，便益がマイナスとなり，距離比例制の場合は約3億円/年の便益が見込まれる結果となった．トータルで見ると，乗換料金課金の場合に比べて距離比例制の場合の便益が大きくなっており，たとえ乗換料金が無くなることの負担分を行政がバス事業者に負担したとしても，社会・経済効率性の面からも，バス路線網再編に伴う距離比例料金制の導入は有効と考えられる．

【参考文献】

1) 枝村俊郎，森津秀夫，松田　宏，土井元活：最適バス路線網構成システム，土木学会論文集，No.300，pp.95-107，1980.
2) 天野光三，銭谷善信，近藤信明：都市街路網におけるバス系統の設定計画モデルに関する研究，土木学会論文集，No.325，pp.143-154，1982.
3) 高山純一：ITSを活用した公共交通活性化のための計画立案評価支援システムの開発研究，平成12・13年度科学研究費補助金（基盤研究(C)(2)）研究成果報告書.
4) 竹内伝史，山田寿史：都市バスにおける公共補助の論理とその判定基準としての路線ポテンシャル，土木学会論文集，No.425/IV-14，pp.183-192，1991.
5) 溝上章志，柿本竜治，橋本淳也：路線別特性評価に基づくバス路線網再編手法の提案，土木学会論文集，No.793，pp.27-39，2005.
6) 溝上章志，平野俊彦，竹隈史明，橋本淳也：階層化手法による熊本都市圏バス路線網の再編，土木計画学研究・論文集，Vol.27，No.4，pp.1025-1034，2010.
7) 国土交通省道路局都市・整備局：費用便益マニュアル，2003.

4.8 運行形態の選定

(1) 基本的な考え方

　従来とは異なり，現在の地域公共交通には様々な運行形態がある．このため，そのサービスの計画に際しては，どのような形態が選択肢としてあるのかを把握するとともに，それらのどれが当該地域の特性にあっているのかを検討した上で選定する必要がある．本節では，道路運送法に基づいた運行形態の種類ならびにサービスの特性に基づいた運行形態を紹介するとともに，地域特性に応じた選定の考え方について述べる．

(2) 道路運送法に基づく運行形態の種類

　地域公共交通のうちバス・タクシー事業に関する法律として，昭和26年に制定された「道路運送法」がある．この法律に基づく運行形態は表Ⅳ.4.8.1のように整理できる．

　道路運送法で定義されている「道路運送事業」は，旅客を運送する「旅客自動車運送事業」と，貨物を輸送する「貨物自動車運送事業」に分けられるが，地域公共交通に関する事業形態は前者の「旅客自動車運送事業」に相当し，「他人の需要に応じ，有償で，自動車を使用して旅客を運送する事業」を指す．したがって，無償で他人を輸送するケース（例えば，ホテルが宿泊客を自家用バスにより無料で送迎するケース）は同法の対象外である．

　「旅客自動車運送事業」は，さらに「一般旅客自動車運送事業」と「特定旅客自動車運送事業」に分けられる．後者は，事業所への従業員送迎輸送や学校への通学輸送，特定の要介護者の医療施設への輸送などといった，「特定の者の需要に応じ，一定範囲の旅客を運送」するものである（道路運送法43条許可）．

　前者はさらに，（イ）一般乗合旅客自動車運送事業，（ロ）一般貸切旅客自動車運送事業，（ハ）一般乗用旅客自動車運送事業に分けられる．（イ）は，路線を定めて定期に運行する乗合バス（路線バス）であり，乗合タクシーやデマンド交通も属する．一方，（ロ）は，一個の契約により車両を貸し切って旅客を運送する形態であり，観光バスと言われることがある．また，（ハ）に相当するのは「タクシー」や「ハイヤー」であり，患者等輸送事業（もっぱらケア輸送サービスを行うもの）もこの一形態である．

　（イ）一般乗合旅客自動車運送事業に関する輸送形態は，同法の施行規則により，①路線定期運行（定時定路線型の路線バス，コミュニティバス，乗合タクシー），②路線不定期運行（路線を定めて運行するものであって，起点または終点の時刻の設定が不定である運行形態），

区分	種類	種別	運行の態様別	代表的な運行形態	参入の手続
旅客自動車運送事業	一般旅客自動車運送事業 <特定旅客自動車運送事業以外の旅客自動車運送事業>	イ．一般乗合旅客自動車運送事業 <乗合旅客を運送する一般旅客自動車運送事業>	①路線定期運行 <路線を定めて定期に運行する自動車による乗合旅客の運送>	・路線バス ・コミュニティバス ・乗合タクシー	法4条許可
			②路線不定期運行 <路線を定めて不定期に運行する自動車による乗合旅客の運送>	・コミュニティバス ・乗合タクシー ・デマンド型交通	
			区域運行 <①②以外の乗合旅客の運送>		
		ロ．一般貸切旅客自動車運送事業 <一個の契約により乗車定員11人以上の自動車を貸し切って旅客を運送する一般旅客自動車運送事業>		・貸切バス	
		ハ．一般乗用旅客自動車運送事業 <一個の契約により乗車定員11人未満の自動車を貸し切って旅客を運送する一般旅客自動車運送事業>		・タクシー	
	特定旅客自動車運送事業 <特定の者の需要に応じ、一定の範囲の旅客を運送する旅客自動車運送事業>			・工場従業員の送迎バス ・介護事業者による要介護者送迎輸送	法43条許可
【例外許可】 一般貸切旅客自動車運送事業者等による乗合旅客の運送 <法21条(乗合旅客の運送)　一般貸切旅客自動車運送事業者及び一般乗用旅客自動車運送事業者は、次に掲げる場合に限り、乗合旅客の運送をすることができる。 ①災害の場合その他緊急を要するとき ②一般乗合旅客自動車運送事業者によることが困難な場合において、一時的な需要のために国土交通大臣の許可を受けて地域及び期間を限定して行うとき>				・鉄道工事運休代替バス ・実証実験としての運行	法21条許可
自家用有償旅客運送 <法79条(登録)　自家用有償旅客運送を行おうとする者は、国土交通大臣の行う登録を受けなければならない。>		①交通空白地有償運送		・自治体バス※ ・NPO等の移動サービス	法79条登録
		②福祉有償運送		・NPO等の福祉移動サービス	

※ここでの「自治体バス」とは必ずしも運行形態ではなく、自治体が事業主体であることを意味している．自治体が選択できる一般的な運行形態はコミュニティバス、乗合タクシー、デマンド型交通である．

(注)自家輸送・無償輸送(自家用自動車による輸送、マイカーによる移動等)は、道路運送法の規制対象外

③区域運行（デマンド交通（DRT）．運行する区域を定めて時刻表や経路を設定せずに運行する）の3種類に分けられ，以下のような整理がなされている．

　路線定期運行は，時刻表（ダイヤ）と運行経路（ルート）を定めて運行する定時定路線の形態であり，通常の路線バスに関する許可は，ここに該当する．なお，タクシー車両等（運転士を含む車両定員11人未満）を活用して乗合輸送を行う場合や，運行事業の1営業所の車両台数が「5両の乗用車プラス1両の予備車」未満である場合は，原則市町村が主宰する地域公共交通会議の場で協議を整えることが必要である（路線不定期運行，区域運行の場合も同様）．

また，路線不定期運行と区域運行の許可にあたっては，バス車両・タクシー車両にかかわらず，地域公共交通会議での協議が調っている，もしくは，交通空白地帯，交通空白時間または過疎地であって路線定期運行によるものが不在である場合など，明らかに路線定期運行との整合性をとる必要がない場合であることが求められる．さらに，区域運行の場合は，営業区域（運行する区域）のなかに営業所があることも要件となっている．

　また，交通空白地有償運送や福祉有償運送として，白色の自家用自動車用のナンバーを付けたまま有償で運行する場合には，道路運送法79条にもとづく登録が必要になる．これらの登録には，先に示した「地域公共交通会議」で協議が調えられることが要求される．なお，2023年秋以降の制度改正で，運営協議会は地域公共交通会議に統合されることとなった．

輸送密度（一回の運行で輸送できる人数）と利用者の特定性の観点からそれぞれの運行形態を位置付けしたものが図Ⅳ.4.8.1である．なお，タクシーについては，ある特定の人（例えば，75歳以上で公共交通が運行されていない地域）にタクシーの利用補助券を配布するという運行形態をとる場合については，図におけるマイカーとほぼ同様の位置付けになる．また，スクールバスについては，一般の利用者の乗車を認めた「混乗」により運行する場合には，「利用者不特定」の位置付けも兼ね備えることになる．

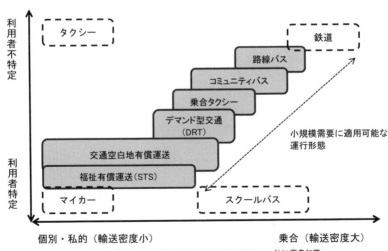

図Ⅳ.4.8.1　各運行形態の位置付け[1]に著者加筆

(3)　サービス特性に基づく運行形態

上では法律に基づいた運行形態の種類を紹介したが，例えばデマンド交通においては，ダイヤが固定されている場合やそうでない場合があったり，路線が固定されている場合やそうでない場合があったり，様々な特性をもったサービスが考えられる．ここでは，この特性に着目して形態の種類を整理しよう．

①ダイヤ

ダイヤを設ける場合とそうでない場合がある．ダイヤを設けることで，外出希望時刻が類似した人々の乗り合いを見込むことができる．一方，ダイヤを設けない場合，外出したい人からの配車依頼を受けて運行することになる．この場合，必ずしも乗り合いを期待することができない．また，運行車両の現在位置を示す情報提供システムを用いたり，「概ね10分間隔」といったように運行間隔だけを示すことで，配車の依頼を不要とすることもできるが，ダイヤを設けないいずれの場合も，どの時刻に運行しても乗り合いが成立するほど十分な利用者がある場合に有効となろう．

②運行日

運行日を毎日とする場合とそうでない場合がある．毎日の場合，利用者はいつ運行されるかを気にすることなく利用できる．一方，利用者数が少ない場合や，サービスを供給する地域の広さに比して車両数が少ない場合は，隔日や「月・水曜に運行」のように運行日を限定することも考えられる．特に，毎日どの地域にも1〜3便を設けるよりは，曜日を限定して運行日には5〜6便を設ける方が，住民にとって利便性が高まる場合がある．

③路線

路線を固定する場合と柔軟に設定する場合がある．路線を固定することで，ダイヤに沿った運行や，所要時間の見込めるサービスが提供できる．その反面，当該の便の利用ニーズが必ずしも沿線のすべての地域にはない場合でも，設定どおりの路線を運行することになる．つまり，利用ニーズのない地域も運行することになる．一方，利用者が少ない場合には，それぞれの日の利用者の行き先に応じて柔軟に路線を変更することで，運行経費の削減や移動の速達性を確保できる．具体的にどのような設定方法があるかについては，「4.9　運行計画」を参照されたい．なお，路線を柔軟に設定するには，余裕や幅をもたせたダイヤ（ダイヤから10分前後の遅れは許容してもらうことを前提とした「標準的なダイヤ」）としなければならない．

④予約

　予約制の場合と予約不要の場合がある．予約制にすると，利用ニーズのない便の運行を休止することができ，運行経費が削減できる．また，予約を事前に受けることで利用ニーズのある地域を予め特定することができるため，その日の利用ニーズに応じた路線の設定が可能になり，運行経費の削減や移動の速達性が確保できる．しかし，利用者にとって予約は手間であったり，キャンセルのリスクを負う，予約内容を正確に把握しておく必要がある，急な外出ニーズには応じてもらえない（例えば前日までに予約が必要といったように，一般に予約には締め切り時刻がある）など，人々は予約に多くの抵抗を感じる．なお，利用者が多い場合には，予約制にしても結果的に毎日運行することになるため，予約制は利用者が少ない場合に有効である．

⑤乗降場所（バス停）

　バス停やそれに類した乗降場所を設定する場合とそうでない場合がある．乗降場所を設定することで，利用者の乗降のために車両が停止する場所を限定することで，ダイヤに沿った運行や，所要時間の見込めるサービスが提供できる．しかし，利用者数が少ない特定の区域では，路線上のどこでも乗降できる「フリー乗降制」にしても，利便性を損なうことなく，利用者の家から車両へのアクセス距離を短くすることができる．ただし，車両がどこで停止してもその他の一般交通への影響が小さく，また，利用者がどこで停止を求めても安全な乗降が確保できる場所であることが前提となる．

(4)　運行形態の選択

　実際の計画場面では，法律に基づく運行形態と，サービス特性に基づく運行形態の双方をあわせて検討，選択することになる．その際，それぞれの特徴，メリットやデメリットを勘案して地域にふさわしい形態を検討することが必要となる．

　一方，人口減少や高齢化の進行，より一層の自家用車の普及などが見込まれる状況においては，目下の課題に関して運行形態を選択すればそれで終わりというのではなく，次年度やそれ以降にも同様の検討を別の地域で実施することが想定される．例えば，民間のバス事業者が撤退を申し出て代替交通を検討しなければならなくなったり，これまでに公共交通が運行していなかった地域に新規の交通を検討する場合に今後直面するかもしれない．このような長期的な視点に立つと，それぞれの個々の課題に際して場当たり的・日和見主義的な検討をしてはいけない．このような検討に基づいて運行形態の選択を繰り返す

と，やがては「同じような特性をもつ地域であるのに異なる運行形態が提供されている」といった事態が生じ，住民への説明責任が果たせない状況に陥る．また，その都度同じような検討を繰り返すのは多くの労力を要することでもある．

そこで，例えば図Ⅳ.4.8.2のように，どのような状況（本図においては，1日当たりにどれほどの利用者があるのか，収支率はどの程度か，スクール（小中学校の通学）利用があるのかなど）になればどの運行形態が適切なのかをサービス水準ともあわせて事前に示しておくことが重要である．このような運行形態の選択の考え方を地域公共交通計画にも明確に位置付けることで，行政組織としての一貫性・透明性ある検討やそれに基づく整合的な意思決定が可能になるとともに，住民にもどのような状況下でどのような運行形態でサービスを確保するのか，また，その限界はどこにあるのかを具体的に示すことができる．

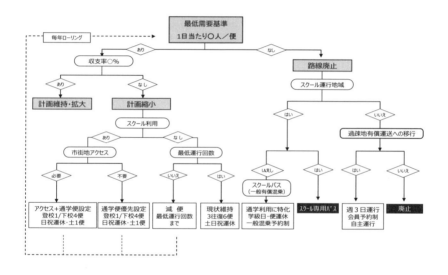

図Ⅳ.4.8.2　運行形態の選択フローの例

【参考文献】
1)　青森県企画政策部新幹線・交通政策課：生活交通ハンドブック〜使える生活交通システムの導入に向けて〜，2007年．

4.9 運行計画

(1) 基本的な考え方

運行時間帯や運行頻度は，バスサービス水準において路線網以上に重要な要因である．また，人員配置や車両配置は，バス運行費用に直結することから，様々な制約の下で効率的な運行計画を立てる必要がある．ここでは，運行時間帯や運行頻度の考え方，労務管理に関する制約，それらを前提として車両・人員配置を決める運行計画の立て方について述べる．これらは，実際にバス事業を運営する場合だけでなく，業務委託や補助を行う立場においても知っておくことが望まれる．

(2) 運行時間帯と運行頻度の考え方

運行時間帯と運行頻度は想定する需要にあわせて設定する．しかし，バス事業は労働集約型の産業であり，また，規模が小さい場合ほど車両や人員の増減に消極的になることが多く，現有車両・人員の制約，あるいは予算制約から運行時間帯と運行頻度を決定せざるを得ないこともある．しかしながら，利用者から支持されないサービスの持続可能性は疑わしい．需要と費用のバランスを考えつつ，利用者本位に運行時間帯と運行頻度を決定することが基本である．

①運行時間帯

ピーク時とオフピーク時で需要量が異なる場合には，通勤需要に対応するための駅などへの直行路線は朝夕と深夜に運行し，公共施設や商業施設にアクセスする路線はオフピーク時のみ運行するというような配慮が必要であり，一つの路線に決めて終日運行しなくてはいけないというわけではない．特に，早朝や深夜の運行の必要性は利用者の移動ニーズにあわせて判断する必要がある．また，病院や学校など利用者の利用先施設の利用時間帯や，鉄道や都市間バスと接続させる場合にはそれらの運行時間帯に十分に配慮する必要がある．ただし，人員配置計画との関係で，運行人件費が急増することがあるので，注意が必要である．

②運行頻度

新たに運行する路線において，あるいは既存のサービスを見直す場合において，いくつか注意する点を列挙する．

1) 台数ありきで検討をはじめない．

計画の当初から購入できるバスの台数を決め，その台数を前提に計画を検討すると，地域が求めているバスサービス像を十分に描くことなく運行案が決まってしまう．ニーズとフィージビリティ

を混乱してしまうことは，条件の変化（予算の変化等）への対応の柔軟性を欠くことにつながる．計画にあたっては，まず望ましい運行頻度を利用者側の条件から検討する必要がある．そのためには，「2.3 交通実態・ニーズ調査」や「2.4 生活実態調査」，「2.6 意識調査」などの基礎的な調査が必要である．

2) **顕在化している需要で判断せず，潜在ニーズを考慮する**．
現在の利用者数から判断して減便することのないよう，以下に述べる諸点に配慮し，現時点では顕在化していない需要に対して，どの程度の運行頻度が望まれているのかを把握する必要がある．そのためには「2.6 意識調査」や「2.7 潜在ニーズ調査」が有用である．

3) **活動機会の保障という観点に留意する**．
第Ⅲ編第3章3.4で述べたように，地域公共交通サービスを提供する大きな目的のひとつは，外出を伴う人々の活動（買い物や受診など）の機会を保障することである．この観点に立ったバスダイヤの設定法が提案されている[9]．第Ⅲ編第4章4.11で述べる協議運賃の設計や6)で述べるシビルミニマムは活動機会の保障や公平さと密接に関係するため，活動機会の保障という観点にも留意することが必要である．

4) **需要の弾力性に配慮する**．
運行頻度を増加させた結果，利用者が増えた事例が少なくなく，（運行頻度に関する）需要の弾力性はある．ただし，増加すると期待する需要が，居住者の移動の頻度の増加によるものか，自転車や自家用車からの転換か，他の路線からの転換かに配慮する必要がある．また，利用の増加が顕在化するのに時間がかかる場合があることや，利用の働きかけによっても増加分が異なることにも注意が必要である．利用の促進する方法は「7章 利用促進策」を参照されたい．

5) **分かりやすさを追求する**．
運行間隔が10分以内ならあまり時刻表を気にせず利用することができるが，便数が少ない場合は時刻表を確認すること自体が抵抗になる．分かりやすさの点からいえば，毎時同じ分になるように，60の約数，すなわち60，30，20，15，12，10などの数字を運行間隔として設定することで，分かりやすさが大きく高まる．

6) **シビルミニマムに配慮する**．
通常は，平日の毎日，しかも一日に数便（朝通院，午前買物，午後通院，午後買物，夕方帰宅など）の運行が必要といわれている．台数の制約等から一日2,3便しか運行できない場合も出てくるが，地域別に曜日をかえて一日5,6便確保する方策も考えられること

から，住民にとってどちらが望ましいのか，住民との話し合いの中で検討していく必要もあろう．

7) 関連する路線の頻度に配慮する．

近隣を並行する路線や同一の道路を併走する区間のある路線の運行頻度に配慮する．重複した設定は全体の効率の悪さにつながる．運行時間帯の項と同様に，接続する路線の運行頻度との整合をはかる必要がある．

8) 車両の割当と運転士の割当を分けて検討する．

運転士の労働時間（ハンドル時間）の制約によって，運転士交代のための車庫への移動が運行頻度を設定するに当たって影響する場合があるが，運転士の交代と車両の移動を同じくする必要はなく，車両と乗客はそのままで途中のバス停で運転士が交代するなど，車両の使いまわしと運転士の割当を幾分独立させてダイヤを設定することも検討に値する．

(3)　労務関係の制約

バス事業は労働集約型の産業であり，その運営においては車両の運用だけでなく，労務管理が非常に重要である．労務管理においては，法令で定められている基準と，労使間の交渉による労働協約が運行計画を立てる上での制約となる．

①人員配置

バス事業の運営スタッフは，乗務員，事務員，工場員に大別される．

1)　乗務員

ワンマン運行が大半を占める現在では，いわゆる運転士を指す．勤務時間や休日等は，バスの運行ダイヤによって決められて不定で，労働基準法ではいわゆる変形労働時間制となる．法律上の制約としては，道路運送法では，二種免許を所持すること，日雇い・日払いの労働契約ではないこと，等が規定されている．

2)　事務員

運行管理等，バス運行に関する事務作業を行う．法律上での規定では，道路運送法によって運行管理者の選任とその義務が定められており，乗合では40両に１名以上，貸切では30両に１名以上専任者がいることが条件となる．

各営業所と本社での機能分担に関する考え方によって，事業者間で人数の多少に差異がある．なお，運行管理等の関係から勤務形態は，通常の日勤勤務以外に，宿泊を伴う24時間交代，12時間勤務の一日２

交代，8時間勤務の一日３交代等のバリエーションがある．また，事務員が乗務員を兼務したり，乗務員が事務作業を手伝う等のケースも増えている．

3）工場員

車両整備等を行う．工場員と乗務員を兼務する場合もある．法律上の規定では，バスは道路運送車両法によって使用本拠地毎に整備管理者を選任することが定められている．日常的な整備のほか，車検等の重整備等を行う場合もあり，事務員同様に日勤勤務や宿泊勤務等の組み合わせがある．

②労務関係の法令

労務関係の法令では労働基準法が中心的である．バスを含めた自動車運送事業は，運転士の残業を前提とするなど，全般に労働時間が長く不規則なことが特徴である．このため，「自動車運転者の労働時間等の改善のための基準」（通称「改善基準」）をトラック，タクシー・ハイヤー，バス等それぞれに定め，現実に即した運営上の最低限のガイドラインとしているのが実状である．なお「改善基準」は，2024年4月に改正されることとなっており，以下は改正後の内容を記述している．

○労働基準法のポイント

- ・一日の労働平均時間は８時間．
- ・毎週一回以上，または４週を通じ４日以上の休日を与える．

○改善基準（バス）のポイント

- ・拘束時間
  - －①１年の拘束時間は3,300時間以内，かつ，１か月の拘束時間は281時間以内，②52週間の拘束時間は3,300時間以内，かつ，４週間を平均した１週間当たり（４週平均１週）の拘束時間は65時間以内　のいずれかを満たす．（貸切バス及び高速バスは緩和規定あり）
  - －１日あたりの拘束時間は，13時間以内とし，延長する場合でも15時間を上限とする．
  - ・休息時間
  - －１日の休息時間は，勤務終了後，継続11時間以上与えるよう努めることを基本とし，継続９時間を下回ってはならない．
- ・運転時間
  - －２日を平均して一日あたり９時間，４週を平均して一週間あたり40時間を超えない．（貸切バス及び高速バスは緩和規定あり）
  - －連続運転時間は4時間以内（運転の中断は，一回連続10分以上，

合計30分以上の休息が必要）

③労働協約等による制約

　改善基準のほか，さらに労使間の交渉によって一日の平均労働時間等について労働協約を結び，これらを実質的な制約として，乗務員の勤務の策定等を行っている場合がある．労働協約は会社間で異なり，折返しや回送時間の扱い，拘束・休息時間，中休時間，各種手当てなどを定めている場合が多い．なお，時間外労働や休日労働を行わせる場合には労働基準法36条に基づく労使協定（36協定）が必要である．

(4)　運行計画の具体的方法
①ダイヤの作成

　ダイヤ作成は，経験に基づくいわゆる職人的な調整が必要な分野とされている．ダイヤ編成ソフト等もあるが，完全な自動作成による結果では円滑な運営は困難で，最終的には担当者が各手順をまたがったフィードバックも行いつつ微調整を行う．

1)　山つなぎ

　運行時刻を定めた後，上下の運行を起終点及び折り返し点等で結ぶ作業である．所定の折り返し時間を確保しつつ，回送も含む出入庫等も決め，場合によっては遡って運行時刻の微調整を行うこともある．

2)　ダイヤ切断

　山つなぎで結んだダイヤを時間軸で展開し，その軸上で交代または出入庫が可能な時刻を書き出し，拘束や連続乗務時間等の基準に則って，一本ずつのダイヤとしていく．ここでも単純な時間計算のみならず，例えば入庫が遅いダイヤは短めにするなど，乗務する人間の心理にも配慮する等のノウハウがある．図IV.4.9.1に山つなぎ～ダイヤ切断の例を示す．

②スターフ（行路，仕業等）の作成

　切断されたダイヤを組み合わせ，仕業・行路と呼ばれる乗務員の一日の仕事を作成する．これらは，各事業者によって異なる基準の中で，時間（＝費用）の点で最も効率的な組み合わせを求める．

　単一路線の往復や，複数路線にまたがった運行の比率などは，事業者や地域によって差異が生じる．勤務時間帯も，改善基準や労働協約に則り，乗務時間の長短以外にも，ほぼ全日，午前または午後のみ，中休を挟む朝夕のダイヤ等々のバリエーションが生じ，その比率もばらつきが生じる．

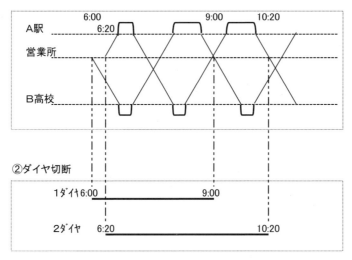

①山つなぎ

②ダイヤ切断

図Ⅳ.4.9.1　山つなぎ～ダイヤ切断の例

③勤務表（交番表）の作成

　一日の仕事である行路・仕業は最終的に，勤務表・交番表などと呼ばれる，各乗務員への勤務割当表にレイアウトされる．この時点で予備勤務等も含め，最終的な各乗務員への勤務指示の姿となる．
勤怠のサイクルとして，例えば週休2日，4週6休（隔週休2日），4日勤務→1日休日→4日勤務→2日休日の11日周期などもある．
　休日・拘束時間・休息時間等の点で改善基準をクリアすることが最低条件だが，各路線の組み合わせや勤務のメリハリ，残業としてやりくりする勤務の位置等，レイアウトには多くのノウハウを要し，労使交渉の材料となるケースも多い．

④車両運用の決定

　ダイヤ作成時に，車両運用の点で最も大きな制約は最高配車車両数である．通常は，平日の朝ラッシュ時が最大需要でありこれを基準とするが，行楽目的の場合や沿線条件等で，一概には決められない場合もある．これによって保有台数が決まるため，多少の変更で最高配車数が抑えられる場合は，ダイヤ設定にまで遡って調整する場合もある．しかし，最高配車さえ決まれば，事業運営の上からは，例えば特殊な車両の限定運用等を除き，乗務員運用の方が優先される場合が多い．
　車両と乗務員の関係についても労使協約等の影響が及ぶことが多

く，従来は担当車両制をとる場合が多かった．各車1名または2名
（1両を2名で担当することを「2人1車」等と呼ぶ）の担当者が定
められ，車種の差異よりも担当する乗務員の運用を優先する場合も少
なくなかった．担当車制は，自主的な清掃や整備作業を促し，馴化に
よる安全への貢献もあるが，反面で車両運用に対する制約の多さや不
必要な交代回送等の弊害もあるため，次第にウエイトが低くなる傾向
にある．

　上記経緯のほか，路線と車庫の位置関係等により，回送・出入庫・
交代等が最終的に決められる．出入庫時の回送・営業も，手当等も関
連して事業者間で判断が分かれる．営業運転の場合，収入が得られる
メリットはあるが，特に規制緩和後は停留所への時刻表示が指導され，
道路混雑等への対応のために柔軟な運行時刻の変更が困難となって，
全体の中での最適化としての選択を迫られる場合もある．

⑤総括表

　最後に，各路線について，系統数・キロ程・運転回数・総走行キ
ロ・乗務時間・車両数などを整理した表を作成する．事業者によって
名称は異なるが，各数字を積み上げることにより，必要車両数，営業
所単位の運転回数や総走行キロ等，各種官庁への届出の数字等が明ら
かになる．

⑥コンピューターによる支援システム

　ダイヤ作成のほか，勤務作成，勤怠処理，運行記録等のいわゆる後
方業務では，鉄道系事業者を中心に，かつては大型コンピューターを
用いる場合もあった．その後のIT環境に変化により，パソコン用のコ
ンピューターソフトが広く普及するようになった．しかし，各事業者
間で労働条件が異なり，帳票類も監督官庁への届出書類を除いて独自
の仕様の場合が多く，ベースとなる基本プログラムを各社ごとに変更
する，いわゆるカスタマイズを伴うことにより，比較的割高なものと
なってしまっている．

　基本的には比較的容易な時間の加減乗除がほとんどのため，数十台
程度までの事業規模であれば，市販の表計算ソフトを用いてマクロ等
の簡易言語による自動化でも十分に対応は可能である．

(5)　デマンド交通の運行計画
①デマンド交通とは

　デマンド交通(DRT；Demand Responsive Transport)は，乗客か
らの要請（デマンド）に応じてルートやスケジュールを変化させる交
通サービスを称する．初期のDRTは1970年代欧米で運行され，便利で

あるがお金がかかり過ぎること，予約システムが複雑であることなどから，一般市民の交通手段としては停滞していたが，スペシャル・トランスポート・サービス（STS；介助と一体になった高齢者・障害者対象の輸送）やパラトランジット（バスなどの大量輸送モードとタクシー・自家用車などの個別モードの中間に位置する交通）と呼ばれる高齢者・障害者の交通システムとして大きな発展を遂げてきた．

福島県小高町（現・南相馬市小高区）で「おだか e‐まちタクシー（福島第一原子力発電所事故の影響で運休中）」の運行が開始された後，定時定路線型のバスサービスでは不効率な需要密度が低い地区を中心に赤字路線バスの代替手段や交通空白地域の解消を目的として，各地で運行がなされている．

②DRTのサービス形態

DRTのサービス形態は，乗降地点，経路，ダイヤの自由度により分類できる（図Ⅳ.4.9.2参照）[1]．乗降地点の自由度は，決まった乗降地点（停留所・ミーティングポイントとも称される）で乗降することとしているか否かであり，両者の中間的な形態も考えられる．経路の自由度は，定められた経路上のみを運行するか否かである．中間的なものとして，基本的には定められた経路上を運行するが，迂回ルートを設け，呼び出しがある場合には迂回ルートを経由するものが挙げられる．ダイヤの自由度は，定められたダイヤに従って運行するか否かである．中間的なものとして，ダイヤは決まっているが，利用客のない場合には運行を行わないもの（目安の時刻は存在する）がある．

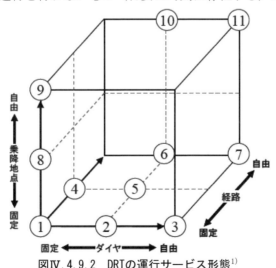

図Ⅳ.4.9.2　DRTの運行サービス形態[1]

したがって，一般の路線バスのように時間的にも空間的にも固定されているが，乗客からの要請がない限り運行を行わない形態から，タクシーと同様に自由な運行であるが，相乗りさせる形態まで，ひとえにDRTといえども，多様なサービス形態が存在していることに留意したい．また，乗車需要が多くかつ移動パターンが定常的であるような朝夕のピーク時間帯においては，路線バスと同様の運行を行い，乗車需要が少ない昼間時間帯に限って，デマンド運行を行うなど，時間帯を限定したサービスも考えられる．

③デマンドの受付/処理方法

デマンドの受付方法はサービス形態により異なる．迂回ルートが設けされるも，乗降地点やダイヤが固定されている場合（図IV. 4. 9. 2の④）は，バス停に設置された呼び出しボタンを押すことでバスがデマンド区間を走行するタイプが多い（東急トランセなど）．一方，乗降地点，経路，ダイヤの自由度がそれぞれ高まるほど，利用者の出発地や目的地が間違いなく伝達される必要があること，希望通りに配車できない場合は，出発時刻の変更など双方向のやりとりが必要になることなどにより，オペレータを介したデマンド受付が多い（電話による受付が多いが，近年は，自動応答システムによる受付例もある）．

また，受け付けたデマンドに対してどのように車両を割り当てるかによって，サービスの効率性は変化する．最も簡単な考え方が，事前の運行予約を受け付けず，受け付けたデマンドをすぐに処理する方法（デマンド即時処理型）である．迂回型のバスサービスはこの形態のひとつと位置づけられる．次に，事前乗車予約を受け付けるが，その場でどの車両がそのサービスを提供するかを確定させる方法（事前受付・即時割り当て型）がある．この場合は，既に割り当てられたデマンドを最優先し後から発生したデマンドは空いた時間帯に割り込ませるため，デマンドの発生順によって運行効率性が変化する．乗車デマンド受付に期限を設定し，期限終了後に全てのデマンドを最も効率的に割り当てる方法（事後割り当て型）も考えられる．この方法は最適な配送方法を設定することが可能であるが，すべてのデマンドを手持ちの車両で処理できない場合，タクシーとの連携などにより何らかの形で移動を保証することが必要となる．また，割り当て結果を利用者に通知する手間がかかり，事業者・利用者ともに負担が増加する．

④運行計画の決定方法

乗車デマンドが少ない場合や，車両が少ない場合には手作業でもデマンド割り当てを行うことが可能と考えられるが，そうでない場合最適な需要割り当て計画を提案するソフトウェアの導入を検討すること

がある．最適な乗客割り当ては，組み合わせ最適化問題として定式化可能である[2]．乗客の出発地，目的地，希望乗車時刻を入力としてバスの最適な運行計画を求める問題は，数ある訪問地を最小費用で回るための巡回経路を求めるための数理問題である巡回セールスマン問題（TSP：Traveling Salesman Problem）の一種として位置づけられ，Dial-a-Ride問題と呼ばれる．一般的なDial-a-Ride問題は，乗客の乗車地と降車地の順番が変わらないこと及び各乗客の所要時間が増加しすぎないことを制約条件として，乗客の総乗車時間（乗客の総コスト）と空走を含む車両の総走行時間（サービス提供者のコスト）の重み付き和を最小化する問題として定式化可能である[2]．その発展型として予約受け付け時点で走行中の車両に割り当てるもの（動的割り当て）や総需要数に応じて重みを変化させるものなどが提案されている．

高度な通信技術を用いて交通を高度化するシステムはITS（Intelligent Transport Systems）と呼ばれるが，ITSによってDRTも変わりつつある．ITS技術の利用によって時々刻々の車両位置を把握し，かつ乗車予約をディスパッチセンタ（DPC）で一括して受け付けることによってデマンドに応答して運行計画を動的に変化させ，最適な運行ルートを提案することが可能なシステムが近年いくつか提案されている．しかし，DRTの導入に際しては，乗降地点，経路，ダイヤの自由度をどのように設定するかが重要であり，導入する地域特性に応じて，これらの水準を判断することが求められる．安易にシステムの導入を先行させてしまうと，自由度が低い形態の方が導入適性が高い場合であっても，システムの機能により，DRTのサービス形態が固定されてしまい，結果として，必要以上に高コストなサービスとなりかねない点に留意したい．

⑤DRT導入の留意点

デマンド運行の利点は，乗車需要がない場合にはサービスを取りやめることであり，その分運行コストを減少させることが可能である．特に予算が限られている場合には，乗客の需要に応じたデマンド運行を実施することで，サービス頻度は限られるがより広い地域に対して公共交通サービスを提供することが可能といえる．一方，バスの運行コストの削減が期待されるものの，運転手は想定される最大限の運行状態に対応可能な人員を確保しなければならない．また，デマンドの受付あるいはバスの割り当てを行うための人員あるいはコンピュータシステムが必要となるため，一般的には維持コストは上昇する．そのため，DRTの導入が必ずしも経費削減と直結するとは限らない．DRTの持つ特性として注目すべきは，低頻度ながらも広範囲にサービスが提供可能な点であり，最低限のモビリティ確保のための手段として位

置づけることが可能といえる．ただし，サービス対象地域が大きすぎる場合，要求してもサービスが行われるまでに長時間待機する必要となり，十分なサービスレベルを維持することは難しい．また，デマンドが増加するとサービスレベルが急激に低下する特性があるため，導入に際してはサービス対象地域の大きさおよび導入車両台数などについて十分に検討しなければならない．

　サービス提供者側から見た場合，時空間的に完全デマンド対応型のサービスが最も効率的に運行可能である．しかし，利用者にとってはいつサービスが提供されるかがわからないため，スケジュールが立てづらいなど利用しにくい側面を併せ持つ．デマンド運行の柔軟性が減少すればするほど利用者にとっては分かりやすいサービスとなるが，その一方で運行効率性が低下するため，利用者の特性を見極めつつサービス形態を決定する必要がある．

【参考文献】

1) 福本雅之，吉田樹，加藤博和，秋山哲男：地域条件に応じたDRTシステムの設定に関する基礎的検討，土木計画学研究・講演集，Vol.33，CD-ROM，2006.
2) 例えばPsaraftis, H. N.: "A Dynamic Programming Solution to the Single Vehicle Many-to-Many Immediate Request Dial-a-Ride Problem", Transportation Science, pp. 130-154, 1980.など

　(4)までについては，以下が参考になる．

3) 運行管理者国家試験「出題範囲の要点の解説と実践模擬問題」，輸送文研社，pp.425，2003.
4) （社）日本バス協会：乗合バス新事業規制ハンドブック，pp.83，2002.
5) 鈴木文彦：西鉄バス最強経営の秘密（中央書院），pp.234，2003.
6) 鈴木文彦：路線バスの現在・未来（グランプリ出版），pp.300，2001.
7) 鈴木文彦：路線バスの現在・未来Ⅱ（グランプリ出版），pp.307，2001.
8) 富井規雄編：鉄道システムへのいざない（共立出版），pp.184，2001.
9) 岸野啓一，喜多秀行，寺住奈穂子：活動機会の獲得水準最大化を目指したバスダイヤの設定法，土木計画学研究・論文集，Vol.27，No.4，pp.633-641，2010.

4.10 運賃設定

(1) 基本的な考え方

　路線バス・コミュニティバスに関する施策の中で，運賃設定の見直しは最も多く実施されている項目の一つである．しかしながら，多くの場合その効果が顕著に現れているとは言いがたい．運賃はバスサービスの質を構成する要素であることには間違いはないが，その重要性を過大に見積もることは危険である．むしろ，限られた資源の中でできるだけ利便性の高い路線網を設計し，その後，それが提供するサービスに見合う運賃の設定を工夫することが有効となる．以下では，この認識のもとで，まず主な運賃設定方式を説明し，次いで，運賃設定に関する一般的な方法，および自治体等が提供する公共交通サービスにおける協議運賃（道路運送法第9条第4項に基づく協議会（運賃協議会）で決定された運賃）の設計に関する考え方について解説する．

(2) 運賃設定方式の種類[1]
①対キロ制

　停留所間の距離に応じて運賃を定める方式．都市部以外の地域で一般的に採用されている．賃率（一人キロを輸送するのに必要な費用）を定め，これに距離を乗じて運賃を設定する方式である．実際には，停留所の数が多いと運賃の組み合わせが多くなることから，複数停留所を含む区間（運賃区界）を定めておき，乗車区間に応じて運賃を計算する「対キロ区間制」が採用されることが多い．

　対キロ制では遠距離になるにつれ運賃が高くなるため，遠距離で賃率を変えて運賃上昇を抑える遠距離逓減制を採用することもある．

②均一制

　乗車距離に関係なく一回乗車ごとに同額の運賃を徴収する方式．都市部で多く採用されている．対キロ制に比べて有利な点として，運賃が決まっているため乗客にとっても運転手にとっても分かりやすい，運賃収受時間が短い，整理券発行器や運賃表示器などが不要，といったことが挙げられる．一方，必然的に平均乗車距離が長くなる傾向となり，事業者が採算性を向上させるために系統距離を短縮して乗客の回転率を高めようとする結果，バスの特徴である直行性を損なう懸念がある．

③特殊区間制

　系統を幾つかの区間に分割し，乗車区間の数で運賃を設定する方式．対キロ制と違い，必ずしも距離に応じた区間分割になっていない．都

市内やその近郊のやや距離の長い路線で採用されることが多い．これに似た方式として，「地帯制（ゾーン制）」がある．これは，運行地域を複数の区域に分割し，同一区域内の移動には同額の運賃を設定し，二つ以上にまたがる移動の場合には運賃を加算するものである．

　運賃設定方式は，路線網設定や車両仕様にも影響を及ぼす．例えば，均一制の場合には前乗り後降りが可能であるが，区間制の場合は後乗り前降りが多くなる．また均一制地域と区間制地域とを直通する系統の場合，均一制地域の終点となる停留所で乗降が多くなる傾向が生じるなど，利用状況にも大きな影響を与えることがある．このような状況に十分配慮して運賃設定方式を選択することが必要である．

　ヨーロッパの都市部ではゾーン制が多く採用されている．日本では乗り換える際には通常それぞれの運賃を払わなければならないのに対し，ヨーロッパでは別の輸送機関であっても乗り換え後も連続した運賃が適用されるケースが多い．その方が利用者にとっては負担額が小さく分かりやすいが，日本では現在のところほとんど採用されていない．その理由として，複数事業者での競合関係や事業者間の精算システム構築といった問題が指摘されるが，やはり最も大きいのは運賃収受システムの違いである．日本の改札や車内料金収受方式でゾーン制を採用しようとすると，乗継券発行や各社の収入の再配分といった複雑な処理が必要である．ヨーロッパでゾーン制を採用している都市では料金収受は車外で行うため単純である．しかし，日本でも今後は事業者間に共通使用可能なICカードシステムが普及するとともに，路線ごとでなく都市全体を包括的に扱って公的補助を行う「エリア一括補助」の制度も2023年10月の地域交通法改正で可能となるため，ゾーン制導入は十分可能となるであろう．

④サブスクリプション制
　月や年単位で一定の金額を支払うことで，設定されたエリア内の鉄道，路線バス，タクシー等が乗り放題となるサブスクリプション方式のサービスの運賃．利用量ではなく利用期間に関する運賃である点が特徴である．一般には，商品やサービスを所有・購入するのではなく，一定期間利用できる権利に対して料金を支払うビジネスモデルを指し，「月極」，「定期購読」等，交通サービスにおける「定期運賃」も同一の概念であるHietanen[2]によって提唱され，複数の交通サービスを一体的に管理・提供することにより利用者が様々な交通サービスを組みわせて容易に利用しうるMaaSを志向した運賃として新たに注目されている．

(3)　採算性を前提とした一般の路線バスの運賃決定方法

道路運送法第4条の「一般乗合旅客自動車運送事業」によって運行される路線バスにおいては，独立採算制を前提とする一方で公共性が強く，多くの場合は単一の事業者による独占となっていることを考慮して，運賃は採算に見合う水準かどうかを基準として国が認可する仕組みとしている．具体的には，バス運行に必要な諸経費を計算し，それに適正利潤（公営ではゼロ）を加えたものを「総括原価」と呼び，これに見合うように運賃を設定する「総括原価方式」を基本としている．なお，実際には，各事業者の費用をそのまま用いるのではなく，その事業者が営業するブロックでの費用の平均値（標準原価）を計算し，標準原価と実績額との中間値を用いる「標準原価方式」が適用されている（補助金算定にも同じ方法が適用されることがある）．これは，費用が高い事業者に対して経営の効率化を促す効果を有する．

　2002年2月の規制緩和以前には，総括原価方式によって設定された運賃を国土交通大臣が「認可」する制度になっていた．しかも，二者以上が競合する区間においては同一の運賃が原則となったため，企業努力による経費節減や顧客の獲得を狙った値下げは原則として認められていなかった．そこで規制緩和時に，運賃が「上限認可制」に改められた．これは，運賃の上限額を認可するという方式で，上限額を下回っていればバス事業者が届出によって従来よりも容易に運賃を変更することができる．ただし，事業者間で不当な競争が生じるおそれがある時は国土交通大臣が変更命令を出せるようになっており，独占禁止法への抵触の観点から公正取引委員会による指導もありうる．また，上限認可制であるため，一者による独占路線でも高額の運賃を設定することはできない．上限額を超える運賃を設定したい場合には認可申請が必要となり，厳しい審査が行われる．

　なお，2023年改正地域交通法により，路線バス・コミュニティバスやデマンド交通に加え，タクシーや鉄道についても協議運賃を定めることが可能となった．

(4)　一般の路線バスにおける新しい運賃施策[3)]

　バス事業者が取りうる運賃施策は多種多様である．ただし，現在のところ普通運賃の体系を抜本的に改めるような施策はほとんどなく，特例を設ける形での実施が大半である．ここでは代表的な施策として以下のものに絞って説明する．

①近距離100円運賃

　いわゆる「ワンコイン運賃」である．その分かりやすさと割安感において大きなインパクトを利用者に与えることができる．長距離路線を100円の均一制とすることは採算の面で不可能であることから，駅周

辺や都心部の近距離（おおむね1km程度）の路線あるいは区間をワンコイン運賃化することが一般的である．安価ではあるが，それが直ちに増客効果を伴うわけではないことに留意を要する．なお，最近では物価上昇や経営悪化により，コミュニティバスも含めて100円運賃を取りやめる傾向が見られる．

②遠距離上限運賃

　区間制運賃の路線では，乗車距離が長くなるほど運賃が上がっていくため，長距離利用は敬遠されやすい．それを回避するため，ある水準以上には運賃が上がることがないという「上限運賃」である．

③プリペイドカード（磁気・ICカード）におけるプレミアム・マイレージ

　バス利用者の多くはリピーターであることから，現金利用よりも回数券・定期券利用が多い傾向にある．通常の回数券は使用区間や運賃が定めてあるが，異なった区間であっても使用できる回数券として，100円券・50円券・10円券などを組み合わせて「組み合わせ回数券」を発行することが従来の施策である．磁気・ICプリペイドカードはこれをさらに進めたものであり，プレミアムをつけることができる．現在，1割以上のプレミアムがついていることが一般的である．昼間や休日のみ使用可能な「買物カード」や学生専用の「学生カード」など，よりプレミアムを高めたカードを発行することもできる．

　カードの導入に合わせて，バス同士あるいは鉄道とバスの乗り継ぎにおける割引制度を実施することも容易になる．現金の場合には乗り継ぎ券を発行する必要があるが，カードではそれが不要となるからである．ICカードでは，運賃や，一定期間内の利用金額などに応じてポイントがたまる一種のマイレージサービスを導入している例もある．昼間や休日などの利用でマイレージポイントを増加するなど，運賃を変更せずに実質的な時差料金・可変料金設定が可能である．さらに，ICカードではクレジットカードと連携したポストペイ方式や，携帯電話・スマートフォンにカード機能を持たせることなども可能である．事業者間のカード相互利用や，店舗・公共施設等での利用を可能とする取り組みも進んでおり，さらにクレジットカードで利用できるようにしたり，二次元バーコードを用いたりする方法も普及しつつある．今後も様々な活用策が出てくることが期待される．

④環境定期券制度

　定期券の価値を高める方法として，定期券の所有者やその家族に対し，休日などにその事業者の全路線に低運賃で乗車できるようにする

ことが「環境定期券」と呼ばれている（環境定期券というものが新たに発売されるわけではない）．新規投資をほとんど必要とせず，しかも輸送力に余裕のある休日の乗客を増やすことができる施策として，また地球環境問題が注目される中タイムリーな名前を付けてPRを図ることができる．

⑤学生・高齢者向け割安定期券
　学生や高齢者をターゲットとして，乗車区間を定めた従来の定期券ではなく，あるエリア内の全路線に乗車できたり，全路線の運賃をワンコインとするといった割安な定期券である．

(5)　自治体運営バスにおける運賃設定の考え方
　一般の路線バスでは採算の確保という大前提があり，それを踏み越えた運賃施策の実施は公的補助のような策がとられない限り不可能である．しかし，自治体が主導するバスは採算の確保を前提としないことから，その運行の目的に応じたより自由な運賃設定を行うことができる．
　自治体等が提供する公共交通サービスの運賃は，第Ⅲ編第4章第5節で述べた「サービス供給目標の設定」に沿って策定された「ゾーンごとのサービス供給基準」（第Ⅲ編第3章3節3.5)に対する対価として設定する．ここでは，"地域住民に提供されるサービス水準とそのために必要な費用負担の組合せを地域住民が選ぶ"という考え方をとる．以下では，この考え方に則り，あるサービス水準が決まると，このサービス水準のもとで費用が決まるとともに，享受するサービス水準から，負担可能な金額が決まるというメカニズムを考える（図Ⅳ.4.11.1)．このサービス水準と費用と負担の組合せがいくつか提案され，その中から良いものを選択するという意思決定モデル（図Ⅳ.4.11.2）を宮崎ら[4]に即して解説する．
　まず，サービス水準について説明する．サービス水準は，路線網，運行時間帯と運行頻度，バス停などの施設整備，運行する車両の選定などから構成される．このサービス水準を選定するに際し，当該地域において公共交通の運行が可能である主体の供給可能性という制約を受ける．そして，地域住民あるいは利用者が希望する活動を行うことができるかどうか，そのために必要な移動ができるかといった視点に基づいてサービス水準が選定されるものとする．
　次に，設定したサービス水準を実現するために必要な運行費用について説明する．費用の算定方法としては，以下のものが考えられる．
　①設定したサービスの提供にかかる運行の実費，
　②運行する事業者の運営上の原価，

③法律上定められる範囲の原価

費用の具体的な項目については，たとえば，鉄道事業者であれば，鉄道事業法に規定されている事業報告書及び鉄道事業実績報告書などが参考となる．道路運送事業者であれば，道路運送法に規定されている事業報告書及び輸送実績報告書などが参考となる．具体的には，人件費，燃料油脂費，修繕費，減価償却費などが挙げられる．

三番目は負担者とその分担範囲である．サービス提供のための費用を誰がどれだけ支払うか，という負担について考えるには，設定したサービス水準について，どのような関わり方をするかという主体ごとに整理する必要がある．想定される主体としては，以下のものが考えられる．

①利用者
②利用しない地域住民
③便益を享受する主体（住民以外）
④サービスを提供する事業者
⑤地方公共団体等
⑥ステークホルダー
⑦その他

当該サービスを享受すると想定される主体に対して，それぞれどのような負担割合にするかについても検討する必要がある．その際の参考になる指標として，受益の割合，共通費用として考えるもの，インセンティブなどがある．

四番目は，サービス水準と費用と負担の関係についてである．これについては，第Ⅰ編4.3，および，第Ⅲ編第1章図Ⅲ.1.1を参考に，図Ⅳ.4.11.1のように考える．サービス水準が設定されると，想定される運行主体によって費用が計算される（矢印イ）．また，このサービス水準に基づいて，各種主体による負担の範囲が決まる．すなわち，負担の割合，あるいは，具体的な負担可能な金額が決まる（矢印ロ）．この結果，費用と負担の関係が定まり，実現可能性を判断できる（矢印ハ）．以上のようなプロセスで，あるサービス水準が決まると，これに基づいて，費用と負担が決定される．

五番目は，サービス水準と費用と負担の組合せに基づく選択方法である．ここでは，サービス水準に応じて費用と負担の関係が定まるという考え方をとっているため，設定した各サービス水準ごとに費用と負担の組合せがそれぞれ存在する．たとえば，nケースのサービス水準が設定されると，各サービス水準に対応する費用と負担の組合せがnケース生成される．このnケースの中から，合意が得られるケースを選択することによって，サービス水準とその下での費用と負担の組合せが決定することになる．なお，地域公共交通会議等のステークホルダー

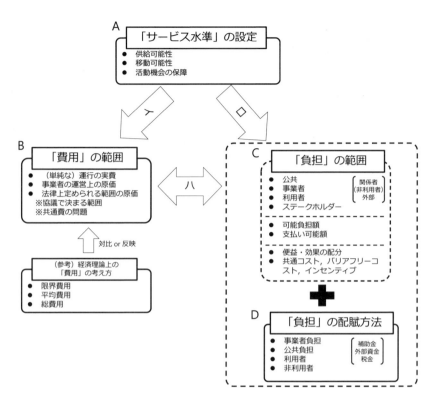

図Ⅳ.4.11.1　サービス水準と費用と負担の関係

が出席している会議においてもこのような考え方が基本になるものと考える．ここで議論され，運賃協議会で決められた運賃が協議運賃である．以上に述べた一連の流れを図Ⅳ.4.11.2に示す．運賃設定に際しては，1)安さ・単純さ・分かりやすさ，2)競合する他交通機関との関係といった観点が重要視されることが多いが，上述した協議運賃設定の考え方を適切に踏まえた上で設定することが望ましい．

①安さ・単純さ・分かりやすさ

　ワンコイン運賃はこの究極形と言える．住民に対する意識調査において，100〜200円の均一運賃が支持されることが多い．これは，「無料では気が引けるが，一般の路線バスの運賃は高いと感じることから，その中間がちょうどいい」という意識に基づいていると考えることができる．また，運営面でも単純な運賃の方が運賃収受システムやPRが単純で済み，コストが低くなるメリットがある．なお，自治体運営バ

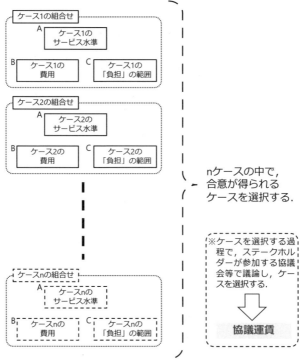

図IV.4.11.2　サービス水準と費用と負担の選び方

スでは高齢者・障害者に対する割引もしくは無料措置が行われる場合が多かったが，ワンコイン運賃を導入している場合には十分安価であることや，財政悪化や受益者負担を求める市民の意見の増加などもあり，割引を行わないケースも増加している.

　自治体運営バスにおいては，民営の路線バスで一般的に行われている定期券や回数券・プリペイドカードの発売は必ずしも一般的ではない．これは，運賃が低廉かつ簡明であり，さらなる割引策の必要性が低いためである．しかしながら，日常的にバスを利用してもらう方策として，回数券はもとより，一日乗車券や全線定期券といった設定は有効である.

　とはいえ，ワンコイン運賃にすれば運行経費も低下するわけではない．低廉に過ぎる運賃設定は必ず他の形での住民負担に跳ね返ってくる．"ワンコインがコミュニティバスの代名詞"であり，ワンコイン運賃がほぼ自動的に選ばれるという思考停止に陥ることなく．前述した"地域住民に提供されるサービス水準とそのために必要な費用負担の組合せを地域住民が選ぶ"という観点から適切な運賃設計をするこ

とが望ましい.

②競合する他交通機関（民営の路線バスやタクシー）との関係
　自治体運営バスの低い運賃水準が民業圧迫とされ，トラブルに発展することがある．このため，競合路線をつくらないように配慮することが必要であるが，それによって使い勝手の悪い路線しかつくれないことになったり，自治体運営バスと一般路線との料金格差による不公平が問題となる.

　これらの問題を解決する策として最も望ましいのは，一般路線バスと自治体運営バスを同一運賃にすることである．ただし通常は一般路線を値下げすることになり，増客だけでは減収を補えない可能性があることから，公的補助による担保が必要となる．これは一般路線の利用者が多いところでは実施困難である．そのため，現実的な方法として，民営路線との機能分化（自治体運営バスを中心市街地巡回・公共施設アクセス・支線運行などに特化）を行った上で乗継割引を設定したり，共通利用可能な定期券・回数券を販売することが考えられる．あるいは，必ずしも良好な対応とは言えないかもしれないが，競合によって影響を受けるバス・タクシー事業者にバスの運行を委託することで摩擦を防ぐことも考えられる.

(6)　公的負担と運賃設定
　バスの運賃設定は，採算確保を前提とする場合には市場価格に任せるか，もしくは独占性に配慮して原価方式に基づく認可運賃にするかのいずれかとなるが，採算性の確保が難しくなった現在では，(5)で述べた公的負担の水準と提供されるバスサービスの水準とのバランスによって決定される必要がある．理論的には「5.3　事業評価」に示す費用便益分析を実施し，これらの最適水準を算出することが妥当である．しかし，バス事業によって得られる様々な効果を定量的に評価することは必ずしも容易ではない．さらには，バス運行のための公的負担によって必然的に生じる，地域間もしくは利用者－非利用者間の不公平に対する反発は強く，バスは運賃採算で運営すべきという意見もいまだ根強い.

　このような状況の中で，バスサービスの運賃水準と公的補助水準を決定していくためのアプローチとしては，「4.3　公共負担方式の設計」で述べる方法を用いることができる.

　いずれにせよ，地域にとってのバスサービスの必要性と負担のあり方に関して住民を交えて議論する機会をつくることが必要となり，「4.4　住民参加」が有用となる．地域公共交通会議でのサービス設計と，それを受けた議会での検討がそのための重要な場となる.

【参考文献】

1) 消費者庁：公共料金の窓 －乗合バス運賃，
   http://www.caa.go.jp/seikatsu/koukyou/bus/bu_index.html
2) Hietanen, S.: 'Mobility as a Service' – the new transport model?, Eu
   rotransport, Vol. 12, Issue 2, 2014.
3) 国土交通省自動車交通局：全国のバス再生事例集,2003.
4) 宮崎耕輔，加藤博和，大井尚司，喜多秀行，遠藤俊太郎：公共交通プライ
   シング手法の概念整理，土木計画学研究・講演集，Vol.66，2022.

4.11 施設整備

(1) 基本的な考え方

　バス停やターミナルなどの諸施設は，人々にとって身近なサービスの構成要素である．そのため，これらの整備や選定は利用者の利便性のみならずサービス全般の印象にも大きな影響を及ぼすことを念頭におかなければならない．また，どのような人にも利用しやすい施設づくりは，高齢者の利用が多いバスサービスにおいては特に必要であり，2000年に制定された「高齢者，障害者等の移動等の円滑化の促進に関する法律」（いわゆる「バリアフリー法」）への対応に限らず，全ての人にとって使いやすい「ユニバーサルデザイン」の考え方が重要になる．ここでは，バス運行に関わる施設整備として，バス停施設の整備，ターミナル機能を持った施設の整備の考え方と最低限必要な基礎知識について述べる．また，バス専用レーンや公共交通優先信号(PTPS: Public Transport Priority System)など，バスの走行環境を改善するための施策についても概述する．

(2) バス停施設
①バス停配置・施設整備の基本的考え方

　バス停の配置は，バス停までのアクセス時間，バスの表定速度，他の交通機関との乗り継ぎ利便性など，バスの利便性を決定づける重要な要因である．特にバス停の間隔は，短くすればアクセス時間は短くなるが表定速度は低下する，あるいは設置費用や維持管理費用が高くなるというトレードオフの関係にある．

　バス停の配置を考える際には，利便性の他にも道路交通への影響，安全性，他事業者バス停との関係，沿線住民等との合意形成などを考慮する必要がある．また，バス施設整備にあたっては，バリアフリーや待ち空間としての快適性にも配慮する必要がある．

②バス停の間隔

　自宅からバス停までの距離は，利用者にとって非常に重要である．特に高齢者や荷物があるときはより重要となる．バス停までの主な交通手段は徒歩が圧倒的に多いと考えられることから，利用者の自宅からバス停までの距離を無理なく歩ける距離以内に配置することが望ましい．無理なく歩ける距離は健常者で300m，高齢者で100mとされているが[1]，表IV.4.11.1[2]に示すように，この距離は大きな荷物があるときや雨天時など諸条件によって異なる．武蔵野市のムーバスではバス停から300m以上の地域を交通空白地域とし，交通空白地域の解消を目指してバス停の間隔を約200mとした．

ただし，バス停の間隔は短ければよいというものでもない．バス停
数が多くなると設置や管理に費用を要すること，頻繁な発進・停止で
表定速度が低下するなどのデメリットも生ずる．図IV.4.11.1は，バス
停の間隔を変化させたときの所要時間をシミュレーションしたもので
ある．300m間隔の時に比べ，100m間隔では表定速度が21.6km/hから12.
0km/hへと半分近くにまで低下する．ただし，このシミュレーションで
は全バス停に停車するものとしている．

表IV.4.11.1　抵抗を感じない距離[2)]

条件	一般的な人 歩行速度80m/分	高齢者等 歩行速度40m/分
90%の人が抵抗感なし(約3.5分)	300m	100m
大きな荷物がある(約2分)	150m	80m
雨(約2分)	150m	10m

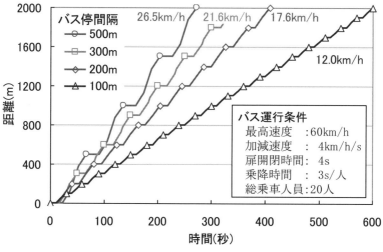

図IV.4.11.1　バス停間隔と所要時間の関係[3)]

③バス停の設置場所
　バス停の設置場所については，集落の中心，公民館や集会所など，
多くの利用者が集まる地点や施設を意識することが重要である．ま
た，鉄道駅，路面電車停留所など他交通機関との乗り換えについても
考慮する必要がある．
　バス停は一般には道路上に設置することになるため，道路管理者に
よる道路占用許可と交通管理者（公安委員会）による道路使用許可が

必要である．都道府県公安委員会が定めている道路使用許可の取扱要領の例を注1に示す．また，フリー乗降については，運輸局の規定では，「交通量が極めて少なく既設停留所間隔が比較的長い路線で，見通し困難な箇所が少ない区間であり，かつ，申請者が関係する公安委員会から設置可能であることを確認していること」とされ，公安委員会では安全上の観点から交通量，見通しなどから判断している．

　事業者が異なるとバス停が別個に設置される例が多いが，利用者の利便性を考慮すれば，なるべく同じ位置にするように調整することが必要である．また，バス停は騒音，排気ガス，バス待ち客のゴミ投棄などから一種の迷惑施設と捉えられることもあるので，設置に当たっては近隣の住民の同意が得られるようにしておく必要がある．こられの調整には自治体が主体的に関わることも必要となろう．

　近年では，道路上ではなく集客施設敷地内の玄関前等に設置する例も増えてきている．その際，通常は施設屋外に待合いスペースが設けられることになる（図IV.4.11.2 (a)）が，バスロケーションシステムの表示機を施設内待合いスペースに設けている例（図IV.4.11.2 (b)）もある．このような快適な待合い空間の提供は，利用者へのサービス向上だけでなく，利用者の逸走防止や新たな利用者の獲得に有用であり，公的施設だけでなく，特に商業施設等との積極的な連携が望まれる．

注1：バス停設置位置に関する道路使用許可取扱要領（岩手県公安委員会の例）
1. 歩車道の区別のある道路においては，原則として歩道上に概ね1.0m以上の有効残余幅員を確保し，歩車道の境界よりに設置するものであること．
2. 歩車道の区別のない道路においては，原則として概ね4.0m以上の有効残余幅員を確保し，側溝のある場合は側溝の縁石の道路側よりに，側溝のない場合は路端よりに，それぞれ設置するものであること．
3. 設置する場所は，次の場所以外の場所であること．ただし，交通の妨害となる恐れが少ないと認められるときはこの限りでない．
道路交通法第44条第1項第1号から第4号まで及び第6号ならびに法第45条第1項第1号に定める道路の部分及びそれらに接する歩道の部分（停車・駐車禁止の場所）
4. 道路標識，信号機などの見通しが悪くなるような場所または方法で設置するものでないこと．
5. 原則として道路に接する土地の利用に支障を及ぼさない箇所に設置するものであること．
6. 路線バス停留所の標示施設は，原則として道路の両端に対面するものでないこと．

(a) 病院玄関前バス停　　　　　(b) 病院内バスロケーション表示
（宮城県栗原中央病院）　　　　　（岩手県立中央病院）

図Ⅳ.4.11.2　病院内バス停設置の例（著者撮影）

④バス停の構造
1）停留所の標示施設

　停留所の標示施設は，その場所がバス停であることを明示するものであることが必要で，標示内容は旅客自動車運送事業運輸規則第5条第2項により，次の内容を公衆に見やすいよう掲示しなければならない.

1. 事業者及び当該停留所の名称
2. 当該停留所にかかわる運行系統
3. 運行系統ごとの発車時刻

　しかし，これらは必要最小限の情報であり，利用者の立場で有用な情報を見やすく標示する必要があり，「6.3 案内情報提供」に述べるバスロケーションシステムも有効である.
　利用者の多いバス停では夜間の視認性を高めるため内照式の標示施設が用いられることがある. その他，ユニバーサルデザインの観点から文字の大きさや配色への配慮，さらには町並みデザインへの配慮も必要である. なお，標示施設に関しても公道上に設置する場合には道路占用許可・道路使用許可が必要である. 道路使用許可に関する各都道府県公安委員会の規定例を注2に示す.

　注2：バス停標示施設に関する道路使用許可取扱要領（岩手県公安委

員会の例)

1. 路線バス停留所の標示施設の標示板の下端は，原則として路面から1.8m以上とし，その形状は直径0.6m以内の円形または縦，横0.6m以内の長方形のものであること.
2. 路線バス停留所の標示施設の標示板の下端に時刻表または案内図を添加する場合には巾0.3m以内のものであること.
3. 照明式の標示施設にあっては，原則として路面から3.0m以下で，巾及び厚さが0.45m以内のものであること.
4. 路線バス停留所の標示施設にバスロケーションのための感知機が付けられている場合には，そのアームの車道方向への張り出しは6.0m以下とし，かつ，その下端は路面から5.0m以上とする.
5. 原則として広告の類を表示するものでないこと.

2) バスベイ，テラス型バス停

　バスが停車中に道路を塞ぎ後続の交通に影響を与えないように，バス停の路側を切り込んでバスの停車スペースを設ける施設としてバスベイ（バス停車帯）がある．バスベイの構造は道路構造令[4]において次のように示されている.

　バスベイは減速車線，停留車線，加速車線に分類され（図Ⅳ.4.11.3），一般道路では表Ⅳ.4.11.2のように規定されている．交差点付近にバス停を設置する場合は表中の織込み長の距離だけ離すものとする．変速車線，停留車線の幅員は原則として3.5mを確保するものとするが，やむを得ない場合は3mまで縮小することができる．バス乗降場の幅員は歩道兼用で最小2.25mを確保するものとするが歩行者及び乗降者が少ない場合でやむを得ない場合は1.5mまで縮小することができる．ただし元々歩道の狭いところに作ることが多く，現状では基準を満たすことが難しい場合が多い.

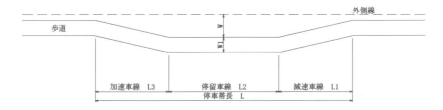

図Ⅳ.4.11.3 バス停留帯の各部名称（第3種，第4種の道路）[4]

表Ⅳ. 4. 11. 2　バス停留帯の長さ[4)]

設計速度V(km/h)	第3種の道路				第4種の道路		
	80	60	50	40	60	50	40
減速車線長（m）	35	25	20	20	20	15	12
バス停留車線長	15	15	15	15	15	15	15
加速車線長	40	30	25	25	25	20	13
バス停車帯長さ	90	70	60	60	60	50	40
織込み長（m）	80	50	40	30	50	40	30

　しかし，バスベイでは運転操作の上でバスを歩道に密着させて寄せることが難しく，乗降口と歩道に大きな隙間が空く，一旦バスベイに入ると交通量が多いとなかなか発車できないことが多い，歩道を切り込むため十分な歩道幅員がないと歩行者とバス乗降客の錯綜が生じることなどの問題点が指摘されていることから，バスベイ設置に際してはその得失を十分検討しておく必要がある．

　一方，路上駐車が多い多車線道路では，駐車車両が障害となりバスを歩道に寄せることができないばかりか，バスが複数車線を塞いでしまう場合がある．本来は違法駐車車両を排除すべきではあるが，交通容量に余裕がある場合にはバスベイと反対にバス停を突き出したテラス型バス停（図Ⅳ. 4. 11. 4）とすることで解決を図ることもできよう．

図Ⅳ. 4. 11. 4　テラス型バス停（筆者撮影）

3）ベンチと上屋

　バス停での待ち時間はバスに乗っている時間と同様，あるいはそれ以上にバスサービスの質を決定づけるものであるため，快適な空間であることが望まれる．特にバスの利用者には高齢者も多いため，ベンチを設置することが望ましいが，歩道上に設置する場合には道路占用許可と道路使用許可が必要であり，歩道幅員など道路管理者や各都道府県公安委員会で定める条件（注3）を満たす必要がある．

　近年では，歩道幅員の狭い場所に設置するために座面を跳ね上げ式にしたものや景観に配慮してガードレールなどと一体的なデザインにするなど，様々な工夫を凝らしたものが増えてきている．

注3：ベンチに関する道路使用許可取扱要領（岩手県公安委員会の例）
1. 一般乗合旅客自動車運送事業者が設置するものであること．
2. 原則として歩車道の区別のある道路の歩道上に概ね1.5メートル以上の有効残余幅員を確保し，歩行者及び自転車通行者等の通行の支障となることのないよう設置するものであること．
3. 夜間において歩行者，自転車通行者等の妨げにならないよう相当の照度が確保できる場所であること．
4. ベンチの構造は原則として巾0.5m以内，長さ2.0m以内とし，かつ，土地に定着し強固なものであること．
5. 原則として広告の類を表示するものでないこと．

　雨・雪や日照を遮る上屋も設置が望まれるが，病院や荷物を持つ買い物客の多いバス停，利用者が多いバス停などから設置していくことが望ましい．寒冷地の上屋には風除けも併設することが望ましい．なお，上屋に関しても道路占用許可・道路使用許可が必要であり，道路使用許可に関する都道府県公安委員会の規定例を注4に示す．

　上屋は道路景観に少なからぬ影響を与えるため，デザインについては検討が必要である．地域の素材や周囲の景観に配慮したデザインがされている例がある（図IV.4.11.5）．

注4：上屋に関する道路使用許可取扱要領（岩手県公安委員会の例）
1. 歩車道の区別のある道路の歩道上に概ね3.0m以上の有効残余幅員を確保し，歩車道の境界または路端よりに支柱を設置するものであること．
2. 道路標識，信号機等の見通しが悪くなるような場所または方法で設置するものでないこと．特に，上屋の色には信号機の表示する灯火と異なる色を用いるものであること．
3. 原則として道路に接する土地の利用に支障を及ぼさない箇所に設置するものであること．
4. 上屋の巾は原則として2.0m以下とする．ただし，5.0m以上の幅員を有する歩道及び駅前広場等の島式乗降場についてはこの限りでない．

5. 上屋の長さは，原則として12m以下とする．ただし駅前広場等の島式乗降場についてはこの限りでない．
6. 上屋の下端は原則として路面から2.5m以上のものであること
7. 屋の主要構造物は鋼材類，屋根は不燃材料を用いることとし，地震，風雨，雪荷重等に対し十分安全な構造のものであること
8. 上屋の主要構造物は他の建築物に接続するものでないこと
9. 上屋には広告の類を表示するものでないこと

図Ⅳ.4.11.5　景観に配慮した上屋（秋田駅、著者撮影）

4）その他の施設

　バス停に併設される施設としては，パークアンドライドのための駐車場や自転車駐車場などがある．駐車場，自転車駐車場の設計については国土交通省近畿地方整備局設計便覧[4] を参照されたい．

⑤バリアフリー化

　バス停については，高齢者，身体障害者等の利用の実態を踏まえてバリアフリーを可能な限り実施する必要がある．勿論，バリアフリー化はバス停のみ行えばよいものではなく，バス停までの利用者の移動経路全般について考慮する必要がある．
　バリアフリー法第二条4で規定される特定道路では「移動等円滑化のために必要な道路の構造に関する基準」（平成12年11月）によりバス停は次のように規定されている．
1. 乗合自動車停留所を設ける歩道等の部分の車道等に対する高さは，15cmを標準とするものとする．（第17条）
2. 乗合自動車停留所には，ベンチ及びその上屋を設けるものとする．ただし，それらの機能を代替する施設がすでに存する場合又は地形の状況その他の特別の理由によりやむをえない場合においては，この限りでない．（第18条）

⑥バス停の設置申請

　道路運送法第4条でバス（路線定期運行）を運行する場合，既設路線におけるバス停の新設などは運輸支局長に届出することとなっており，届出内容は道路運送法施行規則第15条の2第1項第3号で停留所の名称，位置，停留所間のキロ程の変更を届けることになっている．なおバス停設置については，次のとおりである．

1. 事業用自動車の運行上問題がないこと（バス停の位置が交通上支障がないこと）
2. 原則として3年以上の使用権限を有すること（公道上の場合は道路管理者からの占用許可があること）
3. 道路法，道路交通法等関係法令に抵触しないこと

(3) ターミナル施設
①バスターミナルの機能

　バス路線の起終点，結節点でバスの発着が多いところにはバスターミナルが設けられる．バスターミナルの機能は，バス乗客の乗降，乗り換え，待ち合わせ・休憩，乗務員の休憩・交代，車両のヤード，切符の販売・案内などである．バスターミナルの位置はバス路線に接し，バス交通の出入りに支障のない道路空間が必要である．交通結節点としての機能を高めるため鉄道，路面電車など他の交通機関の駅と併設されることもある．欧州ではバスと鉄道を同一ホームで乗り換え可能としているターミナルもある[5]．鈴木は望ましいバスターミナルとして次の条件を挙げている[6]．

1. バスの乗り場と行き先が分かりやすい（インフォメーションがしっかりしている）
2. 乗り換えがしやすい（誘導の問題と方面別配置）
3. なるべく平面かつ短距離の歩行で（地下道や歩道橋でのホーム間連絡は最低限に）
4. 待ち時間を快適にできる（ベンチやトイレ，付帯店舗など）
5. 雨に濡れずに移動できる（屋根の連続性など）
6. 全体を見通せる（分かりやすさの基本でもある）

なお，バスターミナルは都市内に設置されることが多いことから，用地確保が課題となる場合が多い．

　バスターミナルの計画ガイドラインとして，国土交通省道路局[9] をも参照されたい．

②バスターミナルの構造

　バスターミナルには，株式会社等が収益事業として整備し運営する

もの，自治体等が公共事業として整備し運営するもの，およびバス事業者が自らの施設として整備し運営するものがある．

　バスターミナル事業に関する基本的な法令として「自動車ターミナル法」がある．この法令では，バスターミナルを「旅客の乗降のため同時に2両以上停留させることを目的とした一般の道路外に設けられる施設」としている．ターミナルの構造や施設等に関しては，自動車ターミナル法に基づく「自動車ターミナルの位置，構造及び設備の基準を定める政令」に示されている（注5）．

　バスターミナルにおける発着形式は平行発着型が多いが，この場合前後に停車しているバスがあってもスムーズに発着できるようにするには，停留場所間に5m以上の余裕をとることが望ましく，広い駐車占有スペース面積が必要となることが多い．駐車占有スペースを少なくする形状として，斜角発着型，鋸歯状発着型，放射状発着型などがある[7]．盛岡市松園バスターミナルでは浅い鋸歯状を採用し，停留場所間の余裕を3mとしている．

　一方，公共事業として設置される交通広場（駅前にある場合は駅前広場と呼ばれる）におけるバスターミナルの設計については，「駅前広場計画指針」[8]において，必要面積の算定方法，空間配置の考え方，事例などが示されている．

　近年，国土交通省では交通結節点整備を支援するため，「バスタプロジェクト」を推進し，「交通拠点の機能強化に関する計画ガイドライン」を提示している．そこでは，バス利用拠点を

　　a）マルチモードバスタ　集約交通ターミナル　（バス⇔鉄道，タクシー等）
　　b）ハイウェイバスタ　SA・PA　を活用した乗換拠点　（高速バス⇔高速バス）
　　c）地域の小さな拠点　地域バス停　（バス⇔バス・乗用車・徒歩等）

の3つに区分した上で，これらバス利用拠点の整備・リノベーションによる利便性向上を通じて，地域の活性化，生産性の向上，災害対応の強化を図ることとし，それを「バスタプロジェクト」と称している．

③バリアフリー

　バスターミナルは利用者が多く乗り換えも想定することから，他のバス停以上に早期のバリアフリー化が望まれる．「移動円滑化のために必要な旅客施設及び車両等の構造及び設備に関する基準」によれば，バスターミナルのバリアフリーは次のように規定されている（第22条）．

　1．床の表面は，滑りにくい仕上げがなされたものであること．
　2．乗降場の縁端のうち，誘導車路その他の自動車の通行，停留又は

駐車の用に供する場所（以下「自動車用場所」という．）に接する部分には，さく，点状ブロックその他の視覚障害者の自動車用場所への進入を防止するための設備が設けられていること．
3. 当該乗降場に接して停留する自動車に車いす使用者が円滑に乗降できる構造であること．

注5：「自動車ターミナルの位置，構造及び設備の基準を定める政令」におけるターミナルの主な構造基準
  1. 設計自動車加重は20tとする．（第3条第2項）
  2. 出入り口に接する道路は幅員が6.5m以上，縦断勾配が10％以下とする．（第4条第1項）
  3. 後退運転をしないで出口，入り口を走行できるようにする．（第6条第1項）
  4. 誘導車路の幅員は6.5m以上とする．一方通行の場合は3.5m以上とする．（第6条第2項）
  5. 誘導車路の路面上の有効高は4.1m以上とする（第6条第3項）
  6. 誘導車路の勾配は10％以下とする．（第6条第5項）
  7. 停留場所は長さ12m，幅3m以上とする．（第7条第1項）
  8. 乗降場の幅は80cm以上とする．（第9条第1項）

(4) バス優先方策の導入方法
①バス優先方策とは
　バス優先方策とは，通常はすべての車両が平等に走行する権利を有している道路上において，何らかの方法でバスの走行を優先する方策である．具体的には，わが国には表Ⅳ.4.11.3に示すものがある．

②導入に際しての留意点
　バス優先方策の導入に際して留意する点としては以下の通りである．
  1. 規制の実施の最終決定は公安委員会が行うものであり，次項に述べるような導入プロセスへの配慮が必要である．
  2. バスレーン（専用，優先）は，道路構造，バスの運行本数等によって施策の実施が判断されるが，実際の判断はケースバイケースである．日本独特の優先レーンは効果に対して異論もある．
  3. バス専用レーン，バス優先レーンの実施にあたっては，導入区間（交差点付近での処理方法，導入する車線），導入時間帯と長さ，通行可能車両の設定方法を十分に吟味する必要がある．一般に，区間や時間帯が必要以上に長いと効果が薄まる傾向がある．
  4. バス専用レーンを歩道から2車線目に，長区間にわたって導入する場合，1車線目は多目的駐停車帯とし，バス停部分は歩道を張出させてテラス型バス停にすることができる（大阪市）．

5. 中央走行レーンでは，バス停を設置した例がある（名古屋市）．
6. バス専用の右折優先信号制御の場合，車線を左端に設定し，バス専用レーンと整合させることができる（熊本市）．あるいは対象交差点の1つ手前の交差点でバスレーンだけ青現示を数秒早く出すバス先出し信号を組み合わせる方法もある（福岡市）．
7. PTPSでは，バスレーン規制を伴わず，片側1車線道路に導入したものも現れてきている（市川市，藤沢市）

表Ⅳ.4.11.3　わが国で適用されているバス優先方策一覧

名　称	説　明
バス専用レーン	多車線道路で1車線を指定時間帯にバス専用とするもの．歩道よりの1車線を指定するのが普通だが，歩道から2車線目（大阪市）や中央寄り車線（名古屋市）を指定することもできる．中央線変移を用いた往復3車線以上道路で適用可能．
バス優先レーン	実質的には指定時間帯でもバス以外が走行できる点が異なる（バス接近時に車線変更できる場合のみ車線変更するという規定）．
バス感知器	交差点手前の両感知器により，大型車（バス）の接近に応じて，交差点の信号制御での青時間延長や赤時間短縮を行う．
バス優先信号制御	連続する信号機間で，バスの平均的な運行速度にあわせて，あらかじめ青信号になるタイミング（オフセット）を調整しておくものと，交差点などで，バスのみ右左折の信号制御をあらかじめ設定しておくもの（専用レーンと併用）がある．
PTPS（公共交通優先信号)	対象バス車両に車載器を搭載に，光ビーコンのアップリンク機能で，対象バス車両を認知し，交差点の信号制御での青時間延長や赤時間短縮を行う．バスレーン整備，バス優先信号制御や，違反車両警告装置などをあわせて導入することで，総合的なバス優先方策として機能させる．
バス専用道路	道路交通法による片側1車線の道路で時間帯によりバス以外の走行を禁止する道路（大阪市，奈良市，東京都など）ものと，道路運送法による運輸事業者が保有する終日バス以外走行禁止の道路（北九州市，富山市など）がある．トランジットモールは前者に該当する．名古屋のガイドウェイバスは専用道路の一種に区分して解釈することもできる（法的には軌道法専用軌道）．

③望ましい導入方法
　バス優先方策の導入に際しては，以下のようなプロセスで実施する

のが望ましい.

1) 問題点の把握と目標の明確化

バスを優先させる必要がどこに（区間，時間帯，程度）あるのかを明らかにするとともに，優先することによるバス以外の車両（一般車）への影響をどのように判断するのか，あらかじめ整理する．当該地域での都市交通マスタープランの短期的な戦略と整合していることが理想である．

2) 方策メニューの選定

表IV.4.11.3のようにメニューは多様にあり，またその中のバリエーションも多く，各地で独特な事例もあることから，十分な分析（シミュレーションモデルなど）と事例収集を行ってメニュー案の選定をすることが望ましい．可能であれば次節の海外事例や提案事例の検討も検討に値する．

一方で，人海戦術によるバスレーン死守のような方法は望ましくなく，取り締まり労力も含め人件費負担のより少ない施策を選定するほうが持続的な効果は大きい．また，バス路線の見直し，バス停位置の見直し，規制時間帯での増便などを同時に検討することで効果が増大する場合がある．特にバスの台数についてはレーン規制遵守の効果との高い相関も報告されているので，検討の意義は大きい．

3) 体制づくり

検討の当初から警察を加えた組織で行い，問題点の認識や目標の設定について意識を共有する．沿道居住者や事業所については，影響を鑑みて組織への参加の必要性を判断する．

4) 効果の評価

1)の目標設定に対応するが，一般車への影響を丁寧に評価する．他の幹線道路や細街路への迂回車両や規制の遵守状況を含め検討し，必要に応じて見直しを行う．交通手段の転換効果をみる場合には，半年以上の長期間での行動変更を観測することが望ましい．評価指標としてダイヤからの遅れを考える場合，極論すればダイヤを設定しなおすだけで評価がかわる点に注意する．むしろ平均運行速度を用いるほうがよい．

④わが国には存在しないが参考に値する事例

最後に，参考となる事例を紹介する．

1. 交差点の総容量を確保したバスレーン（イギリス）

交差点直近で，バスレーンの端点を信号1サイクルで処理できる滞留長程度セットバックさせる．単路部での優先を確保した上で，バスは信号1サイクル以内で必ず交差点を通過でき，交差点の処理能力は保持される．

2. 不連続なバスレーン（イギリス）

ボトルネック部分の50〜500m程度にレーン規制を導入し，交差点間のリンク全体での導入をせず，リンク全体での容量を確保する．

3. 一般車への影響を配慮しない面的導入（スイス）

都心域全体で感知器制御を行う．ただし，道路整備と自動車交通量などの背景条件が異なる点に注意が必要である．大阪市の感知器導入も面的導入である．

4. 部分的なバス専用道路（専用リンク）（イギリス他）

バス専用の短区間道路，オーバーバス，都市高速道路ランプなどの導入．オーバーパスはつくば科学博時に，専用ランプは改修前の神戸市山麓バイパスにもあったが，いずれも現存しない．

5. 運行実態に対応した優先制御（スイス）

ダイヤ通り運行するバスは優先信号制御する必要ないとの判断に基づく．運行管理システムと優先信号制御システムを連動させ，当該バスの遅延度合いに応じて，信号での優先制御の方法をダイナミックに変更する．ダイヤ情報がなくても，当該区間より上流区間での走行速度実績から下流の信号制御を動的に変化させる方法は応用可能性が大きい．

6. 片側1車線道路でのバス追越現示（鎌倉市（実験））

工事時片側交互通行信号の要領で，信号停止時にバスを待ち行列先頭に追越させる．

【参考文献】

1) 山本雄二郎監修：交通計画集成3　公共交通の整備・利用促進の方策，地域科学研究会，pp.19，1997.

2) 建設省都市交通調査室監修：よくわかる都市の交通，ぎょうせい，1988.

3) 徳永幸之：バス停間隔と表定速度，http://www.plan.civil.tohoku.ac.jp/~toku/bus/，2004.

4) 国土交通省近畿地方整備局設計便覧，https://www.kkr.mlit.go.jp/plan/jigyousya/technical_information/consultant/binran/etsuran.html

5) 中村文彦，牧村和彦，佐藤和彦：ミュンヘン，ハノーバー，フライブルグの話題，交通工学，Vol.31，No.6，pp.89-96，1996.

6) 鈴木文彦著：路線バスの現在・未来，㈱グランプリ出版，2001.

7) 日本建築学会：駐車　バス・トラックの発着形式，建築設計資料集成5単位空間Ⅲ，丸善，pp.110，1981.

8) (社)日本交通計画協会編：駅前広場計画指針，技報堂出版，1998.

9) 国土交通省道路局：交通拠点の機能強化に関する計画ガイドライン，第Ⅰ部，第Ⅱ部，附属編，2022. https://www.mlit.go.jp/road/busterminal/

4.12 車両選定

(1) 基本的な考え方
　車両は住民に最も身近なバスサービス関連施設の一つであり，バスサービスの質を利用者に大きく印象付ける．このため，過度な混雑や乗客が収容できなくなることがないよう留意する必要がある．また，バスを利用する人の多くが高齢者や身障者であることを考えると，単なる移動の装置という位置づけではなく，利用者の立場に立った使い勝手のよい車両を選ぶことが重要である．

　コミュニティバスのように，バスにとって必ずしも良好な道路環境が整備されていない地区にサービスを供給することがある．この場合，その制約に適合した車両を選定する必要がある．ここでは，車両の選定の要点について整理する．

(2) 車両等に関する制約
　「バス」の定義は通常「乗車定員11名以上の車両」である．これは，道路運送法第3条において「一般乗合」「一般貸切」「一般乗用」の三種類からなる旅客自動車運送事業のうち，「一般貸切」いわゆる貸切バスの乗車定員を，道路運送法施行規則第3条の2において11名以上（運転手を除くと10名以上）と規定していること（したがって「一般乗用」いわゆるタクシーは10名以下），並びに一般乗合旅客自動車運送事業許可の審査基準[1] において「乗車定員11名以上の車両」を要件としていることによる．ただし，この審査基準において「地域公共交通会議等の協議結果に基づく場合，過疎地，交通空白地帯等で運行する場合等，地域の実情に応じて事業計画及び運行計画の遂行に必要な輸送力が明らかに確保されると認められる場合には11人未満の乗車定員とすることができる」とされている．

　車両構造等における法令上の制約は，道路運送車両法及びこれに基づく「道路運送車両の保安基準」が主である．標準的な仕様の車両を購入する場合にはこの基準に抵触することはないが，利用者向けの工夫等，独自の仕様を定める場合には留意する必要がある．また，バリアフリー法（高齢者，障害者等の移動等の円滑化の促進に関する法律）や，それに基づき制定されている「移動等円滑化のために必要な旅客施設又は車両等の構造及び設備に関する基準を定める省令」についても考慮する必要がある．

　バス車両は，これまで路線バス仕様と貸切バス仕様の二種類に大別されてきた．前者が日常的な近距離かつ短時間の輸送が主体である乗合事業用の低廉な車内設備及び必要最低限の走行性能，後者が非日常的な遠距離かつ長時間の輸送もある貸切事業用の車内設備と走行性能

という点で一線が引かれていたものである．近年では，乗合事業である都市間バスでは貸切バス仕様が主体となり，また，自治体が運行するいわゆる旧21条バスや旧80条バスでは貸切バス仕様をそのまま使用するなど，車内設備・性能等の点でも次第に境界が不明確になりつつある．ここでは，概ね路線バス仕様に該当する車両について記述する．

(3) 車体サイズによる分類

わが国では，ボディサイズ等によって大きく大型・中型・小型の三種類に分類される．なお，バスはその大きさによって運転免許，保安基準，税金，通行料などそれぞれ異なる境界を持つが，その境界として用いられる値は乗車定員，車両寸法，車両重量，排気量など値もまちまちであり，統一的な車体サイズの区分はない．一例として，国による車両購入補助等における車種区分を紹介すると，以下のようになっている．
- ・大型：長さ9m以上又は定員61人以上の車両
- ・小型：長さ7m以下かつ定員29人以下の車両
- ・中型：大型車両及び小型車両以外の車両

また，中山間地域，交通空白地帯等では乗車定員10名以下の車両（タクシー車両）も候補となる．

①大型バス

全幅2.5mで，全長は最大の12mよりも使い勝手の点で10～11m程度の車両が主流となっている．

②中型バス

全幅2.3m程度，全長9m程度の中間的なサイズの車両である．大型バスほどの需要がない路線に導入される．

③小型バス（マイクロバス）

以前は自家用送迎等を主眼として扉が前輪後部に位置する車両が大半だったが，扉を前輪前部に配置して中扉も設ける等，乗合仕様の車両も登場した．狭小な道路幅から全幅2.0m以下等の制約が付せられる場合もあり，全幅の制限をクリアしつつ中型に近い機能を有する車両も開発されるようになった．また，輸入車としてノンステップを前提とした車種も登場し，国内でもノンステップ車が開発されている．なお，全長・定員の両方の基準を満たさないと小型とは見なされないことに注意が必要である．また，道路交通法で車両通行規制の区分として用いられるマイクロバスとは定員11～29人の乗用自動車を指す（定員30人以上はマイクロバスではない）．経路設定において注意が必要

である.

④その他（乗合タクシー等）

　小型バスよりもさらに小さな車両（バスという区分に該当しない車両）として，いわゆるワンボックス車そのものや，高屋根にして座席・扉をバスに近い機能に改造した車両が使用される場合がある.

表IV.4.12.1　各種バス車両の諸元例

	乗車定員（人）				車両サイズ（mm）		
	座席	補助	立席	合計*	全幅	全長	全高
大型	30	–	54	85	2,490	10,675	2,940
大型ワンステップ	33	–	47	81	2,490	10,675	2,900
大型ノンステップ	22	–	43	66	2,490	10,515	3,010
中型	37	8	–	46	2,340	8,990	3,125
小型	22	6	–	29	2,080	6,990	2,820
小型ノンステップ	12		7	20	1,995	5,770	2,830
ジャンボタクシー	9	–		10	1,665	5,200	2,265

　＊：乗車定員合計には運転者一人が含まれている

　バスの利用者が多く「バス黄金時代」と呼ばれた1970年代は，可能な限り大型の車両が要求され，中・小型車両は道路の制約からやむを得ない場合に限って用いられていた．その後，バスの利用者の減少に伴うコスト削減策として，地方部を中心に大型車から中型車に切り替える例が多くなった．走行関係部品の信頼性やピーク時の対応力等を挙げて大型車で全長が短い車両を導入する事業者もあったが，税金等の費用の点（「3.6　費用構造分析」参照）や，中型車の性能向上，車内レイアウト等の工夫による乗車定員確保が可能になったこともあり，地方部では次第に中型車が主流となった．近年では，廃止代替路線やコミュニティバス等の運行において，マイクロバスやいわゆるジャンボタクシーを利用するケースも多い.

　車両サイズの選定においては，ピーク時の乗車人員が最も重要な項目であり，道路幅員等の走行環境による全幅や最小回転半径などを制約として選定することになるが，乗車人員と車両サイズの組み合わせは表IV.4.12.1に例示した以外にも数多く存在することから，後述する扉配置，シートレイアウト，低床なども加味して選定する必要がある.

　なお，バスの乗車定員については，カタログ等に示されている定員は最大乗車人員であり（注），定員に近い状態では乗客の快適性が著しく損なわれる上に乗降に長時間を要することから，円滑な運行を行うための適正な乗車人数はこれより少ないことに注意する必要がある.
例えば，定員70名程度の大型バス(ツーステップ・前中扉・前向きシー

ト座席定員25名程度)の場合，都市部の事業者の経験値として適正な乗車人員は概ね50名程度である．

> 注：自動車は，道路交通法 第57条において乗車定員を越える乗客を乗車させることが禁じられている．また，道路運送車両の保安基準 第24条（運輸省令）において，立席人員の占める広さは0.14m²／人と定められている．これは，鉄道0.3m²／人（JIS E 7103 通勤用電車－車体設計通則）比べ非常に狭い．そのため，混雑率（乗車人数／乗車定員）を考えると，バスの100%は鉄道の150～200%に相当し，車内移動は非常に困難な状況である．

(4) 扉配置及び車内シートレイアウト

　扉配置は，運賃の収受方式や乗降の円滑さと密接な関係があり，多くのバリエーションが生まれた．大型車では，1．前中扉，2．前後扉，3．三扉，4．前扉のみ，の四つに大別することができる．低床対応で後扉を設けることは困難であるため，バリアフリー法により新車は前中扉が標準になりつつある．

　シート配置は，1．前向き，2．横向き（三方シート）がある．横向きは立席も含めた定員を多く確保できるメリットがあるが，現在は乗り心地等を考慮して前向きが大多数を占める．

　同じ車両サイズであっても，扉配置とシートレイアウトによって乗り心地と運行効率は大きく異なってくることから，利用者数と客層に応じて車両を選定する必要がある．例えば，利用者数が多く車内・道路とも混雑が問題となる場合には「前中扉・前向き一人掛け座席」として乗車定員と乗降の円滑化を確保し，高齢者が多い場合には「前扉のみ・前向き2人掛け座席」として少しでも多くの座席を確保する，といった選定になろう．その他，ノンステップ・ワンステップ化やシートの向きはもとより，わずかなシートレイアウトや車内設備等の工夫によっても実質定員や立客の快適性も含めた総合的なサービスレベルに差が生じることから，可能な限り実車にて確認を行うことが望ましい．

(5) 特徴的な各種仕様
①リフト付バス

　ステップ部分に車椅子のための電動リフトを設けたいわゆるリフト付バスが都市部の病院路線等を中心に導入されてきた．ただし，数百万円のコスト増となり，また停留所での操作に時間がかかるなど，一般の路線バスとして普及させるにはデメリットの多さを指摘する声も少なくない．アメリカ合衆国等でも，関係法令もあって一時期広く普及はしたものの，最近の新車はノンステップが主流になりつつある．

一方で，扉と別の位置に取り付ける例も増えている．小型車体への取り付けに関しては，リフト関係スペースの比率が高くなることに注意が必要である．

②低床バス（ノンステップ・ワンステップ）

高齢者等のステップ上り下りが困難な人にも優しい車両として，ワンステップ車やノンステップ車がある．1998年の交通バリアフリー法施行により，乗合バスの新車は原則としてワンステップまたはノンステップであることが条件となった．ただし，低床バスは道路の勾配急変部や段差，さらには除雪が行き届かない地域で走行不能な場合もあることから，その場合には低床バスの導入と道路改良等との比較検討を行う必要がある．

表4.6.1に示したように，ツーステップ車やワンステップ車に比べて座席や定員が大幅に減少してしまう場合があることに注意が必要である．

③補助ステップ及び車椅子スロープ

補助ステップは，扉の開閉の観点で次の二つに分けられる．
・通常のステップの下部にもう一段側方に飛び出すタイプ
・一番下のステップの一部が降下するタイプ

前者は構造上比較的簡易であるが，ステップが突出することと一段増えることによる違和感を利用者に与える．後者は比較的大がかりな構造の改変を要するが利用者に与える違和感は小さい．前者は多くのバスに導入されているが，後者の導入例は限られている．

車椅子スロープは，当初電動方式も少なくなかったが，初期コストや操作性，メンテナンスの点で手動式が主流になりつつある．手動式にはスライド式の他，ステップ部分に埋め込んだ鉄板を回転させるものもある．また，強化樹脂製等の持ち運び式スロープで対応するケースも増えている．

(6)　その他選定時の留意事項
①新車か中古車か

バスの新車は，実質的に受注生産となる．このため，事業者ごとの工夫を反映させやすい反面，個別の対応に伴うコスト高等の課題がある．標準化の動きは過去にもあったものの，成功には至っていない．価格は，大型バスで公称1,500万円前後とされるが，仕様や購入台数等によって価格には幅がある．

中古車両は，売却側の事業者の帳簿処理等の点もあって，一般に考えられているよりもはるかに安価で入手が可能である．現行の国産車

は，手入れが行き届いてさえすれば20年近い使用に耐える水準にあり，8年程度で廃車する車両を購入してもその後10年近くは使用できる．ただし，相場の上下や仕様の統一が難しいこと，自家用仕様をワンマン仕様に変更する等の改造費用を要すること，新車に比べ修繕費が高くなることもあることなどから，慎重に検討することが必要である．

②有料道路の車種区分

　走行区間に有料道路が存在する場合，定員や車両サイズによって料金が異なり，車両選定が運営費用に影響を与えることにも注意が必要である．例えば，各高速道路会社が管理する高速道路においては，定員(30名)，車両総重量(8トン)，全長(9m)や，4条に基づく路線バスか否かによって区分が異なり，わずかな寸法や重量の違いが運営費用に大きな影響を与える場合もある．また，首都高速道路・阪神高速道路では上記によらずナンバー区分により大型車・普通車の二区分としているなど，各県の道路公社等管理主体によって独自に決められている．

③費用構造からみた位置づけ

　バス事業における費用の割合から考えた車両の位置づけにも留意しておく必要があると思われる．
　「3.6　費用構造分析」で述べたように，バス事業は労務関係費用が大半を占める労働集約的な事業であり，車両関係の費用の比率は高い方ではない．しかし，利用者が使用車両から受けるその路線に対するイメージは決して小さいものではない．費用の削減は必要ではあるが，快適性やアピール性を考慮すれば，投資対象としての効率は高いとみることもできることから，総合的に判断する必要がある．

【参考文献】

1) 一般乗合旅客自動車運送事業の申請に対する処理方針（国土交通省自動車交通局長通達，2014.1)，https://www.mlit.go.jp/common/001125641.pdf

　その他，以下の文献が参考になる．

2) 鈴木文彦：バス車両の進化を辿る（グランプリ出版）pp.236,2003.
3) 道路運送車両の保安基準詳解（交文社）pp.1349, 2000.
4) 注解自動車六法（第一法規）pp.3238, 2003.
5) (財)運輸政策研究機構：障害者・高齢者等のための公共交通機関の車両等に関するモデルデザイン，pp.175, 2001.

5章　評価

5.1　概要

　バス交通計画やバス事業を実施している主体にとっては，自らが実施ないし選択している政策や事業，サービスが適切なものであるのかを常に観測し判断するとともに，必要とあればそれらの内容を変更していくことが重要である．

　本章では，「5.2 サービス評価」，「5.3 事業評価」，「5.4 政策評価」の三つに焦点を絞り，それらについて解説をするが，これら三つがどのような位置づけにあるのかをここで触れておきたい．サービス評価は，バスを利用する住民がバスサービスをどのように評価しているかという視点に基づくものである．よって，この評価は，住民の生活にバスサービスがどれだけ寄与しているのかを問うものである．バスサービスを構成する要素には運賃や運行頻度などの様々な要素が考えられる．「5.2 サービス評価」では，それらの要素を整理するとともに，評価の指標として有用となるアクセシビリティ指標について紹介する．

　「5.3 事業評価」は，事業のPDCA (Plan-Do-Check-Action)サイクルをまわすプロセスにおいて，事業の進捗状況を可視化することが目的である．そこで，その状況をどのような指標で定量化するのか，また，これらの指標にはどのような類型があるのかを整理するとともに，評価における留意点について述べる．

　以上の二つの評価に基づき，バス交通に責任を負っている行政機関がバス交通政策をどのようなプロセスで策定・実行していくべきかを判断することになる．その際に有用となるのが，「5.4 政策評価」である．そこでは，従来の「投入指向型管理」から「成果指向型管理」への移行の重要性とともに，アウトカムの考え方と評価方法について述べる．なお，本書で言うところの「政策」は「行政機関が行う政策の評価に関する法律」における定義に則っている．

5.2 サービスの評価

(1) 基本的な考え方

　路線バスをはじめとする公共交通サービスが人々にとってどれほど便利かを数値化することは，計画において目標を設定する際，計画がどれほど進捗しているのかを把握する際など，多くの場面で必要とされる．ただし，サービスがどのような意味で便利かについては様々な視点がある．以下ではまず，どのような視点での評価がありうるか，すなわち，どのような評価項目があるのかを整理し，それらを簡易に評価するための指標を示す．なお，多くの評価項目は，アクセシビリティ指標としてより正確に定量化できるため，本節の後半ではそれらについて紹介する．

(2) サービスの評価項目

　様々なサービスの評価項目が考えられるが，サービスは一般に移動する時間，移動できる目的地を制約するとともに，金銭的な負担や所要時間を要する．このように，自家用車などの他の移動手段と比べるとサービスの特性が明らかになり，それらの主なものを整理すると表Ⅳ.5.2.1のように表すことができる．また，それぞれの評価項目をどのような指標で数値化するのかをあわせて示している．

表Ⅳ.5.2.1　バスサービスの評価項目とその指標

評価項目	簡易な指標もしくは代理指標
1. 乗りたい時に乗ることができる	便数（多いほどよい），運行間隔（小さいほどよい）
2. 行きたい場所に行くことができる	到達可能な地点（多いほどよい）
3. 安価に行くことができる	運賃（安いほどよい）
4. 乗り換えが少ない	乗り換え回数（少ないほどよい）
5. 速く着く	所要時間（少ないほどよい）
6. バス停・駅まで近い	バス停・駅までの距離（短いほどよい）
7. 時間に遅れない	所要時間の分散（小さいほどよい）
8. 利用の手続きが容易である	予約の有無（無い方がよい）
9. サービスの情報が分かりやすい（情報提供）	時刻表・路線図，到着したバスの行き先・運行状況の分かりやすさ
10. 快適に行ける（車両や運転）	乗降のしやすさ，乗車時の安心感，座席の確保の容易性，車内の空調

　これらのうち，9と10を表す指標は定性的であり，数値に基づく評価を必要としなければならない場面はほとんどないであろう．一方，1〜

8については，アクセシビリティという指標でより正確な定量化が可能である．

(3) アクセシビリティ指標に基づいた評価指標

アクセシビリティ指標は，人々が目的地に容易に到達できるか，もしくは，目的地に到達できる人々がどれだけいるかを定量化したものであり，通勤，通学，買い物，通院など，活動別に評価することが一般的である．

これまでに様々なアクセシビリティ指標が開発されているが，それらは，1) 出発地（居住地）に基づいた指標と，2) 目的地に基づいた指標に大別することができる．出発地に基づいた指標の一例が「ある特定の出発地（居住地）から60分以内に到着できる商店の数」であり，上述の「人々が目的地に容易に到達できるか」という視点に基づく．なお，対象とする出発地（居住地）が異なれば指標値も異なるため，例えば集落や地域メッシュごとに指標値を算出することになる．

一方，目的地に基づいた指標の一例が「ある病院（＝目的地）から30分以内に到達できる人口」であり，上述の「目的地に到達できる人々がどれだけいるか」の視点に基づく．この指標においては，対象とする目的地が異なれば指標値も異なるため，例えば病院ごとや商店ごとに指標値を算出することになる．

上記の「60分」や「30分」などで表される「○分」は閾値であり，これを何分とするのかは評価者の判断によるが，公共交通の計画の目標から定める，公共交通を利用してもらうために最低限確保しなければならない水準から定めるなどの考え方がある．また，「○分」の箇所を「○円」といった金銭，「乗り換え○回」といった乗り換え回数，「予約なしで」といった予約の有無別などのように，利用の抵抗となりうる要因で置き換えることにより（なお，「○分」は所要時間を利用の抵抗とした場合に相当する），様々な抵抗に着目したアクセシビリティを定量化することができる．

現在では，地理情報システム(GIS)を用いることで，上記の指標を算出することは容易である．ただし，これらはあくまで移動距離（もしくは移動時間）に関連する抵抗を扱いうるものであるが，表IV.5.2.1の「1. 乗りたい時に乗ることができる」のように，外出時間帯と公共交通ダイヤが乖離することに伴う抵抗に着目しなければならない場合については適用の対象外である．しかし，「1. 乗りたい時に乗ることができる」の定量化は，谷本ら[1]の手法を応用することで，以下のように行うことができる．

まず，活動別に，何時から何時までに外出している人が<u>1日当たりに何人いるのか</u>を下表のように整理する．ただし，ここでの外出時刻

とは，「自宅の出発，到着時刻」ではなく，「目的地における活動の開始時刻，終了時刻」である．例えば，買い物では，商店に入る時刻が開始時刻，清算を終えて商店を出る時刻が終了時刻である．この表を「外出時間分布表」と呼ぼう（表IV.5.2.2参照）．どこからどこまで移動するかという空間的な移動量を表したOD(origin-destination)表と対比すると，この表は時間的な移動量を表しているため，AD(arrival-departure)表と呼ぶこともできよう．

　この表を得るためには，「2.3 交通実態・ニーズの把握」や「2.4 生活実態調査」により，当該の活動についての開始時刻，終了時刻および活動の実施頻度に関する実態データを収集しておくことが必要である．なお，活動の実施頻度を必要なデータとするのは以下の理由による．下表は1日当たりの実態であることから，例えばある活動に関して開始時刻が10時，終了時刻が11時の人が3人いるとしても，これらの人々が5日に1度しかその活動を実施しないのであれば，開始時刻が10時，終了時刻が11時に活動を実施する1日当たりの人は3×1/5=0.6人となるためである．

表IV.5.2.2　「外出時間分布表」の例（単位：人／日）

終了時刻

		7	8	9	10	…
開始時刻	7	0	0	1.3	0	…
	8		0	1.2	2.4	…
	9			0	6.5	…
	10				0	…
	:				:	…

　この表が得られれば，当該の公共交通のダイヤのもとで任意の活動を実施できるか人が何人かを把握することができる．例えば，上の表において，8時に目的地に到着し，9時に目的地から自宅方面に出発するダイヤがあれば，目的地で活動できる人々は1.2人となる．同様に，9時に加えて10時にも目的地から自宅方面に出発するダイヤがあれば，合計で1.2+2.4=3.6人となる．すなわち，「1．乗りたい時に乗ることができる」に関するアクセシビリティ指標は3.6人となる．

　なお，外出時間分布表は利用者の外出時間に関するニーズを示した表ということもでき，そうであるからこそ，「所与のダイヤのもとでどれだけの人々に活動の実施を可能とするか」という上記の分析が意味をもつ．このため，外出時間分布表は利用者のニーズを反映したものでなければならない．したがって，公共交通の利用者は現在の公共交通のダイヤによって外出時間を制約されているため，外出時間分布

表を作成する場合には公共交通の利用者の外出時間を除かなければならない．ただし，そうすると，外出時間分布表は公共交通を利用する可能性の低い人々（例えば，若年層の人々）のみの実態しか反映できなくなる懸念が生じるため，例えば高齢者の実態データのみを用いて外出時間分布表を作成するといった工夫が必要となる．

　上記以外にも様々なアクセシビリティ指標がある．また，上記に紹介した指標においても，例えば，「ある病院から30分以内に到達できる人口」における「30分」という一定の閾値を設けずに算出する指標もある．それらの詳細は，谷本ら[2]を参照されたい．

【参考文献】
1) 谷本圭志，牧修平：地方における公共交通のサービス供給基準に関する研究，運輸政策研究，Vol. 11, No. 4, Winter, pp. 10-20, 2009.
2) 谷本圭志，牧修平，喜多秀行：地方部における公共交通計画のためのアクセシビリティ指標の開発，土木学会論文集D, Vol. 65, No. 4, pp. 544-553, 2009.

5.3 事業評価

(1) 基本的な考え方

公共交通サービスを実施するに当たっては，事前に計画を立案し，その計画に位置付けられたいくつかの事業を実施することが一般的である．事業の成果を高めるためにはPDCAサイクルをまわしていくことが必要となる．すなわち，当初の計画通りに事業が進捗しているのかを定期的に確認しつつ，進捗が思わしくない場合には何らかの対策を講じるなど，望ましい結果の実現に向けて計画を見直すというプロセスが重要である．事業評価は，このプロセスにおいて，現在，事業がどのような状態であるのかを客観的に明らかにする営みである．

(2) 事業評価の主な指標

事業の状態は様々な視点から眺めることができる．一つの視点ではなく，多様な視点に基づくことで，どこにどのような課題や成功の要因があるのかを把握することができ，今後の改善に活用することができる．以下では，代表的な視点とそのもとでの指標の例をいくつかあげる．

①活動の機会に関する指標

公共交通の本来的な目的は，通学・通勤や買い物などの様々な活動の機会を提供することにある．このため，公共交通で確保すると想定されている活動に関して，それらの機会がどの程度かを把握することが重要である．その指標としては，以下が考えられる．

・主要目的地まで往来可能な人数：所定の時間内に当該目的地に往来できる人数やその割合．例えば，午前中に病院に往来できる人数や，下宿せずとも高校に通学できる人数が考えられる．人数ではなく，人口に占める割合でもよい．
・公共交通カバー率：公共交通が運行している地域の人数やその割合．これとは逆の概念である公共交通空白地区の人数でもよい．
・運行回数：利用可能な公共交通の運行回数．

活動の機会が確保される条件は地域によって異なる．例えば，二日に一度買い物できればよいと考えられる地域では，毎日に買い物の機会がなくても，その機会は確保しうる．したがって，指標の定義や計測は，このような地域の特性にあわせる必要がある．
また，路線バスをはじめとする公共交通は活動の機会を確保する唯一の手段ではない．例えば，買い物の場合，遠距離の外出がつらい人

にとっては移動販売や宅配が便利な手段である．その意味で，活動の機会を公共交通が確保していなくても代替的な手段で確保できればよい場合がある．このように，活動の機会を確保する手段は多様であり，公共交通はその一つの手段に過ぎないことを踏まえて，指標の定義や計測をする必要がある．

②事業性に関する指標

公共交通サービスは活動の機会を確保することを目的としつつ，その目的を達成するための有効な代替案を選んで実施する．計画によって具体的な代替案は異なるが，多くの場合は路線バス，DRT，タクシーなどの運行形態に関する代替案を選ぶことになる．選んだ手段が有効に機能しているのかについては，その手段が達成している事業性に着目することが重要である．その指標としては，以下が考えられる．

- ・利用者数：サービスの利用者数である．当該サービスの利用者数や，1便当たりの利用者数で計測することが一般的である．
- ・収支：事業によって得られる収入，事業を実施するに要する支出．または，収入を支出で割った収支率や，収入から支出を差し引いた収支差額を計測することもできる．

③利用者の購買心理過程に関する指標

公共交通サービスも通常の商品やサービスと同様，人々が購買して利用する．人々はサービスを突然購入するのではなく，それを認知し，興味を覚え，実際に購買し，評価するというプロセスを経る．この購買心理過程のどこがボトルネックになっているのかを明らかにすることで，有効な広報や利用促進策を検討することができる．具体的な指標としては，以下が考えられる．

- ・認知度：計画で取り組んでいる事業やサービスを認知している人の割合．認知がどれだけ広がっているかを把握するためには，認知している人数よりは，計画の対象に含まれるすべての人（例えば，自治体の人口）に占める認知している人の割合の方が適当である．
- ・利用率：計画で取り組んでいる事業やサービスを利用している人の割合．ここでは延べの利用者数ではなく，計画の対象に含まれるすべての人に対して，利用したことのある個人が何割いるのかに着目することが適当である．
- ・満足度：計画で取り組んでいる事業やサービスを利用した人の満足度．アンケート調査などで，利用したことがない人が満足度を回答することもあるが，本来，満足度は利用しないと回答できない．す

なわち，満足度は利用した人のみに限定して評価する必要がある．

④公的負担に関する指標

多くの場合，公共交通に関する事業には公的資金が投入される．事業の実施にどれほどの公的資金が投入されているかを明らかにすることは，選んだ代替案の適切性や事業の実施規模などを見直す上で重要である．具体的には，以下の指標が考えられる．

・公共交通への公的資金投入額（財政負担額）：個々のサービスへの赤字補填や補助金などの財政負担額．総額を指標とするよりは，利用者1人当たりの財政負担額や，住民1人当たりの財政負担額の方が理解しやすい．

例えば，あるバス路線において利用者一人当たりの財政負担額が5,000（円／月）であったとする．このバス路線を廃止してタクシーの利用助成に切り替えた場合，その助成額が5,000（円／月）以下であればコストが安価になると考えられる．実際には，切り替えた場合の需要の変化や特別地方交付税の扱いが変わるなどを加味して検討する必要があるが，この指標から簡略的な比較ができる．

⑤サービスの供給に関する指標

運転手の不足によって路線バスのサービスが維持できない例が見られる．供給する人・組織があってはじめて住民にサービスを提供することが可能という事実を踏まえと，供給側の状態がどのようであるのかに着目することは重要である．具体的な指標としては，以下が考えられる．

・運転手の数：公共交通サービスを担う運転手の数（バスやタクシーの運転手）．
・共助交通を担う組織の数：公共交通サービスを担う住民の組織や運転手の数．
・生産性：一人の運転手の労働時間に対して実働している時間の割合．この数値が小さいほど暇であり，経営者から見れば労働者に十分な仕事を割り当てられていないこと，労働者から見れば自身の労力を十分に発揮できていないことを意味する．

生産性が低いということは，公共交通以外に兼業・副業的な仕事をする余地があるということでもある．つまり，兼業・副業をすることで収入を増やす機会がどれほどあるのかを表す指標でもあり，新たな

ビジネスをしつつ公共交通サービスを維持する可能性という前向きな意味合いで理解する必要がある.

後ろ向きな意味合いで理解すると, 生産性を上げるためには労働力を削減することになる. これは, 新たなビジネスに取り組むためのリソースを減らし, 収入を増やす可能性を捨てることになるため, 一時的に生産性の指標は上がっても, 長期的にはサービスの持続可能性を損なうことになる. 生産性を上げるには, リソースを減らすのではなく, そのリソースをどう有効活用するのかという視点で考えることが必要である.

⑥施設・設備・サービスの整備状況に関する指標

ICカードやキャッシュレス決済の設備, バリアフリー車両, バスロケーションシステムなどの整備を目指す計画では, その整備状況の進捗を把握することが重要である. また, 現在の路線バスを中心とした交通体系からタクシーを中心とした体系に改めるという計画の場合, タクシーに転換できた地域の数そのものが計画にとって重要な指標となる.

一方で, これらの整備状況のみならず, これらの施設・設備・サービスの利用状況もあわせて把握することが重要である.

(3)　評価の留意点

評価は計画の進捗を把握するための行為であることから, 計画で掲げた目標や方向に沿った評価指標を選ぶことが必要である. 上節で示した評価指標はあくまで例であり, 実際には適当な指標を吟味して選ぶことになる. その際, 指標の定義に工夫を要する場面がある. 例えば, 人口減少が顕著に進む地域では, 沿線の人口が減ると同時に利用者数も減るのが普通であり, 利用者数そのものを指標とすることには意味がなさそうである. この場合には, 利用者数を沿線の人口で割るといったように, 基準化した指標に修正することが有効である.

計画は複数の年をまたぐことが一般であることを踏まえると, 経年的に数値を容易に把握できないと継続的な評価ができなくなってしまう. 継続的な評価を可能とするには二つの観点があり, 一つ目は過度に多くの評価指標を設けないこと, 二つ目は算出が困難な指標を用いないことである. 前者は自明のことではあるが, 評価はあくまで現在の状態を把握する営みであり, 事業を改善するための手段的な営みに過ぎない. 本質的な指標を選定することが, PDCAをまわしつづける上で重要である. 後者については, 指標を算出するためにGISによる高度な解析やアンケート調査が必要である場合などが該当する. 指標の算出になるべく時間や労力を要さない指標を選定することが必要で

ある.

　次いで，指標の性格についてである．指標の値の大小が事業の状態の良し悪しを示すというのが一般的な理解であるが，そうでない場合もある．例えば，路線バスの利用者数を増やそうという計画の場合，利用者数は多ければ多いほど望ましい状態であることを表す一方，路線バスが中心の交通体系からタクシーを中心とした体系に改めることを目指す計画の場合，利用者数は多ければ多いほどよいことを意味しない．つまり，利用者数が十分に少なくなった路線や地域からタクシーに転換できるため，この場面における利用者数という指標は状態の良し悪しではなく，転換のタイミングを見定める上での中立的な指標であり，単なるモニタリングのための指標である．このように，計画によっては成否を表す指標のみならず，何らかの契機を見定めるための中立的な指標を設けることも必要となる．

(4)　「利用者数」の評価指標

　「事業性に関する指標」の一つとして利用者数の指標を紹介したが，これは計画の内容によらない中核的な指標として広く認識されている．その理由は，公共交通の利用者数が多ければ多いほどよいという暗黙の了解があるためと考えられる．

　この指標は必ずしも状態の良し悪しではなく，中立的な指標として活用する場面があることは前節で述べた通りであるが，それ以外にも，状態の良し悪しとしてこの指標を用いないことが適切な場面がある．それについていくつか紹介する．

　まずは，タクシーの利用助成を活用して公共交通サービスを展開する場面である．路線バスの場合，利用者数が増えると一般に赤字額が減り，自治体の補助も少なくなるため，利用者数は多ければ多いほどよい．しかし，タクシーの利用助成を活用する場合，利用者数が多ければ多いほど自治体の負担額も大きくなる．すなわち，どのような公共交通サービスを中心とするかによって，利用者数の多さが自治体の負担に及ぼす影響はまったく異なる．また，利用者数が多すぎると，限られたタクシーの運転手では対応できなくなるリスクも高くなる．以上のように，利用者数が多いことは必ずしも良い状態ではない．

　次いで，既に利用の増加の見込みがない場面である．利用促進や住民との対話が行われてもなお，特定の数名しか乗車していない路線が全国的に存在する．このような路線で利用者数を指標に掲げ，その増加を目指すことは虚しい．むしろ，利用者一人当たりの費用という指標を掲げて少ない利用者に適した運行形態への転換を目指すことや，共助交通を担う組織の数を指標に掲げてそれへの転換を目指すことが求められる方向性である．利用者数の増加を掲げるのは本来の方向性

を見誤らせるだけであり，掲げない方が望ましい．

　以上，状態の良し悪しを示す指標として利用者数を用いることが適切ではない場面を紹介したが，これらの場面は以下のように一般化できる．気候変動への対応のように，公共交通の利用者の減少という環境の変化に対しては，緩和と適応の二つのアプローチが必要である．緩和とは，利用者の減少を和らげることであり，適応とは，利用が少なくてもやっていける仕組みに転換することである．計画における中心的な考えが緩和である場合には，状態の良し悪しを表す指標として利用者数を用いることに何ら問題はない．しかし，中心的な考えが適応である場合，もはや，利用者数を増やすのではなく，少ない利用のもとで持続的なサービスの確立を目指すため，状態の良し悪しを表す指標として利用者数を用いることは不適当である．例えば，運転手の空き時間に貨客混載をすることでサービスの持続可能性の向上を構想している場合，利用者数の増加はかえって貨客混載の実行可能性を損ねるだけである．

　人口の減少が続く地域では，利用者数の増加を目指すことが有効でない場面が多くなると考えられる．計画者は「利用が多ければよい」という思考停止に陥ることなく，地域にふさわしい計画を立案し，それにふさわしい指標を選定しなければならない．

5.4　政策評価

(1)　基本的な考え方
　行政が実施している施策や事務事業の成果・執行状況を行政自らが点検・評価し，その結果を次の意思決定に生かすことによって政策の質的向上を図ることは，あらゆる行政活動を行う上で必須の作業である．バスサービスに関連する政策もその例外ではない．なお，政策評価の考え方は，中央政府や地方自治体といった行政機関のみならず，公益法人，NPO，コミュニティ組織などにおける活動に対しても適用が可能である．

(2)　政策評価とは
　政策評価による評価の対象は四種類ある．それぞれの対象において評価作業が実施される．主な評価項目の例を以下に示す．

①因果関係（セオリー）
・事業の目的(Goals)と目標(Objectives)は何か．
・提供されるべきサービスの概要・種類と提供される量，質，期間．
・因果関係(1)：プログラムの実施がどのようにしてサービスを生産するか．そして生産されたサービスは，どのようにして受益者(住民)に提供されるか．
・因果関係(2)：受益者に提供されたサービスが，どのようにして期待される社会的変化(改善効果)を引き起こすか．
・そのサービス提供にはどのような資源(資金的，人的，時間的，物的，情報的他)が必要か．それらの資源をどのように組織化すべきか．

②実施過程（プロセス）
・質的，量的，期間的に，計画されたサービスが提供されているか．
・人的，時間的，資金的，物的等の資源は，計画通りに利用されているか．
・組織は計画されたとおりに機能しているか．
・サービスは，対象の住民に提供されているか．
・サービスが引き起こす改善効果に関する指標値が継続的に達成されているか．

③改善効果（インパクト）
・事業の実施によって改善効果があったのか，なかったのか．
・事業の実施が対象の住民に与えた量的な改善効果はどのくらいか．
・事業の実施が対象の住民に与えた質的な改善効果はどのようなもの

だったのか.
・サービスは対象とする住民全体に届いたか. 一部の対象住民だけに
届いていないか.
・計画されていた目的(Goals)と目標(Objectives)はどの程度達成され
たか.
・結果として, 対処すべき社会問題の状況は改善されたか.

④効率性
・実現された改善効果を貨幣価値で見積もるとどれくらいか.
・利用された資源を貨幣価値で見積もるとどれくらいか.
・資源は最適かつ効率的に投入されたか.
・コストに対して改善効果は最善だったか. あるいは改善効果に対し
てコストは最小限だったか.
・結果として, 払った税金に見合うだけの価値あるサービスが提供さ
れたか.

　以上の項目について, バスサービスに関しても評価する必要がある.

(3)　政策評価の目的
①政策に関する意思決定の改善
　政策評価の導入により, 従来の「投入指向型管理」から「成果指向型管
理」への移行が可能となる. 例えば, 従来は「バス路線が拡大された」と
いうように, 投入量が単にどれだけ増加したかが行政のみるべき実績
として報告されてきた. これが政策評価を導入すると, バスの路線が
拡大されることにより「市民の生活がどのようにかわったのか」(改善効
果)などが評価される. この情報に基づいて政策の拡大, 縮小, 継続,
廃止が決定される. 従来の「投入指向型管理」・「前例主義」という行政組
織内部の視点によるマネジメントから, 「成果指向型管理」・「戦略的意
思決定」という住民中心のマネジメントへの改善が可能となる.

②資源配分の最適化・効率化
　政策評価によって, 既存の政策においてもどこで非効率が発生して
いるか, その場合どう改善すべきなのかがわかる. これにより財政的,
人的, 時間的, 物的, 情報的(ノウハウなど)に最適かつ効率的な資源
配分の実現が可能となる.

③住民への説明責任の向上
　納税者である住民の, 税金の使われ方に対する関心は今日ますます
高まってきている. 同様に, 将来の生活交通の足を確保できるかどう

かについても，住民の関心は高い．税金が有効に使われているか，そして代替的な政策と比較しても，現在の公共交通の政策が最善であるかなどに関する判断のための情報が政策評価によって提供される．

(4) 政策評価の対象と手法

政策評価において，それぞれの項目の評価手法は下記のようになっている[1]．なお，改善効果や効率性の評価手法は「5.2 サービスの評価」や「5.3 事業評価」と同様であることから，以下では因果関係の評価，プロセス評価に焦点を当てることとする．

- ・因果関係(セオリー)→セオリー評価
- ・実施過程(プロセス)→プロセス評価
- ・改善効果(インパクト)→インパクト評価
- ・効率性→コスト・パフォーマンス評価

(5) 因果関係の評価

ここで言う因果関係とは，原因と結果が連鎖状に連なっているという「仮定」の上での因果関係である．政策の実施が目標とした状態に到達するまでの過程は，この連鎖上に連なる「仮定」に基づいて説明される．もし，この仮定のどこかがうまく機能しなければ，政策は目標を達成できない．この仮定の評価は一般に「セオリー評価」と呼ばれる．

原因と結果の連鎖関係を明らかにするためには「ロジックモデル」を用いる．これにより，どこが原因となってサービスの提供や改善効果が得られないのか，どこに過大な費用が発生しているのか，そしてそれらの対策として何を追加すべきかを明らかにすることができる．

①ロジックモデル

ロジックモデルは，投入(Inputs)→活動(Activities)→結果(Outputs)→成果(Outcomes)という一連の流れを明らかにするものである（図Ⅳ.5.4.1を参照）．もし，政策の目的を公共交通空白地域の解消として，「バス停から300m圏内に住む住民の割合を90%にする」ことを目標に設定し，そのための手段として，「コミュニティバスの導入と運営」という事業が選定されたとすると，次のようなロジックモデルになる．

「投入」として，資金的(計○万円)，人的(計○人)，時間的(計○時間)など，実施のために投入される資源が示される．「活動」は「コミュニティバスの導入と運営」であり，その「結果」はたとえば「路線の見直しにより，バス停が○箇所新設される」ということになる．そして，その結果として，「成果」は「バス停から300m圏内の住民の割合が90%になる」ということになる．

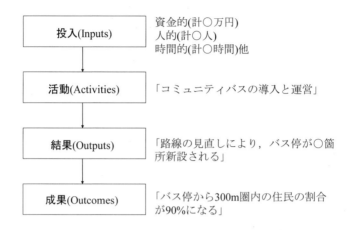

図Ⅳ.5.4.1　ロジックモデル

②因果関係の評価によって明らかにするもの
1) 目的と目標
・目的 (Goals)

　政策によって追求される望ましい社会の状態. 目的は, 特定の基準によって数量的に測定可能な複数の項目に置き換えられなければならない. それが次に述べる「目標」である.

・目標 (Objectives)

　政策によって達成されることが期待される具体的な項目. 目的と目標は明確に区別しにくいが, 通常, 目標はある基準によって数量的に測定可能であるという条件を満たさなければならない.

2) プロセスセオリー
・生産パート：投入→活動→生産結果

　各種の資源を投入してから, サービスが生産されるまでの流れを示す部分. メーカーでは「生産過程」にあたる. まず投入される各種資源 (資金的, 人的, 時間的, 物的, 情報的, その他) を特定する. 次にどの組み合わせ, どの順番, どのタイミングで投入されるかを特定し, 最後にどういった命令体系で組織化されるのかを特定する.

・利用パート：生産結果→利用結果

　サービスが住民に利用されるまでの流れを示す部分. メーカーでは「販売過程」にあたる. 公共サービスにおいてはこの部分が十分に

認識されていないケースが多い．サービスを用意したあと利用者がやってくるのを待つだけでは，「対象となる住民が意図されたサービスを受ける」ことを達成することはできない．

3) インパクトセオリー

ある政策の「結果」が生み出されることによって，「成果」が引き起こされるという因果関係．「結果」は対象となる住民が意図されたサービスを受け取ることであるのに対して，「成果」はそれによってある社会の状態が改善することである．「成果」は，短期と中長期，また直接的と間接的に区分して特定する．なお，「成果」の発現は，政策実施者がコントロールできない様々な環境要因によって影響を受ける．ロジックモデルを構築する際には，こうした要因を考え得る限りすべて挙げておくことが必要である．

（6）プロセス評価

プロセス評価では，(1)事業がどの程度当初の計画通り実施されているか，(2)事業実施によって計画された質と量のサービスがどの程度提供されているか，の二点に着目する．また，(3)事業実施により引き起こされるはずの「成果」に関する指標を計測し続けることもプロセス評価の一部である．

①評価によって得られる情報

プロセス評価によって，以下の三つの情報が得られる．

1) 評価によって得られた情報はフィードバックされて，事業の実施状況，サービスの供給状況，サービスの利用状況を改善するための情報として利用される(フィードバック情報)．
2) 資金的，人的，時間的，物的，情報的等の資源が計画通りに使われているかを検証して，住民へ情報提供する(アカウンタビリティ情報)
3) 改善効果や効率性の評価を行う場合には，まず事業が計画通りに実行されていることが実施の前提条件となる(プレコンディション情報)．

②評価の仕組み

プロセス評価は，計画値と実績値がどれだけ一致しているかを観察するモニタリングが主体である．具体的には，

- 投入モニタリング：当初の計画で想定された質・量の投入がなされているかを観察する
- 活動モニタリング：当初の計画で想定された質・量の活動が行われ

ているかを観察する
・結果モニタリング：当初の計画で想定された質・量の結果が得られ
ているかを観察する
・成果モニタリング：当初の計画で想定された成果が現れているか
を観察する
の四つに分かれている．投入，活動，結果モニタリングでは，指標値
記入フォームを作成して，当初計画値と実績値を期ごとに記入して，
どの程度当初計画値が達成されたかを評価する．

(7) バスサービスに関する政策の成果

　バスサービスに関する成果（アウトカム）は，政策を実施する地域
の特性によって多種多様なものが考えられる．ただし，単にどの程度
サービスレベルが向上したかだけでなく，住民の生活がどのように変
わったのか，また，まちづくりにどのような貢献がなされたのか，の
視点が必要である．

　以下に，アウトカム指標として考えられる例を挙げる．このような
指標を目標として，どのような公共交通施策を展開するかを検討する
ことが重要であり，それが達成されているかを因果関係，プロセスの
観点から評価することが，政策評価で求められている．

①サービスレベルに関する指標の例
・公共交通空白地域をどれだけ解消するか
　　バス停圏○m以内に占める人口の増加率
　　バス停までの平均短縮距離，または短縮率
　　限定依存人口[2]の減少数，減少率　など
・どれだけ効率的な路線再編ができたか
　　都心部・主要施設までの所要時間が○分以内の住民の増加率
　　都心部・主要施設までの平均所要時間の短縮時間，短縮率
　　平均乗換回数の減少数，減少率
・バリアフリーが進捗しているか
　　バスターミナルのエスカレーター・エレベーター整備率
　　ノンステップバスの増加数
など

②住民の生活・交通行動の変化に関する指標の例
・住民の外出行動への貢献
　　都心部・中心市街地への平均来訪数の増加数，増加率
　　住民の外出機会の増加数，増加率（週当たり，月当たり）
・利用者の新規開拓

自家用車からバス利用者への転換者数，転換率
など

③まちづくり・地域活性化に関する指標の例
・外から来た人にどれだけ利用されているか
　　　観光客のバス利用者数
・公共交通の維持にどれだけ住民が参加しているか
　　　公共交通サポーターの人数
　　　公共交通に携わるNPOの数
・地域活性化への貢献
　　　都心部・中心市街地の来訪者の増加数，増加率
　　　公共交通による新たな観光ルートの増加数
　　　地元企業・組織・施設と公共交通との連携によるイベント数
など

　これらの指標を作成するために，必要に応じて利用実態調査，意識調査を行う必要がある．

【参考文献】
1) 龍慶昭，佐々木亮：「政策評価」の理論と技法，多賀出版，2000.
2) 竹内伝史：路線バスにおける公共負担の設計，土木計画学研究・講演集，Vol. 29, CD-ROM, 2004.

6章　利用促進策

6.1　概要

　バスの利用促進活動を行う目的は，民間のバス事業者が利益を追求するためであったり，行政機関が環境負荷の軽減や渋滞の緩和を目的としたり，収益面でバスサービスを維持するためであるなど様々である．

　バスの利用促進策には，ダイヤの改正や運賃の軽減，路線の見直しなどサービス水準の向上をもたらす形でバスサービスシステムそのものに手を加えるものと，バスサービスシステムには直接手を加えずに利用者や住民に働きかけるものが考えられる．ここでは前者を「構造的な利用促進策」，後者を「ソフト的な利用促進策」と呼ぶことにする．前者の構造的な利用促進策に必要なサービス水準の向上については「4章　設計」を参照されたい．ここでは後者の「ソフト的な利用促進策」のための方法を取り上げる．

　利用促進は，マーケティング理論での中心的な活動の一つであるプロモーション活動に参考となる点が多い．ソフト的な利用促進策が重要とされるのは，構造的に便利なバスシステムを構築したとしても，人々がそのシステムを知らなかったり，その便利さを認知していなければ利用には至らないためである．しかしながら，その種の情報が与えられれば十分かというと必ずしもそうではない．人々が何らかのサービスを購入するまでには，そのサービスに関心を抱いてから実際に購入するまでにいくつかの段階を経る．このプロセスは，マーケティング理論においては「消費者の心理プロセス」として説明されている．よって，このプロセスを理解し，当該のバスサービスの計画・運用において働きかけるべきポイントを見定め，利用促進策を戦略的に実施することが有効となる．

　「6.2　一般的なプロモーション手法」においては，消費者の心理プロセスを説明するとともに，従来のマーケティング分野において用いられているプロモーション手法およびバスサービスに固有の手法を説明する．その上で，バスサービスの計画や運用において特に重要となる手法として，「6.3　案内情報提供」，「6.4　調査を活用した利用促進」，「6.5　社会実験」を取り上げる．なお，構造的な利用促進策に比べてソフト的な利用促進が大きな効果を上げる保証は必ずしもない．よって，ここに述べるソフト的な利用促進策のみではなく，それらと構造的な利用促進策をどのように組み合わせて人々に訴えかけるかもあわせて検討することが有効である．

6.2 一般的なプロモーション手法

(1) 基本的な考え方

　バスの利用を促すことの基本的な戦略は，マーケティング理論におけるプロモーション活動，すなわち，商品の購入を促す活動に多くのヒントを求めることができる．人々は情報が十分に与えられていても必ずしも即座に商品を購入するわけではない．以下では，どのような心理的なプロセスを経てバスの利用に至るのかを概説し，そのプロセスに働きかけるためにどのような活動があるのかを説明する．

(2) マーケティング理論におけるプロモーション活動の概要

　最も基本的で古典的な消費者の心理プロセスは，注意（Attention），興味・関心（Interest），欲求（Desire），行動（Action）という四つの段階を追っていくものであり，それらの頭文字をとってAIDA（アイダ）モデルと呼ばれている．これらそれぞれへの働きかけは，商品を知ってもらい，興味を引き，価値を知ってもらい，買ってもらうというように対応する．これらの各段階に訴求するためには異なったプロモーション活動を実施する必要がある．マーケティング理論においては，プロモーション活動は表Ⅳ.6.2.1に示す三つに大別される．

表Ⅳ.6.2.1　プロモーション活動の概要

活動	概　　要
広告・広報	企業の理解の訴求や商品の販売を目的とし，マスメディアや交通広告，野外広告，ダイレクトメールなどを用いて行われる．広告では企業がメディアのスペースや時間を購入して企業の意図通りの情報を伝達し，広報ではメディアの記事として情報を伝達する．
販売促進	短期的なインセンティブを提供することで販売の促進を目的とした狭義のプロモーション活動．セールスプロモーション．
人的販売	デモンストレーションや商品の使用方法の指導など，販売員が顧客に商品の説明をして販売する活動．

　これらのうち，広告や広報は注意や興味・関心に力点をおいたプロモーションである．ただし，これらは販売促進機能のみならず，需要創造機能（新製品や既存製品等の情報を提供することにより潜在的な需要を適度に刺激し，消費者の欲求を喚起する），社会教育機能（商品の品質，性能，特徴などを迅速・詳細に報知伝達する）という役割も担っている．販売促進や人的販売は行動に直接訴求するプロモーシ

ョンである．ただし，表IV.6.2.1の適用範囲をそのままバスサービスに拡大するには無理がある．その点を以下に説明する．

(3) バスサービスにおけるプロモーション活動
①プロモーション活動の概要

　特に行政機関が主体的に関与するバスサービスの計画・運用においては，従来のマーケティング理論における人的販売はバスサービスの文脈においてなじまない可能性がある．さらに，そもそもバスサービスには販売員がいないなど，一般のマーケティング理論で想定している場面とバスサービスの運用におけるそれが一致していない．そこで，バスサービスの文脈における各活動の概要を修正するとともに，具体的な活動のメニューを示したものを表IV.6.2.2に整理する．

表IV.6.2.2　バスサービスにおけるプロモーション活動とメニューの例

活動	概　　要	メニューの例
広告・広報	サービスの存在や内容の理解を求めて，マスメディアや交通広告，野外広告を用いて行われる．	ポスター，チラシ，マスコミ，ホームページ，バス停・車内広告
販売促進	短期的なインセンティブを提供することで利用の促進を目的とする．	ボーナス，クーポン，懸賞，トレーティングスタンプ，フリークエントプログラム，調査
人的販売	日常生活でのバスサービスの使い方やバスの乗車方法など，サービスの企画主体が住民に説明して利用を促進する．	調査，説明会，学校などでの講習，グループインタビュー

　表IV.6.2.2に示す「広告・広報」については，特にメニューの例にあるバス停・車内広告の媒体がバスサービスの提供施設そのものであることもあり，バスサービスの提供においてはそこでの一層の工夫が求められる．それについては，「6.3 情報提供案内」を参照されたい．
　表中の「販売促進」には様々な分類ができるが，アプローチによって分類すると以下のように分類できる．

表IV.6.2.3　販売促進活動の分類例

分　　類	概　　要
店頭プロモーション	バスサービスの企画主体ではなく，商店などバスの利用者によって恩恵を受けて

	いる主体が商品の購入者に対してバスのクーポンを渡す方法.
街頭プロモーション	街頭で実施されるプロモーション. 現実的にはバス停やバスターミナルなどでボーナス付きの回数券（通常, 回数券にはボーナスが付いている）やバスカードなどを販売する方法.
ダイレクトプロモーション	消費者個人に直接的にアプローチするプロモーション. 販売を直接的に訴求しないが間接的に訴求するという意味では「6.4 調査を活用した利用促進」がこれに該当する. ただし, 調査を郵送で実施する場合は販売促進に含まれ, クーポンや一日券などの懸賞を付すことも有効である. 調査員が訪問して調査する場合には人的販売の分類に含まれる.
世帯向けプロモーション	世帯を対象としたプロモーション. 基本的な考え方はダイレクトプロモーションと同じ.
キャンペーン・プロモーション	マスコミなどと連動した大規模なキャンペーンを展開するタイプのプロモーション. 「6.5 社会実験」がこの範疇に含まれる.

　多くのプロモーションは一定期間展開された後, 通常の販売活動に戻るが, 制度として販売体制に組み込んだプロモーションも可能である. これを「制度型プロモーション」と言う. その代表がトレーティングスタンプである. これは, サービスの利用の都度スタンプを利用者に渡し, それが一定の個数以上になると何らかの追加的なサービスが受けられるようになっている. 現在では, 航空会社をはじめとしてカードなどを利用したフリークエントプログラムが活用されている.

②需要創造・社会教育機能としてのプロモーションの重要性

　(2)に示したように, 広告・広報には販売促進機能に加えて, 需要創造機能, 社会教育機能がある. バスサービスのプロモーションにおいては, これらの機能は広告・広報活動のみならず, 販売促進や人的販売においても大きく求められる.

1) 需要創造機能

バスの潜在的な利用者は必ずしも自分の生活・交通ニーズを明確に認識しているわけではない．つまり，新たなサービスが提供されたり，既存のサービスが変更されたとしても，それが自分にどのようなかかわりをもつのかを問う契機にならない．バスサービスの需要は基本的には派生需要であり，バスを利用することで可能になる何らかの活動を達成する手段であることから，「バスサービスを利用することでこのような活動ができるようになる」ことや「これまでよりどのような面で生活がしやすくなる」といった生活面での具体的な貢献例を交えたプロモーションが有効である．これは広告・広報活動のみならず，調査を通じた販売促進，人的販売においても有効である．とりわけ，人的販売，すなわち，調査員が被験者と直接コミュニケーションを交わす機会がある場合においては，調査員が被験者の反応を見つつ潜在ニーズに適当な刺激を与えて調査を行うことができる．この点を徹底的に重視した調査手法が「2.7 潜在ニーズ調査」において取り上げたグループインタビューであり，この調査手法はもともとマーケティング分野において開発された手法である．

2) 社会教育機能

　一般に日本のバス事業者はマーケティングの意識が低く，地方自治体のバス交通を担当する部署の職員もほぼ同様である．バスなど念頭にない人にバスを知ってもらう工夫の余地は大きい．バスの利用率の低い米国では，連邦政府のマニュアルとして，市民への認知のための戦略として，事業者（ただし米国では市交通局の場合が多い）が住民説明会や学校説明会を実施したり，揃いのジャケットで街頭ビラ配りをしたり，こども向けのペーパーキットを無料頒布したり，といった昔ながらの基本的な，とはいえ日本ではみかけることのない，マーケティング手法を実例を交えて紹介している．このような部分の努力がまずは必要と思われる．

(4)　プロモーション活動の展開に当たって

　バスサービスの実質的な内容を知ってもらい，それを通してバスの存在意義を認識してもらうことは，特に関心の薄い潜在的な利用者に対して重要な課題といえる．具体的なプロモーションの道具のデザインの工夫などについては，ここでは触れないが，特に以下の3点を指摘しておく．いずれもプロモーションを実施するサイドの意識の問題と捉えることができる．
　まず，広く社会にバスの意義を理解してもらう努力が必要である．バス車体後部などに掲載されているバスレーン遵守の啓蒙ステッカーに象徴されるように，被害者意識を打ち出すだけではなく，また，環

境にやさしいからバスに乗ろうというような，一般的な環境問題の論点の頭だしでもなく，むしろ，地域はバス運営のために何を考えてきて，何をやってきて，何をしようとしているのか，動機付けと具体的経緯を公に示すことが最も基本であろう．バス会社が，あるいは補助金というかたちでそこに費用を支援している自治体が何をしているのか，世の中はあまりにも無関心であることを変えていくのが第一歩であろう．ここで不都合な情報を隠す傾向がみられがちな点にも注意を要する．例えば，渋滞でバスがどのくらい遅れているのか，自家用車に比べてどの程度遅いのかというような情報は出す必要がないと考えられがちであるが，鉄道が遅延情報を隠さず，首都高速道路など道路管理者も交通管理者も混雑情報を開示している時代に，隠しても何もはじまらないし，真の意味での信頼を得るためには，実態の開示は必須といえる．

　次に重要な点として，対象と戦略の整理が必要である．例えばダイヤ改正情報をどこに出しているかを考えてみよう．一般的には，バス車内に予告し，改正直前にバス停で掲示するだけである．最近では，ホームページを頻繁に更新している一部の事業者では，ホームページに掲載するようになった．ダイヤ改正で乗客増を考えているのであれば，現在バスを利用していない，あるいは利用しているけれど低頻度の住民にこそダイヤ改正の情報を知らせるべきであり，バス車内やバス停だけというのはもっての外であるし，ホームページにしても，そういう住民が，ほうっておいてもアクセスするとは思えない．誰にどのような情報を理解してもらい，それによってどのように考え方や行動を変更してもらうのかという戦略を持つ必要がある．

　最後に，主体の問題を指摘する．民間バス事業者はバス事業をビジネスとして行っているものであって，例え自治体からなんらかの補助金が出ているとしても，事業者の最終目的が利潤追求であって，そのためのプロモーションに過ぎないと思われることがたびたびある．補助金をいかに勝ち取るか自体が競争になり，自治体と連携して地域に密着したサービスを実施している事業者を他の事業者がやっかむということさえある．本節で記述したプロモーションは，必ずしも運行主体としての事業者が実施しなくてはいけないというものではない．上述の意義の理解については，計画と運営に強く関与している自治体がむしろ主導権を握るべきであろう．これまでのわが国では，民営の公共交通については，自治体も事業者も，都合にあわせて，「民営」と「公共」の言葉を使い分けてきたが，自分たちに都合よく使い分けるのではなく，ステークホルダーたる納税者の理解を求める部分は，自治体が主導権を，サービス内容の意思決定が事業者に一任されているならば，それについては事業者が主導権を，それぞれ握って展開する

という意味での，適切な役割分担が必要といえる．

【参考文献】

マーケティング理論の全般に関する文献として以下がある．

1) 古川一郎，守口剛，阿部誠：マーケティング・サイエンス入門，有斐閣アルマ，2003.
2) 上田隆穂，守口剛：価格・プロモーション戦略，有斐閣アルマ，2004.
3) グロービス：MBAマーケティング，ダイヤモンド社，1997.
4) フィリップ・コトラー：コトラーのマーケティング・マネジメント，ピアソン・エデュケーション，2001.

6.3 案内情報提供

(1) 基本的な考え方

　人々がバスを利用しない一つの原因として，「バスは分かりづらいから」という声をしばしば聞く．具体的に何が分かりづらいのかは人によって異なるであろうが，共通の原因としてバスに関する諸情報の提供が不十分であることが考えられる．これは，換言すれば，十分な情報を人々に与えることで利用の促進を期待できる余地があることを意味している．以下では，バス情報サービスの種類を整理した上で，それらの提供方策について述べる．

(2) バス情報提供サービスの概要

　バスに関する情報サービスは多岐に渡るが，利用促進として直接的に効果が期待できる代表的なバス情報提供サービスは表Ⅳ.6.3.1のように分類することができる．まず，大きな分類として，「情報内容」と「情報利用手段」に分類ができる．

　情報内容は，さらに静的情報と動的情報に区分できる．静的情報としては，路線図や運賃，時刻表が挙げられる．各種パンフレットや掲示物など，定期券や割引・乗り継ぎ制度，環境定期といった利用を促すための広報もそれに含まれる．動的情報としては，ITを活用したバス位置の情報提供や，バス停留所におけるバス接近表示やアナウンス，さらに交通状況による遅延等を知らせる運行状況の提供等がある．いわゆる「バスロケ，バスロケーションサービス（BLS：Bus Location Service）」と言う用語は，本来は団子運転防止のためのバス運行管理のために運用が始まったシステムである．しかし，現在の日本では，利用者に対するバス情報として，バス停留所における「バス接近表示システム」だけではなく，バス到着時刻の予測や複数路線を包括する総合的なバス位置情報の提供も実施されているため，バスロケという用語にこれらを含めても問題はないと思われるが，利用者に対するバス位置に関する総合的な情報提供のことを，ここでは「バス位置情報（BLI：Bus Location Information）」と表記する．BLSおよびBLIは，バスの位置を特定する技術と，路車間通信によって情報化する技術とで可能となった．近年ではGPS（Global Positioning System）とパケット通信技術の普及に伴って従来のような大掛かりな装置を必要としないことからイニシャルコストが低下し，導入事例が増えている．

　情報利用手段は，固定と移動体に区分される．固定とは，バス停留所や営業所，さらに自宅や事務所でのパソコンや電話を利用するものであり，文字通り固定した場所でしか得られない情報である（図Ⅳ.6.

3.1参照）．移動体とは，携帯端末のWEBブラウザ機能を用いるものと，携帯端末の音声通話によるものがある．バス停などの装置設置に比較して導入コストが安く，要望に応じたシステムの変更が容易であるなど設置者にとっても利点があり，現在普及が進んでいる．

表Ⅳ.6.3.1　利用促進に関連するバス情報サービスの分類

		情報利用手段	
		固定	移動体
情報内容	静的情報	【バス停留所】 　時刻表，路線図，運賃表，パンフレット 【営業所・案内所・交通結節点】 　パンフレット，路線図，時刻表 【パソコン・電話】 　時刻表，路線図，運賃表	【バス車内】 　パンフレット，掲示物 【携帯端末等のWEB機能】 　時刻表，路線図，運賃表 【携帯端末等の音声通話】 　時刻表，運賃表
	動的情報	【バス停留所】 　バス接近通知，運行状況掲示 【公共施設等】 　バス位置情報，バス接近通知，運行状況掲示 【パソコン・電話】 　バス位置情報，運行状況掲示	【携帯端末等のWEB機能】 　バス位置情報，運行状況，デマンドバス予約 【携帯端末等の音声通話】 　運行状況，デマンドバス予約，任意（オペレータ対応）

図Ⅳ.6.3.1　情報利用手段が固定の例
左：【バス停留所】東京都営バスでは接近通知情報や到着予測などを表示
右：【公共施設】さいたま市役所内で市内コミュニティバスの運行状況を提示

（3）　基本的なバス情報の充実　—バスマップの活用—

バスの根本的な問題として，人々への基本的な情報の不足が挙げられる．特に複数の事業者が混在する都市部では，利用者の視点に立った情報サービス・コンテンツがまだまだ不足している．

これまでに訪れたことのない駅に降り立った人が，「目的地までどのバスに乗ればよいかから始まって，そのバスは何時出発するのか，どこにバス乗場があるのか，どの程度の時間がかかるのか，バスを降りてからどうやって目的地に向かえばよいか」といった基本的な利用方法を取得する手間や心理的な負担は容易に想像できる．このため，短距離にもかかわらずタクシー乗場に直行したり駅員や交番に問い合わせるのも理解に難くない．このことは，人々に「使いにくい」「わからない」と思われないための基本的なバス情報の充実が望まれることを意味する．

基本的な情報は原始的な手段で伝達することが望ましく，その手段としてバスマップがある．それを用いた取り組みは，現在各地で行われている．この契機は，1998年岡山RACDA（路面電車と都市の未来を考える会）による「ぼっけえ便利なバスマップ」の創刊であり，その後各地でボランティアによるバス交通を含む総合的な交通情報提供の作成がなされてきた．最近では，各地の地域公共交通活性化協議会などの取り組みとして，バスのみならず，公共交通全般を対象とした公共交通マップの作成などが行われるようになった．

バスマップは紙面の制約から，あまり多量な情報を掲載することは難しいが，インターネットなどを活用した情報提供による存在意義は高まってきている．そして，GTFSデータを整備することによって，公共交通のみならず，多様な交通手段を含めた経路検索の利用が，携帯端末等を利用することによって，外出先でもできるようになり，基本的なバス情報を整備することの意義はさらに高まってきている．

(4) バス位置情報等を提供するためのGPSとパケット通信技術の基礎知識

バスの位置情報の把握をベースとしたシステムには従来から様々なシステムが存在するが，GPSの普及に伴う位置把握精度の向上と情報通信手段（バスと管理センター間）としてのパケット通信の普及に伴って，これらの技術を利用したシステムが近年急速に普及した．

従来のシステムではバス停とバス車両に短距離無線装置を設置してバスのバス停通過を検知してバス停から有線を用いて管理センターに情報を伝達することが一般的であったが，屋外対応装置の設置や有線回線の契約が必要であり，また汎用製品ではないこともあり導入コストが高かった．

一方，GPSとパケット通信機器（図IV.6.3.2参照）をベースとする

場合はバス車両に搭載する装置は，原則的に「GPS機器，パケット通信機器」の二点セットであり，それぞれバス車両以外にもトラックや営業車への取り付けができる汎用製品が多く価格も安価である．また，オプションとして外部スイッチ装置をつけることで，各種センサーや運転手がバス車内の任意の状況を管理センターに通知することができる．例えば，バス車内の混雑状況や速度超過の通知，バスジャック等の緊急通報などがある．

図Ⅳ.6.3.2　GPSとパケット通信装置

バス車内装置（GPS装置とパケット通信装置（中央左黒色），状態通知装置（右））

　GPS技術に関しては，2002年5月に意図的誤差（SA：Selective Availability）が解除され，一般的な機器での測定誤差が数10m程度となっている．また，市街地やトンネル部が多い場合などは，速度センサーやジャイロセンサーとの併用や，FM電波を利用した補正（ディファレンシャルGPS）を併用することで精度を高めることができる．ただし，位置測定精度には誤差が発生してその誤差が変動するため，適切なマップマッチング技術の適用検討が運用上は重要である．

　パケット通信技術に関しては，セキュリティや運用性を考慮すると，管理センター側には専用回線の契約が必要となるが，原則的に一回線の契約で対応でき，従来の必要バス停数の有線契約と比較して安価である．また，現在のパケット通信料金体系では，実際にデータ通信を行った通信量に応じて課金（従量制課金）されるため，ランニングコストの検討が重要である．

　定期的に通信を行うポーリングの間隔を短く設定すれば，ほぼリアルタイムでの位置情報が取得できるが，パケット料金は増加する．一般的にはバスの位置情報通信には，最小単位の1パケットで十分な場合が多い．また，例えばバス停通過時に通信するといった任意のタイミングで通信を行う手法を併用すれば，コストを減らすことが可能である．

　そのため，要求する時間単位とコストのバランスを検討することが

重要である．従量制課金の場合は，複数台の導入による割引制度等を活用すれば大幅に減額できるため，導入時には十分な検討が必要である．将来的にパケット通信の安価な定額制が導入されればランニングコストの計算はより簡単になる．また，携帯電話周波数帯以外の無線通信も固定料金制が多くコスト削減が期待できるが，サービス対象地域や安定性についての検討を行う必要がある．

(5)　情報提供によって期待される効果

　バス情報提供による利用促進の目的は，以下の三種類に分類される．第一の目的は，絶対的な情報不足に対する情報提供である．わが国ではバスの利用方法に統一性が無く，例えば料金支払い方法についても整理券方式や先払い方式などが混在しており，利用を検討している人に不安を与える．初めて訪れる地域，つまり利用者の知識が乏しい場合には，この絶対的な情報不足をいかに適切に提供できるかがポイントとなる．複数系統がある場合や，目的施設に近いバス停が複数ある場合など，どのバスに乗ればいいのかの判断が難しいケースは日常的な事象である．路線図だけではなく施設名からの逆引きができる情報板は駅前等の利用者が多い場所では整備が進んでいるが，スペースの問題から掲示できる施設は公共機関等に限定されることが多い．一方，携帯端末を活用した検索システムなどを用いれば紙面の制約はなくなり，病院や店舗といった多数のデータを検索することが可能となる．

　第二の目的は，心理的な負担を軽減するための情報提供である．慢性的な渋滞が見られる路線では，遅延や早発といった状況が発生しやすい．利用者はその点を理解した上で，早めにバス停に到着してバスを待つといった対策をとっている場合もあるが，あらかじめバスの位置がわかることで，たとえバスが遅延していても「あの辺りを走っている，あと何分で到着する」といった心理的余裕を持たせる効果が期待できる．

　第三の目的は，より利便性の高い利用方法を促す情報提供である．例えば，バス停の情報掲示板でバスの遅延がわかることは心理的な負担を軽減するが，バス停で待つ時間そのものは軽減できない．そのため，あらかじめ利用路線を登録しておくことでバス停への到着をアラームとして個人の携帯端末等に通知する情報提供サービスを導入すれば，利用者はアラームが通知された時点でバス停に向かえばよいことになり，希望する活動に時間を費やすことができる．また，鉄道駅等の交通結節点では，相互の乗り換えのための情報を適切に提供するだけでなく，バスの到着時刻の予測を基にした効率的な乗り換えができる動的な情報を提供することで不要な待ち時間の削減が期待できる．また，よく利用するバス停や店舗を事前に登録したり，GPS内蔵の携

帯端末等を利用することで自動的に位置認識するようなITを活用した個人情報に基づくカスタマイズ情報を利用者に提供することができれば，より満足度の高い結果を得ることができる．

(6) 情報提供サービスが求められる状況の一例
①頻繁に渋滞する路線バス
　バスは状況が刻々と変化する一般道路網を走行するため定時性の確保が難しい．渋滞する道路を通過する路線では，遅延や団子状走行の発生などが頻繁に発生するケースが多い．公共交通優先信号（PTPS：Public Transport Priority System）といった優先策の導入が望ましいが，バス停および移動体へ情報提供がなされることで利用者の心理的負担を減らすことにつながる．

②長距離バス
　長距離バスでは，後半の到着バス停の到着時刻の定時性確保が難しい．これは，バス乗客（乗車前・乗車中）にとっても，バス停に出迎える人にとっても不便感が強い．交通状況に対応した到着予測を中心とした情報提供が望まれる．また座席予約制のバスの場合には，情報提供と予約システムがシームレスにリンクされていることが望ましい．

③複雑・複数系統のバス
　複数系統が存在するバス停では，どのバスに乗るべきかといった判断が難しい．特に不慣れな利用者にとっては，その分かりにくさによりバスへの悪印象を抱く．この場合，バスの終点だけでなく，今のバス停と他のバス停の間にどの系統のバスが利用可能かを明確に伝える情報が必要である．

④鉄道等の他モードとの連携
　鉄道駅等の交通結節点には，バス運行情報案内がある場合も多いが，これは鉄道利用者がバスへの乗り換えを前提としているものがほとんどある．一方，バスの乗車中の乗客が鉄道への乗り換えを行う際の情報も，バスの運行状況（遅延等）を考慮した上で提示することで，バス利用者の利便性向上が期待できる．特に駅周辺での交通混雑が見られる場合などは高い効果が期待できる．

⑤デマンドバス・コミュニティバス
　デマンドバスでは，利用者が乗車を希望する情報を事業者側に何らかの情報伝達手段を用いて伝えることでバスが利用者の近くへ経路を変更する．デマンドバスでは，きめの細かいサービスを提供するために電話でオペレータが対応することが珍しくないが，情報提供システ

ムとの統合を行うことでコスト削減が可能となることも念頭に置く必要がある．また，運行頻度が低いバスなどでは，バスロケを中心とした情報提供を行うことで，バス停での長時間待ちや乗り損ないの防止といった効果が期待できる．

【参考文献】
1）岡並木：都市と交通，岩波新書，1981.

6.4 調査を活用した利用促進

(1) 基本的な考え方

　通常，アンケート調査は，人々の行動や意識を「調べる」ものであるが，それを「バスを知ってもらい，使ってもらうため」に活用する方法がある[1][2]．人々にとって，「アンケート調査に回答する」という行為は，「チラシやポスターを見る」という行為よりも，より深く考えざるを得ないものである．このため，チラシやポスター，コマーシャルであればほとんど何も考えずに見過ごしてしまい記憶に残らなかった事であったとしても，質問に一つずつ考えながら答えるアンケート調査においては，そのことを考えることで記憶に残りやすい．だからこそ，人々の行動が実際に変化し，バス利用の促進が期待できる．以下では，アンケート調査によるバスの利用促進方法を述べる．

(2) 調査方法
①調査のタイミング

　以下の調査は，平常時に実施することでも一定の効果が得られるが，供用開始時やバスダイヤの改編時，路線改変時などのサービスに何らかの変化が生じた際により大きくなることが期待できる．これは，それらのサービスの変化を「アピール」して，人々の「利用してみよう」という動機付けの活性化を図ることが容易となるためである．また，当該地域に転居して来た人々が把握できるのなら，転居者を中心に対象とすることでも，より大きな効果を期待できる．

② 調査票の配付

　バス路線の利用促進を図る場合には，バスの沿線住民，あるいは，沿線の事業所の職員などが対象となる．ここで重要となるのは，誰に対してアピールしたいかである．多くの場合，バスを利用していない沿線住民にアピールして，バスの利用者になってもらうことが目的となる．このような人は，そもそも公共交通には関心を持っていない人であるため，関心を持っていない人が手に取る行為に出てもらえるような様々な工夫を凝らす必要がある．

③調査票の内容と添付資料

　次の二つのアイテムが最低限必要である．
　・調査票
　・バスを利用するために必要となる情報のチラシorパンフレット
これに加えて，
　・無料チケット（2枚程度）

も用意できるなら，より大きな効果が期待できる．以下，これらについて説明する．

1) 調査票

　回収率の向上を図るには，調査票も簡潔であることが望ましい．可能なら，A4表裏一枚，多くても，A4表裏二枚（すなわち，A3表裏一枚を中で織り込む）程度が望ましい．内容として重要なのが「行動プラン法」と呼ばれるものに対応する設問項目である．

　行動プラン法とは，例えばバス利用促進の場合には，「もしバスを利用するとしたら，いつ，どこで，どのように利用するか」を考えてもらい，それを具体的に記述してもらう，という作業を通じて，利用促進を図る方法である．従来の実証研究から，行動プラン法が極めて効果的に人々の行動の変容を導くことが知られている．

　状況に応じていくつかの設問設計は考えられるが，平均的には，次のような設問設計が考えられる．

まず，同封のチラシ（チラシに「○○バスの使い方」等の名称がある場合はその名称を記載）をよくご覧になって下さい（バスサービスの改善のタイミングで本調査を実施している場合には，その旨をチラシでも強調するとともに，ここでも，何を改善したかを一行以内程度で簡単に説明する）．

1. 「○○」（この○○には，通勤，普段の買い物，休日のレジャー等が考えられる）でバスを利用することは可能ですか？（絶対無理，無理というわけではない，利用できる，実際によく利用している，からの4択．以下は，この質問で「無理というわけではない」「利用できる」のいずれかの回答をした被験者だけに質問する）
2. その時，どのようにして目的地に向かいますか？同封のチラシ（チラシに「○○バスの使い方」等の名称がある場合はその名称を記載）をご覧頂いた上で，記入例にならって，自由に記入して下さい．なってご記入下さい．
   （記入例：　自宅→バス→電車→職場）．
   注：同封の「チラシ」あるいは「パンフレット」については2)を参照．
3. その時，どのバス停を利用しますか？同封のチラシ（あるいは「パンフレット」と記載）をご覧になって，ご記入下さい．
   （乗車するバス停名：＿＿＿＿＿＿　降車するバス停名：＿＿＿＿＿＿）
4. 何時のバスに乗りますか？．同封のチラシ（あるはパンフレットと記載）をご覧になって，ご記入下さい．
   （乗車する時刻：＿＿＿＿＿＿　乗車する時刻：＿＿＿＿＿＿）
5. 以上のような移動を，いつすると思いますか？ご自由にお書き下さい（記入例として「今週の土曜日に／明日からの通勤で／明後日買い物の時に」等を記載）．

　こうした質問を通じて，被験者に，日常生活における様々なトリッ

プ目的におけるバス利用の可能性を探ってもらう．代表的なものとして，通勤，日常的な買い物，休日のレジャーの三つについて尋ねる程度でよいと思われる（あまりに多いと被験者が疲れ，少ないと被験者が検討するバス利用可能性が少なくなってしまうため）．なお，被験者がここで回答した内容を忘れないように，「カーボン紙」を用いて回答の複写ができるようにし，一方を回収し一方を手元に置いてもらうようにする方法も考えられる．

　以上の質問の最後には，はっきりを目立つような形で，

　　普段の生活において，もしバスが利用できそうな時がありましたら，是非，○○バスを，ご利用下さい．

等が記載することで，バスを利用する動機を活性する方法も考えられる．バスサービスの改善のタイミングで調査を実施している場合は，その旨をこの文言に記載するとよい．さらに，バスの存廃がバス需要に依存しているような地域では，

　　普段の生活において，もしバスが利用できそうな時がありましたら，是非，○○バスをご利用下さい．皆様一人一人のバス利用が，「地域のバス」を廃止から守ります．

等と記載することも効果的と考えられる．こうした文言はいずれも，「バス利用の動機付け」を目指すものであるが，バス利用の動機付けをさらに明確なものにするには，トラベル・フィードバック・プログラムを実施し，健康や環境への配慮といった側面に働きかけることで大きな効果が得られる．詳しくは，藤井[4)]の第8章を参照されたい．

　また，無料バスチケットが同封可能な場合には，以上の文言の変わりに，

　　「無料お試し券」を同封致しました．バス利用をお試しになる際には，是非，お使い下さい．

と，記載しておくと効果的である．あるいは，無料チケットをより有効に活用する質問形式として，以下のようなものが考えられる．つまり，先の質問項目の「1.」を

　　まず，同封のチラシ（チラシに「○○バスの使い方」等の名称がある場合はその名称を記載）をよくご覧になって下さい．

　　1.　○○バスをぜひ利用していただきたく，「無料お試し券」を同封致しました．このお試し券を使える用事はあると思いますか？（ある，あるかもしれない，ありえない，からの3択にして，以下は，ある，あるかもしれないのいずれかを回答をした被験者だけに質問

と変更する．この場合，トリップの目的をこちらから指定できないが，被験者が回答する過程でチケットの利用を検討することを期待できる．なお，チケットには，「チケット」とは呼ばずに，「無料お試し券」等と呼称することで，金券ではなくバス利用を試す際に活用するものであるとの印象を与える．その場合，チケットそのもの（あるいは，それを入れた「のし袋」）にも，「無料お試し券」と記載するとよい．

なお，利用促進のみを目的とした場合においても，年齢，性別等の一般的な設問項目や，バスに対する自由意見の欄などを，「簡潔」に設けることで，あくめでも「アンケート調査」という体裁を整える必要がある．

2) バスを利用するために必要となる情報

行動プラン法の質問の際に，回答者に参照してもらうために同封する情報は，必要な情報をA4一枚の表裏程度に簡潔にまとめたチラシを作成し，それを調査票に添付する．各人が被験者の立場になって考えれば自明ではあるが，あまりに煩雑な資料では読む気にならず，情報を提供しても無意味である．このため，簡潔で短い資料が不可欠であり，だからこそ，「A4一枚表裏程度」を基準とし，しかも，情報を詰め込みすぎないことが重要となる．

チラシには，対象者の居住地毎に，一つずつ異なったものを作成することが望ましい．それによって，各人が利用するバス停の時刻表のみを掲載したり，そのバス停から主要な目的地までのルートや路線番号，所要時間を掲載することができるからである．なお，回答者毎に一人ずつバス停を絞り込むには，「本調査の事前に，最寄りのバス停を尋ねる簡単な調査を行う」という方法や，「住所の郵便番号毎に利用可能なバス停を数個程度に絞る」という方法が考えられる．

また，このA4のチラシのみに目を通してもらうことを期待して，その補足として，地域全体のバス路線図のパンフレット等を同封することも考えられる（その場合，例えば「もし必要でしたら，同封のパンフレットも合わせてお目通し下さい」という文言をチラシに記入する等が考えられる）．この路線図には，主要な買い物場所，観光地，市役所，病院，等の目的地も掲載しておけば，被験者がそれらの諸活動を行う際に活用してもらえることが期待できる．

3) 継続的な調査の実施

以上の調査を実施し，調査票を回収した被験者に対しては，定期的に（例えば，半年に一回程度），バスに関する情報を提供することが考えられる．バスサービスの変更があれば，その変更の中で各人の居住地や職場の場所を勘案して関連のありそうなもののみを抽出し，それを分かりやすく，一人ずつ個別に提供することが望ましい．このフォローアップ調査を行う過程で，上記の行動プラン法に基づく調査を繰り返すことも考えられる．さらに，それと同時に，既に回答してもらった回答者だけでなく，コミュニケーションの対象者を増やしていくことも考えられる．いずれにしても，効果的かつ持続的な利用促進を図るためには，ソフト的な利用促進策のために，一定の予算を確保し，持続的に利用促進策を展開していくことが必要である．

【参考文献】

1) Jones, P.: Encouraging Behavioural Change Through Marketing and Management: What can be achieved? CD-ROM for 10th International Conference on Travel Behavior Research, Lucerne, 2003（和訳『マーケティングとマネージメントを通じた行動変容の促進』http:// www.plan.cv. titech.ac.jp/fujiilab/ws/）.
2) 藤井　聡：社会的ジレンマの処方箋：都市・交通・環境問題の処方せん，ナカニシヤ出版，2003.
3) 土木学会：モビリティ・マネジメントの手引き，土木学会，2005.

6.5　社会実験

(1)　基本的な考え方
　交通社会実験は，特定の交通政策の妥当性を吟味すること，すなわち，特定の仮説を検証する際に行われる．しかし，それが現実の社会において実施されるものである以上，必ずしも仮説検証のみが唯一の目的とはならず，利用促進の面において重要な意義をもつ．以下では，社会実験を活用した利用促進策について述べる．なお，運行に関わる社会実験を実証運行と呼ぶこともある．

(2)　バス施策に関わる交通社会実験
　バスをはじめとする公共交通に関わる交通社会実験が数多くみられるようになった．コミュニティバスやデマンド型乗合交通等の導入をはじめとする新規バスシステムの導入や既存バスサービスの変更，あるいは，交通規制や信号制御の改変などによってバス交通の円滑化や効率化を図るための実験，さらには，バス停留所の環境改善から，トランジットモールの導入に至るまで，バスに関わる何らかの施策を実施するに先立って，様々な実験が実施されている．

(3)　交通社会実験の意義
　このように，交通社会実験が頻繁に実施されるようになったのは，交通社会実験を実施することが，交通政策の実施において様々なメリットを生み出す可能性を持つからであると考えられる．
　まず，交通社会実験とは，文字通り，交通に関わる社会的な実験である．ここに，「実験」とは，特定の交通政策の妥当性を吟味すること（すなわち，特定の仮説の検証）を意味する言葉である．そして，「社会」という言葉が用いられているのは，そうした実験を，実験室等の条件が統制された人工的環境の中で行うのではなく，実際の現場で，様々な実際の人々が関与する形で，即地的に行うからである．
　室内実験の場合には，特定の仮説の検証がほぼ唯一の目的となるが交通社会実験の場合には，それが現実の社会において実施されるものである以上，必ずしも仮説検証のみが唯一の目的とはならず[1]，以下に示す多様な目的を持つものとしてとらえうる．

①即地的な交通施策の検証と改善方針の検討
　交通社会実験として試行した交通施策が妥当なものであるか否かを検証すると共に，その問題点を抽出する．これによって得られた反省点を踏まえて，実施案を修正し，本格実施に備える．

②合意形成の促進

　特定の交通施策に対して人々が賛成するか否かを規定する要因は様々であるが，その主要な要因が，「決める前に問う」という姿勢が存在していたか否かである[2]．ここに，交通社会実験は施策の本格実施の前に行い，利用者や関係者から出た意見に基づいて施策に修正を加えるという目的のために実施されるものである．このため，「決める前に問う」という姿勢を明らかにするために交通社会実験を実施するなら，それは合意形成に資することとなる．ただし，交通社会実験を行ったにも関わらず，その際に得られた問題点を十分に踏まえず，当初計画に修正を加えない場合には，人々の反感を買い，合意形成がさらに困難になる場合もある[3]．

③本格実施時における利用の促進

　例えば，コミュニティバスやデマンドバスを導入する場合や新規の情報提供システム等の新しいタイプの施策を行う場合，一般の人々が，それらのシステムに関する懇切丁寧な説明を聞いたとしても具体的なイメージを形成することは必ずしも容易でない．同様のことは，バス路線が供用されていない地域に新しくバス路線が供用される場合にも起こりうる．普段バスを利用していなかった人々にとっては，バス利用は「何だかややこしいもの」にしか過ぎない．こうした「ややこしい」という印象は，バスの利用促進にとって最大の障害の一つとなっている[4]．そこで，交通社会実験を行い，実際に目で見て体験することが，「何だかややこしい」という印象を払拭し，それを通じて，利用促進が期待できることとなる．すなわち，「百聞は一見に如かず」における「一見」の機会を設けることが，交通社会実験の一つの目的である．

　このように，交通社会実験は，施策のさらなる技術的な改善，社会的な合意の形成，そして，本格実施後の利用促進，という交通施策を実施する上で必要とされる様々な目的を満たしうる有望なアプローチである．

　しかしながら，適切に交通社会実験を行わなければ，問題を紛糾させてしまうかも知れないという点には注意が必要である．なぜなら，上述したように，実験で明らかになった問題点に対する適切な対処がなければ，かえって合意形成が困難となるからである．また，利用促進の観点から考えれば，一度使ってみたシステムが想像よりもややこしく，不便なものであった場合には，否定的な印象を人々に植え付けてしまう．一旦，否定的な印象が流布されれば，本格実施時にその反省を踏まえてシステム改善を施したとしても，利用促進を図ることは

以前よりも一層困難となってしまう．実験を生身の人間が現実に暮らしている社会の中で実施する以上は，仮説検証という単一目的のためのみに行うことは必ずしも適切ではない．「実験」と言えども，現実の施策の一部として認識しておく方が安全である．

(4) 利用促進策としての交通社会実験を行う際の留意点
1) 可能な限りの事前検討

　交通社会実験によって利用促進が見込めるのは，実際の利用経験を通じて，バスの利用の仕方を理解し，今後も利用しようとする意向の形成が期待できるからである．しかしながら，実際に利用した大多数の人々が，もう二度と利用しまい，と考えるような使いにくいバスシステムが実験時に運用されていた場合には，必ずしも利用が促進されるとは限らない．このため，実験と言えども，可能な限り便利で，使いやすいシステムとなるように，事前検討することが必要である．

　なお，交通規制を必要とする実験を行う場合には警察の協力が必要となったり，私有地を使用する場合には地権者の協力が必要であったりするケースも考えられる．そうした関係各位との調整は，難航する場合も少なくない．もし，それが不調に終われば，不便なシステムのまま実験に臨まざるを得ない状況となりかねず，その結果として，利用促進がより困難な状況となることも考えられる．こうした事態を回避するためにも，関係者との調整には慎重な態度と時間を要する．

2) 実験期間中における十分な利用促進策の実施

　実験には行政主導で行う場合と住民主導で行う場合の二種類に分類される[1]．これらのうち特に行政主導で行う場合には，人々に十分に認知されない可能性は低くはない．また，住民主導で行う場合においても，実験を推進する住民が一部の住民に限られている場合には，多数の一般の人々には認知されていない可能性も考えられる．このため，実験を通じて利用促進を図る場合には，十分な広報が必要となる．

　ただし，実験に関わる広報活動が失敗に終わるケースも少なくない．例えば，一般に行われる広報は，市のホームページに当該交通社会実験ページを開設したり，市の広報紙の一部に実験についての記事を掲載したりするものであろう．しかしながら，多くの場合，市のホームページや市の広報誌を十分に確認している人々は少数に限られているものと予想される．このため，一般的な広報活動の多くは必ずしも効果的でないと考えられる．その一方で，実験によって明らかになった問題点（例えば，さらなる交通混雑の発生や利用者の不満）のみが新聞やテレビなどで大きく報道され，それによって，例えば「なんだか，ろくでもないことをやっているようだ」という印象が社会に流布され

てしまうことも，例外的なことではないものと危惧される．

　こうした事態を回避し，適切に人々に実験の存在についての認知の向上を促し，かつ，実際に，実験的に供用したバスサービス等の利用促進を図るためには，「6.4 コミュニケーションによる利用促進」において取り上げた「調査を活用した利用促進」方策が有用である．

3）効果測定とその広報

　実験を実施することによる，本格実施時の利用促進効果を大きなものとするためには，以上に述べた，実験時のバスサービス等のサービス水準の確保，実験時の利用促進という二点に加えて，実験終了後の対応も極めて重要である．それは，実験で得られた効果を社会に広報し，それによって，さらなる利用促進を図る，というものである．実験期間中のバス施策を利用しなかった人々に対しても，事後のこうした広報活動やマスコミ報道を通じて，その施策に興味を抱き，本格実施時には利用しようとする人々の動機が刺激される可能性がある．よって，「交通社会実験の効果」を的確に把握するための調査が不可欠である．調査には以下が考えられる．

　　・交通量や所要時間等の観測可能な交通データの収集
　　・利用者の意識調査／利用実態調査
　　・関係者に対する意識調査／利用実態調査
　　・一般住民に対する意識調査／利用実態調査（認知度調査を含む）

　実験の効果を把握するためには，実験期間前，実験期間中，そして可能なら実験期間後の三時点で調査を実施することが望ましい．それらから得られたデータを比較することで，実験効果が測定しやすくなる．さらに，実験の直接的な効果が及ばない地域や人々（一般に，そうしたサンプルは「制御群サンプル」と言われる）についても同時に調査を実施し，それを用いて，「時点間の固有の変動」（例えば，夏よりも秋の方が自動車利用が多い／少ないといった傾向）を把握し，その変動を，実験対象者の変動から除去することで，より正確に実験効果を把握することができる．

　調査結果を公表する際には，ホームページ，広報紙，ニューズレター，チラシの全戸配布などの方法が考えられる．もちろん，マスコミ報道で取り上げられることを意図した情報公開も有用である．

　なお，実験の効果が十分でなかった，という結果が得られた場合には，必ずしも，広報することによって利用促進が期待されるわけではないが，その場合においても，何らかの形で情報を公開しておくことは不可欠である．こうした情報の公開を怠れば，実験の一つの目的で

ある「合意形成の促進」が大いに阻害される．もし，合意の形成が阻害されるなら，利用促進以前の問題として，想定していたバス施策の本格実施が妨げられることともなりかねないので，この点への留意を要する．

【付録】

交通社会実験は，国土交通省においていくつかの補助が実施されている．同省内の部局によってその目的や趣旨や補助体制が異なっており，年度によってもその枠組みは変化している．交通社会実験を検討する場合には，それらの情報の収集が有効である．

http://www.mlit.go.jp/road/demopro/index.html

http://www.mlit.go.jp/road/demopro/overseas_case/kaigae/kaigae.html

【参考文献】

1) 太田勝敏　編著：新しい交通まちづくりの思想：コミュニティからのアプローチ，鹿島出版会，1998.
2) 土木学会：合意形成論，2003.
3) 藤井　聡：社会的ジレンマの処方箋：都市・交通・環境問題の心理学，ナカニシヤ出版，2003.
4) 藤井　聡：交通社会実験と合意形成－社会的ジレンマにおける手続き的公正と信頼－，土木計画学研究・講演集，CD-ROM，No. 25，2002.

付録　地域公共交通に関わる法令，ガイドライン等

1．法令・制度
■　道路運送法
　　https://elaws.e-gov.go.jp/document?lawid=326AC0000000183
■　道路運送法施行規則
　　https://elaws.e-gov.go.jp/document?lawid=326M50000800075
■　乗合バス事業（デマンド交通を含む）に関する各種関係通達
　　https://www.mlit.go.jp/jidosha/jidosha_tk3_000014.html
■　タクシー事業に関する各種法令，関係通達
　　https://www.mlit.go.jp/jidosha/jidosha_tk3_000003.html
■　自家用有償旅客運送に関する各種関係通達
　　https://www.mlit.go.jp/jidosha/jidosha_tk3_000044.html
■　地域公共交通確保維持改善事業
　　地域公共交通の確保・維持や利便性向上に関する国庫補助制度。
　　補助金交付要綱や実施要領，同事業の評価に関わるガイドライン
　　が用意されている。
　　https://www.mlit.go.jp/sogoseisaku/transport/sosei_transport_
　　tk_000041.html

2．ガイドライン・手引き
■　地域公共交通計画等の作成と運用の手引き（国土交通省総合政策
　　局地域交通課）
　　地域交通法（地域公共交通の活性化及び再生に関する法律）に規
　　定された地域公共交通計画の策定や運用に関する手引き。入門編
　　のほか詳細編が用意されている。
　　https://www.mlit.go.jp/sogoseisaku/transport/sosei_transport_
　　tk_000058.html
■　自家用有償旅客運送ハンドブック（国土交通省物流・自動車局旅客
　　課）
　　自家用有償旅客運送に関する制度や，地域公共交通会議や運営協
　　議会における「検討プロセス」に関するガイドライン。
　　https://www.mlit.go.jp/jidosha/jidosha_tk3_000012.html
■　『交通』と『福祉』が重なる現場の方々へ～高齢者の移動手段を確
　　保するための制度・事業モデルパンフレット（国土交通省物流・自
　　動車局旅客課）
　　道路運送法上の許可・登録不要の形態も含めて，自家用車を使用
　　した送迎サービスの実施モデルを示している。
　　https://www.mlit.go.jp/jidosha/jidosha_tk3_000012.html

定価 3,080 円（本体 2,800 円＋税 10%）

バスサービスハンドブック　改訂版

令和 6 年 1 月 29 日　第 1 版・第 1 刷発行

編集者……土木学会 土木計画学研究委員会
　　　　　規制緩和後におけるバスサービスに関する研究小委員会(初版出版時)
編集代表　喜多　秀行
発行者……公益社団法人　土木学会　専務理事　三輪　準二

発行所……公益社団法人　土木学会
　　　　　〒160-0004　東京都新宿区四谷一丁目無番地
　　　　　TEL　03-3355-3444　FAX　03-5379-2769
　　　　　https://www.jsce.or.jp/
発売所……丸善出版株式会社
　　　　　〒101-0051　東京都千代田区神田神保町 2-17　神田神保町ビル
　　　　　TEL　03-3512-3256　FAX　03-3512-3270

©JSCE2024／The Infrastructure Planning Committee
ISBN978-4-8106-1097-0
印刷・製本・用紙：(株) 報光社